ANKÜNDIGUNG.

Die zweite Auflage dieses Werkchens, die erst im Jahre 1906 erschienen ist, ist schon seit einiger Zeit vergriffen, der beste Beweis dafür, daß es einem fühlbaren Bedürfnis entsprochen hat.

Die vorliegende dritte Auflage ist vom Herrn Verfasser von Grund aus neu bearbeitet worden und es sind dabei alle Fortschritte auf dem einschlägigen Gebiet bis in die neueste Zeit gewissenhaft berücksichtigt worden.

Das Werkchen steht somit ganz auf der Höhe der Zeit und der Name des Autors bürgt dafür, daß es allen jenen von Nutzen sein wird, die sich auf dem Gebiet der Ruß- und Schwärzefabrikation praktisch betätigen.

Braunschweig, im August 1912.

Friedr. Vieweg & Sohn.

NEUES HANDBUCH

DER

CHEMISCHEN TECHNOLOGIE

ZUGLEICH ALS DRITTE FOLGE VON
BOLLEY'S HANDBUCH DER CHEMISCHEN TECHNOLOGIE

HERAUSGEGEBEN VON

Dr. C. ENGLER

WIRKL. GEH. RAT UND PROFESSOR DER CHEMIE AN DER TECHNISCHEN HOCHSCHULE FRIDERICIANA
IN KARLSRUHE

V.

DIE FABRIKATION DES RUSSES UND DER SCHWÄRZE

VON

Dr. HIPPOLYT KÖHLER

DIREKTOR DER RÜTGERSWERKE-AKTIENGESELLSCHAFT, BERLIN

DRITTE GÄNZLICH UMGEARBEITETE AUFLAGE

MIT 114 ABBILDUNGEN IM TEXT

Springer Fachmedien Wiesbaden GmbH

1912

DIE FABRIKATION

DES

RUSSES UND DER SCHWÄRZE

AUS ABFÄLLEN UND NEBENPRODUKTEN MIT BESONDERER BERÜCKSICHTIGUNG DER ENTFÄRBUNGSKOHLE

VON

DR. HIPPOLYT KÖHLER

DIREKTOR DER RÜTGERSWERKE-AKTIENGESELLSCHAFT, BERLIN

DRITTE
GÄNZLICH UMGEARBEITETE AUFLAGE

MIT 114 ABBILDUNGEN IM TEXT

Springer Fachmedien Wiesbaden GmbH

1912

© Springer Fachmedien Wiesbaden 1912
Ursprünglich erschienen bei Friedr. Vieweg & Sohn, Braunschweig, Germany 1912

ISBN 978-3-663-19840-6   ISBN 978-3-663-20175-5 (eBook)
DOI 10.1007/978-3-663-20175-5

VORWORT.

Das nunmehr in dritter Auflage vorliegende Werkchen über die Fabrikation des Rußes und der Schwärze ist von Grund aus neu bearbeitet worden. Es ist, so viel mir bekannt, das einzige Spezialwerk geblieben, das diesen Gegenstand in zusammenfassender und einheitlicher Form behandelt.

Die Rußfabrikation namentlich hat durch die rapide Entwickelung der Elektrotechnik auf dem Gebiet der Licht- und Krafterzeugung, sowie der elektrochemischen und elektrometallurgischen Prozesse einen so enormen Aufschwung genommen, daß sie längst aus dem Rahmen eines auf rein empirischer Grundlage betriebenen Gewerbes herausgetreten und sich als ebenbürtig in die Reihe der zielbewußt vorgehenden Industrien gestellt hat. Auch auf dem Gebiet der Schwärzefabrikation hat sich manche beachtenswerte Wandlung vollzogen.

Unter solchen Umständen kam das Bedürfnis einer Neuauflage dieses Werkchens meinen eigenen Wünschen zuvor. Indem ich diese hiermit der Öffentlichkeit übergebe, ist es mir eine angenehme Pflicht, allen jenen Kollegen und industriellen Unternehmen, die mich durch Beiträge unterstützt haben und besonders der Verlagsbuchhandlung, die das Werkchen in liberalster Weise ausgestattet hat, meinen wärmsten Dank auszusprechen.

Möge dieses auch in dem neuen Gewand sich viele Freunde erwerben und sich beim Gebrauch als seinem Zweck entsprechend erweisen.

Berlin, im August 1912.

H. Köhler.

INHALTSÜBERSICHT.

Erstes Kapitel.

Allgemeines über die Eigenschaften
und
Anwendung des Kohlenstoffs.

———

Das vorliegende Werk handelt vom Kohlenstoff in jener Form, die wir unter dem Namen „Ruß" und „Schwärze" kennen und im täglichen Leben in mannigfaltiger Anwendung sehen.

Der Kohlenstoff gehört zu denjenigen Elementen, welche am allgemeinsten in der Natur verbreitet sind und in der größten Menge vorkommen. In reinem Zustande findet er sich selten, nur als Diamant und Graphit, in mächtigen Lagern dagegen als fossile Überreste organischer Stoffe, als Anthrazit, Steinkohle, Braunkohle, Torf; von diesen besteht jedoch nur das älteste Glied, der Anthrazit, aus ziemlich reinem Kohlenstoff, während der Gehalt der anderen an Wasserstoff und Sauerstoff darauf hinweist, daß ihre Umwandlung in Kohle noch nicht vollkommen erfolgt ist. In ungeheurer Menge tritt der Kohlenstoff ferner noch als Kohlensäure auf, welche teils in freiem Zustande sich in der Atmosphäre befindet oder aus dem Boden durch Vulkane, Mineralquellen usw. entbunden wird, teils gebunden an anorganische Stoffe in Form von kohlensaurem Kalk und Dolomit ganze Gebirgsformationen bildet. Endlich sind noch eine Menge verschiedener Kohlenwasserstoffe zu erwähnen, die teils als Gas und Dampf, teils in flüssiger oder fester Form als Petroleum, Bergwachs, Ozokerit, Asphalt zutage treten.

Der Kohlenstoff spielt sowohl in rein chemischer Beziehung, als auch mit Rücksicht auf die zahlreichen Arten seiner technischen Anwendung eine sehr wichtige Rolle. Er ist seit den frühesten Zeiten bekannt, aber die genauere Kenntnis seiner chemischen Eigenschaften fällt erst in die Epoche, in der Lavoisier die Wissenschaft umgestaltete, und erst seit dieser Zeit ist er auch als Element erkannt. Seitdem haben der Kohlenstoff und seine Verbindungen stets die Aufmerksamkeit der Chemiker auf sich gezogen, so daß es heute in der ganzen chemischen Wissenschaft kein Gebiet gibt, das so gründlich erforscht ist wie dasjenige der Kohlenstoffverbindungen oder der organischen Chemie.

Der Kohlenstoff ist immer fest, besitzt weder Geschmack noch Geruch und wird durch die Wärme nicht verändert; er ist nur im elektrischen Flammenbogen flüchtig, nicht schmelzbar und in allen bekannten Lösungsmitteln unlöslich. Er hat zu den anderen Elementen bei gewöhnlicher Temperatur gar keine Verwandtschaft und verbindet sich nur bei erhöhter Temperatur mit anderen nichtmetallischen und metallischen Körpern. Seine übrigen Eigenschaften wechseln sehr, je nach der besonderen Form, in der er sich befindet. Der Kohlenstoff tritt nämlich in drei verschiedenen allotropischen Zuständen auf, und dieser Eigenschaft verdankt er nicht zum geringsten Teil seine ungemein vielseitige Anwendung. Eine vierte Modifikation glaubt Mixter [1]) in dem aus Acetylen abgeschiedenen Kohlenstoff gefunden zu haben, wie an anderer Stelle näher ausgeführt werden soll.

Regelmäßig kristallisiert, durchsichtig, von ausgezeichnetem Lichtbrechungsvermögen, weder Elektrizitäts- noch Wärmeleiter, ist der Diamant, der als kostbarster Edelstein geschätzt oder infolge seiner Eigenschaft, der härteste Körper zu sein, dazu benutzt wird, um andere Körper zu bearbeiten, ja sogar um ganze Gebirge zu durchbohren; von verworrener Kristallisation, blätterig, schwarz und vollkommen undurchsichtig, metallisch glänzend, Elektrizitäts- und Wärmeleiter ist der Graphit, der dem Künstler als Griffel dient und im täglichen Leben, wie in der Elektrotechnik, eine wichtige Rolle spielt. Amorph, mehr oder weniger schwarz, vollkommen undurchsichtig und nicht glänzend ist die Kohle, die, mit mehr oder weniger Wasserstoff und Sauerstoff verbunden und mit anorganischen Körpern verunreinigt, als Steinkohle, Braunkohle und Torf in der Natur vorkommt, in Form von Holzkohle, Koks, Schwärze und Ruß in reinerer Form künstlich erzeugt wird und im häuslichen und industriellen Gebrauche die wichtigsten Dienste leistet.

Vor allem ist es die Eigenschaft des Kohlenstoffs, bei erhöhter Temperatur eine größere Verwandtschaft zum Sauerstoff zu zeigen, die in ergiebigster Weise ausgenutzt wird. Zunächst beruht hierauf die Verwendung der sog. Brennnstoffe oder Heizmaterialien zur Erzeugung von Wärme und Kraft, welche die Grundlage der gesamten industriellen Tätigkeit bilden. Dann macht die mit dieser hervortretenden Verwandtschaft des Kohlenstoffs zum Sauerstoff bei höherer Temperatur verbundene Fähigheit desselben, vielen Metalloxyden den Sauerstoff zu entziehen, ihn zu einem ausgezeichneten Reduktionsmittel, das bei der hüttenmännischen Gewinnung vieler Metalle von hervorragender Bedeutung ist.

Von der größten industriellen Wichtigkeit ist ferner die Beobachtung Lowitzs geworden, daß die Kohle die Eigenschaft besitzt, tierische und vegetabilische Flüssigkeiten zu entfärben. Seit Figuier im Jahre 1811 gezeigt hat, daß diese Eigenschaft in besonderem Maße der tierischen Kohle zukommt, benutzt man diese Entdeckung in der Zuckerraffinerie, der Paraffin- und Ozokeritfabrikation und in vielen anderen Fällen, in denen es sich um die Entfärbung gefärbter Stoffe handelt; wir werden auf diesen Gegenstand eingehender zurückkommen.

Eine weitere, sehr bemerkenswerte Eigenschaft der Kohle ist ferner ihr großes Anziehungsvermögen für Gerüche und Gase aller Art, das zwar in der Wärme nur gering ist, aber in dem Maße der Temperaturerniedrigung an Intensität zunimmt. Man bedient sich dieser Eigenschaft, die vornehmlich frisch geglühter Holzkohle zukommt, häufig um gewisse schädliche Gase, z. B. Kohlensäure, aus Gärkellern und derartigen Räumen zu entfernen, üble Gerüche aus Fleisch, faulenden Flüssigkeiten hinwegzunehmen u. dgl. mehr.

---

[1]) **Mixter**, Amer. Journ. Science Sillim. 1905, p. 434; Chem. Zentralbl. **2**, 98, 1905.

Auch in der Industrie der komprimierten Gase scheint dieser bemerkenswerten Eigenschaft der Kohle noch eine bedeutsame Rolle bevorzustehen. Wenn man Holzkohle zur Rotglut erhitzt und behufs Entfernung der von ihr festgehaltenen Gase evakuiert, so ist sie nach dem Abkühlen auf gewöhnliche Temperatur imstande, die letzten Spuren von Gas zu absorbieren, welche in einem, mit den bekannten Hilfsmitteln evakuierten Raum noch zurückgeblieben sind.

Sir J. Dewar[1]) hat gefunden, daß diese Wirkungsweise der Kohle noch bedeutend gesteigert werden kann, wenn man sie auf ungefähr die gleiche Temperatur abkühlt, bei welcher das zu absorbierende Gas oder der Dampf seinen Siedepunkt hat. So vermag eine aus Kokosnußschalen hergestellte Kohle bei 0^0 C und 760 mm Druck 4 ccm Wasserstoff oder 18 ccm Sauerstoff zu absorbieren, während dieselbe Kohle, auf — 180^0 C abgekühlt, imstande ist, 135 ccm Wasserstoff oder 230 ccm Sauerstoff, beide Volumina bezogen auf 0^0 C und 760 mm Druck, aufzunehmen. Auf Grund dieser Eigenschaft kann man also Gemische von Gasen oder Dämpfen voneinander trennen, indem man die Absorption der Gasmischung durch die Holzkohle bei einer Temperatur erfolgen läßt, die ungefähr dem Siedepunkt des niedrigst siedenden Gases entspricht, worauf man die Temperatur der Holzkohle langsam steigen läßt und die dabei frei werdenden Gase getrennt auffängt.

Wohl und Losanetsch[2]), sowie Ernst Erdmann[3]) benutzen mit Vorteil frisch ausgeglühte Kohle von Kokosnußschalen zur Erzeugung eines hohen Vakuums bei Destillationen im luftleeren Raum. Nach H. unter[4]) absorbiert diese Kohle auf je 1 Vol. 113,7 Vol. Cyan.

Zu erwähnen ist noch die färbende Kraft der Kohle in dieser oder jener Form, eine sehr wichtige Eigenschaft des Kohlenstoffs, die uns in dem vorliegenden Buche viel beschäftigen wird. Diese Eigenschaft war nicht allein vom nachhaltigsten Einfluß auf die Entwickelung von Kunst und Gewerbe, sie hat auch eine großartige zivilisatorische Arbeit geleistet, indem sie es ermöglichte, mit Hilfe der Buchdruckerschwärze das geschriebene Wort zu vervielfältigen und es auf diese Weise Millionen von Menschen zugänglich zu machen.

Das färbende Prinzip aller im Gebrauche befindlichen schwarzen Erd- und Mineralfarben ist der amorphe Kohlenstoff, der diese Farbmaterialien infolge seiner erwähnten wertvollen Eigenschaften und seiner von keinem anderen erreichten Widerstandsfähigkeit gegen äußere Einflüsse zu den geschätztesten und wichtigsten Substanzen der ganzen Farbenindustrie macht.

In der Natur findet sich der amorphe Kohlenstoff nicht in solcher Reinheit, daß man ihn direkt als Farbmaterial verwenden könnte. Gleichwohl reicht seine Verwendung zu diesem Zweck bis ins graue Altertum zurück, wenn auch seine fabrikmäßige Gewinnung in Form von Ruß und Schwärze einer späteren Periode angehört. Von Anfang an hat man ihn aus gewissen organischen Stoffen, meist vegetabilischen oder animalischen Ursprungs, gewonnen, indem man diese einer Zersetzung durch höhere Temperatur unterwarf, welche den Kohlenstoff in mehr oder weniger reinem und für den bestimmten Zweck geeignetem Zustande lieferte. Man hat schon früh die

---

[1]) D. R.-P. Nr. 169514, 26. April 1905. — [2]) Ber. d. deutsch. chem. Ges. 1905, S. 4149. — [3]) Ebend. 1906, S. 192. — [4]) Jahresber. d. Chemie 1871, S. 56.

Beobachtung des Rußens der Flammen unter gewissen Bedingungen gemacht und auch die Entstehung der Kohle aus pflanzlichen und tierischen Stoffen kennen gelernt. Der Ruß sowohl, als auch die Schwärze, sind die Produkte der Einwirkung höherer Temperatur auf geeignete organische Körper. Während indessen der Ruß sich dadurch bildet, daß hierbei ein Zerfall der vergasten Materialien unter Abscheidung des Kohlenstoffs in Flocken aus der Flamme stattfindet, wird bei der Bildung der Schwärze der Luftzutritt entweder noch weiter beschränkt (Meilerverkohlung) oder ganz aufgehoben (Retortenverkohlung), so daß nur ein Glühen der Materialien ohne Flammenbildung, und zwar durch äußere Wärmezufuhr stattfindet. Der Ruß ist daher das Produkt einer unvollständigen Verbrennung, die Schwärze hingegen das einer trockenen Destillation bzw. Verkohlung. Aus diesem Unterschiede in den Entstehungsbedingungen resultiert zu gleicher Zeit eine bemerkenswerte Verschiedenheit in der Reinheit des dabei abgeschiedenen, amorphen Kohlenstoffs. Insofern als bei der Bildung des Rußes das Ausgangsmaterial erst vergast und der Kohlenstoff aus dem gasförmigen Zustande durch den Prozeß einer unvollständigen Verbrennung in fester Form wieder abgeschieden wird, kann man diesen Vorgang mit Recht als eine Art Sublimation bezeichnen, bei der, wie bekannt, nur ein reineres Produkt erzeugt werden kann. Bei der trockenen Destillation oder Verkohlung hingegen gewinnt man nicht einen aus zuvor verflüchtigter Substanz abgeschiedenen Kohlenstoff, sondern nur das Rückstandsprodukt jenes Verflüchtigungsprozesses, welches mithin auch die gesamten, nichtflüchtigen Bestandteile des Ausgangsmaterials (Aschenbestandteile) enthält und aus diesem Grunde in bezug auf die Reinheit des erhältlichen amorphen Kohlenstoffs weit hinter dem Ruß zurückstehen muß. Im Zusammenhang damit sind auch die physikalischen Eigenschaften der beiden Endprodukte sehr wesentlich verschieden, so daß sie bei den verschiedenen Verwendungszwecken sich nicht in allen Fällen gegenseitig zu ersetzen vermögen und dies gilt namentlich für das Gebiet, auf dem heute der Kohlenstoff in der in Rede stehenden Form seine ausgedehnteste und zugleich technisch richtigste Anwendung findet, die Elektrotechnik.

Es darf mit aller Sicherheit ausgesprochen werden, daß die enorme Entwickelung, welche die Elektrotechnik und insbesondere die Elektrochemie in unserem Zeitalter genommen haben, ohne die Existenz des Kohlenstoffs in einem für diese Zwecke geeigneten Zustand nicht möglich gewesen wäre. Seine bemerkenswerte Leitfähigkeit für den elektrischen Strom bei der gleichzeitigen hohen Widerstandsfähigkeit gegen chemische Agenzien selbst in der extremsten Form, sowie seine nahezu vollkommene Unveränderlichkeit bei den höchsten, für uns erreichbaren Temperaturen und die zuerst von Davy beobachtete Fähigkeit, den nach ihm benannten Lichtbogen zu bilden, haben dem Kohlenstoff in Form von Ruß zu einer außerordentlich vielseitigen Verwendung in der Elektrotechnik verholfen.

Der in der Natur in seiner reinsten Form als Anthrazit vorkommende amorphe Kohlenstoff zeigt, da er mehr oder weniger mit organischen und anorganischen Bestandteilen verunreinigt ist, die erwähnten Eigenschaften nur in ungenügender Weise und kann daher für die gedachten Zwecke nicht in Frage kommen; ein anderes natürliches Material, der Graphit, würde den Anforderungen in jeder Weise genügen, aber sein meist sehr beträchtlicher Aschengehalt verhindert gleichfalls seine Anwendung. Ähnliche Schwierigkeiten ergaben sich bei der Verwendung künstlicher Kohlen, von denen zuerst Holzkohle, sowie der sog. Retortengraphit der Leuchtgasindustrie herangezogen wurden; bei letzteren namentlich scheiterte die Verwendung auch an der Schwierigkeit der Formgebung, welche für die Verwendung zu elektrotechnischen Zwecken bekanntlich erste Bedingung ist. Heute stellt man die geformten Kohlen für elektrische und galvanische Zwecke ganz allgemein in der Weise her, daß man den fein verteilten Kohlenstoff mit einem Bindemittel mischt, die Mischung in Formen preßt und den Formstücken durch starkes Glühen die nötige Festigkeit und Leitfähigkeit erteilt.

Nach Zellner[1]) nahm die Fabrikation dieser Kunstkohlen ihren Ausgang von der Herstellung der sog. Lichtkohlen. Davy (1810) benutzte zur Erzeugung des Lichtbogens Stäbe aus Holzkohlen, die aber nur von kurzer Brenndauer waren; Foucault (1844) ersetzte diese durch aus Retortengraphit gesägte Stäbe, die zwar von längerer Brenndauer waren aber sich infolge des Aschengehalts des Materials und der dadurch ungünstig beeinflußten Ruhe des Lichtbogens nicht bewährten. Die erste künstlich geformte Kohle wurde in England (1846) von Staite und Edwards aus pulverisiertem Koks mit Sirup als Bindemittel durch starken Druck und Glühen bei Luftabschluß hergestellt. Teer als Bindemittel ist von Le Molt[2]) eingeführt worden. Den Aschengehalt der Kohle suchten Lacassagne und Thiers durch Behandeln mit schmelzenden Alkalien zu entfernen; auf rationellerem Wege suchte der Engländer Curmer den Aschengehalt der Lichtkohle zu umgehen, indem er den Ruß als Rohmaterial und Benzin und Terpentinöl als Bindemittel vorschlug. Carré (Paris), dem wohl das Hauptverdienst um die Entwickelung der Kunstkohlenfabrikation zukommt, empfahl (1876 und 1877) eine Mischung von 15 Tln. möglichst reinen, feinstpulverisierten Koks, 5 Tln. kalzinierten Ruß und 7 bis 8 Tln. Sirup. Gaudoin (1877) stellte aschenarme Kohle durch Verkoken von Mineralölen, Harz, Pech, Teer usw. her, und verarbeitete den fein pulverisierten Koks zusammen mit Ruß und Teer.

Die Vorzüge des Rußes in dieser Beziehung hatte er erkannt, indessen gestattete der damalige, noch sehr hohe Preis dieses Materials nicht seine ausschließliche Verwendung. Aber mit dem Aufschwung der Fabrikation von künstlichen Kohlen für die verschiedenen Zweige der Elektrotechnik, der Beleuchtung, Kraftübertragung, Elektrochemie und Elektrometallurgie [außer den Lichtkohlen führen wir hier nur noch Elektroden für elektrolytische und pyroelektrische Zwecke, Elementkohlen, Mikrophonkohlen, Futterstücke für elektrische Öfen, Tiegel für elektrochemische Prozesse, Formen zum Ausglühen von Glühlampenfäden, Diaphragmen für Elektrolyse, Widerstandsmaterial, Schleifkontakte (Dynamobürsten) für Dynamomaschinen und elektrische Bahnen, Kontakte für Stromverteiler, Unterbrecher usw. usw. an] ist auch die Erzeugung von Ruß aus dem bescheidenen Rahmen herausgetreten, in dem sie seit langer Zeit auf primitivster Grundlage betrieben wurde. Aus den „Rußbrennereien" von vordem sind stattliche Fabriken geworden, die, in großer Zahl errichtet, zielbewußt auf wissenschaftlicher Grundlage arbeiten und sich jeden Fortschritt zunutze zu machen wissen, den die Wissenschaft auf dem einschlägigen Gebiet zu verzeichnen hat.

---

[1]) Die künstlichen Kohlen, Berlin 1903, S. 2. — [2]) Engl. Pat. 1849.

Wir konnten an dieser Stelle auf die Entwickelung der Industrie der künstlichen, elektrischen und galvanischen Kohlen, welche mit der neueren Entwickelung der Rußindustrie im innigsten Zusammenhang steht, nur in allgemeinen Umrissen eingehen und verweisen bezüglich aller Einzelheiten auf das bereits zitierte, schätzbare Werk von J. Zellner: „Die künstlichen Kohlen für elektrotechnische und elektrochemische Zwecke, ihre Herstellung und Prüfung" (Berlin, 1903, Verlag von Julius Springer), sowie auf Jehl: The manufacture of carbons for electric lighting and other purposes, London, 1899.

Während somit das Verwendungsgebiet des Rußes durch seine wertvollen Eigenschaften für die Elektrotechnik eine ungeheure Ausdehnung erfahren hat, ist dasjenige der Schwärze in der Hauptsache auf die Ausnutzung ihrer färbenden, entfärbenden und desodorisierenden Eigenschaften beschränkt geblieben. Sie ist, wie erwähnt, das Produkt der trockenen Destillation organischer Substanzen, tierischer oder pflanzlicher Natur oder doch solcher in der Natur vorkommender Umwandlungsprodukte, welche, wie z. B. Braunkohle und Torf, pflanzlichen oder tierischen Ursprungs sind. Eine solche Kohle kann sehr verschiedene Eigenschaften zeigen, je nach der Natur des Rohprodukts, aus dem sie gewonnen worden ist oder der Temperatur, die bei seiner Verkohlung vorgeherrscht hat. Sie kann sehr dicht, porös oder auch pulverförmig sein, je nach der Textur des Rohstoffs oder seinem mehr oder minder großen Gehalt an flüchtigen Substanzen und Aschenbestandteilen, welche die einzelnen Kohleteilchen auseinander halten. Sie kann mehr oder weniger leicht verbrennlich, ja sogar pyrophorischer Natur, ein guter oder schlechter Leiter für Elektrizität und Wärme sein, je nach der Temperatur, der sie bei ihrer Erzeugung ausgesetzt gewesen ist und ebenso hängt auch ihre Farbe, ihr Entfärbungs- oder Desodorisationsvermögen von all diesen Zufälligkeiten ab. Der Erfolg der Schwärzefabrikation ist daher nicht allein von der Wahl des Rohstoffs, sondern ebenso sehr auch von der Einhaltung der geeigneten Bedingungen zu seiner Verarbeitung abhängig, die je nach dem Verwendungszweck des Endprodukts sehr verschieden sind. Dies gilt insbesondere auch für einen weiteren Verwendungszweck des amorphen Kohlenstoffs, dem derselbe in Europa schon seit der Mitte des 13. Jahrhunderts dient, die Herstellung des Schießpulvers, dessen Erfindung die Engländer Roger Baco (1220), die Deutschen dem Augustinermönch Berthold Schwarz (1290 bis 1320) zuschreiben, während in Ostindien und China, wo der in der Natur vorkommende Salpeter, der Hauptbestandteil des Schießpulvers, zuerst bekannt war, nachweislich schon vor der christlichen Zeitrechnung dem heutigen Schießpulver ähnliche Gemenge als Brandmittel im Gebrauch waren, deren Kenntnis wohl durch die Araber nach Europa verpflanzt wurde.

Zweites Kapitel.

Der Ruß.

I. Theorie der Rußbildung.

Man ist gewöhnt, den Ruß als das Produkt der unvollständigen Verbrennung vergaster, kohlenstoffhaltiger Substanzen anzusehen. Diese Anschauung ist begründet durch die Beobachtung des Rußens stark leuchtender Flammen (z. B. in einer Petroleumlampe) bei ungenügender Luftzufuhr, auf welcher Erfahrung bekanntlich die ersten Methoden zur Erzeugung von Ruß basierten und auf Grund deren auch heute noch weitaus die größten Mengen des im Handel befindlichen Rußes hergestellt werden.

Verbindet sich ein Körper unter Wärme- und Lichtentwickelung mit dem Sauerstoff der atmosphärischen Luft oder mit reinem Sauerstoffgas, so nennt man diesen Vorgang Verbrennung; ist der Körper von Natur aus nicht flüchtig, und liefert er durch die bei der Verbrennung erzeugte Hitze keine brennbaren, gasförmigen Produkte, so wird er nur glühen. So verbrennt z. B. Holzkohle unter Glühen, weil sie sich bei der in Frage kommenden Temperatur nicht verflüchtigt und ihr gasförmiges Verbrennungsprodukt, die Kohlensäure, nicht brennbar ist.

Ist dagegen der Körper ein brennbares Gas, oder verwandelt er sich infolge der bei der Verbrennung erzeugten Wärme in ein solches, so entsteht eine Flamme. So verbrennt z. B. das Leuchtgas mit Flamme, weil es an und für sich ein Gas ist; der Schwefel mit Flamme, weil er bei der Verbrennung gasförmig wird; Fett, Öl, Steinkohle mit Flamme, weil sich aus ihnen durch den Einfluß der Verbrennungswärme brennbare gasförmige Zersetzungsprodukte bilden, namentlich leichter und schwerer Kohlenwasserstoff.

Eine Flamme ist daher ein verbrennender gasförmiger Körper; sie kann entweder nichtleuchtend oder leuchtend sein. Es war Humphrey Davy, welcher zuerst (1817) die Theorie aufstellte, das Leuchten einer Flamme rühre von in derselben schwebenden festen Partikelchen her, die durch die Hitze der Flamme zur Weißglut gebracht sind. Die Ursache des Leuchtens einer gewöhnlichen Kerzen- oder Gasflamme sei fein verteilter Kohlenstoff, der sich als Ruß aus jeder leuchtenden Flamme abscheiden lasse, wenn man den Zutritt der Luft beschränkt oder die Flamme abkühlt. Deshalb ruße z. B. eine Petroleumlampe, wenn man deren Docht so hoch schraube, daß die zugeführte Luft zur vollständigen Verbrennung des Öles nicht hinreiche, und beschlage sich ein Porzellanteller mit Ruß, wenn man ihn über eine Kerzenflamme halte, so daß die in der Flamme enthaltenen

Rußpartikelchen sich an der kalten Fläche abscheiden können. Die Entstehung des Rußes selbst erklärt Davy aus der Zersetzung der gasförmigen Kohlenwasserstoffe durch die im Innern der Flamme herrschende hohe Temperatur; eine vorherige Zumischung von Luft zum verbrennenden Gase verhindere die Ausscheidung des Kohlenstoffs infolge vollständiger Verbrennung (Oxydation) desselben und damit auch das Leuchten der Flamme.

Faraday erweiterte die Theorie Davys durch die Einführung des Begriffs der auswählenden Oxydation; er stellte den Satz auf, daß von den beiden Komponenten der Kohlenwasserstoffe der Wasserstoff eine größere Affinität zum Sauerstoff habe, als der Kohlenstoff, daher zuerst verbrenne, während der Kohlenstoff sich in freiem Zustande ausscheide. Obgleich Faraday, soviel bekannt ist, seine Theorie nicht experimentell bewiesen hat, fand sie doch, als dem gesunden Menschenverstand entsprechend, Aufnahme in alle Lehrbücher und bedeutende Chemiker, wie Graham, Mendelejeff, Berthelot, Roscoe und Armstrong schlossen sich derselben an [1]).

Indessen bezweifelt neuerdings B. Dixon (s. o.) auf Grund von vielen Versuchen, die bis in das Jahr 1891 zurückreichen, die Richtigkeit der Faradayschen Hypothese von der auswählenden Oxydation. Mischt man gleiche Raumteile Äthylen und Sauerstoff und entzündet das Gemisch in einem geschlossenen Raume, so können folgende Reaktionen eintreten:

$$C_2H_4 + O_2 = \begin{cases} a) \ CO + C + H_2O + H_2 \\ b) \ C_2 + 2\,H_2O \\ c) \ CO_2 + C + 2\,H_2 \\ d) \ 2\,CO + 2\,H_2. \end{cases}$$

Dixons Versuche ergaben nun aber das überraschende Resultat, daß die Reaktion unter Verdoppelung des Gasvolumens nach Gleichung d) verläuft und daher keineswegs von einer vorzugsweisen Oxydation des Wasserstoffs, beispielsweise nach Gleichung b) die Rede sein kann. Die gleichen Beobachtungen seien übrigens schon viel früher von Dalton (1810), John Davy und 1861 von Kersten [2]) gemacht und veröffentlicht worden, ohne daß diese Arbeiten Beobachtung gefunden hätten. Die Zulässigkeit von Schlüssen aus diesen Beobachtungen ist mit Rücksicht darauf, daß die Reaktionen in der gewöhnlichen Flamme bei viel niedrigeren Temperaturen vor sich gehen, bezweifelt worden; man hat ferner darauf hingewiesen, daß rotglühender Kohlenstoff imstande sei, darüber hinstreichenden Wasserstoff unter Entziehung des Sauerstoffs zu Wasserstoff zu reduzieren.

Nach Dixon ist es jedoch wohl möglich, daß während einer der Verbrennungsphasen Wasserdampf gebildet wird, der nachträglich der Reduktion durch glühenden Kohlenstoff unterliegt und es ist auch durchaus wahrscheinlich, daß Wasserstoff durch pyrogenetischen Zerfall der Kohlenwasserstoffe gebildet wird, der infolge seiner großen Eigenbeweglichkeit bald an den Rand der Flamme gelangt und hier mit dem aus der Umgebung zutretenden Luftsauerstoff zu Wasserdampf verbrannt wird, während der schwere Kohlenstoff langsam mit dem Gasstrom in die Höhe steigt. Dagegen bestreitet Dixon auf Grund seiner Versuche, daß die Ausscheidung des Kohlenstoffs deshalb erfolge, weil der Wasserstoff zuerst verbrennt.

---

[1]) Vgl. Dixon, Journ. f. Gasbel. 1905, S. 71. — [2]) Ebend. 1862, S. 84 u. 125.

Durch die Versuche von Dixon wird demnach die Richtigkeit der Davyschen Hypothese der leuchtenden Flamme bzw. des pyrogenetischen Zerfalls der Kohlenwasserstoffdämpfe im Innern des Flammenkegels bestätigt. Eine Reihe von interessanten Beobachtungen veranlaßten schon früher Frankland[1]), die Hypothese aufzustellen, es sei nicht fester Kohlenstoff, welcher die Flamme leuchtend mache, sondern es seien vornehmlich dichte glühende Dämpfe von Kohlenwasserstoffverbindungen, denen die Ursache des Leuchtens zuzuschreiben sei. Zum Beweise für die Richtigkeit seiner Hypothese führt er an, daß manche Flammen helleuchtend sind, ohne daß an das Vorhandensein fester, glühender Körper gedacht werden kann. Zu den bereits bekannten Verbrennungserscheinungen des Arsens, Phosphors, Schwefels, Schwefelkohlenstoffs im Sauerstoffgas, die von bedeutender Lichtentwickelung begleitet sind, fügte er noch die interessante Beobachtung, daß Wasserstoff und Kohlenoxyd im Sauerstoffgase bei einem Druck von 10 bis 20 Atmosphären mit hellleuchtenden, ein kontinuierliches Spektrum gebenden Flammen verbrennen, und auch die schwachleuchtende Weingeistflamme bei einem Druck von 18 bis 20 Atmosphären so hell wie eine Kerze strahlt. Aus diesem Grunde erklärt Frankland den Ruß für eine Anhäufung der dichtesten Kohlenwasserstoffe, deren Dämpfe sich an einem in die Flamme gebrachten kalten Gegenstande kondensieren, und findet eine Bestätigung seiner Ansicht darin, daß der Ruß niemals ganz reiner Kohlenstoff ist, sondern stets mehr oder weniger Wasserstoff gebunden enthält, den er erst beim Glühen im Chlorstrome abgibt.

Diese Ansicht ist indessen nach W. Stein[2]) schon darum unhaltbar, weil dann der Ruß sich auch durch Erhitzen wieder in Dampf verwandeln lassen müsse, als welcher er in der Flamme vorhanden war, was bekanntlich nicht der Fall sei. Ob der Ruß reiner Kohlenstoff, oder ob er ein hochmolekularer wasserstoffhaltiger Körper sei, habe überhaupt wenig zu bedeuten; denn die Hauptfrage, um die es sich handle, sei die, ob der Ruß als Dampf oder ob er in festem Zustande in der Flamme vorhanden sei.

Direkte Beweise für die Anwesenheit von festem Kohlenstaub (Ruß) in den leuchtenden Flammen hat erst K. Heumann[3]) erbracht und seine Arbeiten haben nicht nur der Theorie von Davy wieder zu ihrem Rechte verholfen, sondern sie bieten auch eine Fülle für die Rußfabrikation beachtenswerter Resultate, welche lange Zeit das einzige wissenschaftliche Material waren, das über die Bildung des Rußes existierte.

Hält man nach Heumann ein Porzellanstäbchen in eine leuchtende Gas- oder Kerzenflamme, so beschlägt es sich nur an seiner unteren Fläche mit Ruß, erst nach längerer Zeit, nachdem sich unten bereits eine dicke Rußschicht abgesetzt hat, bildet sich auch auf der oberen Fläche des Stäbchens ein schwacher Hauch. Wäre nun der Ruß als ein leuchtender Dampf in der Flamme enthalten, so müßte man annehmen, daß die Ablagerung an einem kalten Gegenstande eine Kondensation jenes Dampfes sei, wie Frankland sagt; wenn nun der Gegenstand ringsum von der leuchtenden Flamme umgeben ist, so müßte auch ringsum Kondensation bzw. Berußung stattfinden. Der Versuch zeigt aber, daß sich nur die untere Fläche berußt, also kann

---

[1]) Ann. chem. Pharm. **82**, u. f. — [2]) Ann. Chem. **181**, 129; **182**, 1; **183**, 102; **184**, 206. — [3]) Ann. chem. Pharm. **82**, 1 u. f.

der Ruß nicht als Dampf, er muß als fester Körper in dem Flammenmantel vorhanden sein; die Berußung ist demnach ein ganz mechanischer Vorgang, analog dem Ansetzen des Staubes an die Wände des Zimmers.

Als ein weiteres Argument gegen die Anwesenheit fester Kohleteilchen in den leuchtenden Flammen führte Frankland deren Durchsichtigkeit an, was nicht der Fall sein könnte, wenn sie mit festen Kohlenpartikeln angefüllt wäre. Heumann hat auch diesen Einwurf entkräftet. Es steht fest, daß der Mantel einer Gasflamme in seinem nichtleuchtenden Teile viel durchsichtiger ist als in seinem leuchtenden; außerdem liefert eine Kerzenflamme, vor einem von der Sonne beleuchteten Papierschirm aufgestellt, einen außerordentlich scharfen Schatten, welcher genau so weit reicht als der Leuchtmantel der Flamme. Der Schatten einer Terpentinölflamme, die aus einem Leuchtmantel in eine schwarze Rauchsäule übergeht, wird jedermann überzeugen, daß der oben als Ruß austretende feste Kohlenstoff bereits unten im leuchtenden Flammenmantel in gleicher Gestalt vorhanden war; er erscheint als der Schatten einer direkt über dem Dochte beginnenden Rußsäule und läßt nicht erkennen, wie weit die leuchtende Flamme und wie weit die Rußsäule reicht. Dagegen liefern die aus glühenden Gasen und Dämpfen bestehenden Flammen, wie die von Phosphor, Arsen usw., keinen Schatten.

Alle irgend denkbaren Zweifel an der Gegenwart des festen Kohlenstoffs in der leuchtenden Flamme hat Heumann dadurch gehoben, daß es ihm gelang, den Kohlenstaub in der Flamme für das Auge sichtbar zu machen. Bei Beantwortung der Frage, woher es wohl kommen mag, daß sich der so äußerst fein zerteilte Ruß an festen Gegenständen zu zusammenhängenden Lappen vereinigt und auch beim Aufsteigen in der Luft relativ große Flocken bildet, war es naheliegend, anzunehmen, daß durch den festen Gegenstand oder die ruhende Luft die ersten Kohlenstäubchen in ihrer Bewegung gehemmt oder abgelenkt werden, während die nachfolgenden dann mit größerer oder geringerer Heftigkeit gegen die ruhenden oder in anderer Richtung bewegten stoßen und sich mit diesen infolge des Druckes zu größeren Massen vereinigen.

Es gelang Heumann, diese Stoßwirkung auch durch das Experiment nachzuahmen. Da eine ruhende oder entgegenwirkende Luftschicht genügend Widerstand für dieselbe bietet, durch Entgegenblasen von Luft die Flamme aber zu stark abgekühlt oder der Kohlenstoff rasch verbrannt worden wäre, hat er zwei Gasflammen gegeneinander stoßen lassen; hierdurch mußten notwendigerweise größere Kohlenaggregate entstehen, welche schon darum, und weil sie in viel geringerer Zahl vorhanden und daher langsamer bewegt sind, wie vorher die kleinen Stäubchen, für das Auge viel leichter wahrnehmbar sein müssen. Der Versuch bot eine überraschende Erscheinung: der untere Teil des entstehenden Flammenhalbmondes, an sich nur wenig leuchtend, war übersät mit Tausenden von Funken, die infolge des exzentrischen Stoßes sich in wirbelnder Bewegung befanden. Auf einem Porzellanteller aufgefangen, erscheinen sie nicht als feiner, sondern als grobkörniger Ruß. Dieselbe Erscheinung konnte Heumann hervorrufen, als er gegen die Wölbung einer glühenden Platinschale eine spitze Leuchtgasflamme treten ließ.

Durch diese Versuche ist es also gelungen, zu zeigen, daß die normal leuchtenden Flammen nur dadurch von jenem Funkenheer verschieden sind, daß bei ihnen die Kohleteilchen kleiner und zahlreicher sind; denn der Versuch zeigt in den einzelnen Teilen der Flamme sämtliche Übergangsstadien vom Funkenheer zum kontinuierlichen Leuchtmantel in überzeugender Weise. Man kann auch auf rein chemischem Wege zum gleichen Resultate gelangen.

Wird in eine nichtleuchtende Kohlenwasserstoffflamme Chlorgas oder Bromdampf eingeleitet oder der die Flamme umgebenden Luft beigemengt, so leuchtet dieselbe sofort unter starker Rußabscheidung. Selbst Kohlenwasserstoffe mit geringem Kohlenwasserstoffgehalt, wie Grubengas, zeigen diese Erscheinung in auffallender Weise. Bekanntlich zersetzen Chlor und Brom diese Kohlenwasserstoffe bei Glühhitze unter Abscheidung von Kohle und Bildung von Salzsäure oder Bromwasserstoff. Die Flammen rußen sogar viel stärker als jene, bei denen die Abscheidung des Kohlenstoffs durch Oxydation vermittelst Luft herbeigeführt wird, weil Chlor und Brom nicht imstande sind, den Kohlenstoff in eine flüchtige Verbindung überzuführen. Die Bildung der Salzsäure oder des Bromwasserstoffs läßt sich in diesen Fällen leicht daran erkennen, daß die der grün gesäumten Flamme entsteigenden Dämpfe auf blaues Lackmuspapier lebhaft sauer reagieren.

Aus seinen vielfach variierten Versuchen, in deren Bereich er auch die interessanten Beobachtungen Knapps[1] über die Entleuchtung der Flamme durch indifferente Gase, wie Stickstoff oder Kohlensäure, sowie die von Wibel[2] über die Wiederkehr der Leuchtkraft der auf diese Weise entleuchteten Flammen durch vorheriges Erhitzen der Gase auf höhere Temperatur gezogen hat, kommt Heumann zu folgendem Schluß:

„Die kohlenstoffhaltigen Leuchtmaterialien können in zweierlei Art verbrennen, leuchtend, d. h. unter Kohleabscheidung in der Flamme, und nichtleuchtend, d. i. ohne diesen Zwischenprozeß. Zu der erstgenannten Verbrennungsart ist eine gewisse, von der Natur des Brennstoffs abhängige, hohe Temperatur der Flamme nötig, während die durch irgend welche Mittel an der Erreichung jener Grenztemperatur gehinderte Flamme nicht imstande ist, jene Ausscheidung von Kohlenstoff zu bewirken. Brennmaterialien, welche durch indifferente Gase verdünnt sind, erfordern eine höhere Temperatur, um jene Zersetzung zu erleiden, als dies sonst der Fall sein würde."

Die Ansicht Davys über den Zerfall der Kohlenwasserstoffdämpfe oder Gase durch die Hitze der Flamme ist auch in anderer Richtung bestätigt worden. Man weiß aus den Versuchen von Berthelot und vieler anderer namhafter Chemiker schon längst, daß derartige Gase oder Dämpfe, wenn sie hohen Hitzegraden, z. B. in einem glühenden Rohre, ausgesetzt werden, zunächst unter Bildung beständigerer Moleküle Wasserstoff abspalten, um schließlich bei noch höherer Temperatur in ihre Elemente Wasserstoff und Kohlenstoff (in Form von Ruß) zu zerfallen und hat auf diese Beobachtung auch Verfahren zur Gewinnung von amorphem Kohlenstoff (Ruß) gegründet.

Als ein lehrreiches Beispiel dieser Art kann das Verhalten des Äthylens, das bei der Vergasung der hier in Betracht kommenden Leucht- oder Brennmaterialien in reichlichen Mengen entsteht, bei höherer Temperatur betrachtet werden. Wird Äthylengas durch ein glühendes Platinrohr geleitet, so zerfällt es nach Lewes[3] zunächst in Äthylen und Methan: $3\,C_2H_4 = 2\,C_2H_2 + 2\,CH_4$, wobei unter Umständen gleichzeitig eine Polymerisation des Acetylens

---

[1] Journ. f. prakt. Chem., N. F. **1**, 425. — [2] Ber. d. deutsch. chem. Ges. **8**, 226. — [3] Proc. Chem. Soc. 1892, p. 47; F. Fischer, Chem. Technol. d. Brennstoffe **2**, 188.

zu komplexeren Verbindungen stattfindet: $3 C_2H_2 = C_6H_6$ usw. Bei weiterem Steigen der Temperatur setzt sich das bei der ersten Einwirkung gebildete Methan in Acetylen und Wasserstoff um: $2 CH_4 = C_2H_2 + H_2$ und wenn die Hitze die Zersetzungstemperatur des Acetylens, die je nach dem Verdünnungsgrade dieses Gases verschieden ist, erreicht hat, findet eine Polymerisation überhaupt nicht mehr statt, das Molekül des Acetylens zerfällt vielmehr glatt in seine Elementarbestandteile Kohlenstoff und Wasserstoff: $C_2H_2 = C_2 + H_2$.

Man hat ferner gefunden, daß der gleiche direkte Zerfall eintritt, wenn Gase oder Dämpfe von Kohlenwasserstoffverbindungen für sich allein, zweckmäßig unter Druck und bei höherer Temperatur der Wirkung des elektrischen Funkens ausgesetzt oder in Mischung mit anderen Gasen, wie Luft, Kohlensäure oder Kohlenoxyd durch Initialzündung zur Explosion gebracht werden und wir werden sehen, daß auch in dieser Richtung Vorschläge zur fabrikmäßigen Erzeugung von Ruß gemacht und zur Ausführung gebracht worden sind.

II. Geschichtliches über die Erzeugung und Verwendung von Ruß.

Die erste Anwendung fand der Ruß ohne Zweifel als Farbmaterial und die Kenntnis seiner Verwendbarkeit zu diesem Zweck reicht bis ins graue Altertum zurück. In China und Japan scheint der Gebrauch von Tinten zuerst bekannt gewesen zu sein, wenigstens wurde dort nachweislich schon zu einer Zeit mit Hilfe von in eine schwarze Flüssigkeit getauchten Pinseln geschrieben, als bei den Griechen und Römern noch das Schreiben mit dem Griffel auf mit Wachs überzogenen Täfelchen im Gebrauch stand.

Die Schreibflüssigkeit der Chinesen und Japaner war eine Art Tusche, die auch später bei den Griechen und Römern in Aufnahme kam und nach Plinius und Vitruvius aus einer Mischung von Lampenruß mit Gummi oder Pflanzenleim bestand. Aus den Ausgrabungen in Herculanum ist bekannt, wie diese Tinte allen zerstörenden Einflüssen auf Jahrhunderte widerstanden hat. Die erste Herstellung und Verwendung der Tusche für künstlerische Zwecke und zum Buchdruck haben wir bekanntlich gleichfalls in den beiden alten Kulturländern China und Japan zu suchen und damit wohl auch die ersten Anfänge der Erzeugung von Ruß als Selbstzweck.

Wie Champion[1]) berichtet, wurde in China der zur Tuschefabrikation verwendete Ruß durch unvollständige Verbrennung von fetten Ölen (einer Art Sesamöl), zum Teil auch von Kampferöl und vielleicht noch tierischen Fetten und Harzen in besonderen Lampen erzeugt, welche vor einer Art Kamin, der 15 bis 25 m lang ist, aufgestellt sind, in dem sich der gebildete Ruß anlagert und zwar zunächst eine geringere, weiter entfernt eine feinere Sorte. Die feinste Sorte des so gewonnenen Rußes wird mit vorsichtig geschmolzenem Büffelleim angerührt und so viel Ruß eingeknetet, bis eine plastische Masse erhalten wird, die nach gleichzeitig vorgenommener Parfümierung mit Moschus und Kampfer einige Tage sich selbst überlassen bleibt und dann durch Pressen in Holzformen oder Rollen zwischen Brettchen in die handelsübliche Form gebracht wird. Es ist anzunehmen, daß bei dem damaligen Stande der Technik in China das vorbeschriebene, etwa 100 Jahre zurückliegende Verfahren zur

---

[1]) Vgl. Karmarsch u. Heeren, Techn. Wörterb., 3. Aufl., 9, 742.

Gewinnung von Ruß und Herstellung der Tusche daraus sich nur durch unwesentliche Vervollkommnungen von dem in früheren Zeiten geübten unterscheidet.

In Europa bzw. Deutschland hielt die Buchdruckerkunst im ersten Viertel des 15. Jahrhunderts ihren Einzug. Joh. Friedr. Faust in Aschaffenburg, der sich für einen Nachkommen des Mainzer Faust hielt, machte im 18. Jahrhundert folgende, offenbar aus guter Quelle stammende Mitteilungen. Nachdem Faust die Buchdruckerpresse erfunden hatte, kam er auf den Gedanken, auch Bücher durch den Druck leichter herzustellen; er hatte daher ein Alphabet auf einer Holztafel ausgeschnitten, aber dazu eine besondere Tinte erfinden müssen, da die gemeine Tinte (in Europa benutzte man schon lange die Eisengallustinte, deren Kenntnis nach einigen bis ins vierte oder fünfte Jahrhundert nach Christus zurückreichen soll) in dem Holze zerflossen sei. Er habe es dann mit Lampenruß versucht und endlich eine schwarze, zähe Tinte erfunden, welche Bestand hatte. Als er diese erfunden und die Holztafeln auf kleinen Pressen leicht gedruckt habe, hätten sie so große Verwunderung erregt, daß sie gern gekauft wurden. Er habe dann den Donatus (latein. Grammatik des Aelius Donatus, das erste, durch Holzdruck hergestellte Buch) gedruckt und sei dabei auf den Gedanken gekommen, die Tafeln zu zerschneiden und die Buchstaben einzeln zu setzen.

Es muß demnach angenommen werden, daß der erste, mit Absicht erzeugte Ruß durch Verbrennen geeigneter Stoffe in Lampen hergestellt wurde. Gleichwohl ist es sicher, daß man sich, lange bevor man zur künstlichen Erzeugung des Rußes gekommen war, jenes Produktes bediente, das sich in den Schornsteinen unserer Feuerungsanlagen absetzt. Bei den meisten derselben findet eine nur unvollständige Verbrennung statt, weil die Luft das kohlenstoffhaltige Brennmaterial nicht ganz durchdringt, sondern nur mehr oder weniger an der Oberfläche wirksam ist. Dadurch wird das Innere des Materials verkohlt, es bilden sich Destillationsprodukte, die sich entzünden und mit rußender Flamme verbrennen. Die Produkte dieser unvollständigen Verbrennung entweichen in Gestalt eines mehr oder minder dunkeln Rauches und setzen sich beim Abkühlen zum Teil im Schlot fest. Zum größten Teil werden sie in die Luft geführt, verunreinigen dieselbe und bilden in großen Städten häufig die Ursache von Belästigungen aller Art, Brandschäden, geschwärzten Fassaden u. dgl. mehr.

Der Feuerung zunächst findet sich eine glänzend schwarze Masse, bestehend aus wenig Ruß und viel eingetrocknetem Teer, der sog. Glanzruß; er zeigt infolge seines Gehaltes an Kreosot antiseptische Eigenschaften, wurde früher gesammelt und fein gepulvert und geschlämmt als braune Malerfarbe (Bister) sehr geschätzt. In den kälteren Teilen des Schornsteins finden sich die leichteren Anteile des Rauches, infolge eines geringeren Gehalts an Destillationsprodukten in mehr lockerer Form als sog. Flatterruß, er ist identisch mit jenem, welchen man künstlich erzeugt, aber infolge seines Gehalts an Flugasche weit weniger rein. Diese Eigenschaft, im Verein mit dem Umstande, daß die Rauchabzüge der Feuerungsanlagen, in denen er sich absetzt, meistens so beschaffen sind, daß beim Ablösen des Rußes Teile des Mauerwerks und andere mechanische Verunreinigungen mitfolgen, ist unter anderem die Ursache, daß bisher von diesem Produkte, das sich in ungeheuren Mengen gewinnen ließe, wenig oder kein Gebrauch gemacht wird.

Nur da und dort wird dieser Ruß zum Verkaufe gesammelt, so nach Gentele[1]) in den Alaunsiedereien Schwedens, nach W. R. Hutton[2]) in London und Glasgow.

Man hat festgestellt, daß 1 Meterzentner (100 kg) Steinkohle, in unseren gewöhnlichen Feuerungen verbrannt, durchschnittlich 2 Liter $=$ 120 g Ruß liefert[3]). Nach Roberts beläuft sich der Ruß, der an einem einzigen Wintertage in der über London lagernden Dunstwolke enthalten ist, auf 50 Tonnen $=$ 50000 kg, eine Zahl, die von W. Siemens bestätigt wird, also jedenfalls zuverlässig ist, obgleich sie unglaublich klingt.

Wenn gleichwohl an eine Verwertung dieser gewaltigen nutzlosen und im höchsten Grade belästigenden Mengen von Ruß, welche täglich in die Luft gejagt werden, nicht gedacht werden kann, so findet dies seine natürliche Erklärung in den Schwierigkeiten, welche der Gewinnung desselben aus zahllosen Feuerstätten, sowie deren besonderer Situation im Wege stehen.

Als man anfing, den Ruß fabrikmäßig in Öfen darzustellen, scheint man sich auf die Anwendung von harzhaltigem Holz (Kienholz), Harz und Rückständen von der Harz- und Pechsiederei als Rohmaterial beschränkt zu haben. Darauf deutet auch der Sammelname „Kienruß“ hin, welcher noch heute gebräuchlich ist, und fast durchweg für ein Produkt, das aus ganz anderem Material herstammt. Natürlich konnte bei der Verarbeitung derartiger Materialien an eine Verbrennung durch den Docht einer Lampe nicht mehr gedacht werden, weil sie, selbst wenn man sie durch Wärme flüssig erhalten wollte, nicht die nötige Dünnflüssigkeit besitzen, um im Docht der Lampe in die Höhe zu steigen und andererseits die Flamme durch Verkoken des Dochtes sehr bald zum Erlöschen gebracht werden würde. Das Material kann vielmehr in diesem Falle nur in einer besonderen Ofenanlage mit freier Flamme verbrannt werden und den auf diese Weise erzeugten Ruß hat man im Gegensatz zu jener, durch Verwendung von Lampen hergestellten, viel feineren Qualität von Anfang an als Flammruß bezeichnet.

Die einfachste und schon in den frühesten Zeiten gebräuchliche Art der Darstellung von Lampenruß war aus der Erkenntnis hervorgegangen daß sich ein kalter Gegenstand mit Ruß beschlägt, wenn man ihn über eine leuchtende Flamme hält. Man nahm metallene Deckel und hing dieselben über den rußenden Lampen auf. Sobald die darauf abgesetzte Rußschicht dick genug war, wurden die Deckel abwechslungsweise durch andere ersetzt, und unterdessen der abgeschiedene Ruß in Büchsen gesammelt. Diese Art der Darstellung soll neueren Autoren zufolge[4]) noch heute an vielen Orten bei uns ausgeführt werden, und ist auch in China noch in großem Maßstabe in Gebrauch, um aus Kampher den zur Erzeugung der chinesischen Tusche erforderlichen, außerordentlich feinen und zarten Lampenruß zu gewinnen.

Umständlichkeit der Arbeit und Materialverlust mußten sehr bald dazu führen, geeignete Apparate zu konstruieren, welche ein mehr kontinuierliches und auch in quantitativer Hinsicht vorteilhaftes Arbeiten gestatten. Im Laufe der Zeit haben sich zwei Verfahren ausgebildet, von denen das eine darauf basiert, den Ruß in Kammern abzuscheiden, während das andere auf das

---

[1]) Lehrbuch der Farbenfabrikation, 3. Aufl. — [2]) Chem. News 1869, Dec., p. 307. — [3]) Freundliche Privatmitteilung der Firma H. Schomburg u. Söhne, Berlin. — [4]) Vgl. Gentele, Lehrbuch der Farbenfabrikation, 2. Aufl., S. 395.

ursprüngliche System der Kondensation des Rußes an metallischen Flächen zurückgreift, dabei aber ebenfalls ein kontinuierliches Arbeiten ermöglicht.

Wie bereits erwähnt, hat man lange Zeit die zu verrußenden, kohlenstoffhaltigen Rohstoffe (Fette und Öle) in flüssiger Form mittels eines Dochtes in der Lampe verbrannt und erzielte dabei je nach der Güte des Rohstoffs oder der Vorsicht, mit der die Verbrennung geführt wurde, ein mehr oder weniger reines Produkt, das oft mit beträchtlichen Mengen von Schwelprodukten verunreinigt war. Die immer höheren Anforderungen, die besonders an die Qualität der zur Herstellung der feinsten Illustrationsdruckfarben dienenden Ruße gestellt wurden, zeitigten die Erkenntnis, daß solche Ruße nur aus vergastem Rohmaterial hergestellt werden können, die ohne Bildung von Schwelprodukten verbrennen. Hierzu bot die Gasindustrie im Leuchtgas und ganz besonders im sog. Ölgas ein sehr geeignetes Ausgangsmaterial, das aber sehr bald an den mächtigen Naturgasquellen, besonders in den Vereinigten Staaten, einen fast unbesiegbaren Konkurrenten erhielt. Der in dem genannten Lande heute massenhaft aus dieser Quelle hergestellte, sog. Gasruß, zählt noch immer mit zu den feinsten Qualitäten von Lampenruß, die im Handel vorkommen. Mit dem Aufblühen der Acetylengasbeleuchtung erschien auf dem Markte in den Abfällen und minderwertigen Chargen der Carbidindustrie ein neues, für die Gasrußfabrikation vorzüglich geeignetes Rohmaterial und der Acetylenruß ist wohl die feinste Qualität, die überhaupt hergestellt wird. In gleicher Weise geeignet erweist sich sein Polymor, das Benzol, das in Dampfform den Lampen zugeführt, einen vorzüglichen Lampenruß liefert und bei den gegenwärtigen niedrigen Preisen eine gewinnbringende Fabrikation ermöglicht.

Hochsiedende Mineralöle, die man früher in Dochtlampen verbrannte, z. B. Gasöl, Paraffinöl usw., werden heute vergast (Ölgasprozeß), liefern aber nur eine geringe Ausbeute an Ruß, weil der größte Teil derselben bei der Vergasung in Teer übergeführt wird. Die neueren Bestrebungen zur Herstellung der den höchsten Anforderungen entsprechenden Rußqualitäten für Farbezwecke laufen darauf hinaus, das gasförmige oder vergaste Rohmaterial nicht mehr in Lampen auf Ruß zu verbrennen, wobei natürlich außer dem Wasserstoff noch eine größere oder geringere Quantität von abgeschiedenem Kohlenstoff mit verbrennt, sondern auf irgend eine Weise in ihre Bestandteile zu spalten, sei es durch Einwirkung von hohen Temperaturen, durch Initialzündung oder den elektrischen Funken.

Die Gewinnung des Flammrußes erfolgte früher nach einem ebenso einfachen als unvollkommenen Verfahren. In eine geräumige Kammer von Holz oder Mauerwerk brachte man einen eisernen Topf mit brennendem Harz und überließ ihn sich selbst bis zum Erlöschen. Öffnungen an Boden und Dach des Gebäudes erlaubten die Zuführung und Regulierung der zum Verbrennen nötigen Luft. Um die Abscheidung des Rußes zu erleichtern, versah man meistens die Wände dieser Kammern mit Schaffellen mit der Wolle, oder groben Stoffen, welche so angebracht waren, daß zwischen sie und das Mauerwerk ein Arbeiter treten konnte, um vermittelst Ausklopfens derselben den Ruß zu sammeln.

Wenn sich in der Kammer genügend Ruß angesammelt hatte, hielt man mit Verbrennen inne, und entfernte denselben, nachdem der Rauch verzogen war. Diese Art zu arbeiten konnte, abgesehen von ihrer großen Feuergefährlichkeit, nur geringe Qualitäten des Produktes ergeben. Einmal verläuft die Verbrennung an sich sehr unregelmäßig und verursacht dadurch eine bedeutende Destillation unverbrannter Stoffe, dann auch lassen die Häute und Stoffe infolge der Hitze so viel Haare und Fasern fallen, daß dadurch der Ruß sehr verunreinigt wird und zu feineren Arbeiten nicht zu gebrauchen ist.

Eine der ältesten Einrichtungen dieser Art, die heute vollständig verlassen ist, findet sich in einigen technischen Werken [1]) aufgeführt und verdient insofern hier erwähnt zu werden, als sie eine der ersten Anlagen war,

Fig. 1.

bei welchen Feuerraum und Rußkammer getrennt waren. Der Ofen ähnelte sehr dem bekannten Apparate zur Sublimation des Schwefels, wie er in Frankreich üblich war.

Er bestand aus einer zylindrischen Kammer, s. Fig. 1, in welcher sich ein blecherner Kegel bewegen kann, der an seiner Spitze eine Öffnung hatte und zugleich als Kamin während der Verbrennung und als Schabeisen nach beendigter Operation diente. Da die Basis des Kegels fast den Durchmesser der Kammer hatte, so kratzten seine Ränder, wenn man ihn herabließ, allen Kienruß ab, der sich an den Mauern festgesetzt hatte, worauf man den letzteren am Boden sammelte. Die Wände der Kammer waren mit Schaffellen oder grober Leinwand ausgekleidet, um den Absatz der Flocken zu erleichtern. Die Verbrennung geschah außerhalb in einem Ofen, auf dessen Feuerherd ein gußeiserner Kessel gesetzt war, welcher das Harz oder den Teer enthielt,

---

[1]) **Dumas**, Handb. d. angew. Chem., übersetzt von **Alex** u. **Engelhart**, Nürnberg, 1830, **1**, 520.

die den Kienruß liefern sollten. Man erhitzte den Kessel, entzündete die Dämpfe und überließ dann die Operation sich selbst. Aus der Erfahrung lernte man bald die Dimensionen kennen, welche man den Ein- und Ausgängen der Luft geben mußte.

Später hat man die Einrichtung dermaßen abgeändert, daß man das Material auf der Sohle eines kleinen Herdes verbrannte, und die Rußgase durch einen Kanal in die eigentliche Rußhütte leitete. Diese bestand aus einem gemauerten oder aus Holz gezimmerten Raum in der Größe eines Zimmers von etwa 5 bis 6 m Länge und Breite und 3 bis 4 m Höhe. Die Decke dieses Raumes bildete die sog. Haube aus lockerem, wolligen Stoff, ein pyramidenartiger Trichter, der an seiner Spitze an einem über Rollen laufenden Seile aufgehängt war. Durch ruckweises Heben und Senken der Haube war es möglich, den daran festgesetzten Ruß abzuschütteln und den Rauchgasen Austritt durch die Maschen des Gewebes zu verschaffen.

Eine viel vollkommenere Vorrichtung dieser Art hat man zu Anfang des vorigen Jahrhunderts in der Gegend von Saarbrücken zur gleichzeitigen Ver-

Fig. 2.

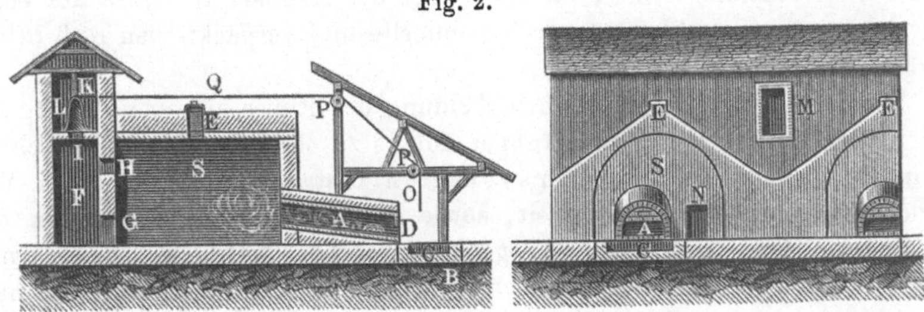

kokung von Steinkohlen und Rußgewinnung angewandt. Sie bestand nach Duhamel[1]) aus einem langen, geneigten, als Feuerherd dienenden Kanal, einer gewölbten Rußkammer, einem Turm zum Ablagern des unverdichtet gebliebenen Rußes, dessen Öffnungen den Zug regulieren, und der gleichzeitig als Rußfänger und als Schornstein dient.

In Fig. 2 ist A der Feuerherd, dessen Boden ebenso wie die Seitenwände und Decken aus feuerfesten Steinen besteht. B sind kleine Mauern, welche die zur Aufnahme des Koks bestimmte Grube C umgeben. D ist ein starker Eisenstab, welcher die Feueröffnung in zwei gleiche Teile teilt, wovon der obere während der Operation mit Backsteinen und Lehm zugemauert wird. S ist die Kammer, welche bestimmt ist, den größeren Teil Ruß aufzunehmen; ihr Boden besteht aus einer Plättschicht von Backsteinen, welche der Trockenheit halber auf Grus oder trockenem Sande ausgeführt wird. E ist ein in der Mitte der Decke angebrachtes Loch, welches während der Operation durch einen Deckel verschlossen und nur geöffnet wird, wenn behufs Entleerung der Kammern frische Luft eingelassen werden soll. G und H sind Öffnungen, durch welche der Rauch in die kleinere Kammer F strömt; die erste ist höher und dient zugleich als Tür zum Betreten der Kammer F. Durch zwei Öffnungen I wird die Verbindung mit dem Kamin K hergestellt. L ist ein Sack aus grober Leinwand, welcher die beiden Öffnungen bei I bedeckt. Er wird durch entsprechende Vorrichtungen darüber festgehalten. Dieser Sack wird

---

[1]) Ann. des mines **10**, No. 55.

durch eine Leine O gespannt erhalten, welche über Rollen P läuft und bis in den Arbeitsraum führt.

Durch Fenster M gelangt man in eine Galerie zu den Säcken, um sie fest zu machen oder zu löschen, falls sie einmal Feuer fangen sollten. Dies Fenster bleibt immer geöffnet, um dem Rauch, welcher bereits allen Ruß abgesetzt haben muß, den Abzug zu gestatten. Sobald der Sack an seiner Innenfläche einmal mit Ruß bedeckt ist, ist er für den Rauch viel undurchlässiger; der Luftzug im Ofen läßt nach und die Verbrennung wird mangelhaft. Ist dieser Fall eingetreten, so zieht der Arbeiter an der erwähnten Leine, wie an einem Glockenzug; dadurch wird der Sack geschüttelt und der Ruß fällt ab auf den Boden der Kammer.

Je nach dem Material, das man verarbeitet, wird es früher oder später nötig, die Kammern zu entleeren. Bei Verarbeitung von Steinkohlen gingen diese Öfen ununterbrochen während 21 Tagen; bei den heute üblichen Materialien würde die Entleerung viel häufiger vorgenommen werden müssen. Zu diesem Zwecke verschloß man die Öffnungen des Herdes mit Lehm und Backsteinen, öffnete die Löcher im Scheitel des Gewölbes der Kammer S, sowie die Türen N, welche vorher geschlossen waren, sammelte und verpackte den Ruß in den Gewölben selbst.

Die Unvollkommenheit der Abscheidung des Rußes aus den Rauchgasen in den vorbeschriebenen Einrichtungen führte zu einem weiteren Fortschritt, der in der Anlage von Kammersystemen bestand, in denen durch Verminderung der Gasgeschwindigkeit, sowie durch Reibung und Stoß an den Wandungen den Rußteilchen Gelegenheit gegeben ward, sich auf einem längeren Wege vollständig auszuscheiden und sich dabei gleichzeitig nach dem Schüttgewicht in Sorten von verschiedener Qualität zu zerlegen. Eine der ältesten derartigen Einrichtungen wird durch Fig. 3 dargestellt.

Der Ofen ist augenscheinlich aus dem zuerst beschriebenen hervorgegangen, weist aber außer der Anwendung des Kammersystems noch andere bemerkenswerte Verbesserungen auf. Zunächst ist der Ofen d räumlich getrennt von dem Kammersystem $a\,a$. Die Verbrennung des Rohmaterials erfolgt auch hier in einer Pfanne, die über einer Feuerung eingemauert ist. Die rußhaltigen Rauchgase treten durch die schräg ansteigende eiserne Röhre n durch die Öffnungen b in die Kammern $a\,a$ ein. Diese Röhre dient gleichzeitig als Kondensator für das bei der Verbrennung entstandene Wasser und etwa der Verbrennung entgangene flüchtige Brennstoffe, die sich durch das Rohr o in dem Gefäß r sammeln. Offenbar sollte auf diese Weise ein reinerer Ruß gewonnen werden, was freilich bei der primitiven Anordnung kaum der Fall gewesen sein dürfte.

Verschiedene Konstruktionen, wie sie früher in Frankreich üblich waren, beschreiben Urbain und Meunier[1]). Ein Ofen, der zum Brennen von Harz oder Teer üblich war, ist in Fig. 4 dargestellt und bestand aus einer aus Backsteinen aufgemauerten Feuerung, deren Sohle mit Steinkohlen oder Koks geheizt wurde. Die Verbrennungsgase ziehen zuerst durch einen breiten Kanal in eine kleinere Vorkammer, worin sich der durch empyreumatische Stoffe verunreinigte Ruß absetzt. Eine größere Kammer diente zur Aufnahme der besseren Qualität. Diese Kammer hatte an ihrem hinteren Ende

---

[1]) Encycl. chim. 1, Paris 1885.

noch eine Scheidewand von passendem Material, durch welches sich der entweichende Rauch erst siebte, um dann vollkommen entrußt ins Freie zu gelangen. Man kuppelte in der Regel zwei oder mehrere Öfen zusammen, um den Betrieb zu einem kontinuierlichen zu gestalten.

Öfen mit größeren Kammersystemen sind erst in späterer Zeit infolge der Notwendigkeit einer besseren Ausnutzung der Rauchgase und zur Verhütung der Belästigung für die Nachbarschaft konstruiert worden. Solche zum Verbrennen von Teeröl und Naphtalin bestimmte, aber auch für feste

Fig. 3.

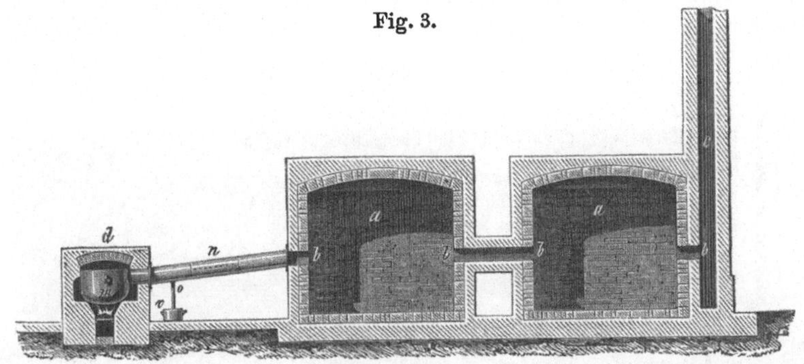

Materialien bei geeigneter Einrichtung brauchbare Öfen beschreiben Thenius[1]) und Bersch[2]). Ihre Konstruktion ist natürlich gänzlich veraltet und besitzt heute nur noch historisches Interesse. Immerhin scheint man aber auch heute noch nicht allerorts mit den veralteten Prinzipien der Rußfabrikation

Fig. 4.

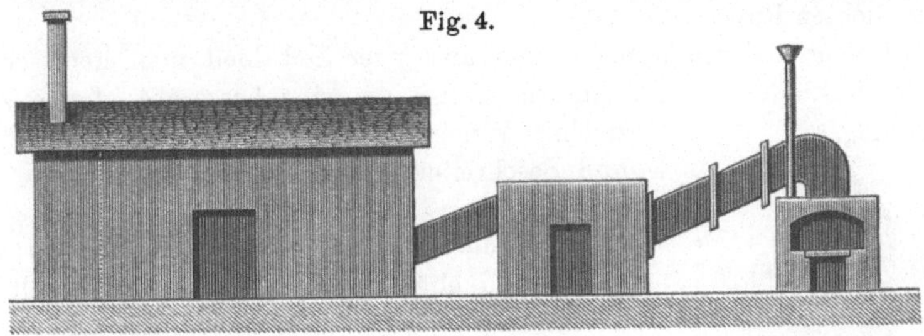

gebrochen zu haben, wie aus der Beschreibung eines Rußofens zur Verarbeitung des Wurzelstockholzes von Fichten und Föhren auf Ruß, die noch in jüngster Zeit O. Fabricius[3]) gegeben hat, hervorgeht.

Im badischen Schwarzwalde, wo sich lange Zeit der Hauptsitz der deutschen Rußfabrikation befand (im Jahre 1885 bestanden dortselbst fünf Fabriken mit einer Jahresproduktion von 200 bis 250 t Ruß), bediente man sich einer Einrichtung, die von C. Engler[4]) beschrieben worden ist.

Die Rußöfen bestehen, wie Fig. 5 und 6 erkennen lassen, aus zwei schwach aufsteigenden Verbrennungsschächten A, in welche das zu verbrennende feste Material von vorn eingeworfen, der Teer oder die Öle aber aus den darüber stehenden Gefäßen a mittels eiserner Röhren eingeleitet

---

[1]) Verwertung des Steinkohlenteers. Wien, Hartleben. — [2]) Verwertung des Holzes. Ebend. — [3]) Farbenzeitung 1906, S. 1042. — [4]) Chem. Ind. 1885, S. 385.

werden. Die Rußgase treten von da in das erste massive Kühlgewölbe B, durch b in das darüber hinweglaufende lange Gewölbe C, dann in den durch Zwischenwand in zwei vertikale Hälften geteilten Turm D und von hier durch einen Regulierschornstein in die Luft. Ein quer durch die eine Hälfte des Turmes gespanntes grobmaschiges Tuch bezweckt die Zurückhaltung der letzten Rußreste.

Bis auf eine Rußfabrik, welche stehende Kühlkammern hat, waren sämtliche Fabriken mit Öfen, die nur unwesentlich von dem oben beschriebenen abweichen, versehen. Man begann jedesmal Dienstag früh mit der Arbeit, und setzte dieselbe bis Samstag fort, mit jeweiliger Unterbrechung von

Fig. 5.

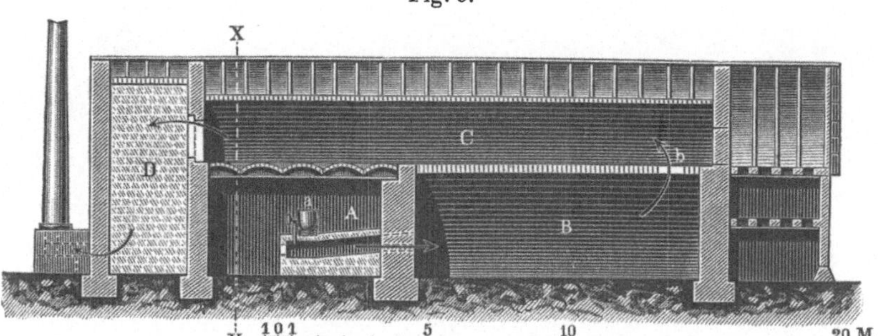

abends 9 oder 10 Uhr bis morgens 4 oder 5 Uhr. Sonntags blieben die Öfen zum Abkühlen stehen, um Montags entleert werden zu können.

Diese Öfen arbeiten sehr regelmäßig und liefern eine gute Ausbeute eines sehr gesuchten Rußes.

Bei einer anderen Konstruktion aus jener Zeit hielt man noch ein besonderes Abkühlen der Flamme für nötig, um eine bessere Ausbeute zu erzielen. Wir geben in nachfolgendem Zeichnung und Beschreibung eines solchen Rußofens.

Fig. 6.

Schnitt XY.

In Fig. 7 bedeutet a die Feuerplatte, eine schwere gußeiserne Platte, deren Längsschnitt einen gleichschenkeligen stumpfen Winkel darstellt. Sie ist so eingemauert, daß ihr vorderes Ende noch immer so viel Fall nach innen hat, daß die flüssigen oder geschmolzenen Brennmaterialien nicht aus dem Feuerraume ausfließen und daß ihr hinteres Ende nach den Kammern ansteigt, um den Rußgasen den Abzug möglichst zu erleichtern; b ist das keilförmige Kühlschiff aus Schmiedeeisen von 6 mm Stärke, mit dicht schließendem, durch Flantsch und Mutterschrauben befestigten Deckel; letzterer ist versehen mit dem Mannloche f und dem Dampfrohr g. Die Armatur des Kühlschiffes besteht aus einem Probierhahn e, welcher an der Stelle angebracht ist, die den zulässigen niedrigsten Wasserstand im Kühlschiffe bezeichnet, sowie einem Ablaßhahn q, welcher zum Entleeren desselben dient. Durch eine Rohrleitung d ($2^1/_2$ Zoll) wird aus dem Anwärmekessel n Teer oder Öl den Feuerungen p durch kleine, mit Regulierhahn versehene gebogene Röhrchen zugeführt. Diese Röhrchen sind in einer Muffe drehbar, so daß sie beiseite gedreht werden können, wenn man in dem Ofen Pech oder andere feste

Materialien verbrennen will, die dann einfach in etwa faustgroßen Stücken von vorn auf die Feuerplatte geworfen werden. Die Feuerungen p sind versehen mit je einer Schiebetüre, die leicht gangbar sein muß und durch eine Zahnstange in jeder beliebigen Stellung festgehalten wird; c ist ein Kanal von Schwarzblech, etwa 3,5 m lang und von quadratischem Querschnitt. Er führt die Rauchgase durch die durch Tür l betretbare Kühlkammer i in das Kammersystem k. Tür m befindet sich passend dicht vor der Feuerungsanlage, damit der in den Löschkanal h, welcher fortwährend durch e mit Wasser gefüllt erhalten wird, fallende Koks leicht und bequem zu entfernen ist. Bei Beginn der Arbeit entzündet man auf der Feuerplatte durch mit Teer oder Öl getränkte Putzwolle, Papier oder dergleichen ein kräftiges Feuer und läßt erst, nachdem dies gehörig im Gange ist, das zu verarbeitende Material auf die eine oder andere Weise zutreten.

Das Kammersystem dieser Anlage besteht aus drei parallelen Gewölben von etwa 36 m Länge, welche der Rauch nacheinander passieren muß, so daß

Fig. 7.

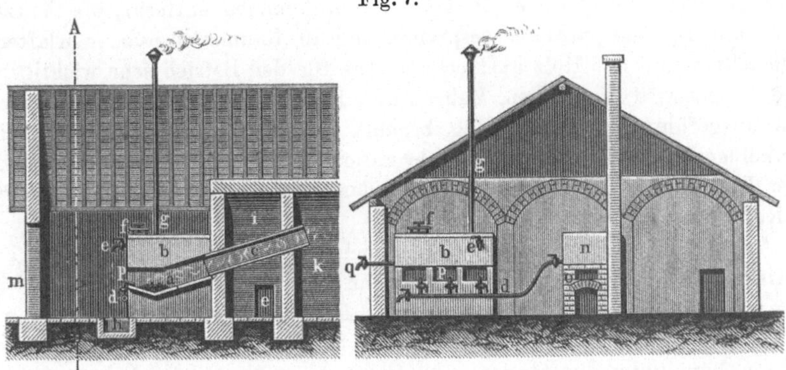

er im ganzen einen Weg von etwa 100 m durchläuft. Von diesen Stollen, deren Gewölbe sich in der Zeichnung angedeutet finden, ist jeder durch Zwischenwände in mehrere Abteilungen geteilt, welche den Rauch zwingen, bald am Boden der Kammer, bald am Scheitel des Gewölbes hinzustreichen. Sämtliche Kammern sind durch eiserne Türen in den Zwischenwänden miteinander verbunden, und von der Endkammer eines jeden Stollens führt an der der Feuerstelle gegenüber liegenden Seite eine eiserne Tür in einen gemeinsamen Sammel- und Packraum. Am Ende des Stollens befindet sich ein Regulierschornstein. Um den Ofen forcierter betreiben zu können, hat man ihm zuweilen auch ein zweites Kammersystem von der gleichen Einrichtung aufgesetzt. Der Betrieb des Ofens geschah in gleicher Weise wie der des vorbeschriebenen Schwarzwälder Ofens.

Rußöfen dieser Art stehen vielfach, wo sie vorhanden sind, noch heute im Gebrauch. Da ihre Konstruktion für eine Neuanlage aber kaum mehr in Frage kommen kann, betrachten wir auch sie als der Vergangenheit angehörig und schließen mit ihrer Beschreibung unsere historische Betrachtung.

III. Die Erzeugung von Flammruß.

Weitaus die größte Menge des für rein technische Zwecke verwendeten Rußes und jedenfalls sämtlicher für die Herstellung elektrischer und gal-

vanischer Kohlen dienende wird auf dem Wege der unvollständigen Verbrennung geeigneter Rohmaterialien in großen Ofenanlagen gewonnen.

1. Das Rohmaterial.

Als Rohstoff hat man sich wohl früher, wie wir im vorigen Abschnitt
bereits kennen gelernt haben, besonders fetter Steinkohlen oder auch harzreicher Hölzer bedient, unter anderem auch billiger Harze oder Rückstände
aus der Harz- und Pechsiederei. Alle diese Stoffe werden heute in anderer,
nutzbringenderer Weise verarbeitet und kommen, da sie, nebenbei bemerkt,
auch nur eine geringe Ausbeute an Ruß liefern, als Rohmaterial für die
Rußfabrikation heute nicht mehr in Frage. Nach O. Fabricius[1]) wird
indessen der ordinäre Kienruß selbst heute noch in manchen Gegenden
lohnend aus den sehr harzreichen Wurzelstöcken der Fichte und Föhre
(Schwarzföhre) in besonders konstruierten Öfen gewonnen. Nach Abtrieb
der Waldungen werden die Wurzelstöcke mittels eigener Maschinen aus dem
Boden gehoben, die kleineren Wurzeln durch Abhauen entfernt, die Wurzelstöcke mit Dynamitpatronen gesprengt und in Raummetern oder Klaftern,
aufgestellt, damit das Holz austrocknet, was für den Betrieb sehr wichtig ist.
Diese Arbeit wird in Galizien, Mähren und Rußland des Winters im Akkord-
wege ausgeführt und sehr billig bezahlt. Aber seit dem Auftreten des
Steinkohlenteers bei der Leuchtgasfabrikation bildet dieser, bzw. die Produkte
seiner Destillation, man kann fast sagen das souveräne Ausgangsmaterial für
die Rußfabrikation[2]).

Anfänglich benutzte man den Teer meist in dem Zustande, wie er aus
der Gasfabrik angeliefert wurde, also mehr oder weniger stark wasserhaltig,
hatte damit aber große Schwierigkeiten. Ein Wassergehalt des Teers, wie
überhaupt jeder auf Ruß zu verarbeitenden Substanz, kann, wie man vielfach
erfahren hat, unter Umständen sehr verhängnisvolle Folgen haben und ist
schon häufig die Ursache von folgenschweren Explosionen geworden, so daß
also auch schon aus diesen Gründen eine vorherige Entwässerung des Materials
vorgenommen werden mußte. Das Entwässern geschah stets durch Erwärmen
und wurde später verbunden mit der Gewinnung der leichteren, wertvolleren
Produkte des Teers. Eine Erwärmung des Teers war an und für sich schon
deshalb in den meisten Fällen kaum zu umgehen, weil derselbe infolge seiner
Dickflüssigkeit in den Rohrleitungen, die zum Ofen führen, sich zu langsam
bewegte und aus den engen Ausflußröhrchen zu schwierig ausfloß. Schon
1846 hat Brönner vorher aus dem Gasteer das nach ihm benannte Fleck-
wasser, wasserhelle Karbolsäure und Schweröl zum Imprägnieren von Eisen-
bahnschwellen abgeschieden und den Rückstand (Pech) auf Ruß verbrannt[3]).
Es war dies eine der ältesten, erheblicheren Verwendungen des bis dahin
lästigen Steinkohlenteers in Deutschland.

Die Verwendung von Steinkohlenteerpech als Rohmaterial für die
Rußfabrikation war lange Zeit üblich — natürlich nur für die Fabrikation
eines minderwertigen Produkts — ist aber schon längst aufgegeben worden,
und zwar nicht allein aus dem Grunde, weil dieses Material einen guten Ab-

---

[1]) Farben-Zeitung 1906, S. 1042 u. f. — [2]) Vgl. Lunge-Köhler, Ind. des
Steinkohlenteers u. Ammoniaks, 5. Aufl., 1, 351 u. 684. — [3]) Vgl. Lunge-Köhler,
a. a. O., S. 20.

satz als Bindemittel für die Brikettindustrie findet. In erster Linie hierfür maßgebend war vielmehr die geringe Ausbeute an Ruß aus diesem Material, die mit den Marktpreisen des letzteren nicht mehr in Einklang stand. Das ist begreiflich, wenn man erwägt, daß gewöhnliches Gasteerpech aus einer Mischung von ungefähr gleichen Teilen fixem Kohlenstoff und bituminösen Stoffen besteht, die nur zum geringsten Teil in höherer Temperatur unzersetzt flüchtig sind.

Nach den auf S. 7 u. f. entwickelten Prinzipien über die Bildung des Rußes ist eine Abscheidung von Ruß als Produkt einer unvollständigen Verbrennung gegründet auf die Flüchtigkeit des zu verarbeitenden Materials bei höherer Temperatur; denn nur in der Flamme selbst, d. h. dem verflüchtigten Teile des verbrennenden Materials, findet eine Ausscheidung von fein zerteiltem Kohlenstoff (Ruß) statt, während aller Kohlenstoff, der bei der Vergasung sich innerhalb des Materials abscheidet, für die Bildung von Ruß verloren ist. Wenn nun ein Rohstoff, wie das Gasteerpech schon von vornherein etwa 50 Proz. nicht flüchtigen Kohlenstoff enthält, während der Rest nur unter Abscheidung weiterer, beträchtlicher Mengen von Kohlenstoff in Form von Koks flüchtig ist, so ist ohne weiteres nur auf eine geringe Ausbeute an Ruß aus demselben zu rechnen.

Ähnlich, wenn auch nicht so schlimm, liegen die Verhältnisse bei der Verwendung von entwässertem Teer. Nach den Untersuchungen von G. Kraemer[1]) zeigt der Teer aus deutschen Gasanstalten im Durchschnitt folgende Zusammensetzung:

Wasser	4,00 Proz.
Benzol und Homologe $C_n H_{2n-6}$	2,50 „
Phenole und Homologe $C_n H_{2n-7} OH$	2,00 „
Pyridin- und Chinolinbasen $C_n H_{2n-7} N$	0,25 „
Naphtalin (Acenaphten) $C_n H_{2n-12}$	6,00 „
Schwere Öle $C_n H_n$	20,00 „
Anthracen, Phenanthren $C_n H_{2n-8}$	2,00 „
Asphalt (lösl. Bestandteile des Pechs) $C_{2n} H_n$	38,00 „
Kohle (unlösl. Bestandteile des Pechs) $C_{3n} H_n$	24,00 „
Gase (bzw. Destillationsverlust)	1,25 „

Nach der Entwässerung durch Destillation, wobei gleichzeitig die leicht flüchtigen Benzole mit übergehen, würde das Material ungefähr die folgende Zusammensetzung zeigen:

Unzersetzt flüchtige Bestandteile (schwere Öle, Naphtalin, Anthracen usw.) etwa	25 Proz.
Nicht unzersetzt flüchtige Bestandteile (lösliche Bestandteile des Pechs = Bitumen) etwa	45 „
Kohle (unlösliche Bestandteile des Pechs) etwa	30 „

Unmittelbar für die Gewinnung von Ruß in Frage kämen hier nur die 25 Proz. unzersetzt flüchtiger Bestandteile des entwässerten Teers, welche bei einer durchschnittlichen Zusammensetzung von ungefähr 92 Proz. Kohlenstoff und 8 Proz. Wasserstoff theoretisch 23 kg Ruß zu liefern vermöchten, während aus den 45 Proz. nicht unzersetzt flüchtiger Bestandteile nur wenig und aus den 30 Proz. Kohle überhaupt kein Ruß zu erwarten wäre. Da es aber nicht zu umgehen ist, daß bei der unvollständigen Verbrennung des Materials außer dem Wasserstoff auch gleichzeitig noch ein Teil des aus

---

[1]) Journ. f. Gasbel. 1891, S. 225.

der Flamme ausgeschiedenen Kohlenstoffs mit verbrennt, so wird, wie wir später sehen werden, die oben angeführte Zahl selbst bei den besten Verbrennungseinrichtungen und vorsichtig geleiteter Arbeit nur annähernd erreicht.

Sehr störend bei der Verwendung von Teer und mehr noch von Pech ist auch das Auftreten bedeutender Mengen von Koksrückständen (50 bis 60 Proz. des Rohmaterials), welche ein•fortwährendes Reinigen der Feuerstellen notwendig machen, während welcher durch reichlichen Eintritt von Luft in die Feuerung nicht unbeträchtliche Mengen von Ruß verbrennen. Dieser Koks besteht in der Hauptsache aus dem freien Kohlenstoff des Teers oder Pechs, dessen Teilchen durch halb verbranntes Rohmaterial zusammengekittet werden. Er bildet eine poröse, leicht zerbrechliche Masse, die für Feuerungszwecke infolge ihres größeren Pechgehalts schlecht verwertbar ist; durch heftiges Glühen erhält man daraus einen sehr reinen, fast aschenfreien Koks, der zur Herstellung galvanischer Kohlen verwendet werden kann.

Der im rohen Gasteer enthaltene fixe oder freie Kohlenstoff, häufig Teerkoks genannt, ist schon an und für sich von rußartiger Beschaffenheit und kann in reinem Zustande den Ruß in vielen Fällen, z. B. bei der Herstellung von Dynamobürsten oder als Farbmaterial, ganz oder teilweise ersetzen. Er enthält nur ganz geringe Mengen von Asche (etwa 0,5 Proz., darunter viel Eisenoxyd) und setzt sich im übrigen aus mindestens 92 bis 95 Proz. Kohlenstoff und dem Rest aus Wasserstoff, Sauerstoff und Spuren von Schwefel und Stickstoff zusammen. Die Gewinnung dieses Produkts in Form von Koks als Rückstand bei der Verrußung von Teer oder Pech bedeutet natürlich eine nahezu vollständige Entwertung desselben.

Eine vorhergehende Präparierung dieser beiden Rohmaterialien unter gleichzeitiger Gewinnung des darin enthaltenen freien Kohlenstoffs in verwertbarer Form ist der Gegenstand des D. R.-P. Nr. 208600 der Rütgerswerke-Aktiengesellschaft in Berlin, Verfahren zur Verbesserung der Rußausbeute aus Steinkohlenteer, Steinkohlenteerpech und ähnlichen Stoffen. Das Verfahren beruht im wesentlichen darauf, daß das zu verrußende Rohmaterial vor der Verbrennung mit einem Lösungsmittel behandelt wird, welches den fein verteilten, freien Kohlenstoff hinterläßt, während alle übrigen Bestandteile in Lösung gehen und entweder zusammen mit dem Lösungsmittel oder nach dem Abtreiben desselben in bekannter Weise verrußt werden. Als Lösungsmittel werden dabei zweckmäßig solche Stoffe verwandt, die gleichzeitig schon heute als Rohmaterial für die Rußfabrikation in Anwendung stehen, z. B. schweres Teeröl, Rohnaphtalin u. dgl., so daß sich eine Wiedergewinnung derselben erübrigt. Es enthalte beispielsweise ein Teerpech 32 Proz. freien Kohlenstoff und die Rußausbeute aus demselben betrage nach dem bisherigen Verfahren 15 Proz., so erhält man nach dem vorliegenden Verfahren aus 100 kg dieses Pechs etwa 32 kg Ruß als sog. freien Kohlenstoff bei der Extraktion, und aus den extrahierten 68 kg löslicher Bestandteile bei einer nur mit 25 Proz. angenommenen Rußausbeute weitere 17 kg Flammruß, insgesamt also 49 kg fein verteilten Kohlenstoff gegenüber nur 15 kg nach dem bisherigen Verfahren.

Es braucht kaum erwähnt zu werden, daß man auch präparierten Teer, d. h. die aus Pech durch Ölzusatz hergestellte Mischung, zur Fabrikation von Ruß verwendet hat; dieses wiederbelebte Produkt hat natürlich keinerlei Vorzüge vor dem entwässerten Teer.

Im Laufe der Zeit ist man immer mehr zu der Erkenntnis gelangt, daß nur die destillierten Produkte der Verarbeitung des Steinkohlenteers ein für die moderne Rußfabrikation geeignetes Material liefern, also Produkte, die schon infolge ihrer Herstellung bis auf den letzten Rest in höherer Temperatur unzersetzt und ohne Abscheidung von Kohle flüchtig sind. Das beste Material würden natürlich die am leichtesten flüchtigen Stoffe, die Benzole, abgeben, die aber gerade wegen ihrer großen Flüchtigkeit für die Fabrikation von Flammruß nicht in Frage kommen können, dagegen für die Erzeugung von Lampenruß ein geradezu ideales Material sind. Mit zunehmendem Kohlenstoffgehalt, also mit steigendem Siedepunkt, wird eine vollständige Verrußung des Materials ohne Koksrückstand schwieriger, die Unterschiede in bezug auf die Endresultate liegen aber hier mehr auf der qualitativen als der quantitativen Seite. Sobald die Produkte bitumenhaltig, also nicht mehr ganz ohne Zersetzung flüchtig sind, beginnt bei der Verbrennung eine gleichzeitige Koksbildung in den Ölgefäßen, und dieser ausgeschiedene Kohlenstoff wirkt anscheinend wie ein Katalysator, indem er die Koksbildung auch aus dem flüchtigen Öl einleitet und beschleunigt, was schon aus den oben erwähnten Gründen äußerst störend ist.

Von den Destillaten des Steinkohlenteers finden daher heute das Schweröl und das Rohnaphtalin als Massenprodukte der Teerdestillation die ausgedehnteste Anwendung, Schweröl in der Qualität, wie es gleichzeitig auch für die Holzkonservierung, sowie für Ölfeuerungen und Dieselmotore in großen Mengen verbraucht wird, Rohnaphtalin als solches oder als Rückstand der Naphtalinreinigung neben Rückständen der Anthracengewinnung usw. Während die Verarbeitung des Schweröls sich auf das einfachste gestaltet, indem man dieses nur durch eine Rohrleitung in regulierbarer Menge unter Einschaltung einer Vorrichtung für die Einhaltung eines konstanten Niveaus den Ölgefäßen der Rußöfen zuzuführen braucht, wo es ruhig und gefahrlos verbrennt, bietet die Verrußung des Rohnaphtalins mancherlei Schwierigkeiten. Es muß zunächst verflüssigt werden, um es in ähnlicher Weise wie Öl konstant den Rußöfen zuführen zu können, wobei häufig Verstopfungen der Rohrleitungen eintreten. In der außerordentlichen Flüchtigkeit des Naphtalins liegt ferner begründet, daß bei der unvollständigen Verbrennung desselben im Rußofen stets ein Teil des Materials sublimiert und den Ruß verunreinigt und außerdem zu gefährlichen Explosionen in den Rußkammern Veranlassung gibt. Man hat diesem Mißstand dadurch wirksam zu begegnen gewußt, daß man das Rohnaphtalin nicht für sich allein, sondern in Lösung mit schweren Teerölen zur Verrußung bringt.

Die Ausbeute an Ruß aus schwerem Teeröl beträgt bei geeigneter Ofenkonstruktion und gut geleitetem Betrieb dauernd 70 Proz. vom Rohmaterial[1]). Da der Marktpreis des Öls kaum das Doppelte von dem des Teers beträgt, ist es begreiflich, daß man sich mehr und mehr diesem Rohmaterial zuwendet und eine direkte Verrußung des Teers nur noch in gewissen Fällen stattfindet, beispielsweise bei besonderen Verfahren, die auf eine Verarbeitung des Teers unter gleichzeitiger Gewinnung von Ruß und Pech hinauslaufen, wie solche in der Folge besprochen werden sollen.

Nach Mitteilungen von autoritativer Seite kommen für die Fabrikation von Flammruß außer dem Steinkohlenteer bzw. dessen Destillationsprodukten

---

[1]) Vgl. Meiser, D. R.-P. Nr. 203711.

andere Rohmaterialien kaum mehr in Frage. Rohpetroleum und Petroleum-
destillate, selbst hochsiedende und solche mit höchstem Flammpunkt, erwiesen
sich als gänzlich ungeeignet, da sich bei ihrer Verarbeitung im Rußofen
gefährliche explosive Gemische bilden.

Über die elementare Zusammensetzung der verschiedenen Teerölfraktionen
verdankt man Rieppel[1]) eingehende Untersuchungen, aus denen hervorgeht, daß zwischen den leichteren, als Verbrennungsöle qualifizierten und den
schwereren Anthracenölen ein Unterschied in bezug auf die Verteilung des
Kohlenstoffs und Wasserstoffs nicht existiert und sie daher für die Zwecke
der Rußfabrikation im allgemeinen gleichwertig sind. In Ölen verschiedener
Herkunft wurde folgendes Verhältnis festgestellt:

	Kohlenstoff Proz.	Wasserstoff Proz.
1. Anthracenöl	89,10	6,89
2. Kreosotöl	91,20	6,13
3. Teeröl (Pasing)	90,30	8,19
4. „ (Zeche Lothringen)	91,15	7,46
5. „ A (Erkner)	89,56	7,50
6. „ B (Erkner)	90,60	7,15
Durchschnitt rund . . .	90,00	7,00

Der Rest von 3 Proz. verteilt sich auf den Gehalt an Sauerstoff, Schwefel
und Stickstoff, unter denen der erstere in vorherrschenden Mengen (Phenole)
vorhanden ist.

Teeröl (3 bis 6), wie es unter der Bezeichnung „Verbrennungsöl" in den
Handel gelangt, zeigt ein spez. Gewicht von etwa 1,04 bis 1,08, einen Flammpunkt von ungefähr 90°, und beginnt nicht unter 200° zu sieden. Die Siede-
grenze nach oben ist schwankend, je nach der Verarbeitungsweise des Teers,
beträgt aber kaum mehr als 90 Proz. und kaum weniger als 50 Proz.
Destillat bis 300°. Der Gehalt an sauren Ölen (Phenolen) bewegt sich zwischen
6 bis 12 Proz., während an basischen Körpern kaum mehr als 2 Proz. vorhanden sind.

Als Rohmaterial für die Rußfabrikation empfiehlt Gruszkiewicz[2])
Roherdöl, das bei einem Kohlenstoffgehalt von etwa 85 Proz. im Flammofen aus 100 kg etwa 25 kg Ruß und 40 kg Petrolkoks, der für feinere,
metallurgische Zwecke sehr gesucht ist, liefert. Vgl. dagegen oben.

2. Der Verbrennungsprozeß.

Wie die auf der vorigen Seite gegebenen Analysen ausweisen, müßte man
der Theorie nach aus den genannten Rohmaterialien rund 90 Proz. Ruß
erhalten, wenn es möglich wäre, den Luftzutritt bei der Verbrennung so zu
regulieren, daß der Sauerstoff nur hinreichen würde, um den Wasserstoff des
Materials zu Wasser zu verbrennen, und sich der gesamte Kohlenstoff in freier
Form ausscheiden würde. Dies ist aus begreiflichen Gründen ausgeschlossen,
und es bleibt die wichtigste Aufgabe, den Prozeß so zu leiten, daß man der
Theorie wenigstens möglichst nahe kommt.

---

[1]) Zeitschr. d. Ver. deutsch. Ing. 1907, S. 615. — [2]) Naphta, XVI, Heft 6.

Für die in 1 kg des Materials vorhandenen etwa 70 g Wasserstoff sind zur Verbrennung zu Wasser theoretisch 560 g Sauerstoff, oder auf Luft (bestehend aus rund 75 Gew.-Proz. Stickstoff und 25 Gew.-Proz. Sauerstoff) umgerechnet 2240 g und da 1 Liter Luft bei 0° rund 760 mm Barometerstand 1,2936 g wiegt, 1,732 cbm erforderlich. Wird die Verbrennung des Materials zu Ende geführt, d. h. werden die darin enthaltenen 930 g Kohlenstoff zu Kohlensäure verbrannt, so werden außer den genannten Mengen weitere 2814 g Sauerstoff oder 11256 g Luft = 8,7 cbm, insgesamt also 10,432 cbm verbraucht. Mit diesen Zahlen ist die obere und die untere Grenze für die Luftzufuhr gegeben. Je mehr sich der wirkliche Verbrauch an Verbrennungsluft der unteren Grenze, d. h. der für die Rußbildung theoretisch erforderlichen Menge nähert, desto größer muß die Ausbeute an Ruß sein, einesteils weil dadurch der ausgeschiedene Kohlenstoff vor der Oxydation geschützt und anderenteils einer Abkühlung der Flammentemperatur durch überschüssige Luft möglichst vorgebeugt wird.

Aus den an anderer Stelle erwähnten Untersuchungen über den Zerfall der Kohlenwasserstoffverbindungen unter dem Einfluß hoher Hitzegrade wissen wir, daß alle Kohlenwasserstoffe bei Temperaturen von etwa 1200° (manche sogar schon viel früher) in ihre Elementarbestandteile zerfallen. Die Erzielung einer möglichst hohen Flammentemperatur ist daher für die Rußbildung von außerordentlicher Wichtigkeit. Im praktischen Betriebe (z. B. bei Teerölfeuerungen an Metallschmelzöfen) erzielt man mit Leichtigkeit Temperaturen von 1400° und darüber, wobei die eigentliche Flammentemperatur noch beträchtlich höher liegt und sich bei Zufuhr der theoretischen Luftmenge auf mindestens das Doppelte des obigen Betrages berechnet, wobei vorausgesetzt ist, daß das gesamte Material restlos verbrennt.

Im Rußofen liegt dieser Fall nicht vor, weil man hier darauf hinarbeitet, möglichst viel Kohlenstoff der Verbrennung zu entziehen. Indessen erreichen auch die hier auftretenden Hitzegrade die kritische Temperatur für die Beständigkeit der Kohlenwasserstoffdämpfe, wobei freilich auch ein Teil des Kohlenstoffs gleichzeitig mit verbrennt. Über den in Rußöfen älterer Konstruktion sich abspielenden Verbrennungsprozeß hat C. Engler[1]) einen interessanten Beitrag geliefert, indem er die Rußgase aus den auf S. 19 u. f. beschriebenen Schwarzwälder Rußöfen, meist in einer Entfernung von wenigen Metern von der Feuerstelle entnommen, gasanalytisch untersuchte und dabei zu folgenden Resultaten kam:

Rußöfen	1 Proz.	2 Proz.	3 Proz.	4 Proz.	5 Proz.	6 Proz.
Kohlensäure	6,2	7,6	9,5	10,8	10,2	10,5
Kohlenoxyd	0,5	0,9	0,8	0,8	0,9	1,4
Sauerstoff	13,4	10,6	7,8	6,2	6,8	6,1

Wasserstoff und Sumpfgas konnten in keinen bestimmbaren Mengen nachgewiesen werden und ebensowenig schwere, durch rauchende Schwefelsäure absorbierbare Kohlenwasserstoffe, mit Ausnahme von 3, wo 0,9 Proz. gefunden wurden.

---

[1]) Chem. Ind. 1885, S. 385.

Aus dem hohen Sauerstoffgehalt der Rauchgase kann man den Überschuß an Verbrennungsluft in diesen, wie in allen Öfen älterer, ähnlicher Konstruktion erkennen, der im günstigsten Falle etwa 30 Proz. im Maximum, dagegen 65 Proz. über die theoretische Menge betragen hat, wodurch einerseits beträchtlich viel Kohlenstoff im Verhältnis von 1 : 7 bis 1 : 13, im Mittel 1 : 10 zu Kohlenoxyd und Kohlensäure verbrannt, andererseits die Flammentemperatur unter die erforderliche Grenze herabgesetzt wurde. Im Einklang damit steht die geringe Ausbeute, welche aus 100 kg Teer 25 kg Ruß betragen hat. Bringen wir von dem Gewicht des Teers seinen Gehalt an freiem, für die Rußbildung wertlosem Kohlenstoff mit etwa 25 Proz. in Abzug, so verbleiben noch 75 kg flüchtiger Substanz, welche nach ihrer Zusammensetzung eine theoretische Ausbeute von etwa 65 kg Ruß hätten ergeben müssen. Demnach sind etwa 40 Proz. des für die Rußbildung disponiblen Kohlenstoffs zu Kohlensäure und Kohlenoxyd verbrannt worden.

Bei der Unvollkommenheit der Verbrennungsvorrichtungen an Rußöfen älteren Systems, bzw. deren Einrichtungen für die Regulierung der zugeführten Verbrennungsluft kann dieses Resultat, das unter Umständen noch weit hinter dem von Engler genannten zurückbleibt, nicht wundernehmen. Wie aus den Figuren 1 bis 7 zu ersehen ist, bestehen diese Einrichtungen im allgemeinen aus einem horizontalen oder vertikalen Schacht, in welchem die Brennstoffplatte oder Schale untergebracht ist und die Luft nur von einer Seite durch einen vertikal oder horizontal verstellbaren Schlitz Zutritt erhält.

Fig. 8.

Die Zuführung der Luft in den Ofen erfolgt, wie bei jeder Feuerung, durch natürlichen Schornsteinzug, dessen Stärke durch sog. Registerschieber reguliert wird, während die genauere Einstellung am Ofen selbst durch den erwähnten Schlitz geschieht. Dazu dient bei den alten Ofenkonstruktionen eine Feuertür, etwa nach Fig. 8, welche eine Einstellung des Luftspaltes auf beliebige Weite gestattet. Sie besteht aus einer in horizontaler Richtung verschiebbaren eisernen Platte, die sich nach oben aufklappen läßt und in schräger Lage auf einem gußeisernen Gehäuse ruht; durch Seitwärtsschieben ermöglicht sie die Einstellung des Luftspaltes, durch Aufklappen die Bedienung der Feuerung und gestattet eine ziemlich genaue Regulierung des Luftzuges, solange die mit abgehobelten Flächen versehenen Eisenteile nicht durch die Wirkung der Hitze deformiert sind. Aber selbst in diesem günstigen Falle ist es, um eine gleichmäßige Verbrennung des Materials an seiner ganzen Oberfläche zu ermöglichen, nicht angängig, ohne einen sehr beträchtlichen Luftüberschuß zu arbeiten, so daß an der Seite des Lufteintritts eine zu lebhafte Verbrennung stattfindet, welcher auch erhebliche Mengen von Kohlenstoff zum Opfer fallen, während auf der anderen Seite durch den großen Luftüberschuß, der neben der Flamme herstreicht, eine beträchtliche Abkühlung der letzteren mit den weiter oben erwähnten Folgen herbeigeführt werden muß.

Diesen Übelständen hat man mit gutem Erfolg dadurch zu begegnen gesucht, daß man der Rußflamme die Luft nicht nur, wie vorbeschrieben, von einer Seite, sondern ähnlich wie bei jeder Petroleumlampe allseitig, d. h. ringförmig zugeführt hat. Dazu war es nötig, die Flamme in einem senkrechten Schacht aufsteigen zu lassen, wie etwa die Flamme einer Lampe im Zylinder, und die Verbrennungsvorrichtung in oder unter diesem Schacht derartig anzuordnen, daß die Verbrennungsluft der Flamme gleichzeitig in ihrem ganzen Umfang mit der erforderlichen Beschränkung zuströmen konnte. Wohl die erste Einrichtung dieser Art wurde von Lorilleux fils in Paris geschaffen, welche damit das Prinzip der Lampenrußfabrikation auf die Herstellung von Flammruß in großem Maßstabe übertragen haben. Bei ihrem später zu beschreibenden Apparat wurde das Rohmaterial (z. B. Teer) in einem besonderen Kessel destilliert und das Destillationsprodukt in Dampfform durch eine Rohrleitung unter eine senkrecht aufgehängte konische Haube (Rauchfang) geführt, innerhalb deren die Verbrennung bei allseitig in regulierbarer Menge zuströmender Luft vor sich ging. Vom Kopf des Rauchfangs führte ein Kanal die Rauchgase in ein System von Kammern, während der Rückstand der Destillation (z. B. Pech) von Zeit zu Zeit in flüssiger Form in besondere Gruben abgelassen werden konnte. Wir werden später sehen, daß ähnliche Einrichtungen noch in jüngster Zeit mehrfach patentiert worden sind.

Eine ältere Konstruktion mit allseitiger Luftzuführung, bei der aber das Material nicht erst verdampft, sondern direkt zur Verbrennung gebracht wird, beschreiben Zerr und Rübenkamp[1]). Sie bildet die Grundform aller modernen Flammrußöfen. Die Öfen bestehen, wie Fig. 9 erkennen läßt, aus einem an zwei Trägern aufgehängten Hut *A*, der mit seiner Öffnung *D* durch Knieröhren mit den Rußkammern in Verbindung gesetzt wird. Unter dem Hute *A*, an dem gleichzeitig die Bedienungsöffnung angebracht ist, steht die auf Rädern fahrbare Feuerschale *B*, welche unten mit einem Schieber *C* und den Regulatoren für den Luftzutritt versehen und in welcher die eigentliche Brennstoffschale derart eingebaut ist, daß die unten eintretende Luft, zwischen den beiden Schalen aufsteigend, ringsum zur Flamme gelangen kann. Diese Schalen, in welchen sowohl festes, als auch flüssiges Material verarbeitet werden kann, werden nach ein- oder zweitägigem Betrieb ausgewechselt und

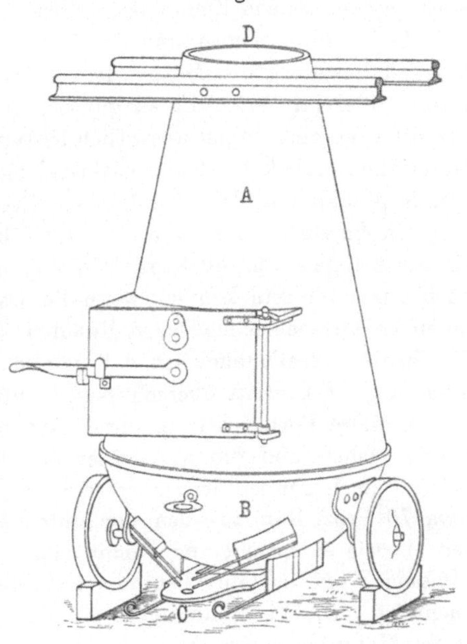

Fig. 9.

---

[1]) Handbuch der Farbenfabrikation, Dresden 1905, Verlag von Steinkopff u. Springer, S. 590.

von den abgelagerten Koksresten befreit. Zu einer Kammeranlage gehören meist mehrere derartige Öfen, die gleichzeitig oder zuweilen auch abwechselnd betrieben werden, wenn Wert darauf gelegt wird, die Öfen und die Zuleitungsröhren oder Kanäle nicht zu heiß werden zu lassen. In diesen Fällen besteht ein ein- oder zweitägiger Turnus in der Befeuerung der Öfen.

Das Beschicken derselben mit frischem Verrußungsmaterial hat immer sehr schnell zu geschehen; es muß vermieden werden, zu reichliche Mengen von Luft bei der Öffnung der Ofentür in das Innere der Öfen und Kammern gelangen zu lassen, damit nicht durch eine entsprechende Mischung von Luft und brennbaren Gasen explosive Gemische entstehen, durch deren Entzündung erheblicher Schaden an Gebäuden und ev. auch Gefahr für das bedienende Personal entstehen könnte. Das läßt sich natürlich leicht vermeiden, wenn man dem Ofen, wie dies meist geschieht, das Material automatisch in flüssigem oder geschmolzenem Zustande zuführt.

Durch diese Anordnung der Luftzufuhr beim Verbrennungsprozeß ist es möglich gewesen, die Menge der Verbrennungsluft so zu beschränken und ihre oxydierende Wirkung so günstig zu beeinflussen, daß im Vergleich zu den alten Vorrichtungen wesentlich bessere Ausbeuten an Ruß aus den gleichen Materialien erzielt wurden. Während man z. B. früher bei der Verarbeitung von Naphtalin und Teeröl mit einem Ergebnis von 20 bis 25 Proz. Ruß aus diesen Rohmaterialien zu rechnen hatte, führen Zerr und Rübenkamp (a. a. O.) ein Ausbringen von 40 Proz. Ruß an, und dieses Resultat hätte zweifellos noch günstiger sein können, wenn die Beschickungsvorrichtungen an dem von ihnen beschriebenen modernen Rußofen so eingerichtet gewesen wären, wie dies heute überall üblich ist, daß nämlich während des Einbringens des Rohmaterials der Eintritt überschüssiger Luft in den Ofen vermieden wird.

Weitere Fortschritte in dieser Art der Luftzuführung, die unter Patentschutz stehen und die wir später bei der Beschreibung einzelner Rußofensysteme noch kennen lernen werden, führten zu dauernden Ausbeuten von etwa 70 Proz. Ruß aus den genannten Materialien, was ungefähr 80 Proz. der Theorie entspricht und womit aller Voraussicht nach das Maximum der auf dem Wege der unvollständigen Verbrennung erhältlichen Rußmenge erreicht ist. Die Verbrennung so zu leiten, daß nur der Wasserstoff des vergasten Materials verbrannt und der gesamte Kohlenstoff desselben in Form von fein verteiltem Ruß aus der Flamme ausgeschieden wird, ist aus begreiflichen Gründen ein Ding der Unmöglichkeit; es wird sich nie vermeiden lassen, daß ein Teil des Kohlenstoffs gleichzeitig mit dem Wasserstoff verbrennt, weil es keine Möglichkeit gibt, ihn vor der Einwirkung des Sauerstoffs der Verbrennungsluft völlig zu schützen. Ein solches Resultat läßt sich nur durch Spaltung der Kohlenwasserstoffe unter Druck und bei hoher Temperatur und völligem Ausschluß der atmosphärischen Luft erreichen.

3. Die Abscheidung des Rußes aus den Rauchgasen.

Für die Erzielung der höchsten Ausbeute an Ruß ist das Vorhandensein geeigneter Vorrichtungen zur möglichst vollständigen Abscheidung desselben aus den Rauchgasen fast ebenso wichtig, wie die sorgfältige Leitung der Verbrennung selbst. Wir wissen aus den Erfahrungen des täglichen Lebens, daß der Rauch unserer häuslichen und industriellen Feuerungen den größten Teil des darin enthaltenen Rußes infolge des lebhaften. Zugs der Schornsteine in die Luft entführt und nur geringe Mengen desselben in den zur Fortleitung des Rußes bestimmten Kanälen zur Abscheidung gelangen (vgl. die Angaben von Roberts auf S. 14). Angesichts der lockeren, voluminösen Beschaffenheit des Rußes und seinem geringen Schütt- (= Raum-)Gewicht — Ruß ist mehr als federleicht — kann diese Erscheinung nicht wundernehmen bei der beträchtlichen Geschwindigkeit, mit der die Rauchgase die zu ihrer Fortführung bestimmten Einrichtungen passieren.

Soll dieser Ruß aus Rauchgasen niedergeschlagen werden, so ist es vor allen Dingen erforderlich, die Eigengeschwindigkeit dieser letzteren derart zu vermindern, daß dem Ruß Gelegenheit geboten wird, sich infolge seiner spezifischen Schwere aus den ihm als Träger dienenden Gasen auszuscheiden. Eine Verminderung der Geschwindigkeit der Rauchgase kann bekanntlich nur durch eine Erweiterung des Querschnitts der Rauchkanäle erreicht werden, die in dem vorliegenden Fall von einer solchen Längenausdehnung sein müssen, daß neben der so weit als möglich beschränkten Geschwindigkeit der Rauchgase den leichten Rußflocken auch die erforderliche Zeit geboten wird, sich auf dem Wege, den sie bis zu ihrem Austritt in die Atmosphäre zurückzulegen haben, möglichst vollkommen zu Boden zu senken. Diese Erkenntnis führte, wie wir gesehen haben, schon sehr frühzeitig zur Erweiterung der Rauchkanäle in sog. „Rußkammern“, deren Vorbild in den Räucherkammern unserer häuslichen Feuerungen gegeben war.

Man hat ferner beobachtet, daß eine häufige Ablenkung der Bewegungsrichtung der Gase, sowie Reibung und Stoß derselben an den Kammerwandungen die Abscheidung des Rußes aus den Rauchgasen befördert und vervollständigt und ging bei größeren Anlagen bald zum Bau von ganzen Rußkammersystemen über, bei welchen nicht, wie bei den Einzelkammern, noch besondere, mechanische Einrichtungen für die Abscheidung der letzten Rußteilchen, oder doch nur in beschränktem Maße, soweit dies die Verhütung einer Rußplage der Nachbarschaft erforderlich machte, nötig waren. Einzelkammern und ganz einfache Kammersysteme haben wir bereits aus den Figuren 1 bis 7 kennen gelernt.

Die Konstruktion eines modernen Kammersystems zeigt Fig. 10 nach Zerr und Rübenkamp, wie es zur Kondensation der Rußgase aus den Öfen nach Fig. 9 gebräuchlich ist. Im Erdgeschoß deuten a vier Rußöfen der beschriebenen Art an, aus denen die Rauchgase durch Rohre in die Vorkammer B gelangen, von der aus sie in den ersten Gang C geführt werden. Am Ende dieses Ganges sind die Gase genötigt, denselben Weg durch den Gang D zurück zu nehmen, und gelangen dann durch die Öffnung bei F im Scheitel dieses bzw. dem Boden des darüber liegenden Ganges in das Obergeschoß, wo sie die Gänge G, H und I zu passieren haben, bevor sie durch die Esse bei K in entrußtem Zustande abgeführt werden. In die Gänge sind Quermauern eingefügt, welche die Gase zwingen, ihren Weg im Zickzack zu nehmen. Andererseits sind in den Längsmauern des Obergeschosses bei t Türen angeordnet, welche während des Betriebes geschlossen gehalten werden; E ist ein an das Erdgeschoß angelehnter Anbau. Die Dimensionen der Gänge richten sich nach der Menge von Ruß, welche die aufgestellten Öfen liefern sollen. Diese Angabe bedarf insofern der Ergänzung, als sich die Größe bzw. Länge der Kammern nach der Menge der erzeugten Rauchgase zu richten

hat, um die Bewegungsgeschwindigkeit derselben so zu verlangsamen, daß die
in ihnen schwebenden Rußpartikelchen Zeit und Gelegenheit finden, sich möglichst vollkommen daraus abzuscheiden.

Nach Einstellung der Feuerung bleiben die Kammern bei teilweise ge-
öffneten Seitentüren so lange, mindestens aber 12 Stunden, stehen, bis die
Temperatur so weit gesunken ist, daß sie begangen werden können und die
Verbrennungsgase durch Luft verdrängt worden sind. Aus den Gängen des
Obergeschosses wird sämtlicher Ruß durch Krücken nach der Öffnung *F* geschafft und durch diese in daß Erdgeschoß befördert, aus welchem der Ruß
in gleicher Weise in den Vorraum *E* gebracht wird, in dem die Verpackung
in Säcke oder Fässer stattfindet.

Über die von ihr konstruierten Rußkammern macht uns die Firma
Alphons Custodis, Aktiengesellschaft für Essen- und Ofenbau in Düssel-

Fig. 10.

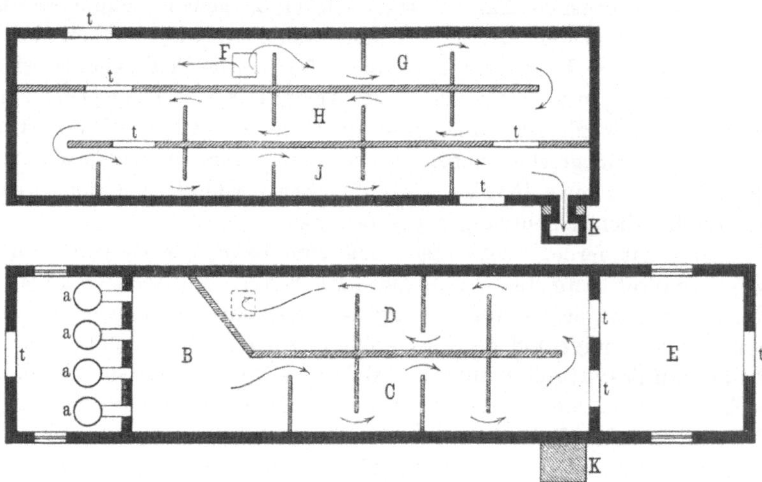

dorf, folgende freundliche Mitteilungen: Die Kammern bestehen aus lang-
gestreckten Kanälen, deren Querschnitt im Verhältnis zur Feuerung sehr groß
ist, so daß der Rauch seine Geschwindigkeit auf ein Minimum verlangsamt
und auf diese Weise den Rußteilchen Gelegenheit gibt, sich abzusetzen. Zur
vollkommeneren Absonderung des Rußes wird der Rauch noch durch Zwischenwände gezwungen, seine Richtung fortwährend zu ändern.

Bei dem am Ende eines jeden Ofens errichteten Schornstein ist auf die
Zugstärke eine ganz besondere Rücksicht genommen, damit die Luftströmung
nicht übermäßig groß ist und die Rußausbeute nicht verringert wird. Trotzdem entweicht noch Ruß aus dem Schornstein, wenn kein besonderer Rußfänger eingeschaltet wird; die genannte Firma baut, wie sie uns mitteilt, einen
derartig wirksamen Apparat, daß die Gase vollkommen entrußt aus dem Schornstein entweichen, also jeder Verlust vermieden wird. (Vgl. weiter unten.)

Sie hält auch die Abkühlung der Rauchgase hinter den Feuerungen
für ganz besonders wichtig; je nach dem zur Verfügung stehenden Raum
kann dieselbe durch Luft oder Wasser erfolgen und sind die Rauchkanäle
neben- oder übereinander angeordnet. Im Laufe der Zeit ist die Firma
Custodis zu der Erfahrung gelangt, daß eine gewisse Größe der Öfen nicht

überschritten werden darf, wenn die Leistungsfähigkeit derselben mit dem Anschaffungspreis noch in gutem Einklang bleiben soll; ihre Anlagen werden daher nur in konstanten Größen gebaut.

Die Fig. 11 bis 14 geben die maßstäbliche Darstellung einer Anlage für zwei Öfen; sie ist ohne weiteres · verständlich und bedarf keiner näheren Erläuterung. Fig. 15 und 16 zeigen eine für 10 Öfen ausgeführte Anlage, die sämtlich von einem gemeinschaftlichen Arbeitsraum aus bedient werden.

Wie ersichtlich, ist mit Kammersystemen dieser Art nur ein unterbrochener Betrieb möglich, weil die Feuer gelöscht werden und die Öfen längere Zeit still liegen müssen, wenn die Kammern entleert werden sollen. Für gewisse Zwecke, namentlich die der Kunstkohlenfabrikation, wo es nicht auf die Trennung des Rußes in verschiedene Qualitäten ankommt, wäre, um billig zu fabrizieren und keine Unterbrechung der Arbeit zu erleiden, der kontinuierliche Betrieb der Öfen sehr wünschenswert, und Zellner (a. a. O., S. 61 u. f.) macht daher den Vorschlag, die Kammersysteme nach dem Prinzip des Ringofens zu bauen, so daß jede Kammer zur Entleerung beliebig aus- und dafür eine andere eingeschaltet werden könnte. Wir werden später sehen, wie er sich die Ausführung dieses Vorschlags denkt.

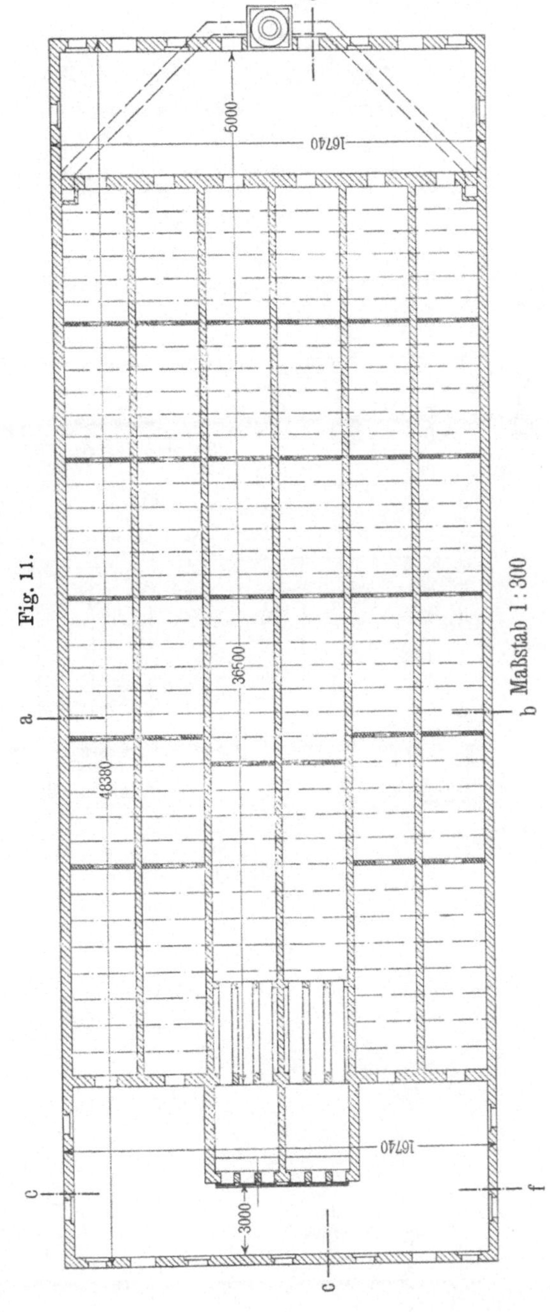

Die Kammersysteme werden aus Mauerwerk mit Zementglattputz oder wenigstens sauberer Zementverfugung hergestellt. Eisen, z. B. Wellblech,

eignet sich, wegen der leichten Rostbildung unter dem Einfluß der feuchten
Rauchgase, sowie der starken Abkühlung der letzteren durch sein gutes

Fig. 12 u. 13.

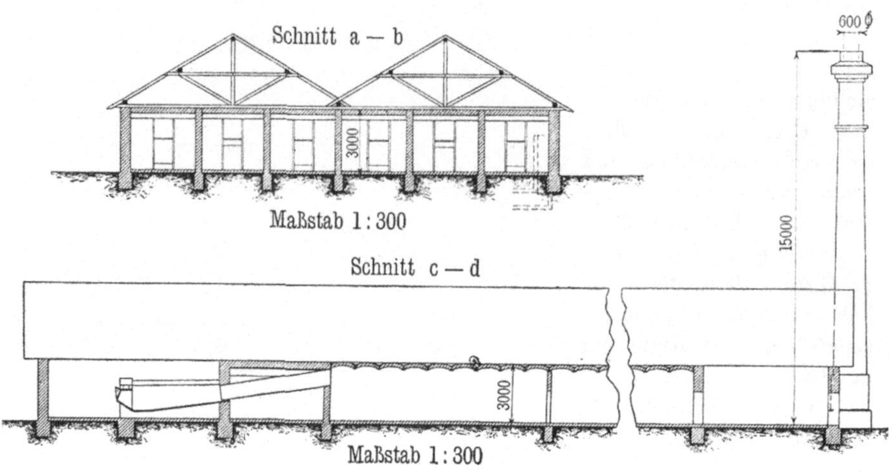

Fig. 14.

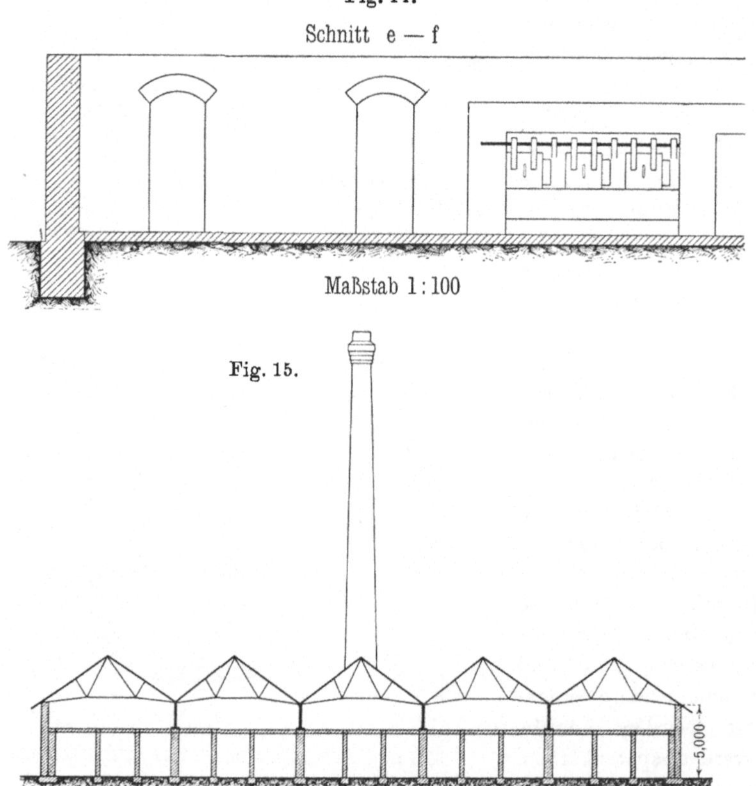

Wärmeleitungsvermögen und der Schwierigkeit, die Stöße ohne starke Ver-
nietung dicht zu bekommen, nicht für diesen Zweck. Holz, das man bis-

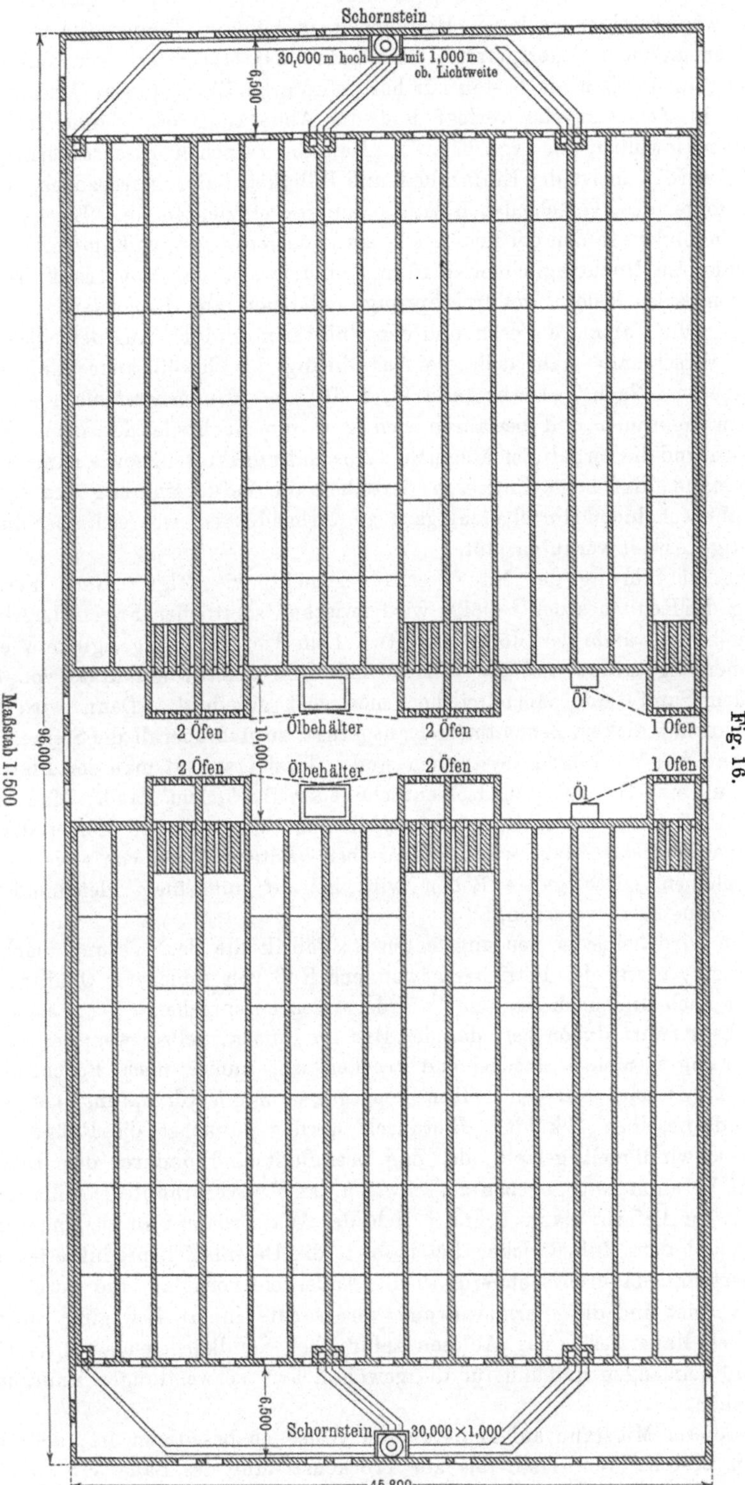
Schornstein
30,000 m hoch mit 1,000 m ob. Lichtweite
6,500
Maßstab 1:500
96,000
2 Öfen
Ölbehälter
10,000
2 Öfen
Öl
1 Ofen
2 Öfen
Ölbehälter
2 Öfen
Öl
1 Ofen
Fig. 16.
6,500
Schornstein 30,000 × 1,000
45,800

weilen zur Ausführung der Zwischenwände vorgesehen hat, ist ganz zu verwerfen wegen seiner geringen Haltbarkeit in höherer Temperatur und der damit verbundenen Feuersgefahr. Man führt das Mauerwerk der Kammern in allen seinen Teilen am besten aus hartgebrannten Ziegelsteinen (Maschinensteinen) in Zementmörtel verlegt und die Abdeckung der Gänge in freitragenden Gewölben aus (vgl. Fig. 7). Gewölbe zwischen Eisenträgern (vgl. Fig. 13) werden meist der Einfachheit und Billigkeit halber vorgezogen, sollen aber infolge des verschiedenen Ausdehnungskoeffizienten des Eisens und Steines besonders in den der Feuerstelle am nächsten liegenden Kammern unter Umständen zu Unzuträglichkeiten führen, indem sich das Mauerwerk in der Hitze vom Eisen loslöst, wodurch Sprünge entstehen, aus denen der Sand des Mörtels in die Kammern rieselt und den Ruß verunreinigt. Aus dem gleichen Grunde verschmäht man auch die Ausführung der Gewölbeabdeckungen in Zementbeton. Nach Zellner (a. a. O., S. 65) sind Kammersysteme aus Wellblech im Gebrauch und bewähren sich gut; die Nachteile der gemauerten Kammern sind die verhältnismäßig hohen Anschaffungskosten, sowie namentlich der Umstand, daß beim Entleeren derselben die Verunreinigung des Rußes durch abbröckelnden Mörtel nicht ganz zu vermeiden ist, was sich aber durch sorgfältige Arbeit verhüten läßt.

Die Ausführung des Mauerwerks geschieht wie folgt: Nach Fertigstellung des Rohbaues der Gewölbe wird zwischen sämtlichen Fugen derselben und der Seitenwände der Mörtel auf etwa 1 cm Tiefe durch geeignete Werkzeuge herausgekratzt und die Wände mit Hilfe einer Stahlbürste von anhaftenden Sand - und Mörtelteilchen möglichst gereinigt. Dann wird der ganze Bau mit dickem Zementmörtel ausgefugt, so daß überall die Steine bloß liegen und nur die Fugen verstrichen sind. Jetzt erst legt man den Plattenboden auf eine Schicht von Kohlenasche oder trockenem Sand. Man verwendet hierzu am besten Ziegelsteine, die man flach in den Mörtel derart nebeneinander setzt, daß zwischen denselben breitere Fugen von etwa $1/_2$ cm Breite bleiben. Der ganze Boden wird hierauf mit einem gleichmäßigen dünnen Zementguß versehen.

Man wird bei jeder neu angelegten Rußfabrik die Beobachtung machen, daß der zu Anfang des Betriebes gewonnene Ruß von schlechter Qualität ist und erst nach und nach eine den Anforderungen entsprechende Ware erhalten wird. Dies rührt davon her, das der Bau im Innern, selbst wenn er durch mehrmonatiges Stehen anscheinend trocken ist, immer noch Feuchtigkeit einschließt, welche von den heißen Feuergasen zur Verdampfung gebracht wird und dieselben abkühlt. Hierdurch werden zunächst die Rußgase in ihrer Geschwindigkeit gestört, der Zug beeinflußt und dadurch dem Brennmaterial Veranlassung gegeben zu schwelen, also unverbrannte Destillationsprodukte zu liefern; dann befindet sich der Wasserdampf in zu langer Berührung mit dem Ruß, welcher diesen sowie die Destillationsprodukte lebhaft absorbiert und dadurch schmierig wird. Außerdem veranlaßt die durch den Wasserverlust und die Wärmewirkung verursachte innere Bewegung in der Masse des Mauerwerks das Ablösen zahlreicher Sandkörnchen, welche sich dem Ruß beimengen und ihn für die gewöhnlichen Verwendungen unbrauchbar machen.

Da dieser Mißstand auf keine andere Weise zu beseitigen ist, so fährt man am besten, wenn man bis zur Trockenstellung des Baues ein minder-

wertiges Material verbrennt und den dabei gewonnenen Ruß ohne weitere
Behandlung in Fässer verpackt an Düngerfabriken verkauft.

Es ist bereits an verschiedenen Stellen darauf hingewiesen worden, daß
in den Rußöfen manchmal aus noch nicht völlig aufgeklärten Ursachen[1]
folgenschwere Explosionen vorgekommen sind. Zum Schutz des Mauerwerks der Rußkammern vor dem Zerreißen durch den Explosionsdruck baut
man im Scheitel der Gewölbe in der Regel eine oder mehrere Sicherheits-

Fig. 17.   Fig. 18.

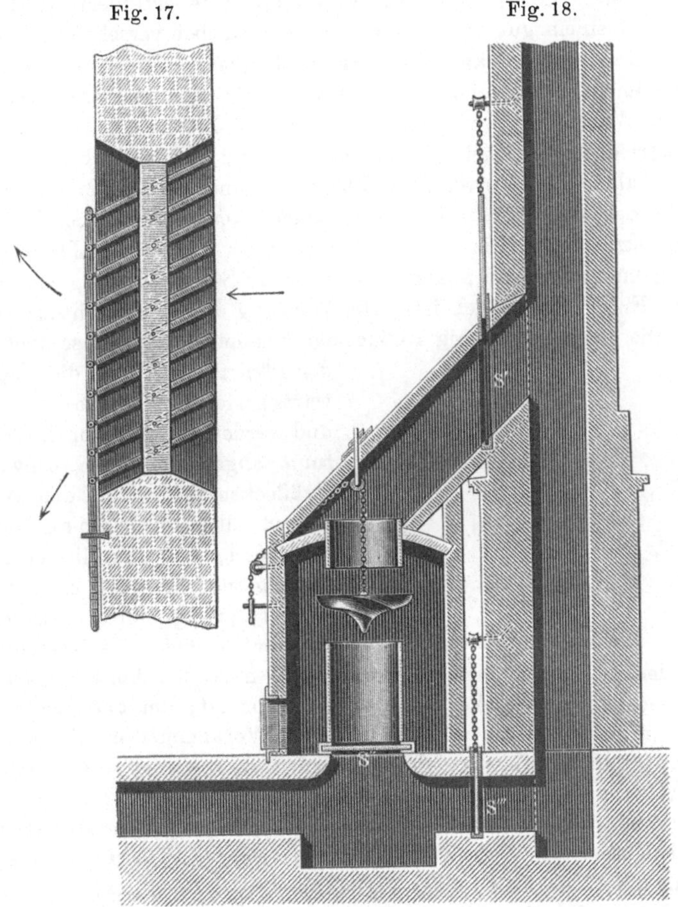

öffnungen mit lose aufliegendem Eisendeckel ein, der bei der Explosion sich
selbsttätig öffnet und auch die Gefahr des Herausschlagens der Flamme aus
den Verbrennungsvorrichtungen vermindert (s. Fig. 2 bei E).

Eine ganz besondere Beachtung beansprucht die Ableitung der entrußten Gase aus dem Kammersystem ins Freie. Hier liegt ein wunder
Punkt der Rußfabrikation, der schon für manche Anlage verhängnisvoll geworden ist. Wenn man die Kammern auch noch so sehr ausdehnt, also die
Rußgase einen noch so weiten Weg machen läßt, so läßt es sich doch nicht

<hr>

[1] Vgl. C. Engler, Chem. Ind. 1885, S. 385.

umgehen, daß manche Rußflocke bei unregelmäßigem Betriebe infolge des Zuges durch den Schornstein entführt wird, wodurch nicht allein die Ausbeute verringert, sondern man obendrein den größten Unannehmlichkeiten von seiten seiner Nachbarn ausgesetzt wird, die sich in der Regel diese Rußbelästigung nicht gefallen lassen. Es ist nicht ganz leicht, hier Abhilfe zu schaffen, denn das Filtrieren des Rauches durch grobes Zeug, Drahtgeflechte, wie dies früher geschah, ist doch in mehr als einer Hinsicht ein unvollkommener Behelf. Es ist natürlich in erster Linie erforderlich, daß der Schornstein mit einem gut gearbeiteten Registerschieber versehen ist, um den Zug in den Kammern genau regulieren zu können. Aber dies hilft doch nicht vollkommen, und wenn die Fabrik sich in unmittelbarer Nähe von menschlichen Wohnungen befindet, wird man bald Beschwerden hören.

Von befriedigender Wirkung erweist sich eine Fangvorrichtung, die in Form einer Jalousie von etwa 1 qm Fläche in einer wenige Meter vor der Mündung in den Schornstein in das Kammersystem eingebauten Zwischenmauer eingesetzt wird. Die in Zapfen gelagerten Bleche der Jalousie sind durch eine gemeinsame, von außen zu bedienende Stange beliebig verstellbar, wie dies aus Fig. 17 ersichtlich ist. Die Wirkung dieser Vorrichtung ist die folgende: Die noch mit wenig Rußflocken beladenen Rauchgase treffen in

Fig. 19.

der Pfeilrichtung auf die nach abwärts gerichteten Bleche der Jalousie, und werden dadurch von ihrer Richtung abgelenkt. Die schwereren Rußflocken prallen an den Blechen ab und fallen außerhalb der Kammer zu Boden, während die entrußten Rauchgase, ohne daß eine Störung im Zuge erfolgt, durch den Schornstein entweichen. Es braucht wohl nicht besonders hervorgehoben zu werden, daß man den Abgang nach dem Kamin an der höchsten Stelle der Kammer anbringt, um dadurch zu verhüten, daß in dem unteren Teile der kleinen Vorkammer die Luft in Bewegung gerät und den bereits abgeschiedenen Ruß wieder aufwirbelt, wodurch die Wirkung dieser Fangvorrichtung illusorisch würde.

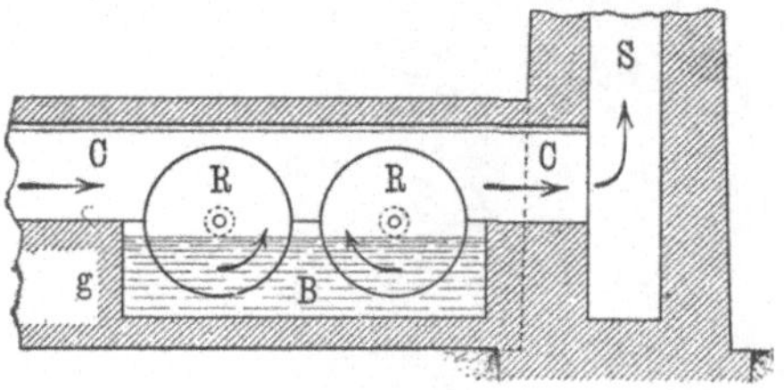

In vollkommener Weise läßt sich die Rußabscheidung ohne Zweifel durch den Spiraldeflektor von Werner Siemens erreichen. Die Idee dieser Erfindung war die Folge zwingender Verhältnisse, welche eintraten, als durch die Polizei der Betrieb einer Eisengießerei wegen des Rußauswurfs der Schornsteine verboten worden war und der leitende Gedanke derselben ist der, die Rauchgase durch eine eingebaute Spirale in eine zentrifugale Bewegung zu versetzen, wodurch die mitgeführten kleineren Rußteilchen sich zu größeren Flocken vereinigen und infolge der tangentialen Richtung, mit der sie die Spirale verlassen, gegen die Innenwand eines Zylinders fliegen, der die Spirale umgibt und als Sammelraum für den abgeschiedenen Ruß dient. Sie prallen an diesem ab und fallen zu Boden, während die gereinigten Rauchgase oberhalb des Deflektors ins Freie gelangen. Die Anbringung des Apparats am Fuße des Kamins ergibt sich aus Fig. 18. Mit Hilfe der Schieber S', S'' und S''' kann der Apparat jederzeit ein- oder ausgeschaltet werden.

A. A. F. Gontard[1]) bringt am Ende des Rauchkanals c (s. Fig. 19) vor dessen Einmündung in den Schornstein S ein Bassin B mit Wasser oder einer geeigneten chemischen Flüssigkeit an, mit einer oder mehreren Gruppen von zur Hälfte in diesen Flüssigkeiten langsam rotierenden und dadurch sich selbst benetzenden Scheiben R, über welche die Rauchgase hinwegstreichen müssen, damit die in ihnen suspendierten Rußteilchen an diesen hängen bleiben und von der Flüssigkeit aufgenommen werden. Wie man sieht,

Fig. 20.

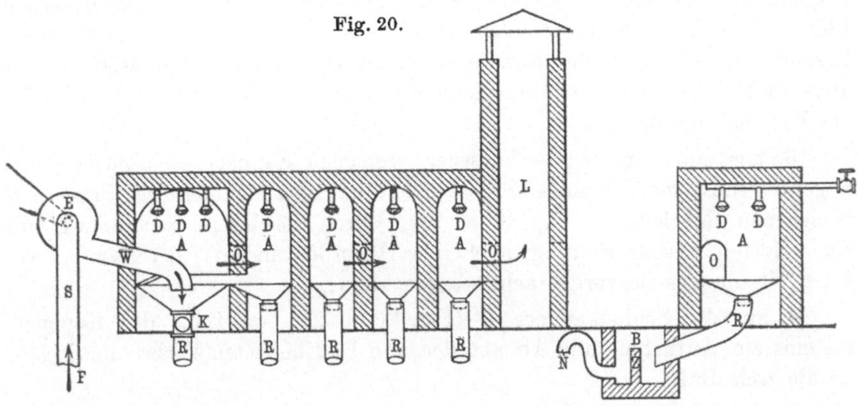

ist hier der gleiche Gedanke verwertet worden, der bei den in der Gas-fabrikation verwendeten Standard-Wäschern zu so großen Erfolgen geführt hat. Da der erforderliche Zug in den Rußöfen durch eine solche Vorrichtung nur wenig beeinflußt wird, dürfte sie auch im vorliegenden Falle, wenn statt

Fig. 21.

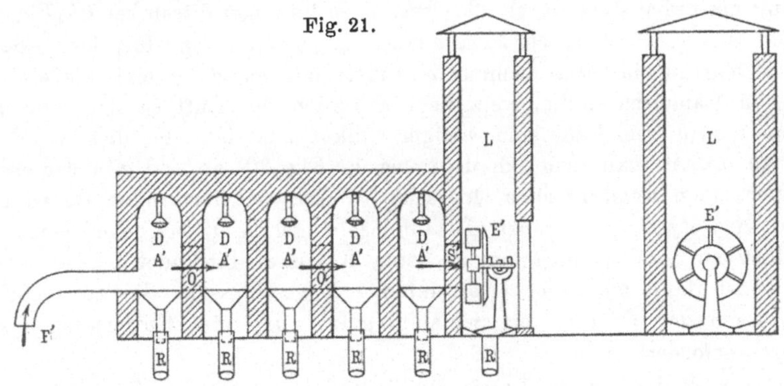

des Wassers eine die Rußflocken benetzende Flüssigkeit, wie schweres Teeröl, Paraffinöl u. dgl. benutzt wird, ihrem Zweck vollkommen entsprechen.

Eine andere Einrichtung ist A. Lindner[2]) patentiert worden und be-findet sich auf dessen Rußfabriken in Weißenfels mit vollkommenem Erfolge im Betrieb. Dieselbe, Fig. 20 u. 21, besteht:

1. aus einer Anzahl sich aneinander schließender, massiver, gewölbter Kammern A bzw. A' von einer den jeweiligen Verhältnissen entsprechenden Höhe und einer Grundfläche von doppelter oder mehrfacher Länge als Breite.

---

[1]) D. R.-P. Nr. 34324, 1885. — [2]) D. R.-P. Nr. 47907, 1888.

Diese Kammern sind durch am Boden angebrachte und gegeneinander versetzte Öffnungen O von etwa 60 cm Breite und etwa 80 cm Höhe miteinander verbunden, so daß dieselben bequem befahren werden können;

2. aus einem an einer Längsfront des ganzen Kammersystems sich hinziehenden Schlammbassin B aus Eisen oder dichtem Mauerwerk, das durch eine, bis zur halben Höhe reichende, in der Längsrichtung liegende Zunge z (Fig. 20) in zwei Abteilungen geteilt wird. Dieses Schlammbassin ist so tief angebracht, daß ein Abfluß aus den Kammern durch die unterirdischen Röhren R keine Störung erleiden kann. Nahe am Boden der nach außen liegenden Abteilung ist durch die Außenwand des Bassins ein Überlaufrohr N angebracht, welches einen hinreichenden Abfluß gestattet, um dem Überlaufen des Bassins vorzubeugen;

3. aus einer an der Decke jeder einzelnen Kammer befindlichen, genügend weiten, den Umständen entsprechend mit zwei oder mehreren Brausen D versehenen Rohrleitung (Fig. 20 u. 21), durch welche in Verbindung mit einer Hochdruckwasserleitung oder einer Dampfleitung in jeder Kammer ein feiner Staubregen hervorgebracht werden kann;

4. aus der Schlußkammer L (Fig. 20 u. 21) am Ende des Kammersystems zur Aufnahme und Abgabe der von Ruß befreiten Verbrennungsgase an die freie Luft;

5. aus dem Exhaustor E bzw. E' (Fig. 20 u. 21), der den Verhältnissen entsprechend am Anfang oder Ende des Kammersystems angeschlossen ist.

Welche Anordnung des Exhaustors man treffen will, richtet sich lediglich nach der Schnelligkeit des Abzugs der Verbrennungsgase, die erreicht werden soll, oder der Natur der Verbrennungsgase. Befürchtet man eine rasche Zerstörung des Exhaustors durch die Gase, so ordnet man diesen bei E' (Fig. 21) an und verwendet in diesem Falle einen sog. offenen Exhaustor, dessen Saugrohr S' man in die letzte Kammer einführt; man hat dabei eine größere Anzahl von Kammern nötig, weil die Zirkulation der Luft in den einzelnen Kammern in diesem Falle eine weniger vollkommene ist. Ist dies nicht der Fall, so ordnet man den Exhaustor bei E (Fig. 20) an und gibt der ersten Kammer einen quadratischen Querschnitt. Der trichterförmige Boden derselben wird etwas tiefer konstruiert und so eingerichtet, daß beim Überfließen desselben ein Abfluß nach der nächsten Kammer stattfindet. Das Abflußrohr R ist dann mit einer Drosselklappe K geschlossen, die nur geöffnet wird, wenn der Trichter mit Schlamm gefüllt und eine Entfernung dieses letzteren erforderlich ist.

Man füllt das Schlammbassin B (Fig. 20) bis zu vollständiger Bedeckung der Scheidewand Z mit Wasser und setzt den Exhaustor in Bewegung. Dabei läßt man in die erste Kammer durch die Brausen Dampf, in die folgenden Wasser eintreten. Durch den Dampf soll nun der Ruß so angefeuchtet werden, daß er in den folgenden Kammern von dem Wasser des Sprühregens leicht benetzt und zu Boden geschlagen wird. Das Schlammbassin wird sich bald bis zur Höhe des Überfallrohres füllen und die spezifisch leichteren und unlöslichen Bestandteile des Rauches werden sich an der Oberfläche des Wassers abscheiden und können während des Betriebes leicht abgehoben, oder, was wohl einfacher wäre, auf einem dazwischengeschalteten, offenen Filter gesammelt werden.

Den gleichen Gegenstand behandelt auch ein Patent von P. Dewey[1]); er benutzt Flüssigkeiten und Lösungen, welche den Ruß benetzen, wie ungereinigtes Erdöl, Verbindungen desselben mit Säuren und Salzen, Alkohole, Wachs, Fett, Harze, Terpentin, Schwefelkohlenstoff (?) und beständige, eintrocknende oder ätherische (!) Öle. Der Rauch soll über dieselben hinstreichen, durch dieselben geleitet werden oder sie sollen mittels einer Brause in dem Raume, den der Rauch passiert, verteilt werden.

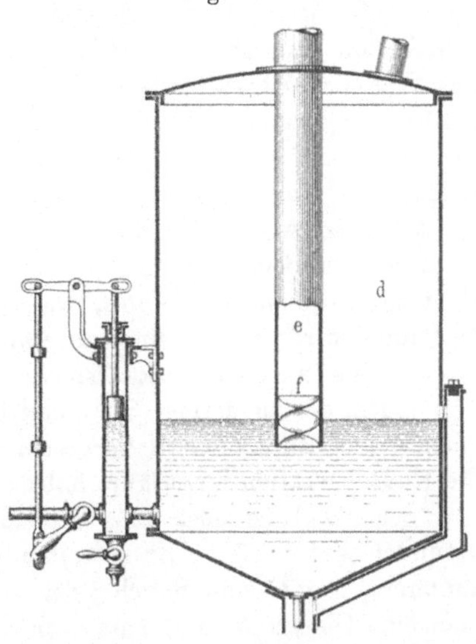

Fig. 22.

L. Rößler u. H. Reinhard[2]) bringen die Rauchgase in einem geschlossenen Rohre in wirbelnder Bewegung unter die Oberfläche einer Flüssigkeit, so daß eine innige Vermischung von Gasen und Flüssigkeit erzielt wird. Zur Ausführung des Verfahrens dient die in Fig. 22 dargestellte Vorrichtung. An dem in die Flüssigkeit eintauchenden Ende des Zuführungsrohres e ist ein schraubenförmiger Einsatz f angebracht, welcher die eingepreßten Rauchgase mit dem Wasser in eine kreisende Bewegung bringt. Die absorbierende Flüssigkeit, welche auch aus Öl oder dgl. bestehen kann, befindet sich in einem geschlossenen Gefäß d.

Fig. 23.

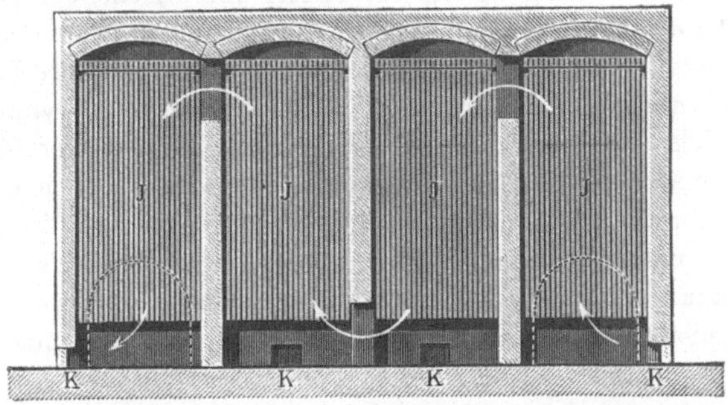

Auf reiner Oberflächenwirkung durch eine enorme Vergrößerung des mechanischen Widerstandes ohne besondere Hemmung des Zuges beruht ein Verfahren von Rösing[3]), das allerdings in erster Linie für das Fangen von Flugstaub bei metallurgischen Prozessen berechnet, doch auch in der Rußfabrikation von guter Wirksamkeit sich erweisen dürfte. In den Rauchkammern hängen, parallel zur Zugrichtung, sehr viele Drähte J (Fig. 23), 100000 Stück und mehr, an denen die abziehenden Gase entlang streichen

---

[1]) D. R.-P. Nr 51869, 1889; Engl. Pat. Nr. 14644, 1889. — [2]) D. R.-P. Nr. 54201, 1890. — [3]) Amer. Pat. Nr. 432440, 1890.

und dabei den mitgerissenen Flugstaub oder Ruß absetzen; durch öfteres Schütteln mit einer geeigneten Vorrichtung wird derselbe bei abgestelltem Zuge zum Niederfallen gebracht und durch Räumöffnungen K entfernt. Die Drähte hängen frei in an der Decke der Kammern ausgespannten Drahtnetzen.

D. J. Ogiloy[1] endlich will den Ruß aus den Rauchgasen bei der Rußfabrikation ganz ohne Anwendung von Kammern, lediglich durch die Wirkung des Wassers niederschlagen. Eine entweder in Bewegung befindliche[2] oder stationäre[3] rußende Flamme wird gezwungen, sich auf der Oberfläche von Wasser auszubreiten, welches eine passende Substanz (Ätznatron? K.) gelöst enthält, die imstande ist, den sich ausscheidenden und von reinem Wasser nicht benetzt werdenden Ruß für Wasser empfänglich zu machen, so daß er in diesem zu Boden sinkt. Es ist nicht anzunehmen, daß eine derartige Einrichtung rationell sein kann, weil der ganze Ruß dabei in einer Form gewonnen wird, welche einen umständlichen Wasch- und Trockenprozeß voraussetzt, um zu einer verkaufsfertigen Ware zu führen.

Auch die modernen Staubkollektoren sind zur letzten Entrußung der Abgase aus Rußkammern vorgeschlagen worden; ob sich diese Apparate in die Rußfabrikation eingeführt haben, ist uns nicht bekannt geworden.

Schließlich ist noch einer Beobachtung von Lodge zu gedenken, welcher gefunden hat, daß hochgespannten elektrischen Entladungen die Fähigkeit zukommt, Dampf und Rauch jeder Art im Augenblick zu kondensieren. Füllt man eine Glasglocke mit entsprechenden Vorrichtungen für den elektrischen Strom mit Rauch, so gerät derselbe bei Herstellung des Kontakts zuerst in eine schnelle Bewegung und verschwindet dann, indem die Luft unter der Glocke wieder ganz klar und durchsichtig wird. Walker, Parker u. Co.[4] benutzen diese Erscheinung zur Kondensation von Bleirauch mit bestem Erfolg, sowohl hinsichtlich der Verbesserung der Gesundheitsverhältnisse ihrer Arbeiter, als auch der Erhöhung der Ausbeuten ihres Arbeitsprozesses.

Auch O. Lodge[5] hat seine Versuche zur Kondensation des Rußes auf elektrischem Wege fortgesetzt. Um sein Verfahren für größere Räume (Rußkammern) durchführbar zu machen, will er den Strom einer Dynamomaschine verwenden, welche die durch kräftige Leidener Flaschen verstärkten Entladungen eines mächtigen Ruhmkorffschen Apparates mit mechanisch betriebenem Unterbrecher unterhalten soll. Er gedenkt auf diese Weise die Hauptquelle des namentlich in Fabrikstädten so sehr belästigenden Rauches beseitigen zu können; doch muß es fraglich erscheinen, ob man auf diesem immerhin kostspieligen Wege auch nur einigermaßen ausreichende Ergebnisse, namentlich im Rußbetrieb selbst, wird erzielen können.

Neuerdings hat auch die Badische Anilin- und Sodafabrik[6] ein Verfahren zur elektrischen Reinigung von Gasen von darin suspendiert enthaltenen festen und flüssigen Teilchen mittels sprühender und nichtsprühender Elektroden bekannt gegeben, wobei die sprühende oder nichtsprühende Elektrode oder beide in Drehbewegung versetzt werden. Der benutzte Apparat besteht aus einem zylindrischen Gefäß A (Fig. 24), dem das elektrisch zu behandelnde Gas durch den Stutzen G zugeführt wird,

---

[1] D. R.-P. Nr. 148 258, 1902, gelöscht 1904. — [2] Amer. Pat. Nr. 785 696, 1905. — [3] Amer. Pat. Nr. 785 697, 1905. — [4] D. R.-P. Nr. 32 861, 1885; Chem. Ind. 1885, S. 356. — [5] L'Électricien 31, 231; Chem.-Ztg. 1906, Rep., S. 214. — [6] D. R.-P. Nr. 238 958, 1910.

während das gereinigte Gas bei *H* austritt. Die Wandung des zylindrischen Raumes *A* bildet gleichzeitig die nichtsprühende Elektrode. Durch das Innere des Isolators *I* wird der Sprühelektrode *E*, die in dem nichtleitenden Rahmen *R* in den Sparlagern P_1 und P_2 um ihre Längsachse frei beweglich ist und die in bekannter Weise die aus Draht bestehenden Sprüharme M_1 und M_2 trägt, der Hochspannungsstrom zugeführt. Dabei wird die Sprühelektrode durch den elektrischen Rückstoß in drehende Bewegung um ihre Längsachse versetzt, wodurch das Gas einer vollständigen, gleichmäßigen Elektrisierung unterworfen und jedes in Suspension befindliche feste und flüssige Teilchen niedergeschlagen wird.

Beim richtigen Verhältnis zwischen dem Volum der zu bewältigenden Rußgase und dem Rauminhalt des Kammersystems ist übrigens der Verlust an Ruß durch Flug, sowie die Belästigung der Nachbarschaft nicht so bedeutend, so daß viele Rußfabriken ohne besondere Reinigung der Gase vor dem Eintritt in den Schornstein auskommen. Die besten Verhältnisse in dieser Beziehung ausfindig zu machen, ist Sache der Erfahrung; man hat es in der Hand, nur so viel Rußöfen an ein Kammersystem anzuschließen, als dies ohne Schaden bewältigen kann.

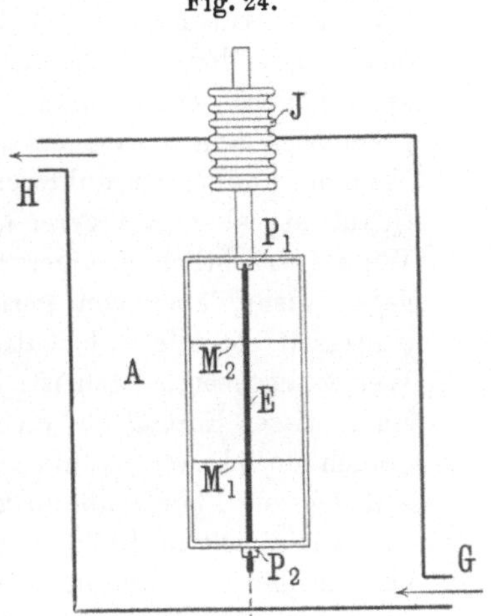

Es bleibt uns noch übrig, einiges über den Betrieb der Rußkammern zu sagen. Wie erwähnt, ist die Arbeit in denselben keine kontinuierliche, sondern sie muß in Zwischenräumen von zwei oder vier Tagen unterbrochen werden, um den in den Kammern abgelagerten Ruß auszuräumen. Am Vorabend des Tages, an dem der Ruß ausgezogen werden soll, kann man eine Tür öffnen und über Nacht etwas offen stehen lassen, um durch verstärkten Luftzug das Innere der Kammern so weit abkühlen zu lassen, daß die Arbeiter sich ohne Gefahr längere Zeit darin aufhalten können.

Während des Betriebes muß darauf geachtet werden, daß eine gleichmäßige Durchwärmung dauernd im Innern der Kammern erhalten wird und ein gleichmäßiger Zug die Verbrennungsgase aus den Öfen in die Esse führt. Dieser Zug darf nicht zu stark sein, man sucht ihn im Gegenteil möglichst mäßig, aber genügend zu halten, wobei die Arbeiter einerseits den Luftzutritt zu den Öfen, andererseits die Öffnungen (es sind deren stets mehrere), durch die aus dem letzten Gang die Gase in die Esse treten, entsprechend regulieren müssen. Die größere Ablagerung des Rußes erfolgt vorwiegend in den beiden ersten Gängen, während die Mengen, die sich in den folgenden Gängen niederschlagen, immer geringer werden. Aber je weiter der Ruß sich nach dem Ende der Gänge zu ablagert, um so feiner und reiner ist er, während der zuerst sich ausscheidende Ruß, hauptsächlich dann, wenn der Brand nicht richtig geleitet wird, mehr oder minder durch unverbrannte Zersetzungsprodukte (Brandharze, Empyreuma) oder auch destilliertes Öl, sublimiertes Naphtalin u. dgl. verunreinigt sein kann. Diese Verunreinigungen beschweren den Ruß, machen ihn feucht und verursachen, daß er sich schnell zu Boden setzt.

Auch in den hinteren Gängen kann die Feinheit des Rußes ungünstig beeinflußt werden durch zu niedrige Temperatur, so daß der bei der Verbrennung sich bildende Wasserdampf sich kondensiert, statt in diesem Zustande durch die Esse abzuziehen. Man ersieht aus diesen Umständen, wie wichtig es ist, die Temperatur innerhalb des Rußhauses immer möglichst gleichmäßig auf der richtigen Höhe zu erhalten, und ist deswegen auch stets besorgt, durch Abstellen des Zuges während der Nacht (falls nicht gearbeitet wird) ein zu starkes Abkühlen der Gänge zu verhüten, wenn am folgenden Morgen der Betrieb wieder aufgenommen werden soll. Die Regulierung des Luftzutritts zu den Öfen und des Austritts der Abgase in die Esse muß nicht nur dem jeweilig zur Verarbeitung gelangenden Material angepaßt, sondern auch mit Rücksicht auf die Witterungsverhältnisse, Luftbewegung, Windrichtung und topographische Lage des Gebäudes jederzeit kontrolliert werden[1].

Man will gefunden haben, daß die Güte des Rußes nicht allein von dem verwendeten Rußmaterial, sondern auch vom Grad der Verbrennung abhängt; so erzielt man z. B. bei stärkerem Luftzug oder bei weniger rußender Flamme weniger, aber feineren Ruß, während bei stark rußender Flamme und beschränkterem Luftzutritt die Rußbildung in reichlicherer Quantität, aber geringerer Qualität erfolgen soll. Ebenso soll bei heftigem Wind beträchtlich weniger Ruß, aber von besserer Qualität, bei Regen dagegen mehr, aber von geringerem Wert erzeugt werden. In der heißen Jahreszeit soll die Fabrikation langsamer gehen, während trockenes, kaltes Wetter am geeignetsten ist. Wenn auch den meteorologischen Verhältnissen ein gewisser Einfluß auf die Fabrikation nicht abgesprochen werden soll, so braucht doch kaum erwähnt zu werden, daß derselbe bei den heutigen modernen Anlagen zur Flammrußfabrikation so gut wie bedeutungslos ist.

Die Arbeit im Rußofen beginnt damit, daß man die Feuer entzündet und bei reichlichem Luftzutritt so lange brennen läßt, bis das Austreten einer Rauchsäule am Schornstein anzeigt, daß die Luft in den Kammern in genügende Zirkulation geraten und ein regelmäßiger Zug vorhanden ist. Dann wird der Luftzutritt durch Einstellen des Registerschiebers am Schornstein und der Regulierungsvorrichtungen an der Verbrennungsstelle so weit reduziert, daß die Feuer mit genügender Intensität, aber mit reduzierender, d. h. leuchtender Flamme brennen und am Schornstein nur möglichst entrußter Rauch austritt. Die richtige Einstellung, bei welcher die größtmöglichste Ausbeute an Ruß erzielt wird, ist Sache der Erfahrung und kann hier nicht weiter erörtert werden.

4. Moderne Rußofenanlagen.

Man kann die neueren Öfen für die Flammrußfabrikation im allgemeinen einteilen in solche, bei denen eine direkte Verbrennung des Rohmaterials stattfindet, und in solche, bei denen der Verbrennung eine Zerstäubung, Verdampfung oder Vergasung vorausgeht. Im Grunde genommen laufen beide Arten auf dasselbe hinaus, da ja auch bei der direkten Verbrennung eine vorherige Vergasung des Materials stattfindet. Die Verschiedenheit liegt also nur in der Konstruktion; man wird bei solchen Rohstoffen, die sich infolge ihrer Flüchtigkeit auch bei direkter Verfeuerung ohne nennenswerten Rück-

---

[1] Vgl. Zerr und Rübenkamp a. a. O.

stand verrußen lassen — besonders dann, wenn es auf die Qualität des Rußes weniger ankommt, als auf dessen Quantität —, von einer vorherigen Vergasung oder Verdampfung ohne weiteres Abstand nehmen können, während man bei solchen Stoffen, die bei der Verbrennung infolge ihrer unter Abscheidung von Kohlenstoff (Koks) erfolgenden Zersetzung durch Hitze einen Rückstand hinterlassen, die vorherige Verdampfung der unzersetzt flüchtigen Stoffe mit Rücksicht auf die Vereinfachung der Arbeitsweise und die Erzielung eines wertvolleren Rückstandsprodukts, als es der Koks gemeinhin ist, vorziehen wird.

Um dies durch ein Beispiel zu erläutern, sei angeführt, daß man z. B. Teeröl durch direkte Verfeuerung, wie wir gesehen haben, restlos oder doch ohne nennenswerten Koksrückstand verrußen kann, während dies andererseits bei rohem Steinkohlenteer infolge seines schon an und für sich mehr oder weniger hohen Gehalts an freiem Kohlenstoff, sowie der Zersetzbarkeit seiner hochmolekularen und bituminösen Stoffe unter Koksbildung nicht möglich ist, man vielmehr mit einem Verbrennungsrückstand (Koks) von ungefähr 50 Proz. des Rohmaterials zu rechnen hat. Das Herausschaffen dieses Rückstandes aus den Feuerungen verursacht beträchtliche Arbeitskosten und Rußverluste durch den Zutritt falscher Luft in die Feuerung und vermindert die Leistungsfähigkeit der Anlage infolge von Zeitverlust, und andererseits ist derselbe zufolge seines ungaren Zustandes als Koks für Heiz- und andere Zwecke sehr minderwertig.

Wir haben schon an einer anderen Stelle (S. 24) erwähnt, in welcher Weise man durch vorherige Reinigung des Teers diesen Übelständen zu begegnen gesucht hat. Die neueren Verfahren zur direkten Verarbeitung des Teers und ähnlicher Rohprodukte auf Ruß laufen darauf hinaus, einer Verkokung dieser Rohmaterialien beim Verbrennungsprozeß vorzubeugen und die nicht ohne Zersetzung flüchtigen, hochmolekularen Bestandteile derselben in einer wertvollen Form, als Pech, ständig aus dem Betriebe herauszuschaffen, womit die erwähnten Mißstände als beseitigt gelten dürfen. Den ersten Anstoß zu dieser rationellen Arbeitsweise haben wohl Lorilleux fils in Paris gegeben (vgl. S. 29) und späterhin ist dieses Verfahren von anderen Erfindern, besonders G. Wegelin wesentlich verbessert worden. Rußöfen, welche unter vorheriger Verdampfung oder Vergasung des Rohprodukts betrieben werden, verfolgen also gleichzeitig den Zweck, den unverrußbaren Teil des Rohprodukts als wertvolles Nebenprodukt wiederzugewinnen.

Die Öfen mit direkter Verbrennung des Rohmaterials dienen wohl in den meisten Fällen zur Verarbeitung ölartiger Rohmaterialien, die dann aus einem Vorratsgefäß mittels Rohrleitung, in die eine der bekannten Vorrichtungen für die Sicherung eines konstanten Flüssigkeitsspiegel eingeschaltet wird, der Brennstoffschale von unten zugeführt werden. Die Anbringung dieser Sicherheitsvorrichtung ist nötig, damit der Schale, deren Flüssigkeitsspiegel sich von außen nicht ohne weiteres beobachten läßt, nicht so viel Brennstoff zugebracht wird, daß dieselbe überläuft und das brennende Öl aus dem Ofen in den Arbeitsraum fließt, wo es zu Brandschäden und Gefährdung der Arbeiter führen kann. In speziellen Fällen werden Öfen mit direkter Verbrennung auch für solche festen Rohmaterialien ausgeführt, welche sich nicht verflüssigen lassen und daher in fester Form aufgegeben werden müssen; z. B. Harzrückstände, harzreiches Wurzelsalz u. dgl., welche in einzelnen Ländern noch heute auf Ruß verarbeitet werden[1]). Wir wollen nunmehr eine Anzahl der bekannteren Rußofenkonstruktionen beider Arten näher beschreiben.

a) Öfen mit direkter Verbrennung.

Einen Ofen zur Verarbeitung von festem, schmelzbarem Rohmaterial (Harz, Pech usw.), bei dem die einzelnen Rußkammern während des Betriebes beliebig ausgeschaltet werden können, der also eine kontinuierliche Arbeitsweise ermöglicht, beschreibt Zellner (a. a. O., S. 61) wie folgt:

Der Ofen (Fig. 25 u. 26) wird durch die automatische Füllvorrichtung f, bestehend aus einem Blechkasten mit gelochtem Boden, unterhalb dessen ein gelochter Schieber mit Hilfe des Exzenters e sich hin und her bewegt und dadurch ein regelmäßiges Aufgeben des Materials bewerkstelligt, mit der zu

Fig. 25 u. 26.

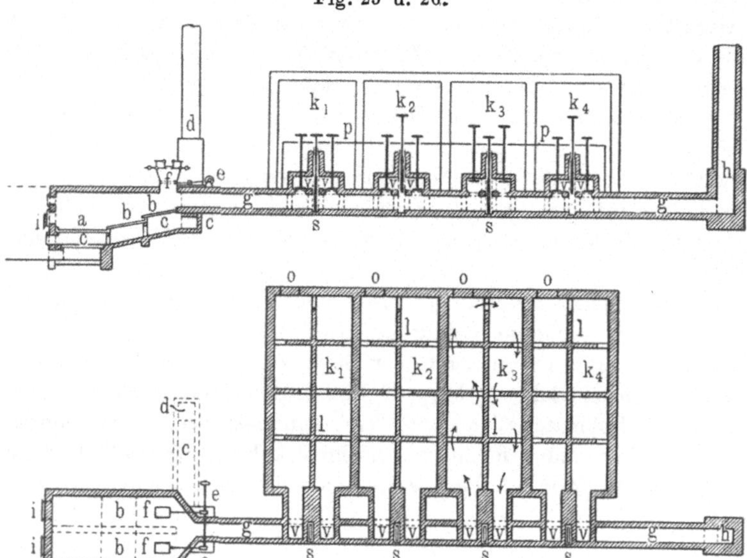

verbrennenden Substanz beschickt. Diese fällt auf geneigte Bleche b, welche durch eine besondere Feuerung c erhitzt werden, die ihren eigenen Schornstein d besitzt. Auf den Blechen b schmilzt das Material, entzündet sich und fließt in brennendem Zustand auf die eiserne Herdplatte a, wo der Verbrennungsprozeß beendet wird. Der Luftzug wird durch die Jalousie i geregelt. Die Rauchgase ziehen in den Hauptkanal g, welcher zum Schornstein h führt und durch Schieber s abgesperrt werden kann. Jede Kammer k_1 und k_4 kommuniziert durch zwei Ventile v, welche aus starken Eisenplatten mit Asbestdichtung bestehen, mit dem Hauptkanal g. Ist, wie bei k_3, der Schieber s geschlossen, und sind die beiden Ventile v offen, so ziehen die Rauchgase vom Hauptkanal in die Kammer und gelangen aus derselben jenseits des Schiebers wieder in den Hauptkanal g zurück. Ist dagegen, wie bei k_2 und k_4, der Schieber s offen und sind die beiden Ventile v geschlossen, so ist die Kammer ausgeschaltet und die Rußgase ziehen im Hauptkanal weiter. Jede Kammer ist durch dünne Querwände l in mehrere Abteilungen

---

[1]) Vgl. Fabricius, Farben-Ztg. 1906, S. 1042.

gegliedert. Die Entleerung erfolgt durch Öffnungen o, die mit gut schließenden, eisernen Türen versehen, oder während des Betriebes vermauert sind. Von einer Plattform p aus werden Schieber und Ventile bedient.

Da der meiste Ruß sich in der ersten Kammer absetzt, wird man von den beiden Kammern k_1 und k_2 immer abwechselnd eine in Betrieb haben, während die andere geleert oder repariert wird. Die folgenden Kammern werden erst nach längerem Betriebe geräumt werden müssen und man kann dann abwechselnd die eine zu diesem Zwecke ausschalten, während die andere allein in Betrieb bleibt, oder man kann den Ofenbetrieb ganz einstellen. Um Schäden an den Öfen selbst ohne Störung des Betriebes vornehmen zu können, sind je zwei Feuerungen für ein Kammersystem vorgesehen, welche durch Schieber vom Hauptkanal g nach Belieben abgesperrt werden können. Soll die Anlage vergrößert werden, so läßt sich ein Anbau neuer Kammern leicht und mit nur kurzdauernder Betriebsstörung ausführen, wenn der Hauptkanal bis h genügend lang ist.

Einen speziell für die Verarbeitung des Wurzelstockholzes von Fichten und Föhren auf Kienruß bestimmten Ofen beschreibt neuerdings O. Fabri-

Fig. 27.

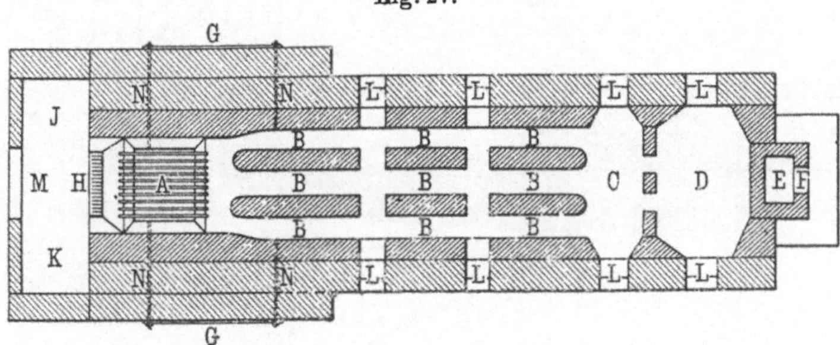

cius[1]) wie folgt: Man baut solche Öfen (siehe Fig. 27 u. 28) am besten in einer Länge von etwa 10 bis 12 m, einer Breite von 4 m am Kopfe (G) und den übrigen Teil des Ofens mit 3 m, sowie einer Höhe von 250 cm vom Fußboden an, während der Untergrund mit Bruchsteinmauerwerk 100 cm beträgt. Die Errichtung eines derartigen Ofens erfolgt am besten an einer Berglehne, um den Ofen von einer Seite gegen Wind und Sturm zu schützen, und man errichtet auf der anderen Seite eine Holzwand. Wenn Platz vorhanden ist, stellt man den Ofen an einer Fabrikmauer auf und legt auf den mit Ziegeln gleich abgemauerten Untergrund die Kanäle (B, B, B), den Rost (A) und den Aschenfall (T) an. Der Kopf des Ofens (G) wird auf 400 qcm bemessen, da man demselben stärkere Umfassungsmauern geben muß, damit bei längerer Feuerung der Ofen nicht leidet und auseinander getrieben wird. Um denselben besser zusammenzuhalten, mauert man in der Höhe des Rostes und über dem Gewölbe der Feuerung eiserne Anker ein, die ebenfalls durch Schrauben genügend verbunden werden (siehe Fig. 28). Der Rost (A) selbst wird im Quadrat angelegt, und zwar besitzt er eine Größe von 100 cm und betragen auf beiden Seiten die Umfassungsmauern 150 cm, wovon 100 cm auf Bruchsteinmauerwerk und 50 cm auf Ziegelmauerwerk kommen. Der Feuerraum hat eine Höhe von 50 cm und muß mit feuerfesten Ziegeln ein-

---

[1]) Farben-Ztg. 1906, Heft 38, S. 1042.

gewölbt werden. Die inneren Wände des Feuerraumes sind mit feuerfesten Ziegeln auszukleiden. Der Rost sowie die Feuertür (*H*) sind von starkem Gußeisen, und die letztere besitzt einige runde Löcher, durch die man beliebig Luft in den Feuerraum einlassen, ihn aber auch durch angebrachte Schieber luftdicht verschließen kann. Diese Schieber dürfen nur von Zeit zu Zeit geöffnet werden, damit nicht zu viel Luft in den Feuerraum gelangt, und nur um zu sehen, ob das Kienholz noch brennt. Dasselbe darf nur qualmen und nicht lichterloh brennen, weil sich sonst zu wenig Ruß bildet und der meiste verbrennt. Auch setzt man das Aschenloch im Anfang des Betriebes mit Ziegeln dicht zu, damit nicht zu viel atmosphärische Luft in den Feuerraum gelangen kann. Den Rost belegt man vollständig bis oben mit Kienholz, damit kein freier Raum bleibt. Der Feuermann bei der Feuertür (*H*) hat hauptsächlich zu beachten, daß immer Kienholz genug auf dem Roste liegt und daß aus dem Schornstein (*E*) bloß gelbgrauer, aber kein schwarzer Rauch herauskommt; sobald schwarzer Rauch kommt, stellt man die Klappe (*P*) im

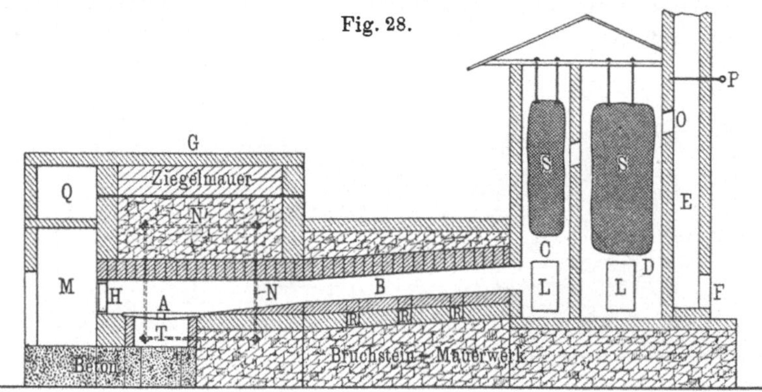

Fig. 28.

Schornstein (*E*) auf die Hälfte. Wenn aber gar kein Rauch mehr aus dem Schornstein kommt, so sind die Kanäle (*B*, *B*, *B*) verstopft und müssen mittels angebrachter Drahtbürsten durch die Öffnungen (*L*, *L*) gereinigt werden. Hinter dem Rost (*A*) liegen die Kanäle (*B*, *B*, *B*), welche der Rauch durchziehen muß und in denen sich der Ruß, hauptsächlich in den beiden Kammern *C*, *D* absetzt. In diesen befinden sich feine Metallgewebe, die an der Decke befestigt sind, an welchen sich der feine Ruß festsetzt, der von Zeit zu Zeit mittels einer Vorrichtung abgeschüttelt werden muß und zu Boden fällt, während die Rauchgase durch den Schornstein (*E*) abziehen.

Die Kanäle (*B*, *B*, *B*), welche steigend nach der Rußkammer (*C*, *D*) angelegt werden müssen (siehe Fig. 28), damit der Rauch schneller abzieht, besitzen eine Breite von 25 cm und eine Höhe von 30 cm und müssen öfters während des Betriebes mittels eiserner Drahtbürsten, die von außen angebracht sind, gereinigt werden; auch bringt man am Boden der Kanäle Behälter von Blech an, in denen sich die wässerigen und teerigen Flüssigkeiten, wie Holzessig und Brandöle, ansammeln und von Zeit zu Zeit durch eine Röhrenleitung entleert werden können. Die Decke des ganzen Ofens bedeckt man mit feuchter Erde, die man mit Rasenstücken belegt. Es soll hierdurch verhindert werden, daß der Ofen sich zu stark erwärmt und der Rauch mehr abgekühlt werden (?).

Am Ende des Rußofens, wo die beiden Rußkammern (C, D) sich befinden, erhebt sich ein erhöhter Raum (siehe Fig. 28), damit der Rauch hier in die Höhe steigen und dabei die an der Decke hängenden feinen Metallsiebe (S, S) passieren muß, in denen der meiste Ruß hängen bleibt, und die entrußten Gase dann erst oben durch eine Öffnung (O) in den Schornstein (E) entweichen. Die bereits erwähnte Klappe (P) befindet sich in dem Schornstein (E) über der Öffnung (O) und kann beliebig gestellt werden. In dem Vorbau (M) ist ein Raum (R) zum Lagern des zur Verbrennung nötigen Kienholzes, welches durch einen zweiten Hilfsarbeiter fortwährend ergänzt wird, da der Feuerarbeiter stets beim Ofen bleiben muß. Zur Bedienung des Ofens gehören im ganzen vier Personen: ein Feuermann und ein Hilfsarbeiter, je zwei Mann für Tag- und Nachtbetrieb.

Der Betrieb eines solchen Ofens dauert in der Regel 10 bis 12 Tage und Nächte; er kann im Winter länger als im Sommer betrieben werden, da im Sommer der Ofen zu heiß wird und sich dann weniger Ruß und mehr gasförmige Produkte bilden. Nach Ablauf des 10 tägigen Betriebes wird der Ofen eingestellt, der Rost von den glühenden Kohlen befreit, die Öffnungen der Kanäle und des Rostes mit Ziegeln dicht bedeckt und die Feuertür ebenfalls mit Ziegeln vermauert, damit keine Luft eindringen kann, weil sonst der Ruß in den Kanälen sich sehr leicht entzündet. Ebenso ist der Aschenfall sehr gut zu vermauern.

Der Ofen bleibt dann vier bis fünf Tage ruhig stehen, bis er vollständig erkaltet ist, was im Winter schneller als im Sommer vor sich geht. Am sechsten Tage öffnet man vorsichtig die letzte Rußkammer (D) durch die Öffnungen (L, L), nachdem man früher die feinen Drahtgewebe (S, S) recht gut durch eine besondere Vorrichtung abgeschüttelt und von Ruß befreit hat. In der letzten Rußkammer (D) befindet sich der meiste und feinste Ruß; er wird vom Boden und den Wänden gut abgekehrt und sogleich in große Blechbüchsen gepackt, in denen er vollständig erkalten muß. Nach einigen Tagen siebt man dann den erkalteten Ruß durch feine Metallsiebe, um die Verunreinigungen, wie Sand- und Kalkteile, zu entfernen. Diesen Ruß verkauft man als feinsten Flammruß zur Herstellung von Druckerschwärze. In der Kammer C befindet sich ein weniger guter Ruß, der gleichfalls vor dem Verkauf noch gesiebt werden muß. Die geringste Qualität wird aus den Kanälen B, B, B durch die Öffnungen L, L mittels Drahtbürsten gezogen; er kann nach dem Sieben nur als ganz ordinärer Kienruß verkauft werden.

Mit dem beschriebenen Ofen ist man imstande, in einer Betriebsperiode von 10 bis 12 Tagen 40 bis 50 Raummeter Kienholz zu verbrennen, woraus man etwa 700 bis 960 kg feinen und groben Kienruß erzielt, welcher im Durchschnitt mit 20 $\mathcal{M}$ pro 100 kg bezahlt wird. Auf das Gewicht des Holzes berechnet, beträgt die Ausbeute an Ruß etwa 5 bis 6 Proz.; sie wechselt je nach dem Harzreichtum des verwendeten Wurzelstockholzes, sowie der Geschicklichkeit des Arbeiters und ist auch von der Witterung abhängig, so daß man im Winter bei ruhigem, kaltem Wetter stets größere Ausbeuten erzielt als im Sommer (vgl. S. 44).

Aus der von Fabricius am Schlusse seines Artikels gegebenen Kalkulation ergibt sich, daß die Verarbeitung des Wurzelstockholzes auf Ruß unter den von ihm geschilderten Verhältnissen in der Tat lohnend ist. Sie wird aber

stets an billige Arbeitskräfte gebunden sein und sich an Ort und Stelle ab-
zuspielen haben, da das Rohmaterial infolge seines verhältnismäßig geringen
Gehaltes an rußender Substanz größere Transportkosten zu tragen nicht imstande ist. Man wird ferner bei der Errichtung derartiger Anlagen nicht
außer acht lassen dürfen, daß ihre Betriebsfähigkeit nur eine beschränkte
sein kann und erlischt, wenn der Abtrieb der zur Verfügung stehenden
Wälder erfolgt ist. Diese Erwägungen müssen es fraglich erscheinen lassen,
ob eine solche Verwertung der Wurzelstöcke harzreicher Hölzer gegenüber
der Verarbeitung auf Holzteer und Holzkohle noch einen nennenswerten Nutzen
abwirft. Aus der Beschreibung geht übrigens hervor, daß sowohl die Konstruktion des Ofens, als auch die Arbeitsweise eine sehr primitive ist; sie erinnert an den früher im Walde hausenden Kohlenbrenner, auf den sie auch
zugeschnitten erscheint.

Durch eine neue, eigenartige Konstruktion des Verbrennungsofens hat
G. Wegelin[1]) einen erheblich verminderten Verbrauch an Rohmaterial, sowie
einen spezifisch schweren Ruß erzielt, wie solcher für die Fabrikation von
galvanischen und elektrischen Kohlen bevorzugt wird. Bei den bisherigen
Öfen hat man sich zur Erzielung eines derartigen Rußes durch eine forcierte
Beschickung der Öfen mit Brennmaterial und nicht immer mit dem erwünschten
Resultat zu helfen gesucht; nach G. Wegelin ist es dabei aber eine keineswegs seltene Erscheinung, daß die schweren Flammen- und Verbrennungsgase
wegen des an und für sich sehr engen bzw. flachen Querschnittes des Ofens
und Abzugskanales nicht schnell genug, oder wenigstens nicht auf einmal in
genügender Weise in die hinteren, gemauerten Kammern entweichen können
und daher häufig mit großer Gewalt vorn zum Ofen an der Beschickungstür
herausschlagen und so das Bedienungspersonal des Ofens nicht wenig gefährden.

G. Wegelins Verfahren zur Herstellung von spezifisch schwerem Ruß,
bei welchem nicht nur der letzte Übelstand vermieden ist, sondern auch der
Endzweck in weit sicherer Weise erreicht wird, besteht darin, daß auf die
Verbrennungsflamme ein allseitiger Druck, sei es nun direkt unter Anwendung
von Preßluft oder durch eine geeignete, ringförmige Luftzuführung, ausgeübt
wird. Es wird dadurch gewissermaßen eine Einschnürung des Flammenquerschnitts und als Folge der hierdurch inmitten des Flammenkegels selbst
erzeugten enormen Hitze ein Zusammenpressen der einzelnen leichten Kohlen-
stoffatome in die spezifisch schwere Modifikation erreicht, so daß sich der Ruß
in den Kammern sofort abscheidet.

In Fig. 29 bis 31 sind verschiedene Formen für die Ausführung der
Vorrichtung zur Herstellung von spezifisch schwerem Ruß dargestellt. Das
zur Verrußung bestimmte Material wird, wenn es ein festes oder flüssiges ist,
einem Behälter *a*, falls es aber ein gasförmiges ist, einem geeigneten Brenner
entweder kontinuierlich oder periodisch zugeführt und zur unvollkommenen Verbrennung gebracht. Um nun durch eine entsprechende Luftzuführung einen
Druck auf die Verbrennungsflamme auszuüben, ist dicht über dem Behälter *a*,
also auch in unmittelbarer Nähe der Flammenbasis zwischen Behälter und
Ofen *b*, ein ringförmiger, schmaler Luftspalt angeordnet, in welchen die Luft
mit großer Geschwindigkeit eintritt und in nahezu horizontaler Richtung auf
die Verbrennungsflamme stößt, wodurch die letztere derartig zusammengepreßt

---

[1]) D. R.-P. Nr. 105633.

wird, daß durch die Einschnürungsstelle ein Doppelkegel entsteht. Gleichgültig für die Wirkung der Vorrichtung ist es hierbei, ob, wie in der Ausführungsform, Fig. 29, die Verengung des Flammenquerschnitts durch einen
winkelförmigen Einbau der Ofenwandung c dicht über dem Luftspalt, oder
wie in der durch Fig. 30 gegebenen Ausführungsform, durch eine Verengerung
des Ofenquerschnitts selbst begünstigt wird; der Druck auf die Verbrennungsflamme läßt sich ebenso leicht auch durch eine innere Einwirkung auf dieselbe, wie beispielsweise in Fig. 31, hervorbringen. Dies kann zweckmäßig

durch ein in die Mitte des
Behälters einmündendes
Luftzuführungsrohr ge-
schehen, aus welchem die
Luft in das Flammeninnere
durch den ringförmigen
Luftspalt kraterförmig
entweicht.

Durch Anwendung
von Preßluft kann man die
geschilderten Wirkungen
naturgemäß ganz erheblich
verstärken; eine Regulie-
rung der Preßluft ließe

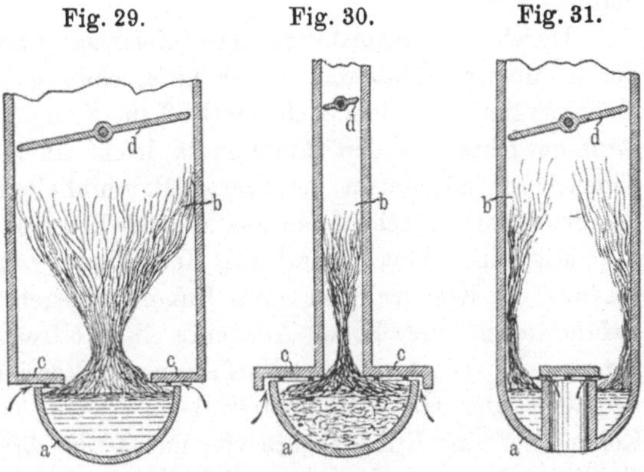

Fig. 29. Fig. 30. Fig. 31.

sich hierbei leicht durch geeignete Vorrichtungen, wie Klappen d, Schieber usw.
erzielen. Durch ein Zusatzpatent[1]) erweiterte später G. Wegelin das vorstehend beschriebene Verfahren dahin, daß die Änderung des Hitzegrades der
Verbrennungsflamme in der Weise geschieht, daß derselben von außen her,
oberhalb der Flammenbasis ein Teil ihrer Wärme entzogen wird, und zwar

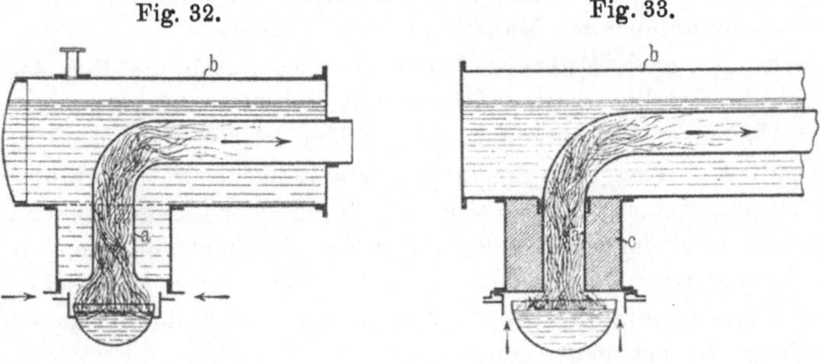

Fig. 32. Fig. 33.

durch Ableitung an geeignete, um den Verbrennungskanal gelagerte Medien,
so daß dadurch eine Abkühlung der Flamme und eine hieraus resultierende
Verringerung der spezifischen Schwere des erhaltenen Rußprodukts erreicht wird.

Soll die Verminderung der spezifischen Dichte des Rußes sehr groß sein,
so muß auch die Flamme entsprechend stark abgekühlt werden, und es empfiehlt sich dann, als die Hitze aufnehmenden Wärmeleiter, ähnlich wie dies
schon in dem auf S. 21 beschriebenen Rußofen ausgeführt und in den ver-

---

[1]) D. R.-P. Nr. 114 220, Zusatz zu Nr. 105 633.

4*

schiedenen Lampenrußapparaten zur Anwendung gelangt ist, Wasser zu verwenden. In Fig. 32 ist diese Vorrichtung im Prinzip veranschaulicht; die Wärme tritt direkt von der Flamme durch den Ofenmantel *a* hindurch an die im Kessel *b* befindlichen Wassermengen. Ist indessen eine geringere Erniedrigung des spezifischen Gewichts erwünscht, so darf die Abkühlung der Verbrennungsflamme auch keine so intensive sein und man schaltet daher vorteilhaft zwischen der Rußflamme und dem als Wärmeleiter dienenden Wasser eine Schicht *c*, Fig. 33, aus feuerfestem, die Wärme schlecht leitendem Material ein.

Durch diese Anordnung kann gleichzeitig auch die Frage der Verwertung der Abhitze der Rußöfen zur Dampferzeugung als gelöst betrachtet werden. Wie erwähnt, scheidet sich der Ruß im Kammersystem infolge seines hohen Raumgewichts aus den Rauchgasen leicht ab, und man wird infolge dieser Eigenschaft mit einem geringeren Rauminhalt derselben, oder ohne andere Kondensationseinrichtungen auskommen können.

Mit seiner Vorrichtung zur Herstellung von ölfreiem Ruß[1]) hat Franz Meiser die Konstruktion eines Rußofens gegeben, der bei geringster Luftzufuhr neben einer hohen Ausbeute einen ölfreien, fast chemisch reinen Ruß liefern soll. Die bisherigen Verfahren und Vorrichtungen ergaben nach seinen Angaben aus einem Rohmaterial mit einem Gehalt von 80 bis 90 Proz. Kohlenstoff eine Rußausbeute von nur 40 bis 50 Proz. eines schweren, meist ölhaltigen Rußes und arbeiten daher sehr unvorteilhaft.

Die von ihm erdachte Vorrichtung besteht in einem über der Ölschüssel angeordneten Rauchfang, dessen inneres Profil sich der natürlichen Flammenform anpaßt, also auch im Gegensatz zu der vorigen Einrichtung eine schnelle Mischung von Luft und Destillationsgasen nicht zuläßt. Es wird dadurch eine sehr lange Flamme unter Vermeidung aller toten Stellen im Rauchfang erzielt, deren Saum und innerer dunkler Kern der Hitze des sie dicht umschließenden, weißglühenden Mantels ausgesetzt wird.

Rußerzeuger nach Meisers Patent werden durch die Fig. 34 und 35 schematisch dargestellt. *a* ist die Ölschüssel, *b* der Rauchfang, dessen inneres Profil der Flammenform entsprechend gebildet ist. Durch den Ringspalt *c* tritt die Luft ein, steigt an der inneren Mantelfläche des Rauchfangs in die Höhe und begünstigt auf diese Weise die Bildung einer langgezogenen Flamme, welche fortwährend der strahlenden Hitze des sie dicht umgebenden Mauerwerks ausgesetzt ist. Der Rauchfang muß mindestens so lang sein, daß er die ganze Flamme aufzunehmen vermag und die Rußbildung ausschließlich im Rauchfang vor sich gehen kann.

Der in Fig. 34 abgebildete Apparat ist rund gedacht und der Rauchfang vertikal aufgestellt; in Fig. 35 ist der Rauchfang *b* gekrümmt und der Ofen besitzt noch eine kleine mittlere Luftzuführung *d*, welche bei größerem Durchmesser der Ölschüssel vorteilhaft ist, indem sie die im inneren Flammenkegel vorhandenen Destillate gleichsam etwas vorwärmt (?). Es kann auch die Anordnung so getroffen werden, daß die Gase oder Dämpfe des Brennstoffs in einer besonderen Vergasungsanlage erzeugt und durch eine Rohrleitung dem Rauchfang zur Verbrennung zugeführt werden, womit der Ofen unter die folgende Kategorie fallen würde.

---

[1]) D. R.-P. Nr. 203711, 1906.

Die Entstehung eines ölfreien Rußes in dieser Vorrichtung erklärt sich
Meiser so, daß infolge der schwach konischen Ausbildung des Rauchfangs
und der dadurch verhüteten Strahlung der Wärme auf die Oberfläche des
Öles nur eine mäßige Verdampfung des Brennstoffs stattfindet und die in das
Innere des Schachtes geworfene Hitze auf dem langen Wege durch denselben
den in der Nähe des Ölspiegels entstandenen Ruß ölfrei brennt, ähnlich wie
in einem Kalzinierofen. Die Ausbeute an Ruß in seinem Ofen gibt Meiser
mit dauernd 70 Proz. an und führt dieselbe zunächst auf den geringen Überschuß an Luft zurück, mit dem der Ofen betrieben wird. Neben der Rußerzeugung durch Verbrennung von Destillaten hält er es aber auch für möglich,
daß gleichzeitig auch der pyrogene Zerfall der Kohlenwasserstoffe in Kohlenstoff und leichte Kohlenwasserstoffe durch hohe Hitzegrade hierzu beiträgt,

Fig. 34.

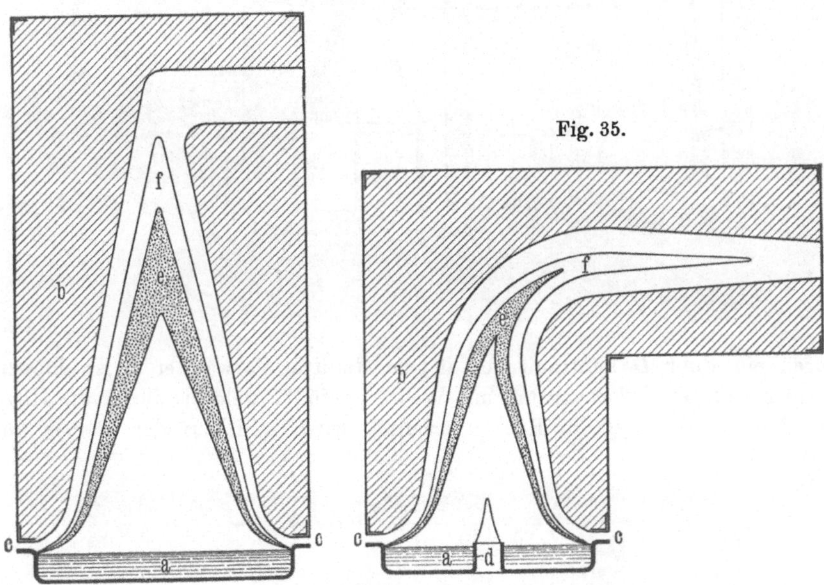

Fig. 35.

da die Bedingungen zu dieser Reaktion in seinem Rußerzeuger vorhanden seien:
Der innere Gaskegel ist möglichst hoch und die Gase sind demgemäß lange
der strahlenden Hitze des weißglühenden Rauchfangs ausgesetzt, so daß die
Gelegenheit zur Bildung einer Flammenzone gegeben ist, in der sich die
schweren Kohlenwasserstoffe in Ruß und leichte Kohlenwasserstoffe umsetzen.
Im Flammenraum *f* werden dann die bereits rußhaltigen Gase mit Luft in Berührung kommen, wobei letzterer mit den Verbrennungsgasen in das Kammersystem entweicht.

Diese Erklärung ist an sich nicht unwahrscheinlich, wenn man sich die
Beobachtungen von Dixon (S. 8) vergegenwärtigt. Der im Meiserschen
Ofen aus Ölen hergestellte Ruß besitzt nach der Patentschrift einen Kohlen-
stoffgehalt von 99,7 Proz.

b) Öfen mit Vergasung oder Zerstäubung des Brennstoffs.

Wie bereits erwähnt, scheint die Firma Lorilleux fils in Paris die
erste gewesen zu sein, welche diesen Weg zur Fabrikation von Ruß in großem

Maßstabe eingeschlagen hat, wenigstens sind uns frühere Mitteilungen in der einschlägigen Literatur nicht begegnet. Ihr Apparat wird im Moniteur des Prod. chim. VIII, p. 190 abgebildet und beschrieben. In der liegenden Retorte A (Fig. 36 u. 37) werden die zum Verbrennen bestimmten Materialien mit Hilfe der Feuerung B destilliert und die Dämpfe durch den Helm und die Rohrleitung I abgeführt. Das Rohmaterial läuft aus dem Vorwärmer C

Fig. 36.

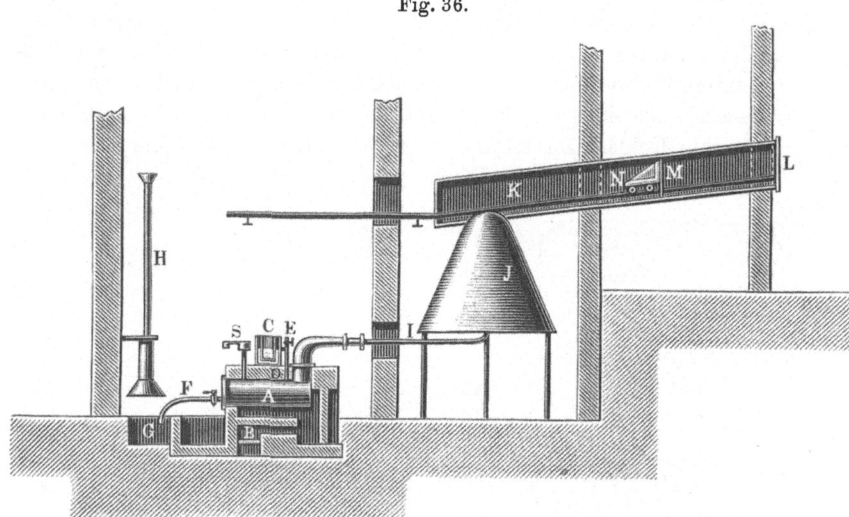

durch ein Rohr D kontinuierlich in die Retorte; Vorwärmer C ist doppelwandig und der Zwischenraum mit Wasser gefüllt, welches durch die Hitze der Retorte beständig im Kochen erhalten wird. Ein auf der Retorte an-

Fig. 37.

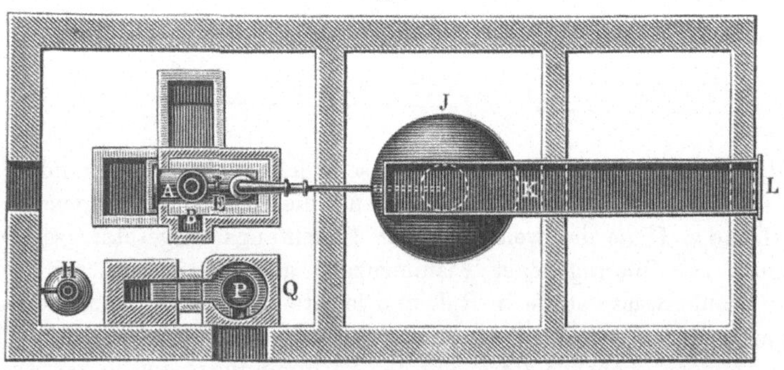

gebrachtes Sicherheitsventil S schützt dieselbe vor der Explosion, im Falle in der Rohrleitung I eine Verstopfung (durch Naphtalin usw.) eintreten sollte, während durch das Ventil E der Zufluß des Rohstoffs zur Retorte reguliert wird. Von Zeit zu Zeit werden die flüssigen Destillationsrückstände (Pech usw.) durch den Hahn F in die Pechgrube G abgelassen; die daraus sich noch entwickelnden Dämpfe entweichen durch den Schlot H über Dach ins Freie.

Die Produkte der Destillation passieren das Rohr I und werden an dem aufwärts gebogenen Ende desselben entzündet; sie brennen in der Basis des

Trichters *J*, der aus einem breiten, abgestumpften Kegel besteht und auf Füßen von T-Eisen ruht; an seinem oberen Ende ist er mit dem schwach ansteigenden Blechkanal *K* verbunden, der die Rußgase in die Kondensationskammern *L* führt, welche in der Zeichnung nur angedeutet sind und ziemlich große Dimensionen haben.

Um den Ruß, welcher sich etwa schon im Kanal *K* abscheiden könnte, zu entfernen, ist im Inneren desselben der Abkratzer *M* angebracht, der sich auf dem Wagen *N* hin und her bewegen läßt. Während des Ganges der Operation befindet sich derselbe am unteren Ende des Kanales, unterhalb des Trichters *J*; wenn man ihn im gegebenen Moment bis ans andere Ende des Kanales fortschiebt, treibt er allen darin angesetzten Ruß vor sich her und entleert ihn in die Kondensationskammer *L*.

Für feste, aber schmelzbare Kohlenstoffverbindungen hat man noch einen Schmelzkessel *P* aufgestellt, in welchem man mit Hilfe der Feuerung *B* die Materialien verflüssigt. Dieser Kessel ist eingemauert in den Ofen *Q*, und zwar so, daß sein Inhalt durch ein geeignetes Rohr direkt in den Rezipienten *C* fließt, sobald man den zu diesem Zwecke angebrachten Hahn öffnet.

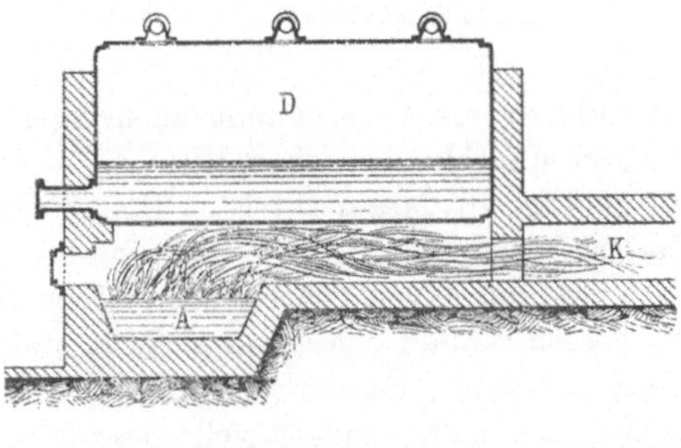

G. We gelin[1]) hat den gleichen Gedanken, aber in vollkommener, rationellerer Weise zur Ausführung gebracht. Auch er verzichtet von vornherein auf eine gänzliche Verrußung des Materials, vermeidet indessen die Koksbildung und sucht gleichzeitig die bei der Verbrennung auftretende Hitze für den Prozeß selbst zu verwerten. Er erreicht dies dadurch, daß er 1. den zur Verrußung bestimmten Teer in einer Blase destilliert, die von der durch die Verbrennung der Destillate erzeugten Hitze geheizt wird, so zwar, daß diese Destillate nach vorheriger Kondensation kontinuierlich der Feuerstelle zugeführt werden; 2. diese Arbeit in ähnlicher Weise ausführt, aber ohne die Destillationsprodukte vorher zu kondensieren. Als wertvolles Nebenprodukt der Rußfabrikation erhält er in beiden Fällen statt des minderwertigen Koks Teerpech oder Asphalt von beliebiger Beschaffenheit.

In Fig. 38 u. 39 sind Vertikalschnitte verschiedener Ausführungformen des oben beschriebenen Verfahrens zur Herstellung von Ruß unter gleich-

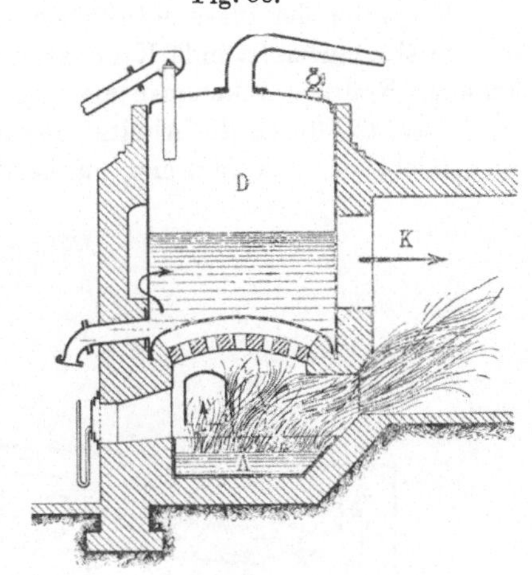

Fig. 38.

Fig. 39.

---

[1]) Engl. Pat. Nr. 22337, 9. Dez. 1899; D. R.-P. Nr. 127467; franz. Pat. Nr. 294306.

zeitiger Benutzung der Abhitze dargestellt. *A* sind die Behälter, welche die
zur Verrußung bestimmten Teerdestillate enthalten; sie sind so unter oder
vor der Destillationsblase *D* angeordnet, daß die Flamme des verbrennenden
Materials gezwungen ist, deren Außenwandung zu bestreichen und ihre Hitze
an sie abzugeben, bevor sie in die Kammer *K* entweichen, um dort den in
ihnen enthaltenen Ruß abzulagern. Die aus der Retorte *D* entweichenden
Dämpfe werden auf die bekannte Weise kondensiert und aufgefangen.

Um das Verfahren zu einem automatischen zu machen, hat man nur
nötig, das Kondensat entweder ganz oder teilweise in die Behälter *A* fließen
und dort zur Verbrennung gelangen zu lassen, wodurch gleichzeitig auch die
Aufsicht über die ganze Apparatur außerordentlich vereinfacht wird.

Die unter der Blase entweichenden Rauchgase treten durch den Kanal *K*
in eine sich anschließende Kondensationsanlage, um dort den in ihnen enthaltenen Ruß so vollkommen als möglich abzugeben.

Statt die durch die Abhitze aus der Beschickung der Destillationsblasen
ausgetriebenen Destillate erst zu kondensieren und in flüssiger Form unter

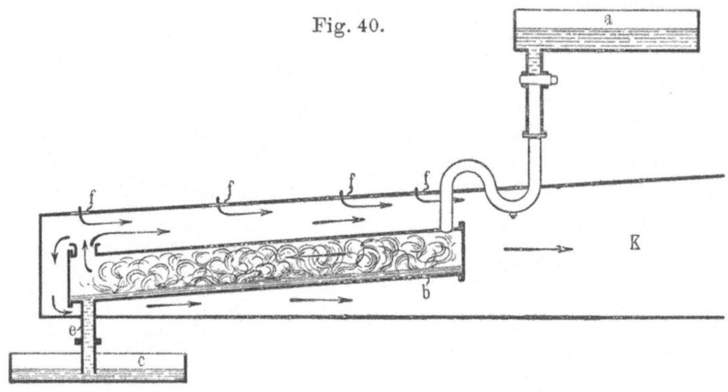

den Blasen zur Verbrennung zu bringen, kann man auch, und zwar auf einfachere und ökonomischere Weise, dem Apparat eine Konstruktion geben, wie
sie in Fig. 40 dargestellt ist. Hier fließt der Teer oder ein diesem ähnliches
Material aus einem Reservoir *a* durch ein Rohr mit hydraulischem Verschluß
in einen von außen geheizten, in seiner Lage geneigten zylindrischen Kessel *b*,
an dessen Wandfläche es niederfließt und seine Destillationsprodukte aus einer
oder mehreren, an der oberen Seite des Zylinders angebrachten Öffnungen
entweichen läßt. Indem sich diese Dämpfe mit der durch die Öffnungen *f*
des den Zylinder umgebenden Mantels einströmenden Luft vermischen, gelangen sie zur Entzündung und verbrennen zu Ruß, welcher sich in der sich
anschließenden Kammer *K* absetzt. Die Abhitze wird sofort wieder zur
Heizung der Retorte *b* verwendet, so daß mit Ausnahme des zur Inbetriebsetzung erforderlichen Brennmaterials jeglicher Aufwand für die Heizung in
Wegfall kommt.

Der nicht zur Verbrennung gelangende Teil des Teers usw., wie Pech u. dgl.,
fließt durch einen an tiefster Stelle des Zylinders angebrachten Stutzen *e*
kontinuierlich nach einem Sammelgefäß *c*, aus welchem es seiner weiteren
Bestimmung zugeführt wird. Dies letztere Verfahren hat also vor dem ersten
noch den Vorzug der Kontinuität voraus und mithin auch den der größeren

Billigkeit. Ob es aber mit jenem auch den Vorzug der Betriebssicherheit teilt, muß vorläufig fraglich erscheinen.

Durch das Zusatzpatent, D. R.-P. Nr. 138 940, 1902, hat Wegelin dieses Verfahren wesentlich vervollkommnet und erreicht, daß der Arbeitsprozeß bedeutend rascher und mit einem ausgiebigeren Ertrag an Ruß verläuft. Er erreicht dies dadurch, daß er die Verbrennungsluft, die mit den dampfförmigen Destillaten zu Ruß verbrennt, direkt durch die destillierenden Teermassen hindurchtreibt. Es ist hierbei nötig, Preßluft zu verwenden, die sich beim Durchtritt durch den erhitzten Teer mit Dämpfen übersättigt, so daß das Gemisch sofort beim Austritt aus der heißen Flüssigkeit sich entzündet und zu Ruß verbrennt. Der Zufluß des Teers in die Destillationskammer erfolgt kontinuierlich und die verbleibenden Destillationsrückstände (Pech) werden von Zeit zu Zeit durch einen Hahn abgezogen.

Ein weiteres Zusatzpatent, D. R.-P. Nr. 179 179, 1903, bezweckt in der Hauptsache die Bildung einer Koksschicht auf dem verbrennenden Material zu verhindern, welche auf die darunterliegenden Schichten wie eine Schutzdecke wirkt. Es wird dies dadurch erreicht, daß man den Inhalt des Destillationsbehälters durch ein nicht notwendigerweise angewärmtes Gas, wie Kohlensäure, oder durch Wasserdampf oder endlich durch eine geeignete Rührvorrichtung in fortwährende Unruhe und Umwälzung versetzt.

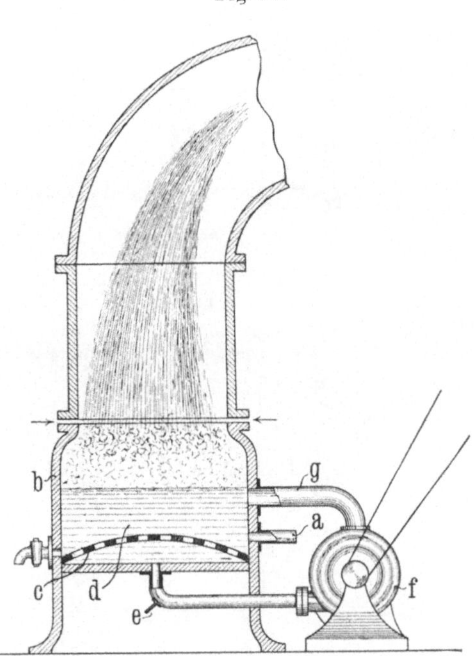

Ein dritter Zusatz (D. R.-P. Nr. 202 118, 1907), zu dem erwähnten Patent Nr. 179 179, sucht die mit der Anwendung der obigen Mittel gegen die Verkokung des Teers bestehenden Mißstände — bei inerten Gasen deren besondere Erzeugung, bei Rührwerken die schwierige Reinigung und Abdichtung der Triebachse — dadurch zu vermeiden, daß man die Verbrennungsflüssigkeit fortwährend durch eine Pumpe in Umlauf hält. Auf diese Weise wird nicht nur der angestrebte Zweck der Verhütung einer Verkokung des Brennstoffspiegels in sehr vollkommener Weise erreicht, sondern die Einrichtung ist auch außerordentlich einfach, betriebssicher, und bedarf keiner besonderen Wartung und Bedienung.

In Fig. 41 ist die zur Ausführung dieses Verfahrens geeignete Apparatur veranschaulicht. Die bei *a* in den unteren Teil des Destillationsraums *b* eingeführte Brennstoffflüssigkeit fließt — von gröberen Verunreinigungen, kleinen Koksstückchen usw. durch ein Sieb *c* befreit — am Boden in die Rohrleitung *e* und wird von einer geeignet angetriebenen Pumpe *f* wiederum in ein höher gelegenes, in die Abteilung *b* einmündendes Rohr *g* gedrückt, so daß die ganze Brennstoffmasse fortwährend im Umlauf bleibt, hierdurch gleichmäßig erwärmt wird und so vor der Bildung einer oberflächlichen Kokskruste bewahrt bleibt.

Einen Apparat zur Verrußung von Teer unter gleichzeitiger Gewinnung von Pech hat sich auch die „Kölner Rußfabriken-Aktiengesellschaft"[1] patentieren lassen.

Das Verfahren besteht im wesentlichen darin, daß der zur Entzündung gebrachte Teer, während er sich im Verbrennungsofen befindet, einer fortwährenden geeigneten Bewegung unterworfen wird. Diese Bewegung muß so reguliert werden, daß die Temperatur im Verbrennungsraum nicht zu hoch steigt, damit der sich bildende Ruß nicht verbrennt.

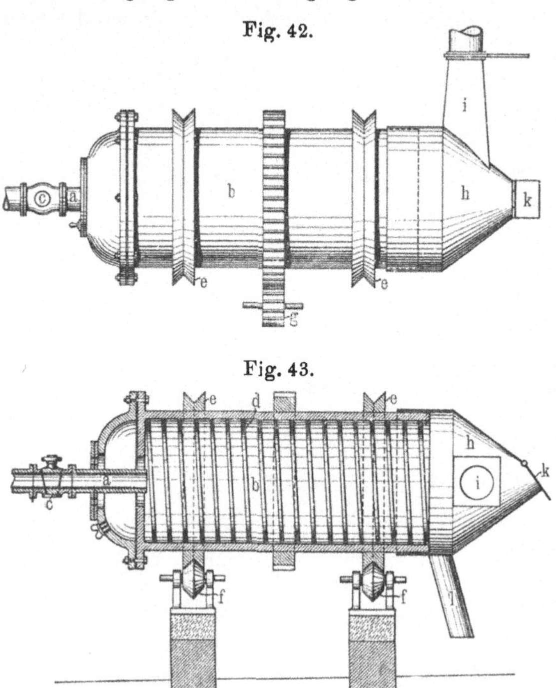

Fig. 42.

Fig. 43.

Ein zur Ausführung dieses Verfahrens dienender Ofen ist in Fig. 42 in Längsansicht und in Fig. 43 im Längsschnitt abgebildet. Der aus einem Vorratsbehälter kommende, durch eine Rohrleitung *a* zugeführte Teer gelangt in den Ofen *b*. Die Zuführung des Teers kann durch einen in die Rohrleitung eingesetzten Hahn *c* oder in sonst passender Weise geregelt werden. Auch kann an dem Einführungsende ein Zünder in beliebiger Art vorgesehen werden, um die Entzündung des Teers zu bewirken. Der zweckmäßig in Form eines Zylinders ausgeführte Ofen *b* besitzt im Inneren eine Spirale *d* mit geringer Neigung, welche auswechselbar angeordnet ist. Sie ist übrigens nicht unbedingt erforderlich und kann gegebenenfalls auch ganz in Fortfall kommen. Mittels der Laufkränze *e e* ruht der Zylinder auf entsprechend gestalteten Laufrollen *f, f.* Der Zylinder wird mittels eines Zahnrades oder eines anderen geeigneten Vorgeleges um seine Längsachse gedreht. Die Neigung des Zylinders ebenso wie die Umdrehungsgeschwindigkeit desselben können den jeweiligen Verhältnissen entsprechend gewählt werden. An das Ausgangsende des Zylinders schließt sich luftdicht eine Haube *h* an, welche die Bewegungen des Zylinders nicht mitmacht. Die Haube ist durch eine Leitung mit den Absonderungskammern für den erzeugten Ruß verbunden und mit einer Abteilung *l* für den als Pech zu bezeichnenden unverbrannten Teer.

---

[1] Österr. Pat. Nr. 12 619, 15. Febr. 1903.

Außerdem ist sie mit einer Tür k versehen, welche die Besichtigung des Inneren
des Ofens und der Haube auch während des Betriebes gestattet und daneben
als Sicherheitsventil dient. Es ist zweckmäßig, die Haube so anzubringen,
daß sie von dem Ofen zurückgezogen werden kann, um letzteren bequem
reinigen zu können. Die Form des Ofens, sowie die Art seiner Bewegung
kann beliebig geändert werden; so kann man z. B. den Zylinder b, anstatt
ihn vollständig zu drehen, eine schaukelnde Bewegung um seine Längsachse
ausführen lassen.

Der Betrieb mit diesem Apparat gestaltet sich wie folgt: Der durch
das Rohr a zugeführte Teer wird bei seinem Eintritt in den Ofen zur
Entzündung gebracht und der Ofen dann in drehende oder schaukelnde Bewegung versetzt. Kommt eine Schnecke im Inneren des Zylinders zur Verwendung, so wird durch diese bei Drehung des Ofens der brennende Teer
dem Ausgangsende zu befördert; durch die gewählte Steigung der Schnecke
und die Umdrehungsgeschwindigkeit des Zylinders wird die Fortbewegung
des Teers geregelt. Beim Verbrennen der ersten Teerbeschickung wird die
Temperatur des Ofens so weit erhöht, daß sich die leichten Kohlenwasserstoffe aus dem nachfließenden Teer verflüchtigen und gleichzeitig entzünden.
Wenn hierbei die Temperatur nicht über die zur Destillation leichter Kohlenwasserstoffe erforderliche Höhe steigt, so verbrennt bei beschränktem Luftzutritt im wesentlichen nur der Wasserstoff der leichten Kohlenwasserstoffe,
während der größte Teil des Kohlenstoffs sich als Ruß abscheidet. Die
schweren Kohlenwasserstoffe, die das Pech darstellen, bleiben unverbrannt
zurück. Der erzeugte Ruß wird durch die Haube h und die Leitung i nach
den Rußkammern geführt und schlägt sich dort nieder; das Pech dagegen
fließt durch die Öffnung und den Rohrstutzen l ab und wird am besten unter
Wasser aufgefangen. Um die Temperatur in den gewünschten Grenzen zu
halten, läßt sich die Menge des dem Ofen zugeführten Teers durch den in die
Rohrleitung eingesetzten Hahn in jedem Augenblick verändern und genau bestimmen, wodurch gleichzeitig auch die Menge des abfließenden Pechs und
damit die Zeitdauer seines Verbleibens im Ofen nach dessen Umdrehungsgeschwindigkeit, die sich beliebig einstellen läßt, reguliert wird. Diese Drehung
bewirkt aber ferner eine gleichmäßige Temperatur in allen Teilen des Ofens
und eine stärkere Abkühlung von außen. Endlich unterliegt, wie bei jedem
Ofen anderen Systems die Menge der zur unvollständigen Verbrennung zuzu-
lassenden atmosphärischen Luft einer genauen Regelung.

Otto Thalwitzer[1]) sucht bei seinem Ofen zur Darstellung von Ruß
die Kammeranlage zu umgehen und eine bessere Ausnutzung des zu verrußenden Materials zu erzielen. Es wird bei diesem Apparat zur Herstellung
von Flammruß das flüssige Brennmaterial durch einen Zerstäuber in ein
Schamottegewölbe und die rußhaltigen Rauchgase aus diesem durch einen
Kanal hindurch in einen eigentümlich konstruierten Kondensator getrieben,
in welchem sich der Ruß absetzt. Etwa noch nicht niedergeschlagene Rußteilchen werden in einem zweiten Kondensator aufgefangen, der durch einen
Saugapparat mit einem Schornstein verbunden ist. Fig. 44 zeigt den Apparat
im vertikalen Längsschnitt, Fig. 45 im Horizontalschnitt und Fig. 46 im
Schnitt nach xx der Fig. 44.

---

[1]) D. R.-P. Nr. 50605, 18. August 1899.

An der Vorderseite eines mit Schamotte ausgekleideten, gewölbten Raumes C ist eine Öffnung B angeordnet, in welche das Mundstück des Blaseapparats A hineinragt. Letzterer besteht aus einem inneren Rohr a, Fig. 47, dem durch das Rohr a' aus einem höher stehenden Gefäß flüssiges Material zur Rußfabrikation zugeführt wird, und einem äußeren Rohr b, das

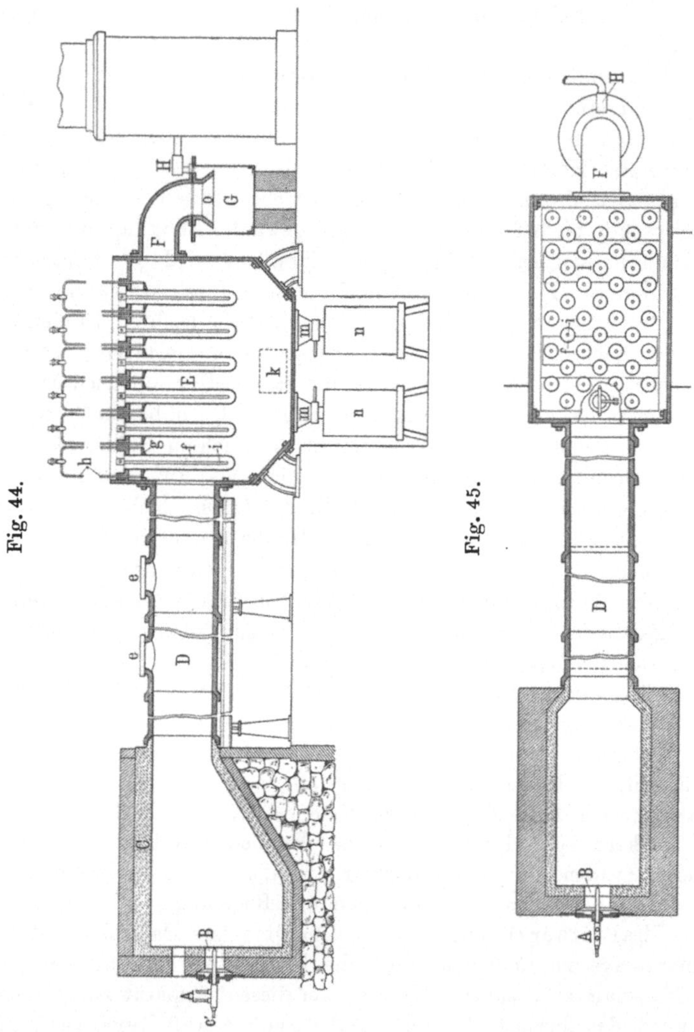

durch b' mit einem Dampfkessel oder einem Kessel mit gespannter Luft in Verbindung steht. Das innere Rohr a ist bei c durch drei kleine Stellschrauben genau zentriert und bei c' durch Entfernung der Verschlußschrauben leicht zu öffnen.

Verschiebbare Platten $d\,d$ (Fig. 48) regulieren bei der Fabrikation den Luftzutritt. Das Schamottegewölbe C (Fig. 44) ist von verhältnismäßig großen Dimensionen, um den sich im Betriebe schnell bildenden sehr hohen Temperaturen Widerstand zu leisten. An das hintere Ende dieses Gewölbes C

schließt sich ein 15 m langer, auf eisernem Gestell (siehe Fig. 46) ruhender Schamottekanal *D* an, welcher bei *ee* verschließbare Öffnungen hat. Der Kanal *D* mündet in den Kondensator *E* ein, welcher aus einem gußeisernen Kasten besteht, in dessen Deckelplatte eine genügende Anzahl unten geschlossener, oben offener Röhren *ff* hängen, die ebenfalls aus Gußeisen bestehen.

Diese Rohre ragen in das Innere des Kastens *E* hinein und können, ebenso wie die inneren Wandflächen des Kastens, mit Emaille überzogen sein.

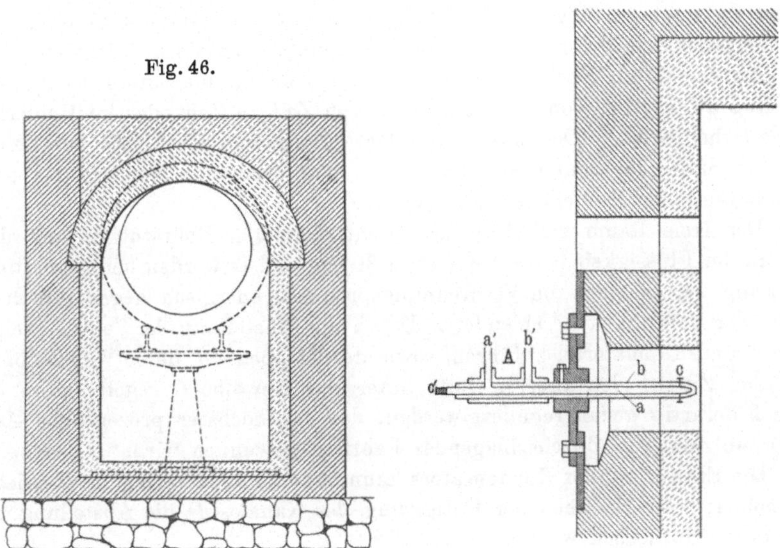

Fig. 46.

Fig. 47.

Jedes dieser Rohre ist von einer runden Scheibe *g* umgeben, welche auf dem Rohre mit Hilfe von Führungsstangen *h h* auf und ab bewegt werden kann und dazu bestimmt ist, den Umfang dieses Rohres ununterbrochen oder in Zwischenräumen abzustreichen. In die Rohre *f* sind Rohre *i* eingeführt, welche nahe am Boden der ersteren ausmünden und Wasser zuführen, das in den Röhren *f* hochsteigt und die Deckelplatte überströmt, von wo es dann weiter abfließt.

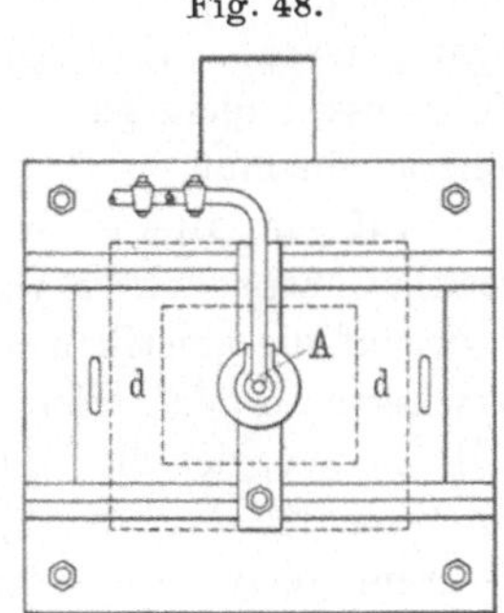

Fig. 48.

Eine Tür *K* gestattet den Zugang ins Innere des Kastens, dessen Boden mit zwei Öffnungen, im Horizontalschnitt, Fig. 45, mit *l* bezeichnet, versehen ist, die durch Trichter *m* mit den Sammelgefäßen *n n* in Verbindung stehen.

Mit dem Kondensator *E* ist durch ein Knierohr *F* ein zweiter Kondensator *G* verbunden, der aus einem Kasten besteht, an dessen Deckel ein trichterförmiger Rohrstutzen *o* angeschraubt ist, der eine Fortsetzung des Knierohres *F* bildet. Auf den Deckel des Kondensators *G* ist zur Abführung der Verbrennungsgase ein Saugapparat *H* aufgesetzt, welcher in einen Schornstein einmündet.

Die Fabrikation von Flammruß in diesem Apparat geschieht in folfolgender Weise: Aus einem Gefäß, das nur wenig höher als der beschriebene Apparat selbst zu stehen braucht, wird Material zur Rußfabrikation, das entweder kalt-flüssig oder durch Wärme flüssig gemacht sein kann, dem inneren Rohr des Blaseapparats A zugeführt, während gleichzeitig in das äußere Rohr desselben gespannter Dampf oder komprimierte Luft eingelassen wird. Beide Zuführungen sind durch handlich angebrachte Hähne oder Ventile regulierbar. Der Dampf oder die Luft zerstäuben das zur Rußfabrikation dienende Material, und alle Teile desselben geraten nach der Entzündung unter dem Gewölbe C sofort in starke Weißglut. Der Sauger H und die Wasserzuführung zum Kondensater E befinden sich in diesem Augenblick bereits in Tätigkeit.

An den durch Wasser gekühlten Rohren f des Kondensators E setzt sich der Ruß ab, welcher von den Scheiben g von Zeit zu Zeit oder kontinuierlich abgestrichen wird. Der zweite Kondensator G enthält Firniß oder einen anderen Stoff, der zum Festhalten der in den Verbrennungsprodukten etwa noch enthaltenen Rußteilchen geeignet ist.

Der freie Raum zwischen den trichterförmigen Rohrstutzen und dem Niveau der Flüssigkeit beträgt nur etwa 30 mm und es werden bei der heftigen Wirkung des Saugers die Verbrennungsprodukte energisch gegen die Oberfläche der Flüssigkeit geschleudert. Durch die Einstellung der Ventile, welche Dampf und Rußmaterial zuführen, sowie der Klappen $d\,d$, deren Verschiebbarkeit den Zutritt der äußeren Luft unter das Gewölbe C regelt, kann der Prozeß derartig genau reguliert werden, daß bei höchster prozentualer Ausbeute ein rein weiß durchschlagendes Fabrikat gewonnen wird.

Die Entleerung des Kondensators kann ohne Unterbrechung des Betriebes geschehen, während bei einer Entleerung des Kanales D die Abstellung des Betriebes erforderlich wird.

Der Apparat liefert also nur ein e Sorte eines vorzüglichen Rußes, der auch bei der hohen Bildungstemperatur noch gleichzeitig den Vorzug größerer, spezifischer Schwere haben dürfte, eine Eigenschaft, auf welche bekanntlich eine Anzahl Patente der neuesten Zeit hinarbeiten. Inwieweit der sonst sich in Form von Koks abscheidende Kohlenstoff in Ruß übergeführt wird, also über die Ausbeute an diesem Material, sind in der Patentschrift Mitteilungen nicht gemacht. Es erscheint aber zweifellos, daß bei richtiger Regulierung, die indessen nicht ganz leicht sein dürfte, die Rußausbeute eine entsprechend höhere sein muß.

Auf ein älteres Verfahren zur industriellen Gewinnung von Ruß aus Destillationsprodukten von A. Pidelassera (Span. Pat. vom 30. Juni 1888), sowie auf die amerikanischen Patente Nr. 146951 und 210672 soll hier nur verwiesen werden. Ebenso auf das englische Patent Nr. 29141, 1904, von C. H. Davey, der die Verbrennungskammer für Kreosotöl, Teer u. dgl. ähnlich wie Wegelin (vgl. S. 52) in das Innere eines Dampfkessels verlegt, um die Verbrennungswärme auszunutzen.

5. Eigenschaften des Flammrußes.

Der Flammruß ist ein ungemein zartes und lockeres Produkt von tiefbrauner, zuweilen dunkelgrauer bis schwarzer Farbe. Von seiner großen Leichtigkeit kann man sich einen ungefähren Begriff machen, wenn wir anführen, daß man in einer Rußkammer nach Einstellung des Betriebes und entsprechender Abkühlung umhergehen kann, ohne einen nennenswerten Widerstand zu fühlen, trotzdem der Ruß bis etwa zu den Knien reicht.

Daraus geht hervor, daß das Schütt- oder Litergewicht des Rußes unmittelbar aus der Kammer ein sehr geringes ist. Nach einer Angabe von Schiff u. Co.[1] wiegt ein Liter Ruß lose und ohne Druck eingefüllt im Durchschnitt 41 g. Folgende Zahlen wurden uns aus der Praxis mitgeteilt: leichter und schwerer Flammruß der Firma Carl Hisgen in Worms zeigt ein Litergewicht von 32 bzw. 75 g; das Litergewicht der von der Firma Gebrüder Siemens u. Co. in Lichtenberg bei Berlin erzeugten Rußsorten schwankt je nach der Herstellungsweise zwischen 70 und 200 g, während von ihr als spezifisch schwerer Ruß gekaufte Ware ein Raumgewicht von 160 bis 170 g pro Liter zeigt. Das Schüttgewicht des Flammrußes schwankt also innerhalb ziemlich weiter Grenzen. Für einen Ruß mit hohem Raumgewicht hat sich nach freundlicher Mitteilung der genannten Firma im Verkehr zwischen den Ruß- und Kohlenstiftfabrikanten die Bezeichnung „spezifisch schwerer Ruß" eingebürgert, womit aber keineswegs gesagt sein soll, daß das wahre spezifische Gewicht eines solchen Rußes größer ist als das eines leichten. Unter Verwendung von absolutem Alkohol im Pyknometer bestimmt, ist das spezifische Gewicht aller Rußsorten außerordentlich gleich und beträgt, wenn der Ruß vorher einer hohen Temperatur ausgesetzt war, 1,7 bis 1,76; auch können die Kohlenstiftfabrikanten jederzeit durch einfache Manipulationen (s. u.) aus einem spezifisch leichten einen spezifisch schweren Ruß herstellen, ziehen es aber aus praktischen Gründen vor, bei ihren Einkäufen die schwere Qualität in erster Linie zu berücksichtigen.

Die Ursache des geringen Raumgewichts der spezifisch leichten Rußsorten sei der hohe Gehalt an Luft, die zwischen den einzelnen Partikelchen eingeschlossen und viel größer sei, als bei den spezifisch schweren Sorten. Wenn man einen solchen Ruß unter die Glocke der Luftpumpe bringt und evakuiert, so wird ihm die Luft so heftig entzogen, daß es den Anschein hat, als ob er ins Kochen gerate und sogar überzuschäumen droht. Nach ihren Versuchen muß die Firma Gebrüder Siemens u. Co. annehmen, daß ein Ruß mit einem solchen Gehalt an Kohlenwasserstoffen sich stärker zusammenpressen läßt und sich auch infolge seines höheren Eigengewichts in den Rußkammern dichter ablagert als ein trockener Ruß, der auch in allen von ihr untersuchten Fällen stets sehr erheblich größere Luftmengen enthielt als der ölige. Eine Grenze zwischen spezifisch schwerem und spezifisch leichtem Ruß gäbe es aber nicht, was uns auch von der Firma C. Conradty, Aktiengesellschaft, Nürnberg bestätigt wird.

In der Tat können die Verunreinigungen des Flammrußes durch flüchtige Stoffe (Feuchtigkeit und Öl) ziemlich beträchtlich sein, wie folgende Aufstellung von Zellner (a. a. O., S. 55) beweist, welche Ruße aus verschiedenen Fabriken betrifft (s. Tabelle a. f. S.).

Aus diesen Zahlen ergibt sich auch für einzelne der geringeren Sorten ein ziemlich beträchtlicher Aschengehalt, der natürlich nur aus den Kammern stammen kann; guter Flammruß enthält dagegen selten mehr als 0,1 Proz. Asche. Ein möglichst geringer Aschengehalt und ein nicht zu hoher Prozentsatz an teerigen Substanzen sind die Haupterfordernisse, die man an eine

---

[1] Vgl. Zellner, a. a. O., S. 71.

Fabrik	I	II		III		IV
	Proz.	Proz.	Proz.	Proz.	Proz.	Proz.
Qualität · · · · {	kalziniert, mindere Qualität	nicht kalziniert	kalziniert, I. Qualität	nicht kalziniert, mind. Qual.	kalziniert, I. Qualität	I. Qualität
Trockenverlust . .	2,60	3,95	1,50	6,40	1,76	1,90
Glühverlust . . .	0,78	9,82	2,15	21,83	3,05	2,55
Asche	6,58	0,08	0,15	3,01	0,03	0,05

gute Qualität von Flammruß für die meisten Zwecke stellt. Auf Farbe und Feinheit wird bei diesem Produkt, das heute in der Hauptsache wohl zur Herstellung von elektrischen und galvanischen Kohlen verbraucht wird, weniger gesehen. Ölhaltiger Ruß läßt sich leicht in der Hand zusammenballen und unter Druck zu festen Stücken pressen. Nach einer Mitteilung der Firma Gebrüder Siemens u. Co. ist ihr schon derartiger Ruß vorgekommen, der so fest eingestampft war, daß man ihn mit dem Messer in Stücke zerschneiden, und ohne Zusatz von Teer Kohlenstifte aus demselben pressen konnte.

Nach Ostwald[1]) sind die Dichte, Härte und Leitfähigkeit des Rußes für Wärme und Elektrizität um so größer, seine Verbrennlichkeit aber um so geringer, je höher die Temperatur seiner Herstellung war und je länger dieselbe auf ihn eingewirkt hatte; gleichzeitig geht dabei seine tiefschwarze Farbe in eine graue, metallisch glänzende über, was mit einer beginnenden Graphitierung im Zusammenhang steht. In der Tat hat Berthelot[2]) nachgewiesen, daß gewöhnlicher Ruß häufig Graphit enthält und sich diese Modifikation des Kohlenstoffs bei der unvollkommenen Verbrennung organischer Substanzen unter gewissen Umständen, wenn auch in untergeordnetem Maße, fast immer bildet.

Die Bedingungen, unter denen amorpher Kohlenstoff in Graphit übergeht, sind viel erörtert worden und interessieren uns hier natürlich ganz besonders. Nach Moissan (Le Four Electrique) genügt schon hohe Temperatur allein, um die Umwandlung hervorzubringen, was von Berthelot[3]) bestritten wird. Despretz[4]), der verschiedene Arten von amorphem Kohlenstoff im elektrischen Flammenbogen erhitzt hat, fand, daß jeder Kohlenstoff bei andauernder Behandlung im elektrischen Ofen weicher wird und schließlich in Graphit übergeht. Dagegen ist der Graphit nach Acheson das Produkt der Zersetzung von Carbiden und seine Bildung aus amorphem Kohlenstoff ist an das gleichzeitige Vorhandensein carbidbildender Stoffe bei der Erhitzung gebunden, welche, wenn nicht in genügender Menge vorhanden, als Katalysator wirken, indem das jeweils gebildete Carbid sogleich in Metall und Graphit zerfällt und das freigewordene Metall wieder weitere Mengen von Kohlenstoff unter Carbidbildung bindet usw., bis sämtlicher amorpher Kohlenstoff graphitiert ist (vgl. dessen amer. Pat. Nr. 568323, 1896 u. 617919, 1899).

W. C. Arsem[5]) hat neuerdings die Frage der Graphitbildung studiert und gefunden, daß alle Formen von amorphem Kohlenstoff bei der Erhitzung auf über 3000° eine endliche Dichte erreichen, die durch Zusatz geringer Mengen mineralischer (carbidbildender) Stoffe nicht wesentlich erhöht wird.

---

[1]) Vgl. Ditmar, Die Analyse des Kautschuks, S. 130. — [2]) Liebigs Jahresbericht 1869, S. 240. — [3]) Ann. chim. phys. 19, Ser. 3, S. 392. — [4]) Compt. rend. 29, 709. — [5]) Journ. Ind. and Eng. Chem. 1911, p. 799.

Das Produkt ist in manchen Fällen reiner Graphit, z. B. bei Petrolkoks, während in anderen Fällen, z. B. bei Lampenruß, die Dichte zwar zunimmt, aber nicht diejenige des Graphits erreicht und auch dessen sonstige Eigenschaften nicht erzielt werden können, selbst bei Zusatz solcher Metalloxyde, denen eine graphitisierende Wirkung zukommt, diese in dem genannten Fall also weder die Graphitisierung des Kohlenstoffs befördern, noch dessen Eigenschaften verändern. So gab z. B. Lampenruß mit einem Aschengehalt von 0,2 Proz. unter verschiedenen, die Carbidbildung befördernden Umständen, auf eine Temperatur von 3000° erhitzt, folgende Resultate:

					Spez. Gew. nach dem Erhitzen
Lampenruß mit 0,2 Proz.	Asche	2,090
„ „ 5 „	Fe_2O_3, gemischt	2,094
„ „ 5 „	„ durch Fällung . .	2,122
„ „ 5 „	„ „ „ . .	2,109
„ „ 5 „	Al_2O_3	2,080
„ „ 1 „	SiO_2	2,076
„ „ 5 „	MnO_2	2,091
„ „ 5 „	NiO	2,099
„ andere Sorte, ohne Zusatz	2,074

Dagegen zeigten Le Chatelier u. Wologdine[1]), daß reiner natürlicher Graphit nach der Befreiung von jeglicher Verunreinigung und Luft ein spez. Gewicht von 2,255 besitzt, das auch dem künstlichen Graphit Achesons zukommt. Nach Arsem haben wir daher unter Graphit jene Form des allotropen Kohlenstoffs zu verstehen, welche ein spez. Gewicht von 2,25 bis 2,26 aufzuweisen hat, während alle jene Formen von Kohlenstoff, die einige Eigenschaften mit diesem, z. B. Farbe, Weichheit und Strich, Bildung von Graphitsäure bei der Oxydation mit Salpetersäure (nach Brodie) gemein haben, als Mischungen von Graphit mit anderen Formen von Kohlenstoff zu betrachten sind.

Auch Cherpy[2]) betont, daß das spez. Gewicht ein viel besseres Kriterion sei, als der Brodiesche Test. Die Natur des Graphits setze eine ganz bestimmte, vielleicht nicht sehr komplizierte Konfiguration des Moleküls voraus, das z. B. aus zwei übereinander liegenden Benzolkernen bestehen kann, deren Winkel unter Elimination des Wasserstoffs wechselseitig miteinander verbunden sind. Amorpher Kohlenstoff dagegen kann als eine Mischung von vielen Varietäten von Kohlenstoff betrachtet werden, deren jede eine besondere Anordnung der Atome im Molekül besitzt. In den verschiedenen Varietäten des amorphen Kohlenstoffs zeigen manche Moleküle die Fähigkeit, sich unter dem Einfluß der Hitze in Graphitmoleküle umzulagern, andere nicht, und das Verhältnis der umwandlungsfähigen Moleküle bestimmt den naheren Charakter des Endprodukts. So besteht z. B. Petrolkoks fast ganz aus graphitisierbaren Molekülen, während Anthracit und Lampenruß deren viel weniger aufzuweisen haben.

Der Ruß schwimmt auf Wasser und wird von Wasser nicht befeuchtet; beide Erscheinungen beruhen auf dem hohen Luftgehalt der feinen Partikelchen, der sich durch Wasser nicht verdrängen läßt. Oft erteilt ihm auch sein Ölgehalt wasserabstoßende Eigenschaften. In spezifisch leichteren und gleichzeitig öllösenden Flüssigkeiten, wie Benzin, Benzol, Alkohol u. dgl. sinkt er

---

[1]) Compt. rend. **146**, 49. — [2]) Ebend., **148**, 920.

sofort unter. Das spezifische Gewicht des leichten, ungeglühten Kienrußes beträgt nach Moissan[1]) 1,76, das des stark geglühten nach Gmelin-Krauts Chemie[2]) 2,300.

Der Hauptbestandteil des Rußes ist nach Roscoe u. Schorlemmer[3]) niemals ganz reiner Kohlenstoff, sondern er enthält stets noch geringe Mengen von Wasserstoff in hochmolekularer Bindung, die ihm nicht durch einfaches Glühen, sondern nur durch längeres Erhitzen im Chlorstrom entzogen werden können, wobei Salzsäuregas entweicht. Nach Meiser enthält der in seinem Ofen hergestellte Flammruß 99,7 Proz. Kohlenstoff, darf also als annähernd chemisch rein angesprochen werden. Braconnot[4]), von dem eine ältere Analyse von Kienruß (wahrscheinlich aus Steinkohle dargestellt) stammt, gibt folgende Analyse:

Kohlenstoff	79,1 Proz.
Harzige Stoffe	7,5 „
Schwefelsaures Ammoniak . . .	4,5 „
Asche und Sand	0,9 „
Feuchtigkeit	8,0 „
	100,0 Proz.

Ein solches Produkt ist natürlich sehr minderwertig und entspricht in keiner Weise den heutigen Anforderungen, ist aber immerhin noch wesentlich reiner als der Schornsteinruß unserer häuslichen Feuerungen, von dem Hutton[5]) und Forster[6]) folgende Analysen mitteilen:

	Schornsteinruß aus London (Hutton) Proz.	Schornsteinruß aus Glasgow (Hutton) Proz.	Ofenruß W. Forster Proz.
Kohlenstoff.	53,18	35,70	} 41,37
Teer.	18,00	15,00	
Wasser	2,80	7,20	8,93
Schwefels. Ammoniak . .	6,80	10,86	11,55
Asche	19,00	31,00	38,00

6. Reinigung des Flammrußes.

Der Ruß, wie er aus den Kammern kommt, selbst wenn dieselben auch noch so lange im Gebrauch und vorzüglich imstande sind, ist nicht direkt für alle Zwecke zu gebrauchen. Für feinere Arbeiten, namentlich für Lackleder-, Buntpapier- und Rahmenfabriken, muß derselbe absolut frei von Sand usw. sein. Man ist daher für diese Zwecke genötigt, ihn noch weiter zu bearbeiten, um ihn ganz rein zu bekommen.

Man bedient sich hierzu eines Ventilators von ziemlicher Geschwindigkeit, in den man den Ruß mittels einer Schaufel einträgt, welcher dabei von dem erzeugten Winde in eine hölzerne große Kammer getragen wird, worin er sich absetzt, während die ihn verunreinigenden schweren Körper infolge der Zentrifugalkraft am Ende des Ventilators in einen Kasten geschleudert

[1]) Ann. Chim. Phys. [7], **8**, 289. — [2]) 7. Aufl., I, **3**, 499. — [3]) Ausführl. Lehrb. d. Chemie, Braunschweig, 1877, **1**, 497. — [4]) Vgl. Dumas, Handb. d. angew. Chem., übersetzt von Alex u. Engelhart, **1**, 525. — [5]) Chem. News 1869, Dec., p. 307. — [6]) Chem.-Ztg. 1894, S. 4.

werden, aus dem man sie von Zeit zu Zeit entfernt. Einen auf diese Weise gereinigten Ruß bezeichnet man im Handel als „ventilierten Ruß."

Nach einer Mitteilung der Firma Louis B. Fiechter in Basel eignen sich für diesen Zweck zum Niederschlagen des Rußes besonders gut die von ihr konstruierten Staubkollektoren für Druckluftbetrieb, bei entsprechender Erweiterung des Expansionskessels. Das maschenlose unverstopfbare Staubfilter dieser Firma, der Hauptbestandteil ihrer patentierten Staubkollektoren[1] besteht aus losen, nur an ihrem oberen und unteren Ende durch eine Webkante miteinander verbundenen Fäden aus vegetabilischer Faser oder Asbest, die in Schlauchform um eiserne Ringe aufgerollt sind. Da der Durchmesser des unteren Auflegeringes größer ist als derjenige des oberen, erhält derselbe, wie aus Fig. 50 ersichtlich ist, eine konische Form.

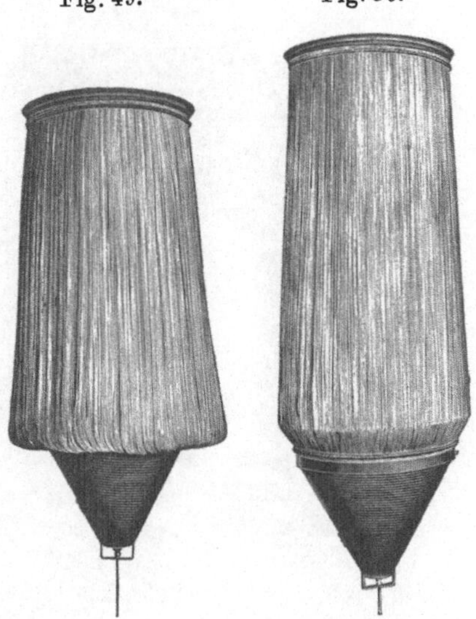

Fig. 49.　　　　Fig. 50.

Zur Reinigung des Filters von anhängendem Ruß wird der untere Teil desselben je nach Bedarf entweder durch eine einfache automatische Vorrichtung oder per Hand um 150 bis 200 mm gehoben, wodurch die vertikalen Fäden entspannt sind. Vgl. Fig. 49. Durch plötzliches Fallenlassen des Trichters werden die Fadenschichten auseinander getrieben und in ihre normale Lage zurückgeschnellt, so daß der Staub sozusagen aus den Fäden herausgepeitscht wird. Diese Operation geschieht auf mechanischem Wege und ist ohne jeden Einfluß auf die lange Haltbarkeit des Filtermaterials.

Die quantitative Leistung des Fiechterschen Filters ist für jeden Quadratmeter Filterfläche ungefähr 15 bis 30 cbm Staubluft, je nach deren Dichte, sowie der Natur des Staubes, und es werden dabei 85 bis 98 Proz. des darin enthaltenen Staubes abgeschieden und wiedergewonnen. Entsprechend der geforderten Leistung werden die Filter mit einem Durchmesser von 20 bis 800 mm und einer Länge von 600 bis 1800 mm hergestellt.

Diese Filter sind in vertikalen Blechgehäusen aufgehängt, die zu einem System von beliebiger Ausdehnung (s. Fig. 51) kombiniert werden können, durch das die zu entstaubenden Gase mittels eines Ventilators V oder Exhaustors entweder gesaugt (Saugfilter) oder gedrückt (Druckfilter) werden, so zwar, daß sie den Filtermantel von außen nach innen passieren müssen, ehe sie vollkommen entstäubt aus dem inneren Hohlraum entweichen oder weitergeführt werden. Wie bei der am meisten gebräuchlichen Form für Saugluftfiltration sind zwei oder mehr Filter, in zylindrischen Blechgehäusen A aufgehängt, mit einem gemeinsamen Expansionskessel B verbunden. Dieser Expansionskessel befindet sich entweder unter den Filtern, oder über oder neben den Filtern, wie in Fig. 51 dargestellt.

---

[1] D. R.-P. Nr. 68363.

Der infolge der Luftexpansion ausgeschiedene Staub, sowie der von den Filtern gefangene feine bis unfühlbare Staub wird auf mechanischem Wege mit Hilfe der Transportschnecke C aus dem Kollektor befördert.

Die Reinigung der Filter, sowie der Transport des kollektierten Staubes erfolgt automatisch, und es ist dafür selbst bei den größten Anlagen kein höherer Kraftaufwand als etwa $^3/_4$ PS erforderlich. Die Reinigung geschieht wie folgt: In einer eisernen Schiene oder Kulisse, in der Längsrichtung mit der Filterreihe verbunden und zwischen den eisernen Kollektorenschildern

Fig. 51.

und neben oder über dem Expansionskessel befestigt, bewegt sich eine endlose Gelenkkette, in welcher mehrere sog. Mitnehmer eingegliedert sind. Diese Mitnehmer haben die Aufgabe, in der Reihenfolge die Klappe des zur Abreinigung kommenden Filters zu schließen, dann den Filterhebel zur Abreinigung in Aktion zu bringen und schließlich die betreffende Klappe wieder zu öffnen. Bevor aber diese Klappe wieder geöffnet wird, bewirkt eine bei allen Formen der Fiechterkollektoren angebrachte einfache Vorrichtung das Absaugen und das Zurückführen des nach dem Abschütteln im Inneren des Filters schwebenden feinen und leichten Staubes direkt nach dem gemeinsamen Expansionskessel. Die Retourstauboperation beansprucht etwa 10 Sek., sie kann aber auch gekürzt oder verlängert werden, je nach der Natur des Staubes. Ohne diese Vorrichtung würde der schwebende Staub beim Wieder-

öffnen der Hauptklappe entweichen. Es wird jeweils nur ein Filter zur Abreinigung ausgeschaltet, somit nur ein Bruchteil der verfügbaren Filterfläche
für eine bis zwei Minuten außer Arbeit gesetzt. In sehr großen Anlagen, d. h.
bei zahlreichen Filtern, können zwei Filter ausgeschaltet werden, jedenfalls
aber nehmen in kleinen und großen Anlagen die übrigen, in Funktion
bleibenden Filter die ganze Staubluftmenge auf, so daß eine Störung der erforderlichen Saugwirkung der Ventilatoren ausgeschlossen ist.

Es ist schon (S. 42) erwähnt worden, daß derartige Staubkollektoren
auch für die letzte Entrußung der Rauchgase aus dem Kammersystem Verwendung gefunden haben, in welchem Falle die Filterschläuche vorteilhaft
aus Asbestschnur hergestellt werden.

Um den Ruß von gröberen Verunreinigungen, wie Mörtelteilchen und
Sand aus den Kammern, Holzteilchen von den Entleerungswerkzeugen, Fasern

Fig. 52.

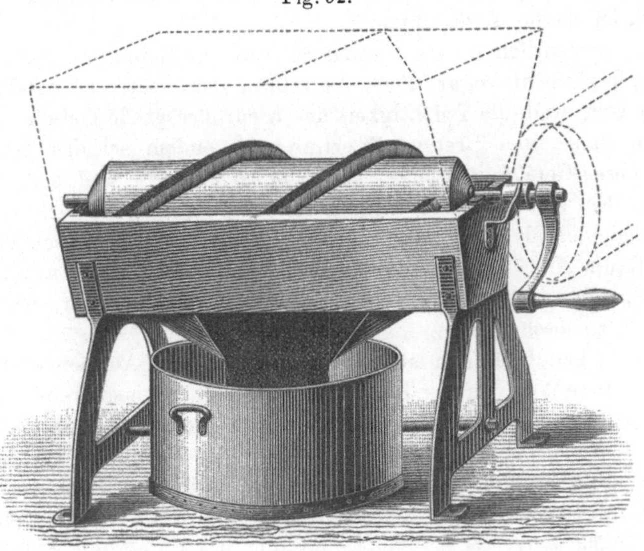

aus den Säcken usw. zu befreien, wird er meist durch ein Sieb geschlagen,
was infolge seiner äußerst lockeren Beschaffenheit keine leichte Arbeit ist.
Diese kann aber wesentlich vereinfacht werden, wenn man sich statt eines
Handsiebes einer Sieb- und Sichtmaschine mit Bürstenwalze, wie solche von
der Firma A. Zemsch in Wiesbaden gebaut werden, bedient. Dieser einfache Apparat (Fig. 52) besteht aus einer halbkreisförmigen Rinne von feinem
Drahtgeflecht, in der sich eine in schraubenförmiger Anordnung mit Schweins-
borsten besetzte hölzerne Walze derart dreht, daß die Borsten über die
Maschen des Siebes streichen und den Ruß hindurchdrücken. Falls das Sieb
verstopft ist, reinigt die Bürstenwalze dasselbe gleichzeitig, wie sie auch als
Transportschnecke dient und den Ruß über das Sieb, sowie die Verunreinigungen
desselben auf der einen Seite heraus befördert. Der Antrieb erfolgt entweder durch Hand oder Maschine und die Aufstellung am besten über einem
geschlossenen, mit Entleerungsvorrichtung versehenem Kasten.

Diese Verfahren zur Reinigung des Rußes sind rein mechanischer Natur
und vermögen daher nicht die chemischen Verunreinigungen desselben,

wie die Produkte der unvollständigen Verbrennung, die derselbe beim Lagern in den Rußkammern aus den Rauchgasen begierig aufnimmt, zu entfernen. Diese ölartigen Stoffe, welche dem Ruß eine ins Bräunliche gehende Färbung, sowie das Vermögen, sich durch Druck zusammenballen zu lassen, geben, lassen sich leicht erkennen, wenn man den Ruß mit einigen Tropfen Spiritus, Benzol oder Terpentinöl auf einem weißen Bogen Papier anreibt und die Strichfläche trocknen läßt. Diese Flüssigkeiten haben die Fähigkeit, jene Destillationsprodukte aufzulösen, und es zeigt sich daher, da dieselben das Papier durchdringen, auf der Rückseite des letzteren ein mehr oder minder starker, bräunlicher Durchschlag. Auch um den äußeren Rand der Strichfläche bildet sich ein braun gefärbter Ring.

Man hat von der Lösungsfähigkeit der erwähnten Stoffe für die brenzlichen Produkte im Ruß zur Reinigung desselben Gebrauch gemacht, ist aber bald infolge ihrer unvollständigen Wirkung und der Kostspieligkeit des Verfahrens wieder davon abgegangen.

So hat namentlich Runge[1]) den Spiritus zur Reinigung des Kienrußes empfohlen, und zieht sogar dieses Verfahren dem später zu beschreibenden Ausglühen vor, weil die Leichtigkeit des Kienrußes große Gefäße notwendig mache und daher viel Brennstoff erfordere. Zudem sei das genaue Verschließen dieser Gefäße schwierig, aber um so nötiger, weil sonst viel Ruß verbrenne. Ein solcher mit Spiritus gereinigter Kienruß ist dichter und zusammenhängender als der gewöhnliche und nimmt infolge dessen auch einen kleineren Raum ein. Dazu kommt, daß er sehr leicht Wasser annimmt, und man deshalb nicht nötig hat, Weingeist anzuwenden, um ihn, wie man zu sagen pflegt, zu löschen.

Späterhin benutzte man starke Natronlauge zum Ausziehen des Rußes und hat auf diese Weise in der Tat den Ruß in fast chemisch reinem Zustande als amorphen Kohlenstoff erhalten. Man muß diese Manipulation indessen so lange wiederholen, bis die Natronlauge beim Filtrieren der kochenden Mischung nicht mehr gefärbt abläuft, und schließlich den Rückstand wiederholt mit Königswasser auskochen. C. Köchlin[2]) hat ein Verfahren der Reinigung angegeben, das in der Behandlung des Rußes mit konzentrierter Schwefelsäure besteht. Der Ruß wird mit seinem 10fachen Gewicht Säure gut angerührt und nach 24stündiger Berührung in Wasser gegossen, filtriert und gewaschen. Nach dem Trocknen läßt er sich mit größter Leichtigkeit im Wasser zerteilen und besitzt angeblich alle Eigenschaften der chinesischen Tusche. Die Wirkung der Schwefelsäure beruht darauf, daß sie die dem Ruß anhaftenden brenzlichen Produkte zum Teil zerstört, zum Teil in wasserlösliche Sulfosäuren überführt.

Neuerdings hat Zellner (a. a. O., S. 73) ein Verfahren angegeben, um gewöhnlichen Schornsteinruß, der mit 3 bis 4 $\mathscr{M}$ für 100 kg käuflich ist, aber, wie wir auf S. 66 gesehen haben, sehr viel Aschenbestandteile enthält, von diesen bis auf einen minimalen Prozentsatz auf chemischem Wege zu befreien, das wir der Vollständigkeit wegen hier anführen wollen. Ein von ihm angewandter Schornsteinruß enthielt 3,1 Proz. Feuchtigkeit, 31,7 Proz. Asche und zeigte einen Glühverlust von 22,5 Proz. Beim Reinigen durch

---

[1]) Grundriß der Chemie I. München 1846, S. 64. — [2]) Deutsche Ind.-Ztg. 1873, S. 128.

Schlämmen erniedrigte sich der Aschengehalt auf 24,9 Proz., beim darauffolgenden sukzessiven Auskochen mit Natronlauge, Wasser und Salzsäure sank derselbe auf 11,8 Proz. und eine nochmalige Behandlung mit Flußsäure und verdünnter Salzsäure in mäßiger Wärme entfernte alle mineralischen Stoffe bis auf 1,1 Proz. Zellner hält das Verfahren bei einem Rußpreis von 25 bis 30 Mark für ökonomisch durchführbar, um so mehr als der Ruß dabei in einer für die Verarbeitung auf Kohlenstifte günstigen Form gewonnen wird.

Man gelangt auf diese oder jene Weise schließlich zu einem sehr zarten Pulver von tiefster Schwärze, das auf dem Platinblech ohne Rückstand zu hinterlassen und ohne Rauchentwickelung zu Kohlensäure verbrennt. Es ist natürlich nicht Sache der Technik, einen Ruß von so hervorragender Reinheit darzustellen. Ihr ist es nur darum zu tun, den Ruß von möglichst schwarzer Farbe und frei von brenzlichen Produkten zu liefern, und es ist auch gelungen, diesen Zweck auf dem weit einfacheren und billigeren Wege einer Kalzination bei Luftabschluß zu erreichen.

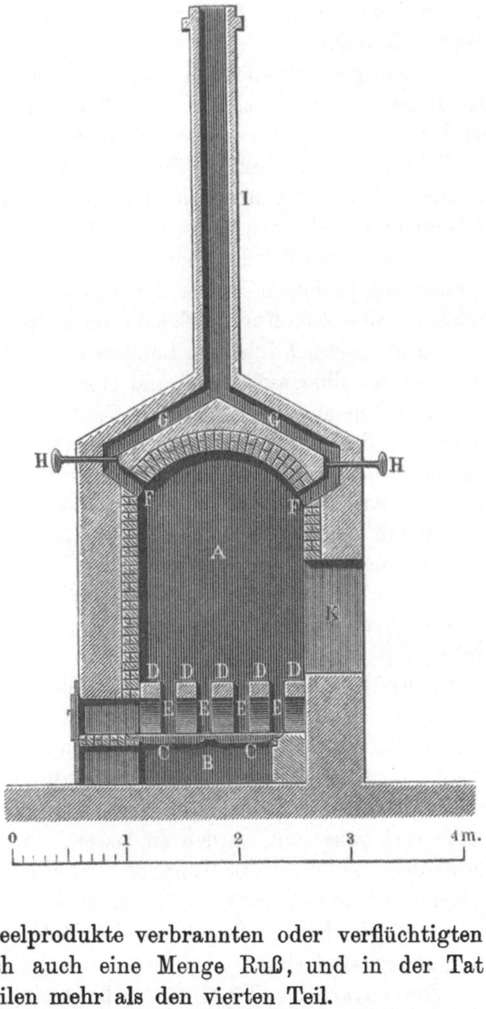

Man hat früher diesen Prozeß auf eine höchst einfache Weise ausgeführt; ein mit Ruß gefülltes Faß wurde in die Erde gegraben und hierauf der obere Deckel abgenommen. Dann wurde vermittelst eines geeigneten Bohrers inmitten der Rußmasse ein bis auf den Boden des Fasses reichender Schacht gebohrt, und in diesen ein mit Terpentinöl getränkter, brennender Wergballen geworfen. Das Faß wurde alsdann lose bedeckt und mehrere Tage sich selbst überlassen. Dabei kam der ganze Inhalt

Fig. 53.

des Fasses ins Glühen, die Schweelprodukte verbrannten oder verflüchtigten sich. Dabei verbrannte natürlich auch eine Menge Ruß, und in der Tat betrug der Gewichtsverlust bisweilen mehr als den vierten Teil.

Später wurde zum Kalzinieren des Rußes allgemein eine Einrichtung benutzt, welche in Fig. 53 dargestellt ist. In einem schachtartig gemauerten Raume *A* von etwa 3,5 m Höhe mit einem quadratischen Querschnitt von 1,5 qm im Lichten ist nach Belassung eines als Aschenfall dienenden Raumes *B* ein gewöhnlicher Planrost C eingemauert, der aus zwei Reihen Stäben von je 50 bis 60 cm Länge besteht; denselben überbrücken in je 25 cm Entfernung fünf einzelne, frei stehende, flache Gewölbebogen D aus feuerfestem Material, je 22 cm breit, so daß zwischen den einzelnen Bogen ein Raum E von je 10 cm bleibt, durch welchen die Feuergase in den Kalzinierraum gelangen können; der zwischen den Bogen und der Wand, an welche sie stoßen, bleibende keilförmige Raum wird bis zur Höhe des Gewölbescheitels aufgemauert, so daß die Oberflächen sämtlicher Bogen eine Horizontalebene bilden, auf welche in dichter Anordnung 24 Reihen gußeiserner Töpfe von 5 bis 10 mm Wandstärke, 40 cm Höhe und 24 cm Durchmesser, welche mit Ruß gefüllt sind, zu stehen kommen. Diese Töpfe tragen an ihrem Rande einen Falz, in welchen der Boden eines anderen Topfes genau einpaßt, so daß sie sich gegenseitig als Deckel dienen, und nur der oberste Topf einer jeden Reihe mit einem Deckel versehen zu werden braucht.

Die Fugen zwischen den einzelnen Töpfen werden natürlich schon während der Beschickung, welche von zwei Arbeitern in etwa sechs Stunden besorgt wird, mit Lehm gut verstrichen, und auch die Deckel der oberen Töpfe gut verdichtet. D.e Besetzung des Ofens erfolgt in der Weise, daß immer eine Topfreihe nach der anderen, natürlich von der Hinterwand des Ofens ausgehend und nach vorn fortschreitend, aufgesetzt wird.

Nach oben wird der Heizraum durch eine gewölbte Decke aus feuerfesten Steinen abgeschlossen, welche der besseren Wärmeverteilung halber an den vier Ecken je eine Zugöffnung F hat, die durch Züge G mit Regulierschiebern H nach dem Kamin I führen. Letzteres wird direkt auf den pyramidalen Überbau des Gewölbes aufgesetzt und etwa 3 m in die Höhe geführt.

Das Ein- und Ausräumen der Töpfe geschieht durch eine Arbeitsöffnung K in der Wand, die während des Betriebes vermauert ist. Der Ofen wird je nach der Intensität des Feuers in 18 bis 24 Stunden dunkelrotglühend; die Destillationsprodukte entweichen aus den Fugen des Verstrichs der Töpfe und verbrennen.

Wenn das Feuer während zwei Tagen gut unterhalten worden ist, ist die Kalzinierung beendigt; man darf indessen noch nicht sogleich zum Ausräumen der Töpfe und Auspacken des Rußes übergehen. Der geglühte Ruß besitzt pyrophorische Eigenschaften und verbrennt schon beim Zusammentreffen mit Luft bei einer Temperatur, welche weit unter der Glühhitze liegt. Karsten[1] hat sogar gefunden, daß der geglühte Ruß in trockener, kohlensäurefreier Luft mit dem Sauerstoff derselben sich schon bei gewöhnlicher Temperatur zu Kohlensäure verbindet und zwar in nicht ganz geringer Menge. Wenn auch in dieser Hinsicht in Rußfabriken noch keine schlimmen Erfahrungen gemacht worden sind, so empfiehlt es sich doch, den Ofen und die Töpfe erst ganz kalt werden zu lassen, ehe man die letzteren herausnimmt. Es genügt hier nicht, die Töpfe so weit abkühlen zu lassen, daß man sie, ohne sich zu verbrennen, anfassen kann, sondern man muß bei geöffneter Arbeitstür die Topfreihen so lange mit der äußeren Luft in Berührung lassen, bis sie ganz erkaltet sind.

Das Packen der Töpfe mit Ruß ist eine sehr langwierige Arbeit und erfordert viel Übung von seiten des damit betrauten Arbeiters. Der Ruß, wie

---

[1] Liebigs und Kopps Jahresber. f. Chem. 1860, S. 506. Pogg. Ann. CIX, 346. Berl. Akad. Ber. 1860, S. 38. Journ. f. prakt. Chem. LXXIX, 226.

er aus den Kammern kommt, eignet sich wegen des äußerst lockeren Zustandes, in dem er sich befindet, nicht zum Packen in Töpfe; er muß erst in Säcken getreten werden, um die richtige Beschaffenheit zu erlangen. Mehrere Arbeiter führen diese Operation in der Weise aus, daß sie den Ruß in Säcke von dichtem, starkem Gewebe füllen, und ihn unter fortwährendem Nachfüllen darin mit den Füßen niedertreten, bis er sich „geballt" hat. Dann wird er mit Hilfe von Schaufeln in die Töpfe eingetragen, niedergedrückt und unter einer einfachen Spindelpresse in der aus Fig. 54 ersichtlichen Weise festgepreßt. Man füllt wieder Ruß auf und fährt so fort, bis die Töpfe ganz gefüllt sind.

Der in Töpfen kalzinierte Ruß bildet eine zusammenhängende leichte Masse, die sich mit größter Leichtigkeit in das feinste Pulver verwandeln läßt.

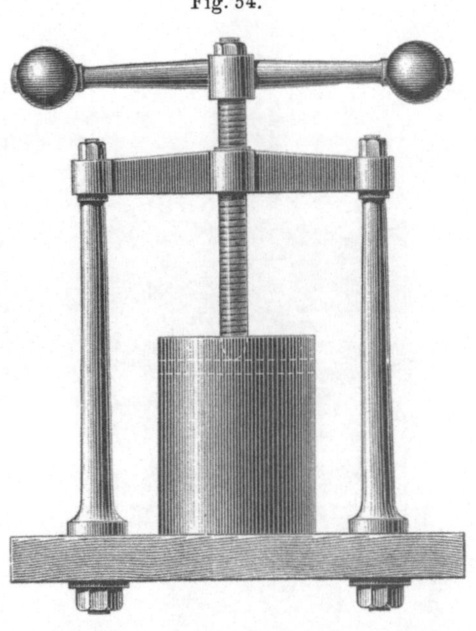

Fig. 54.

Gewöhnlich wird er in dieser Form, „in Stücken", in den Handel gebracht, häufig aber auch als Pulver verlangt. In diesem Falle läßt man ihn in der Regel durch ein feines Sieb drücken oder eine Mahltrommel, wie wir sie später bei der „Schwärze" kennen lernen werden, passieren.

Manche Fabriken suchen das Pulvern des Rußes nach dem Kalzinieren zu umgehen, indem sie denselben in die Töpfe nicht so stark einpressen, oder statt des Kalzinierens im Topfe die Arbeit in liegenden Röhren ausführen, die sich in passender Einmauerung befinden und infolgedessen ein starkes Einpressen nicht zulassen. Eine derartige Arbeitsweise kann vorteilhafter sein, weil sie sich bei passender Einrichtung kontinuierlich ausführen läßt und das lästige Packen der Töpfe fortfällt.

Nach der Ansicht mancher Rußfabrikanten ist der in lockerem Zustande kalzinierte Ruß auch von ungleich besserer Qualität wie der in Töpfen ausgeglühte, eine Ansicht, der übrigens von anderer, ebenfalls sachverständiger Seite entschieden widersprochen wird.

Der Prozeß wird gewöhnlich in eisernen Röhren $A\,A'$ ausgeführt, welche über einer Feuerung D in der aus der Fig. 55 ersichtlichen Weise eingemauert sind. Diese Rohre wählt man in der Regel in einer Länge von etwa 2 m bei einem Durchmesser von 25 bis 40 cm. Häufig benutzt man hierzu alte Gas- oder Wasserleitungsröhren und überzieht dieselben außen, soweit sie der Flamme ausgesetzt sind, mit einer dünnen Schicht Lehm, welchem man, damit der Anstrich, so lange er feucht ist, besser am Eisen hafte, Rindshaare beigemengt hat. Gewöhnlich liegen fünf bis sechs solcher Rohre in einer Reihe, so daß man im ganzen 10 bis 12 in einem Ofen hat. Die Füllung der Zylinder erfolgt bei C und C', ihre Entleerung nach dem Erkalten bei B

und B'. Die Deckel an diesen Öffnungen bestehen aus gewöhnlichem Eisenblech und sind so gearbeitet, daß sie sich genau der Rohrwandung anschließen. Die bei B und B' reichen bis durch die Wandung der Einmauerung, um zu verhüten, daß sich an diesen Stellen Ruß befindet, welcher der Einwirkung der Hitze entzogen wird. Die Roststäbe D liegen der ganzen Länge und Breite nach durch den Feuerungsraum, damit das Feuer alle Röhren gleichmäßig umspielt. Ein Schieber E im Schornstein F gestattet ein Regulieren des Zuges und ein Zusammenhalten der Hitze, wenn die Röhren zur Rotglut gebracht sind.

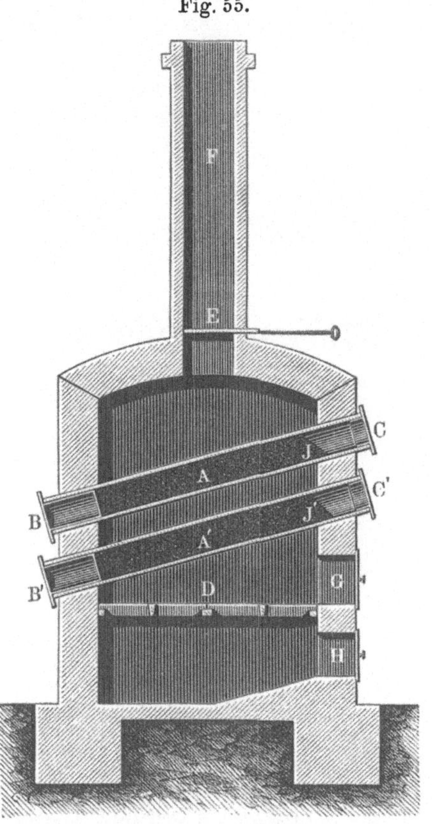

Fig. 55.

Man füllt die Röhren übrigens nur bis zur Stelle $J J'$ und drückt den Ruß mit einem breiten Stößel sanft fest. Die Deckel bei B und C werden nach der Füllung rings um ihren vorstehenden Rand mit Lehmbrei luftdicht verstrichen; jene bei C haben in ihrer Mitte eine kleine Öffnung, um den gebildeten Gasen den Ausgang zu gestatten. Man kann bei ihnen das Fortschreiten der Kalzination beobachten, und verschließt sie mit dichten Stöpseln, wenn die Röhren erkalten sollen. In diesem Falle öffnet man natürlich auch die Feuertüren G und H, sowie den Schieber E vollständig, wodurch ein kräftiger Luftzug hergestellt wird, der die Röhren bald auf die gewöhnliche Temperatur bringt. Während der Kalzination entweichen aus den Öffnungen der Deckel bei C brennbare Gase, und sobald dies aufgehört hat, und auch durch den Geruch das Auftreten von Gasen nicht mehr zu konstatieren ist, kann dieselbe als beendigt betrachtet werden. Bevor man die Röhren entleert, entfernt man vorsichtig allen an den Deckeln anhaftenden Lehm und schiebt dann vermittelst des Stößels den Ruß in Blechgefäße, welche man sofort dicht verschließt.

Die Firma Alphons Custodis, Aktiengesellschaft für Essen- und Ofenbau, stellt uns die Zeichnung eines Kalzinierofens für Ruß zur Verfügung, welcher aus der in Fig. 55 dargestellten Form hervorgegangen ist und bei einfachster Konstruktion einen Dauerbetrieb gestattet. Die Fig. 56 u. 57 zeigen diesen Ofen im Längs- und Querschnitt. Er besteht in der Hauptsache aus einer gut konstruierten, wirksamen Feuerung, über welcher eine Anzahl schmiedeeiserner Röhren in geneigter Lage gruppiert sind. Diese Röhren sind an beiden Enden durch mit Bügel befestigte Deckel verschließbar und werden, sobald die Füllung mit Ruß erfolgt ist, der Wirkung des Feuers

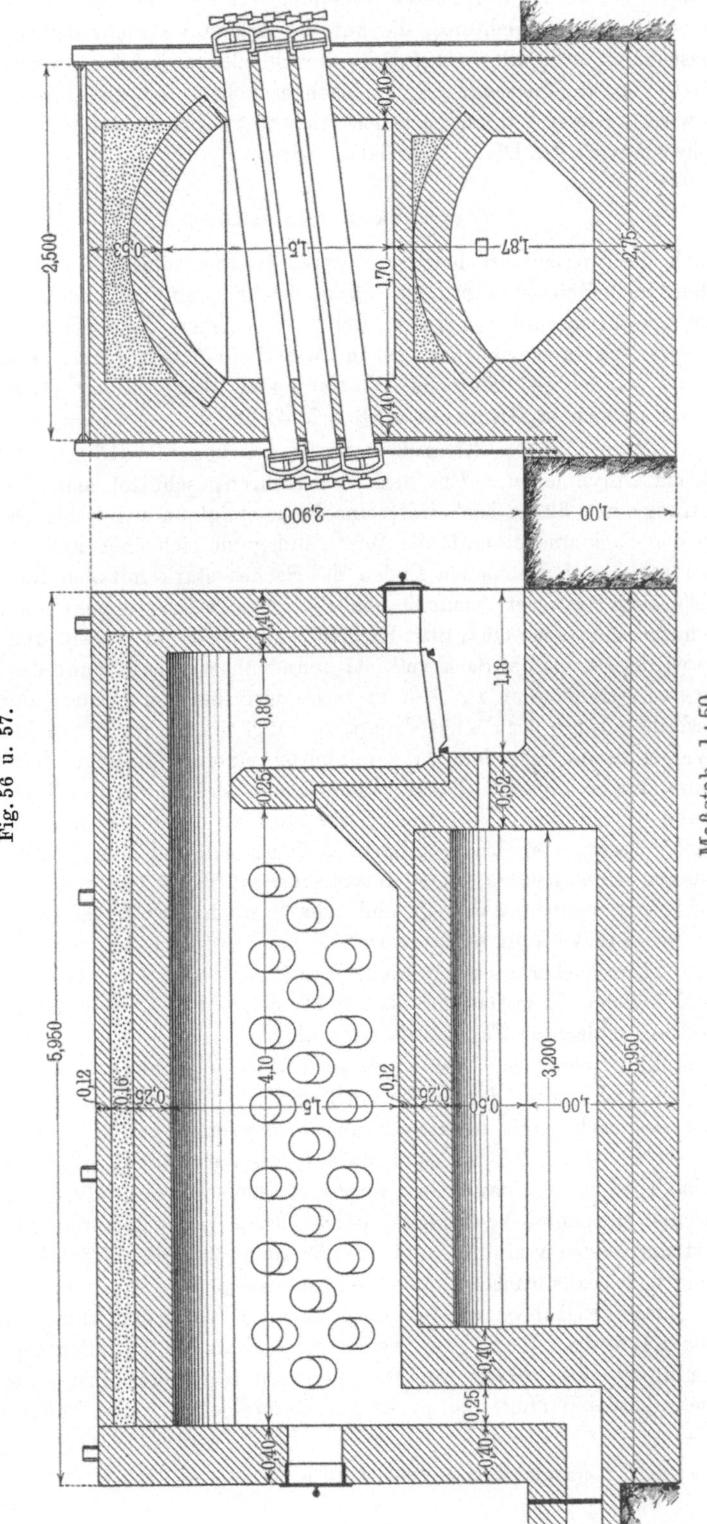

Fig. 56 u. 57.
Maßstab 1:50

ausgesetzt. Wenn der Glühprozeß vollendet ist, wird der ganze Inhalt der Röhren durch eine Vorrichtung, die auf der Zeichnung nicht dargestellt ist, weitergeschoben und fällt in luftdicht verschließbare Gefäße, während eine neue Partie zu kalzinierenden Rußes nachgeschoben und der Glühzone ausgesetzt wird. Dieser Vorgang erneuert sich fortwährend, so daß ein kontinuierlicher Betrieb des Ofens unterhalten wird.

7. Verpacken des Rußes.

Auch diese Arbeit ist bei der lockeren Beschaffenheit des Flammrußes, wie schon mehrfach erwähnt, nicht ganz leicht, wenn man sich nicht besonderer Spezialmaschinen bedient, welche die neuere Zeit geschaffen hat. Es ist historisch interessant, zu sehen, wie diese Arbeit früher ausgeführt wurde und wir geben daher im Wortlaut eine Beschreibung Duhamels wieder, wie sie sich in Dumas (a. a. O. 1, 524) findet:

„Man füllt den Kienruß in Säcke von ungefähr 130 cm Höhe und 28 cm Durchmesser. Um dies auszuführen, schüttet man die Säcke anfangs nur 32 cm hoch voll; eine Frau steigt dann mit bloßen Füßen in den Sack und stampft die Masse, indem sie sich nach und nach herumdreht, und die beiden Enden des Sackes stark mit den Händen an sich zieht; ist der Kienruß gehörig eingetreten, so geht sie heraus, schüttet eine neue Quantität Kienruß, wie die erste, hinein und macht es wieder so, bis der Sack voll ist; dann näht sie die Öffnung des Sackes so dicht als möglich zu. Um zu verhindern, daß der Kienruß durch die Zwischenräume des Sackes dringt, so rührt man recht feinen Lehm mit Wasser an und bestreicht ihn damit mittels einer langhaarigen Bürste oder eines dicken Pinsels. Sonst bediente man sich hierzu des Teers; man stand jedoch davon ab, weil dieser Stoff zu teuer war und die Säcke leicht rissen oder brachen; man bedient sich mit Vorteil dazu eines dünnen Mehlkleisters. Die angestrichenen Säcke läßt man in einem luftigen Schoppen trocknen und schafft sie in das Magazin, wo man sie bis zum Verkauf aufbewahrt.“

„Ein solcher Sack mit Kienruß wiegt 44 bis 56 kg; es gibt jedoch auch welche, deren Gewicht bis auf 70 steigt, dies ist jedoch nur selten und bei schlechten Fabrikaten der Fall.“

In ähnlich primitiver Weise geschieht die Verpackung des Rußes an vielen Orten noch heute; der in den Sack gefüllte Ruß wird von außen, zur Schonung des Sackes mit nackten Füßen festgetreten, bis der Sack gefüllt ist. So vorbereitet, wird der Ruß darauf aus den Säcken in Fässer umgefüllt, in denen er sich dann noch weiter zusammenpressen läßt. In neuerer Zeit hat man Maschinen konstruiert, welche diese Arbeit selbsttätig auf einfache Art und Weise ausführen und nur die zu ihrer Bedienung erforderliche Menschenarbeit beanspruchen. Von den zu diesem Zweck in Vorschlag gebrachten Maschinen führen wir hier die Präzisions-Faßpackmaschine „Hilden“ der Firma Kirberg u. Hüls[1]) an, welche ein staubfreies Einfüllen des Rußes in Fässer unter einstellbarem und stets konstant bleibendem Druck gestattet. Sie ist sehr leistungsfähig und packt pro Stunde je nach der Faßgröße bis

---

[1]) Zeitschr. f. angew. Chemie 1905, S. 1856.

40 Fässer. Fig. 58 zeigt dieselbe in der Ansicht und Fig. 59 zur besseren Einsicht in ihre Wirkungsweise in schematischer Darstellung.

Die Maschine besteht aus einem gußeisernen Grundrahmen, der mittels dreier schmiedeeiserner Säulen den Füllkopf trägt. Die Säulen dienen zugleich als Führung für eine Plattform a (Fig. 59), welche an dem Füllkopfrahmen mittels zweier Ketten aufgehängt und in lotrechter Richtung beweglich ist. Auf dieselbe wird das zu füllende Faß gebracht.

Wie bei allen neueren Packmaschinen erfolgt die Fortbewegung und Verdichtung des Füllguts durch eine Schnecke s. Dasselbe gelangt aus der Fabrikation durch geeignete Fördervorrichtungen nach dem Eintrittsstutzen d (Fig. 58), der es dem Füllrumpfe F (Fig. 59) zuführt, in welchem sich eine lotrechte Schnecke dreht. Der Antrieb der Schneckenwelle SW geschieht, von Voll- und Leerscheibe ausgehend, mittels Schraube und Schraubenrad.

Das zu füllende Faß wird auf die zuvor erwähnte Plattform gesetzt. Die beiden Ketten, an welchen diese hängt, sind je um eine spiralförmige Scheibe r geschlungen, die an einer Welle W befestigt ist. Auf dieselbe Welle ist eine dritte, jedoch zu den vorigen entgegengesetzt gewundene Spiralrolle t aufgekeilt, um die eine weitere Kette mit dem Gewicht g geschlungen ist, und endlich noch eine Bremsscheibe b.

Die Wirkung dieser Anordnung ist die folgende. Wenn sich die Plattform in der tiefsten Stellung befindet, so sind die Tragketten derselben von den zugehörigen Spiralscheiben r ganz abgelaufen. Andererseits ist die Gewichtskette vollständig aufgewunden. Das Gewicht g hat das Bestreben, abzu-

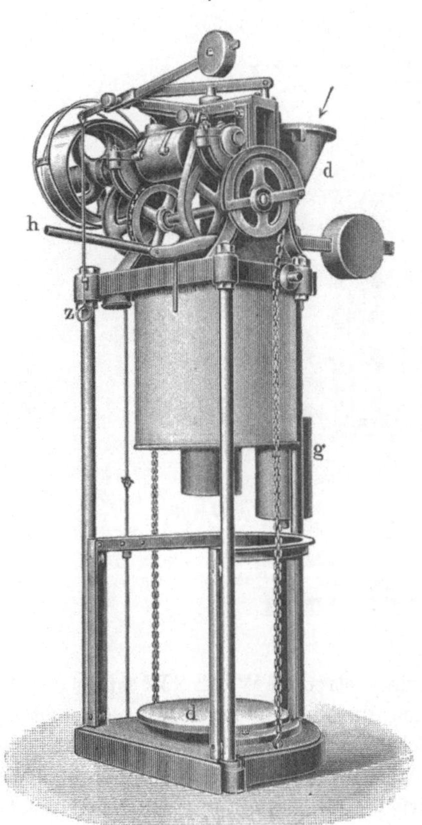

Fig. 58.

laufen, wird jedoch daran durch die Bremsscheibe b gehindert, welche die Welle festhält, so lange die Bremse angezogen ist. Wird diese entlastet, so wird in der erwähnten Weise die Plattform und das auf derselben befindliche leere Faß gehoben. Hierbei wirkt infolge der Spiralscheiben die Plattform an einem wachsenden, das Gewicht an einem abnehmenden Hebelarm. Die Aufwärtsbewegung des Fasses ist daher eine sanfte, sie schließt ab, sobald der Faßboden den Füllrumpf berührt. Hierauf wird durch einen einfachen Handgriff die Bremse wieder angezogen, der Antriebsriemen auf die Vollscheibe gebracht und dadurch mittels Schraube und Schraubenrad die Füllschnecke s in Bewegung gesetzt, die in der bekannten Weise das Füllgut nach abwärts in das Faß drückt. Zu Beginn der Abwärtsbewegung sind die Ketten, welche die Plattform tragen, auf ihre Spiralen ganz aufgewunden, die Gewichtskette jedoch ist vollständig abgewickelt. Erstere wirken somit an einem größeren, stets abnehmenden, letztere wirkt an einem kleineren, stets zunehmenden Hebelarm.

An den Ketten, an denen die Plattform hängt, wirkt außer dem konstanten Gewichte dieser letzteren und des Fasses noch das Gewicht des eingebrachten Füllguts und der Druck, mit dem die Schnecke letzteres nach abwärts befördert. Das Gewicht des Füllguts nimmt in dem Maße zu, als das sich nach abwärts bewegende Faß sich füllt. Durch die erwähnte Wirkung der Spiralen wird die Gewichtszunahme des Faßinhalts durch das Gegengewicht ausgeglichen, derart, daß der Druck des letzteren stets noch überwiegt. Das Einfüllen geschieht gegen die Differenz dieser Drucke und den Widerstand der Bremse.

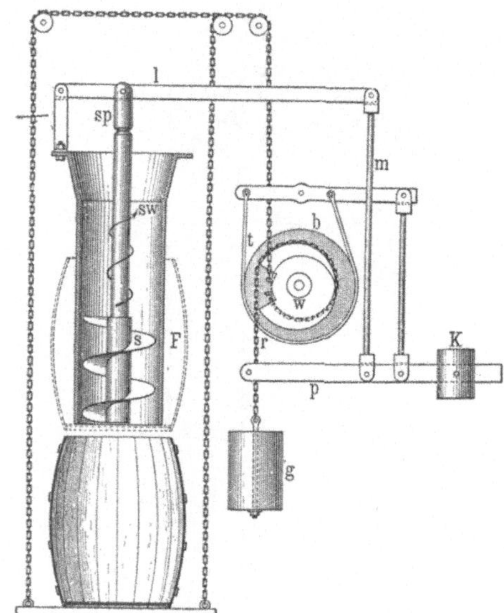

Fig. 59.

Damit bei Fässern verschiedener Größe das Füllgut in allen Horizontalschichten mit gleicher Dichte eingebracht wird, muß dieser Gegendruck konstant erhalten werden, was durch eine Ausgleichvorrichtung erreicht wird, welche die Bremse auslöst, sobald der Fülldruck eine bestimmte, im voraus einstellbare Grenze überschreitet. Diese Vorrichtung ist schematisch in Fig. 59 dargestellt und arbeitet in folgender Weise.

Die mit der Füllschnecke verkeilte lotrechte Welle SW ist in der Achsenrichtung verschiebbar; sie würde sich durch den erwähnten Gegendruck samt der Schnecke nach Art der Schiffsschraube aus dem Füllgut herausdrehen, wenn sie nicht am oberen Ende durch einen Spurzapfen sp niedergehalten würde, der durch den Fülldruck in der Richtung von unten nach oben belastet wird und an einem einarmigen Hebel l befestigt ist, dessen freies Ende durch eine Zugstange m mit dem Gewichtshebel p, der die Bremse belastet, verbunden ist. Das an letzterem angebrachte Belastungsgewicht k übt durch diese Kombination von Hebeln und Stangen auf den Zapfen sp bzw. die Füllschneckenspindel einen Druck aus, der durch leicht ausführbare Verschiebung des Belastungsgewichts und Verlegung des Angriffpunkts der Zugstange beliebig geändert werden kann.

Sobald der Fülldruck den durch dieses Belastungsgewicht erzeugten Druck übersteigt, hebt sich die Spindel und drückt den Zapfen und die mit demselben verbundenen Hebel nach oben, wodurch die Bremse, je nach Bedarf, etwas gelüftet oder gänzlich ausgelöst wird. Hierdurch sinkt der Fülldruck, das Gewicht zieht die Bremse an, und der gewünschte Druck stellt sich sofort wieder ein. Auf diese Weise wird der Druck während des Füllens genau eingehalten, was man daran erkennt, daß der Hebel unaufhörlich auf und ab spielt und die Bremse um die erforderlichen Beträge be- und entlastet. Die Gewichtsdifferenz für gefüllte Fässer gleicher Größe ist bei gleichem Material eine kaum merkbare.

Beim Sinken der Plattform wird eine an einer Zugstange verstellbare Knagge erfaßt und rückt dadurch selbsttätig die Maschine aus, sobald das Faß gefüllt ist. Während des Füllens ist das Faß von einem unten offenen Mantel aus Segelleinen umschlossen, der in Fig. 58 etwas kürzer als normal gezeichnet ist, um den darunter befindlichen Füllrumpf sichtbar zu machen.

Fig. 60.

Durch Anschluß an die Entstäubung wird der Raum zwischen Mantel, und Faß abgesaugt und aller Staub, der sich beim Füllen bilden kann, entfernt.

An anderen Orten erfolgt das Verdichten des lockeren Rußes aus den Kammern mit Hilfe von sogenannten Kollergängen (Fig. 60) oder Kalandern (Fig. 61), wie Zellner (a. a. O., S. 71) des näheren ausführt. Über die Wirkung des Kalandrierens von Ruß macht der gleiche Autor nach einer Mitteilung der Firma Schiff u. Co. folgende Angaben.

Es beträgt das mittlere spezifische Gewicht (Litergewicht):

des rohen ungepreßten Rußes . . . . 0,041 kg
des gekollerten und einmal kalandrierten Rußes . . . 0,236 „
des viermal kalandrierten Rußes. . . . . 0,306 „
des achtmal kalandrierten Rußes . . . . 0,370 „

Zur Verarbeitung auf Lichtkohlen wird der Ruß stets vorher durch mehrmaliges Kalandrieren verdichtet.

Mierzinski[1]) beschreibt folgendes Verfahren zur Verdichtung des Rußes und Herstellung desselben in Stabform. Fetter Flammruß, der sich leicht ballt, wird, wie beschrieben, in Säcken gepreßt, bis er Kuchenform angenommen hat. Man entfernt den Sack und preßt den Kuchen zwischen heißen, eisernen Platten so weit als möglich; der aus der Presse genommene Kuchen zeigt metallischen Klang und graphitähnlichen Strich und wird mit einer feinen Säge in quadratische Stäbchen geschnitten, die im Topf in Kohlenstaub eingebettet unter Luftabschluß geglüht werden, um die harzartigen Stoffe zu

Fig. 61.

entfernen. Die Stäbe können mit dem Polierstahl poliert werden, wobei sie Bronzeglanz annehmen und darauf sich als Künstlerstift in der Pastellmalerei vorzüglich eignen.

Meurer[2]), der den Ruß zur Herstellung von Rubinglas verwendet, vermeidet den Verlust durch Stäuben im Schmelztiegel dadurch, daß er ihn vorher mit Zuckersirup mischt und ihn durch Druck in Formen preßt. Auch Hartmann[3]) will die Dichte des Rußes durch ein besonderes Verfahren erhöhen.

8. Versand des Rußes.

Nach einer neuerdings von Badermann[4]) gemachten Mitteilung wird der Flammruß gewohnheitsmäßig in Ladungen von 5000 kg gehandelt und versandt. Ein Eisenbahnwagen von 25 qm Ladefläche nimmt gerade 5000 kg leichten, ungepreßten Ruß in Säcken verpackt auf, ein solcher von 23 qm

[1]) Die Erd-, Mineral- und Lackfarben, Weimar 1881, S. 280. — [2]) D. R.-P. Nr. 133 502. — [3]) Deutsche Patentanm. H. 26 230. — [4]) Farben-Ztg. 1912, S. 852.

Ladefläche dagegen nur 4000 kg. Wenn der Ruß komprimiert wird, können 10000 kg in einen gewöhnlichen, verdeckten Eisenbahnwagen verladen werden; das gleiche gilt für eine Qualität von schwerem Ruß, den die Firma Aug. Wegelin, Aktiengesellschaft für Rußfabrikation u. chem. Industrie in Cöln erzeugt. Von Ölruß aus Naphtalin bringe eine Thüringer Firma gar nur 300 kg in einem gewöhnlichen Wagen unter, während ein geräumiger Wagen davon 500 kg aufzunehmen vermöge. Leichter, zur Herstellung von Druckerschwärze dienender Ruß wog in einem Fall pro Kubikmeter höchstens 160 kg; in einem anderen Fall ein solcher, der auf galvanische Kohlen verarbeitet wurde, 150 kg, ein dritter nur 113 kg. Offenbar war in allen diesen Fällen der Ruß bereits durch Stampfen u. dgl. verdichtet, denn wir haben oben gesehen, daß das Litergewicht des unverdichteten Rußes ein weit geringeres ist.

Der Versand des Rußes habe den Fabrikanten früher viel Kopfzerbrechen und Kosten verursacht, weil die Eisenbahndirektionen sich nicht dazu verstehen wollten, großräumige bedeckte Wagen zu gestellen; häufig mußten Sendungen von 5000 kg in zwei Wagenladungen untergebracht werden und kosteten daher die doppelte Fracht. Offene, mit einer Plane bedeckte Wagen sind für den Transport des Rußes in Säcken nicht oder nur bei ganz zuverlässiger trockener Witterung zu verwenden, weil der Ruß Feuchtigkeit anzieht und dadurch für die Weiterverarbeitung mehr oder weniger entwertet wird. Nur wenn der Ruß in Kisten oder Fässern verpackt ist, ist dies zulässig. Indessen werden bei uns fast sämtliche Ladungen in Säcken verpackt ausgeführt; nur aus Amerika geht ein in Kisten verpackter Ruß in Deutschland ein.

Nach einer statistischen Erhebung von Badermann entfallen von den jährlich verfrachteten Rußsendungen der deutschen Eisenbahnen etwa 80 Proz. auf den Inlands- und etwa 20 Proz. auf den Auslandsverkehr, hauptsächlich mit Frankreich, Rußland und Österreich-Ungarn.

IV. Die Erzeugung von Lampenruß.

Man versteht unter „Lampenruß" eine besonders feine Sorte Ruß, welche, wie schon der Name andeutet, gewonnen wird, wenn man geeignete flüssige oder gasförmige Materialien in geeigneten Lampen verbrennt.

Die einfachste und schon in den frühesten Zeiten gebräuchliche Art der Herstellung von Lampenruß war aus der Beobachtung hervorgegangen, daß sich ein kalter Gegenstand mit Ruß beschlägt, wenn man ihn über eine leuchtende Flamme hält. Man nahm metallene Deckel und hing dieselben über den rußenden Lampen auf; sobald die Schicht des ausgeschiedenen Rußes dick genug war, wurden die Deckel abwechselungsweise durch andere ersetzt und der Ruß in verschließbaren Büchsen gesammelt. Nach neueren Autoren[1] soll dieses primitive Verfahren vereinzelt auch bei uns noch ausgeführt werden und ist in China in großem Maßstabe im Gebrauch, um aus Campher den zur Erzeugung der chinesischen Tusche verwendeten, außerordentlich zarten und schwarzen Lampenruß zu gewinnen. Jedenfalls aber erfreut sich das Prinzip, das dieser Herstellungsweise zugrunde liegt, noch heute der vielseitigsten Anwendung, wenngleich auch seine Durchführung

---

[1] Gentele, Lehrb. d. Farbenfabrikation, 2. Aufl., S. 395.

längst aus dem Rahmen der Manufaktur in den des regelrechten, mit allen
Mitteln der Technik arbeitenden Fabrikbetriebs übergetreten ist.

Im Laufe der Zeit haben sich auf dem Gebiet der Lampenrußfabrikation
vornehmlich zwei Verfahren ausgebildet, von denen das eine auf der Abscheidung des Rußes in einer möglichst ruhigen Luftschicht (Kammersystem)
basiert ist, während das zweite, verbreitetere, das ursprüngliche Prinzip der
Kondensation des Rußes, auf einer kalten Fläche beibehalten, im übrigen aber
sich so vervollkommnet hat, daß es eine kontinuierliche Arbeit bei geringsten
Bedienungskosten und hoher Ausbeute ermöglicht. Wir werden die beiden
Verfahrungsweisen später im einzelnen betrachten und wollen uns zunächst
der Besprechung des Rohmaterials zuwenden, das hier aus begreiflichen
Gründen von ganz anderer Beschaffenheit sein muß, wie bei der Fabrikation
des Flammrußes.

1. Die Rohmaterialien für Lampenruß.

Zur Herstellung von Lampenruß bediente man sich früher des Trans,
der fetten Öle und Fette, namentlich, wenn dieselben ranzig und für den
häuslichen Gebrauch ungenießbar geworden waren. Heutzutage sind alle
diese wertvollen Materialien verdrängt durch die billigen Destillate aus Erdöl,
Steinkohlen- und Braunkohlenteer. Auch aus Gas wird vielfach Lampenruß
gewonnen, so in Amerika aus den natürlichen Gasen des Petroleumgebiets,
in Autun durch Verbrennung des Gases aus den bituminösen Schiefern jener
Gegend und an vielen anderen Orten durch Benutzung des gewöhnlichen
Steinkohlen- oder Ölgases. In neuester Zeit endlich liefert auch die Carbidindustrie in den für die Acetylenbeleuchtung infolge zu geringen Gehalts an
Calciumcarbid unbrauchbaren Abfallprodukten ein Rohmaterial, das für die
feinsten Sorten von Lampenruß mit Vorteil Verwendung findet. Bevorzugt
für die Fabrikation von Lampenruß waren lange Zeit geeignete Destillate der
Braunkohlen- (Sachsen-Thüringen) und Schieferindustrie (Autun, Schottland,
Messel), und zwar sowohl für die Verbrennung in Dochtlampen, als auch die
vorherige Vergasung (Ölgas). Aus dem Ölgasprozeß ist überhaupt die Fabrikation feinster Lampenruße (Gasruß) erst hervorgegangen. Von den Destillaten des Erdöls kommt außer dem Leuchtpetroleum (das aber des hohen
Preises wegen selten verwendet wird) auch das sogenannte Gasöl, welches
ähnliche Eigenschaften wie das aus Braunkohlenteer besitzt, für die Fabrikation
von Lampenruß zur Verwendung.

Der Braunkohlenteer liefert an brauchbaren Ölen:

10 bis 12 Proz. helles Paraffinöl
30 „ 35 „ Gasöl und
10 „ 15 „ schweres Paraffinöl

Sie können nach Scheithauer[1]) sämtlich zur Erzeugung von Ruß verwendet
werden, doch ist der Verbrauch für diesen Zweck gegenwärtig nur gering.
Ähnliche Öle liefert auch die Schieferölindustrie.

Die schweren Destillate des Steinkohlenteers, von denen dieser als so-
genanntes Schweröl etwa 28 bis 30 Proz. liefert, eignen sich nicht für die
Lampenrußfabrikation. Sie sollen bei der Verbrennung in Dochtlampen den
Docht stark verkoken und zerfallen bei der Vergasung hauptsächlich in

---

[1]) Die Schwelteere, Leipzig 1911, S. 122.

Wasserstoff und hochmolekulare Kohlenwasserstoffverbindungen und Kohle, die im Vergasungsapparat zurückbleiben. Dagegen bilden die leichteren Destillate des Steinkohlenteers, die Benzole, ein ausgezeichnetes Rohmaterial, das durch die enorme Entwickelung der Nebenproduktenkokerei in den letzten 30 Jahren auch in großen Mengen und zu billigen Preisen zu haben ist. Bei seinem hohen Gehalt an Kohlenstoff (über 91 Proz.) und seiner großen Flüchtigkeit (welche es aber nur in vergastem, vielmehr dampfförmigen Zustand zu verwenden gestattet) erscheint das Benzol als das Rohmaterial par excellence für die Lampenrußfabrikation. Beim Koksofenbetrieb unter Gewinnung der Nebenprodukte entstehen beträchtliche Mengen von Gas, das man früher ohne weiteres unter der Sohle der Öfen verbrennen und so den Verkokungsprozeß unterstützen ließ. Man hat aber bald erkannt, daß dieses Gas die Hauptmenge des beim Verkoken der Kohle auftretenden Benzols enthält, das daraus durch bloßes Waschen mit schweren Teerölen auf einfachste Weise abgeschieden werden kann und wäscht daher heute das Benzol aus dem Gase aus, bevor man letzteres in die Verbrennungskammern der Koksöfen eintreten läßt. Dadurch ist die Produktion an diesem wertvollen Kohlenwasserstoff so enorm gestiegen, daß er heute in geeignetem Zustande schon zu erschwinglichen Preisen zu haben ist, und die Anilinfarbenindustrie, welche früher fast allein als Abnehmerin dafür in Frage kam, nicht einmal mehr als ein Drittel der Gesamtproduktion aufzunehmen vermag.

Beim Koksofenbetrieb hat man es zwar ganz in der Hand, das Benzol entweder durch die Wäscher abzuscheiden oder mit den Gasen verbrennen zu lassen und auf diese Weise den Marktpreis zu regulieren. Man hat sich aber nichtsdestoweniger nach anderen Absatzgebieten für das Benzol umgesehen, und G. Kraemer[1]) hat ein solches mit Erfolg in der Verwendung zu Beleuchtungszwecken ausfindig gemacht, während andererseits die modernen Kraftwagen den weitaus größten Teil des Überschusses als Treibmittel aufnehmen. Es war auch G. Kraemer, der zuerst [dem Verf. gegenüber schon vor 15 Jahren[2])] darauf aufmerksam gemacht hat, daß das Benzol als vorzügliches Rohmaterial für die Zwecke der Rußfabrikation von dieser Industrie besondere Beachtung verdiene.

Inzwischen hat O. Thalwitzer[3]) ein Patent auf die Herstellung von Lampenruß aus Benzol entnommen, bei welchem er gleichzeitig auch das Koksofengas oder andere, brennbare Gase, wie Leuchtgas, Hochofengichtgas, Generatorgas, oder auch unverbrennbare, gasförmige Verbrennungsprodukte nutzbar macht. Die Notwendigkeit, das zur Herstellung eines den höchsten Anforderungen genügenden Lampenrußes dienende Rohmaterial in vergastem Zustande zur Verrußung zu bringen, war von Thalwitzer bereits früher erkannt worden. Seitdem hat man daher zur Herstellung eines solchen Gases fast ausschließlich Paraffinöl verwendet. Ein derartiges Ölgas kann aber, obgleich es alle Eigenschaften besitzt, die zur Gewinnung von gutem, für die besten Illustrationsfarben geeignetem Ruß nötig sind, gegenwärtig kaum mehr zur Rußerzeugung Verwendung finden, weil das Paraffinöl zu hoch im Preise steht. Nach Thalwitzers Verfahren wird nun aus Benzol und den oben angeführten brennbaren Gasen ein Gemisch hergestellt, dessen Kohlenstoff-

---

¹) Lunge-Köhler, Ind. des Steinkohlenteers, Braunschweig 1900. — ²) Daselbst 2, 288. — ⁴) D. R.-P. Nr. 109826 u. 119830. Wagners Jahresber. 2, 268, 1900 u. 2, 240, 1901.

gehalt dem von gutem Ölgas annähernd entspricht. Dieses Gemisch wird durch Rohrleitungen den Brennern der Rußapparate zugeführt und in denselben wie Ölgas verbrannt. Zur Verhütung einer Kondensation der Benzoldämpfe in den Rohrleitungen und dem Mischgefäß der Gase mit Benzoldampf werden diese durch Dampfmäntel oder eine andere entsprechende Vorrichtung genügend warm erhalten.

Werden bei dem vorstehenden Verfahren nicht brennbare, gasförmige Verbrennungsprodukte oder auch atmosphärische Luft verwendet, so muß man das Mischungsverhältnis zwischen den nicht brennbaren Gasen und Benzoldampf so wählen, daß das Gasgemisch brennbar wird. Dieses Gasgemisch wird dann in gleicher Weise, wie vorstehend beschrieben, den Brennern zugeführt. Indem man nun den verdampften Kohlenwasserstoff mit nicht brennbaren Gasen mischt und verbrennt, erhält man ein Rußprodukt von bisher nicht erreichter Güte. Der Ruß ist von tieferer Schwärze und daher von höherem Wert für Kunstdruckfarben als der aus Benzol und brennbaren Gasen hergestellte. Die kohlenwasserstofffreien Gase, welche bei diesem Verfahren hauptsächlich in Betracht kommen, sind vor allem die verbrannten Abgase der Hoch- und Koksöfen, die, anstatt durch den Schornstein zu entweichen, zu dem angeführten Zweck Verwendung finden können, nachdem sie also zuvor ihrer Bestimmung zu Heizungszwecken usw. gedient haben.

Man sieht leicht ein, daß durch das zuletzt erwähnte oder ein ihm ähnliches Verfahren eine ganz neue Basis für die Lampenrußfabrikation geschaffen worden ist, von dem besonders die Destillationskokerei, aber auch andere, auf Schwelprozessen beruhende Industrien Vorteil zu ziehen in der Lage sind. Ein anderes Rohmaterial, das durch die Steigerung in der Teerproduktion zu billigen Preisen auf den Markt geworfen wird, ist das Naphtalin, das man zwar auch schon früher, aber mit schlechtem Erfolg zu verrußen gesucht hat. Dies ist in der außerordentlichen Flüchtigkeit des Naphtalins begründet, welche verursacht, daß bei der Verbrennung bei beschränktem Luftzutritt stets ein Teil des Materials sublimiert und den Ruß verunreinigt, sowie zu Explosionen in den Rußkammern Veranlassung gibt. Bei der Verarbeitung auf Flammruß hat man diesem Mißstand dadurch wirksam zu begegnen gewußt, daß man das rohe Naphtalin nicht für sich allein, sondern gelöst in Teer oder schweren Teerölen zur Verbrennung gebracht hat. Bei der Herstellung von Lampenruß jedoch, wo man den Luftzutritt genau zu regulieren und bis auf ein Minimum zu beschränken in der Lage ist, war eine solche Maßnahme von geringerem Erfolg, weshalb das Naphtalin für diese Fabrikation auch bisher nicht in Frage gekommen ist.

Nun hat aber neuerdings A. Genthe[1]) gezeigt, daß auch aus Naphtalin für sich allein ein brauchbarer Lampenruß erzeugt werden kann, wenn man dasselbe nach vorheriger Verflüssigung durch Schmelzen in Dochtlampen verbrennt und dabei durch zweckmäßige Abkühlung der Dochthülsen dafür sorgt, daß die auftretende Wärmestrahlung abgeleitet und so eine gleichzeitige Sublimation des Naphtalins verhütet wird. Die Abkühlung erfolgt durch einen eng anliegenden Mantel, der von Wasser durchströmt wird, und die Abscheidung des Rußes, wie üblich, durch eine rotierende Trommel. Das

---

[1]) D. R.-P. Nr. 157542, 4. Sept. 1903, inzwischen erloschen.

Naphtalin selbst wird in den Lampen durch ein heißes Wasser- oder Dampfbad flüssig erhalten.

Eine weitere, in den letzten 20 Jahren entstandene und seither zu hoher Blüte gelangte Industrie, welche als Quelle für die Rohmaterialien zur Lampenrußfabrikation von großer Bedeutung zu werden verspricht, ist die des Calciumcarbids. Seit die Acetylengasbeleuchtung einen so großen Aufschwung genommen hat und das Carbid auch in der chemischen Industrie, z. B. zur synthetischen Herstellung von Ammoniak und Cyanverbindungen aus dem Stickstoff der Luft, in großen Massen verbraucht wird, wird das Calciumcarbid unter Ausnutzung billiger Wasserkräfte in enormen Mengen hergestellt und zu sehr mäßigen Preisen in den Handel gebracht. Wie fast jede andere Industrie, so liefert auch die Fabrikation des Calciumcarbids neben wertvollem Produkt auch minderwertige, geringhaltige Abfälle, für die es an einer Verwendung zu Beleuchtungs- und technisch-chemischen Zwecken bislang gefehlt hat. Die Bedeutung dieser Abfälle für die Rußfabrikation eröffnet daher auch der Carbidindustrie neue Absatzgebiete, die von großem wirtschaftlichen Wert zu werden versprechen.

Das Acetylen, C_2H_2, besitzt denselben Kohlenstoffgehalt wie das Benzol und liefert einen unter dem Namen Acetylenschwarz bekannten Ruß von außerordentlicher Schwärze, Reinheit des Tones und Zartheit, der durch eine eminente Deckkraft ausgezeichnet ist. Da er frei von jeder teerartigen Beimengung ist, mischt er sich ebensogut mit Wasser, Leimlösung usw., als mit Ölen und Firnissen, mit denen er sich gut verreiben und in die feinste Verteilung bringen läßt. Er eignet sich daher ebensogut zur Herstellung von Wasser- als von Ölfarben und Firnissen, und die aus ihm hergestellten Illustrationsfarben zeichnen sich durch tiefe Schwärze und hohen Glanz aus. Nach A. Ludwig[1]) beträgt der Gehalt des Acetylenschwarzes an Kohlenstoff 99,2 Proz. Die theoretische Ausbeute an Ruß aus Acetylen ist 92,3 Proz. und praktisch fast erreichbar. Nach einer Angabe von Berger und Wirth[2]) erhält man aus Acetylen drei- bis viermal so viel Ruß als aus gutem Ölgas.

Es bot anfänglich große Schwierigkeiten, das Acetylen auf Ruß zu verbrennen; gewöhnliche Speckstein-, Rund- und Schnittbrenner bewährten sich nicht und ebensowenig Acetylen- und Bunsenbrenner. Schließlich gelang es, das Blaksystem sowohl, wie auch das Kammersystem für die Gewinnung von Acetylenruß erfolgreich auszugestalten[3]). Die größte Bedeutung beanspruchen aber offenbar jene Verfahren, die auf der Zersetzung des Gases ohne Verbrennung beruhen, weil hier im Gegensatz zur Verbrennung bei beschränktem Luftzutritt der gesamte Kohlenstoff des Acetylens abgeschieden und nicht ein Teil desselben verbrannt wird. Ihre Erklärung findet diese Möglichkeit in dem schon 1885 von v. Baeyer[4]) studierten eigenartigen Verhalten des Acetylens, welches zwar bei mäßig andauernder Erhitzung verschiedene Polymerisationsprodukte liefert, aber bei höherem Druck und höherer Temperatur unter Explosionserscheinungen direkt in seine Komponenten zerfällt, was auf der zwischen den Kohlenstoffatomen des Acetylens herrschenden Spannung beruht.

---

[1]) Zeitschr. f. angew. Chem. 1899; Wagners Jahresber. 1899, S. 87. — [2]) D. R.-P. Nr. 92801. — [3]) Vgl. A. Ludwig, a. a. O. — [4]) Vgl. A. Frank, Zeitschr. f. angew. Chem. 1905, S. 1733.

So weit uns bekannt, waren Berger u. Wirth[1]) die ersten, welche Acetylenruß im Fabrikbetrieb herstellten. Ihr Verfahren besteht darin, daß sie Acetylengas mit einer gewissen Menge Luft gemischt in geeigneten Brennern zur Verbrennung bringen. Sehr vorteilhaft soll es auch sein, das Acetylen mit anderen zur Rußbildung geeigneten Gasen zusammen zu verbrennen.

Die Verwendung von Naturgas zur Herstellung von Lampenruß hat nur in den Vereinigten Staaten von Nordamerika größere Dimensionen angenommen, so daß man heute mit dem Naturgas als einem sehr wesentlichen Faktor in der Rohmaterialienfrage für die Rußfabrikation rechnen muß. Es dürfte daher immerhin von einigem Interesse sein, das Wissenswerteste über dieses vorzügliche Rohmaterial, das bisher die feinsten Qualitäten von Ruß geliefert hat, hier mitzuteilen. Wir tun dies an der Hand des interessanten Vortrages, welchen Oliphant[2]) auf dem Petroleumkongreß zu Lüttich 1905 gehalten hat.

Das Vorkommen von Erdgas war schon in den frühesten Zeiten bekannt. Man nimmt an, daß die früheste historische Kenntnis des Gebrauchs von Erdgas auf das Orakel zu Delphi, etwa 1000 Jahre vor der christlichen Ära zurückzuführen ist. Von den Chinesen wird gesagt, daß sie jahrhundertelang dieses Heizmaterial zum Verdampfen der Salzsole gebrauchten. Die Feueranbeter an den Ufern und Inseln der Kaspisee, sowie die von Punjah in Indien haben jahrhundertelang eine ewige Flamme in ihren Tempeln unterhalten, deren Quelle ein steter Erdgasausfluß war. In späteren Zeiten war das Erdgas Ursache tödlicher Explosionen in den Kohlengruben Europas und Amerikas, Bergleuten als „Feuerdampf" bekannt. Sein Vorkommen in den Vereinigten Staaten wurde bekannt, als der erste weiße Mann den „Divide" überschritt und die Ohiogelände auszubeuten begann, da die Indianer ihn zu den natürlichen Erdgasausflüssen führten. Die Entdeckung großer Vorräte im porösen Gebirge der Union und Kanadas ist jüngeren Datums. Der artesische Bohrer nach Salzsole wußte von seinem Vorkommen seit dem Erbohren der ersten Brunnen in den westlichen appalachischen Gegenden zu erzählen, später stieß der Ölsucher auf das Erdgas, jedoch beide erachteten das Gas als Quelle von Gefahr und Kalamität. Es fing oft Feuer, verursachte schwere Unfälle, Materialschaden usw. Ein plötzliches Hervorbrechen von Erdgas unter hohem Druck wurde als der verderblichste Unfall beim Bohren betrachtet.

Die Schichten, in denen das Erdgas gewöhnlich gefunden wird, sind poröse Sandsteine oder Kalksteine. In einigen Fällen wurden geringe Mengen Gas in Schiefern gefunden, jedoch kann dasselbe als nach und nach aus der darunter liegenden Formation angesammelt betrachtet werden. Fast durchgängig entwickelten sich die großen Vorräte in der Schicht an oder nahe den Berstungen der Antiklinale oder Gebirgsfalten; Rohöl sammelte sich gewöhnlich darunter an, dagegen Salzwasser an einer noch niedrigeren Stelle. Manchmal indessen liegen die Gasfelder von den Petroleumgebieten gänzlich gesondert. Einige natürliche Ausflüsse haben Erdgas in beträchtlichen Mengen geliefert und gaben Anstoß zum Bohren bis zu den natürlichen Vorratskammern, aus denen Gas ausströmte. Andere Gasbrunnen wurden entdeckt

---

[1]) D. R.-P. Nr. 92 891; Wagners Jahresber. 1897, S. 692. — [2]) Vulkan 1905, S. 160.

anläßlich des Niederbringens von Öl- oder Salzwasserbohrlöchern. Die Tiefe variiert von 250 bis 3000 Fuß, der Querschnitt der Fassungsrohre von zwei bis acht Zoll, die Ausbeute von 500 bis 25 Millionen Kubikfuß täglich. Der Druck im Erdinnern beträgt von 1 bis 1500 Pfund pro Quadratzoll in äußersten Fällen, während 300 bis 400 Pfund pro Quadratzoll mit 1 bis 5 Millionen Kubikfuß Ausbeute als sehr gutes Resultat betrachtet wird. Die Kosten eines fertigen Bohrloches wechseln von ein paar hundert Dollar in den seichten Schieferdistrikten bis 10000 Dollar in den tiefen Bohrlöchern West-Virginiens. Alle größeren Bohrlöcher sind verrohrt, und eine Packung wird gewöhnlich unmittelbar über dem Gassandstein eingelassen. Eine Vorrichtung ermöglicht das Auf- und Abschließen des Bohrloches nach Bedarf. Anfang 1904 gab es 15 689 produktive Gasbrunnen, während 1904 3095 neue hergestellt wurden, davon 566 unproduktive. Als Bedingungen für eine rentable Gewinnung von Erdgas gelten:

1. Eine offene oder poröse Schicht zur Ansammlung des Gases unter Druck.

2. Eine tonschieferige oder tonige Deckschicht, zwecks Abdichten der unteren gesprungenen und geborstenen und mit Gas gefüllten Schichten.

3. Eine genügende Biegung der Schicht, um die Trennung des Gases von Öl oder Salzwasser zu ermöglichen.

Erdgas wird gewöhnlich als Licht- und Heizquelle im Haushalt verwendet. Die Industrie bedient sich dessen in ausgedehntem Maße zur Dampferzeugung, als Kraftquelle in Gaskraftmaschinen, in der Glas-, Porzellan-, Zement- und Ziegelindustrie, in Hüttenwerken aller Art, der Stahl- und Eisenindustrie, in Holzverkohlungsanstalten, sowie an Ort und Stelle zum Betrieb der Gasbrunnen und beim Ölpumpen. Kein anderes Land bedient sich des Gebrauches von Erdgas in größerem Maße als die Vereinigten Staaten. Es wird verwendet in Kanada und in sehr beschränktem Umfang in England, Deutschland, Rumänien, Galizien, Rußland, Persien, Indien, China und Japan, jedoch alle diese Länder verbrauchten bloß 2 Proz. der ganzen Weltproduktion dieses merkwürdigen Heizmaterials, die übrigen 98 Proz. konsumiert die Union.

Die früheste ökonomische Nutzbarmachung des Erdgases in den Vereinigten Staaten war die im Jahre 1821 eingeführte Beleuchtung des Städtchens Fredonia, New York. Ein Bohrloch von 1,5 Zoll im Durchmesser wurde zu 27 Fuß Tiefe gebohrt und speiste viele Jahre hindurch 30 Straßenlaternen. Einer der ersten Versuche, Erdgas zu Heizzwecken zu verwenden, geschah bei einem Bohrloch in Erie, Pa., im Jahre 1868. Titusville besaß die erste modern ausgestattete Erdgasanlage, sowie auch das erste nach Erdöl gebohrte Bohrloch. Die Anlage wurde während 1872 erbaut, 13 Jahre nach Erbohren des ersten Ölschachtes durch Col. Drake. Im Jahre 1873 wurde das Erdgas in vielen Städten der Butler- und Venango-Gebiete eingeführt; es wurde von unweit gelegenen Ölversuchsbohrlöchern geliefert.

Die Tabelle a. f. S. zeigt den Wert der Erdgasproduktion in den Vereinigten Staaten von 1872 bis Ende 1904 in Dollar.

Die chemische Zusammensetzung des Naturgases ist nach den Quellen verschieden und ist auch an einer und derselben Quelle innerhalb verhältnismäßig kurzer Zeit starken Schwankungen unterworfen. Wir stellen [1] die

---

[1] Nach C. Sorge, Stahl und Eisen **7**, 93, 1887; Chem.-Ztg. 1887, Nr. 9.

Jahre 1872 bis 1884 . . . . 9 100 000 Dollar
Jahr 1885 . . . . 4 857 200 „
 „ 1886 . . . . 10 012 000 „
 „ 1887 . . . . 15 816 500 „
 „ 1888 . . . . 22 629 875 „
 „ 1889 . . . . 21 107 099 „
 „ 1890 . . . . 18 792 725 „
 „ 1891 . . . . 15 500 084 „
 „ 1892 . . . . 14 800 714 „
 „ 1893 . . . . 14 346 250 „
 „ 1894 . . . . 13 954 400 „
 „ 1895 . . . . 13 206 650 „
 „ 1896 . . . . 13 002 512 „
 „ 1897 . . . . 13 826 422 „
 „ 1898 . . . . 15 296 813 „
 „ 1899 . . . . 20 074 873 „
 „ 1900 . . . . 23 698 674 „
 „ 1901 . . . . 27 066 077 „
 „ 1902 . . . . 30 867 863 „
 „ 1903 . . . . 35 650 000 „
 „ 1904 . . . . 42 450 000 „

Zusammen . . . 295 857 731 Dollar

Mittelwerte der Analysen des Naturgases der Edgar-Thomsonwerke und unseres aus westfälischen Gaskohlen gewonnenen Leuchtgases nebeneinander:

	Naturgas Proz.	Leuchtgas Proz.
Grubengas	67,0	59,5
Wasserstoff	22,0	30,9
Stickstoff	3,0	—
Äthan	5,0	—
Äthylen	1,0	5,7
Kohlensäure	0,6	0,4
Kohlenoxyd	0,6	3,5
Spezifisches Gewicht	0,497	0,45

Beide Gassorten unterscheiden sich, abgesehen vom Kohlenoxydgehalt, wesentlich nur dadurch, daß das natürliche Gas nur leichtes Kohlenwasserstoffgas bei weniger Wasserstoff enthält.

Das Vorkommen von Naturgas ist auch vielfach in Europa beobachtet worden, so zu Mediasch in Siebenbürgen, Vendsyssel in Dänemark, Heathfield in Sussex und an vielen anderen Orten. Über die Zusammensetzung dieser Erdgase liegen folgende Untersuchungsresultate vor (s. nebenstehende Tabelle).

Es ist aus dieser Zusammenstellung ersichtlich, daß das Naturgas in gleicher Weise wie gutes Leuchtgas zur Gewinnung von Lampenruß geeignet ist. Verfasser hatte vor längeren Jahren Gelegenheit, eine Reise durch das pennsylvanische Erdöl- und Naturgasgebiet zu machen und dabei eine Anzahl mit diesem Brennstoff arbeitender Fabriken zu besichtigen, unter anderen auch die großen, mustergültig eingerichteten Holzverkohlungsanlagen der Mc Keane Chemical Company in Kane, Pa., welche neben diesen auch Rußfabriken mit Naturgas als Rohmaterial betreibt.

	Mediasch				Vend-syssel[3]	Heath-field[4]
	I[1]	II[1]	III[1]	IV[2]		
Methan	83,60	58,40	63,50	91,02	96,54	93,16
Äthan . . . . }	0,30	0,20	0,30	1,11	{ —	2,94
Äthylen . . . . }					1,15	—
Wasserstoff.	—	—	—	—	0,78	—
Sauerstoff	—	—	—	0,31	0,14	—
Stickstoff.	3,90	4,10	2,50	1,36	0,75	1,00
Luft	10,50	37,00	33,25	—	—	. —
Kohlenoxyd	—	—	—	—	2,25	2,90
Kohlensäure	1,70	0,30	0,45	0,20	0,39	—

Die blakende Flamme des Naturgases schlägt hier gegen gekühlte, rotierende Zylinder, welche in geschlossenen Gehäusen untergebracht sind, die eine Regulierung des Luftzutritts gestatten. Der sich darauf festsetzende Ruß wird durch Abstreicher entfernt, fällt in geschlossene Sammelgefäße und wird aus diesen mit Hilfe mechanischer Vorrichtungen direkt in hölzerne Fässer verpackt. Herrn Heim, dem Direktor dieser Werke, verdankt er noch folgende freundliche Mitteilungen: Die Produktionskosten von 1000 Kubikfuß Naturgas betragen wenig mehr als 1 Cent gleich etwa $4^1/_4$ ₰. Man erhält in den ihm unterstellten Fabriken aus je 2000 Kubikfuß (= 70 Kubikmeter) Naturgas 1 Pfd. engl. an Ruß = 454 g.

1 Liter Naturgas besitzt ein Gewicht von ungefähr 0,65 g; obige 70 Kubikmeter würden daher rund 45,5 kg entsprechen, wovon 67 Proz. Methan = 30,5 kg, welche ihrerseits 23 kg Kohlenstoff enthalten Von diesem Kohlenstoff werden bei der Verrußung aber nur 454 g, also knapp 2 Proz., gewonnen (auf das Gewicht des Gases berechnet nur 1,04 Proz.), woraus hervorgeht, daß dort in bezug auf Ausbeute keine nennenswerten Fortschritte bei der Verarbeitung von Naturgas auf Ruß gemacht worden sind. Allerdings spielt dies auch gegenüber dem außerordentlich billigen Preise des Rohmaterials vorläufig keine große Rolle. Immerhin aber ist es bemerkenswert, welche enormen Mengen von Naturgas verbrannt werden, um einigermaßen nennenswerte Quantitäten von Lampenruß zu erhalten.

2. Konstruktion der Lampen.

Die Rußlampen sind von verschiedener Konstruktion, je nachdem es sich um die Verarbeitung eines flüssigen oder gasförmigen Brennstoffs handelt. Ihre Ausbildung muß natürlich eine andere sein, als die unserer bekannten Lampen zur Beleuchtung oder Heizung, bei denen es durch gänzliche Verbrennung des Kohlenstoffs auf Entwickelung der höchsten Licht- oder Wärmeintensität ankommt. Hier handelt es sich darum, die Möglichkeit zu besitzen, den Verbrennungsprozeß so zu leiten, daß er in der Hauptsache von der Oxydation des Wasserstoffs des Rohmaterials unterhalten und eine Beteiligung des Kohlenstoffs an diesem Prozeß tunlichst ausgeschlossen ist.

---

[1] Bunte, Petroleum, 1906, S. 296; Chem.-Ztg. 1906, Rep., S. 85. — [2] Jeller, Chem.-Ztg. 1906, Rep., S. 85. — [3] Ussing u. Petersen, Ingenieuren **13**, 49. — [4] Dixon u. Bone, Iron and Coal **88**, 938; Wagner-Fischers Jahresber. **1**, 56, 1905.

Sowohl für gasförmige, als auch für flüssige Brennstoffe verwendet man in der Regel Schnittbrenner (Flachbrenner), welche eine möglichst breite Flamme geben und bei flüssigen Brennstoffen den Vorzug der Einfachheit in der Unterhaltung besitzen, da diese mit Dochten arbeiten, die sehr häufig ersetzt werden müssen. Da die Zuführung der Verbrennungsluft wie bei unseren gewöhnlichen Lampen allseitig geschieht, ist die Form der Flamme mehr oder weniger gleichgültig, wenn nur die Luft in genügender Weise reguliert werden kann. Letzteres richtet sich natürlich in erster Linie nach der Beschaffenheit des zu verrußenden Stoffes.

Die zum Rußbrennen benutzten Lampen müssen in ein Gehäuse eingeschlossen sein, das mit einem sehr genau gearbeiteten Registerschieber versehen ist. Um ein zu starkes Erhitzen des Brennmaterials zu verhüten, ist es notwendig, den Behälter mit dem Brennmaterial außerhalb des Blechmantels anzubringen, mit dem der Brenner umgeben ist.

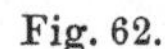

Fig. 62.

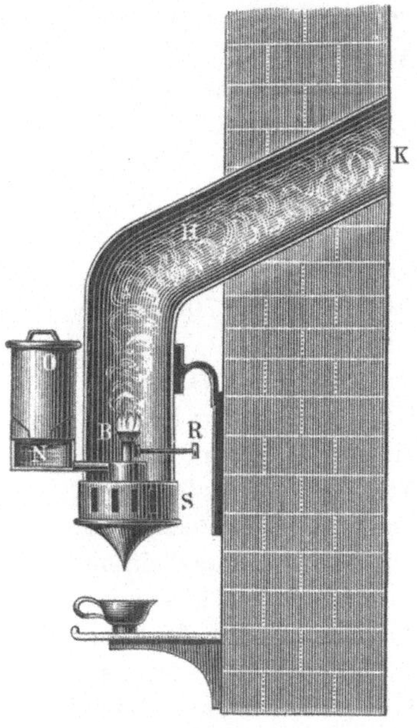

Der Flachbrenner B der Rußlampe steht in der aus Fig. 62 ersichtlichen zylinderförmigen Blechröhre H, die, im stumpfen Winkel gekrümmt, nach dem Kammersystem K führt, wo sich der Ruß absetzt. Die Form dieses Blechrohrs ist wichtig, sie darf nicht knieförmig im rechten Winkel nach der Kammer führen, weil sich sonst infolge des scharfen Knickes eine Menge Ruß ansetzt, der dann abfällt und teils in der Flamme verbrennt, teils sich auf der unteren Fläche des Blechzylinders ablagert, wodurch der Zug in den Kammern empfindlich gestört wird.

An dem unteren Teile der Blechröhre ist der Registerschieber S angebracht, welcher leicht drehbar sein muß; je größer man die durch die Umdrehung dieses Schiebers entstehenden Spalten macht, desto mehr Sauerstoff kann zur Flamme dringen, und umgekehrt. Man hat also die Leitung der Verbrennung ganz in seiner Gewalt. An einer Stelle des Mantels der Blechröhre befindet sich eine kleine, gut schließende Tür, die den Zugang zum Docht vermittelt, ihr gegenüber ein kleines Fenster, um die Verbrennung beobachten zu können. Die Schraube R dient zum Heben oder Senken des Dochtes.

Die Ölbehälter O befinden sich, wie bereits erwähnt, außerhalb des Brennraumes. Bei älteren Lampenkonstruktionen haben dieselben die Einrichtung, daß der Docht das Brennmaterial aufsaugt, was eine große Aufmerksamkeit von seiten des Arbeiters erfordert. Er muß darauf achten, daß die Behälter stets die nötige Menge Öl enthalten; übersieht er dies, so kohlt der Docht der Lampe, und es findet zu ungunsten des Produkts trockene Destillation statt, welche den Ruß verunreinigt und schmierig macht. Bei der großen Anzahl von Lampen, die der Arbeiter zu überwachen hat, kann dieser Umstand auch dem zuverlässigsten passieren. Bei der hier abgebildeten

Konstruktion findet das Abfließen des Brennmaterials erst dann wieder statt, wenn der Flüssigkeitsspiegel unter die Linie N gesunken ist. Sobald etwas Öl verbraucht ist, strömt entsprechend Luft in den Behälter O, wofür so lange Brennmaterial ausfließt, bis die Öffnung N durch die Flüssigkeit wieder abgesperrt wird. Diese Konstruktion erfordert dünnflüssige Öle und große Aufmerksamkeit.

Selbst die besten Lampenkonstruktionen für flüssiges Brennmaterial haben mehr oder weniger Nachteile aufzuweisen, welche hauptsächlich in der fortwährend nötigen Reinigung und in den Verlusten an Material zu suchen sind, die durch das Füllen der Lampen verursacht werden. Diesen Übelständen hat man teilweise abgeholfen durch Konstruktion einer automatischen Speise-

Fig. 63.

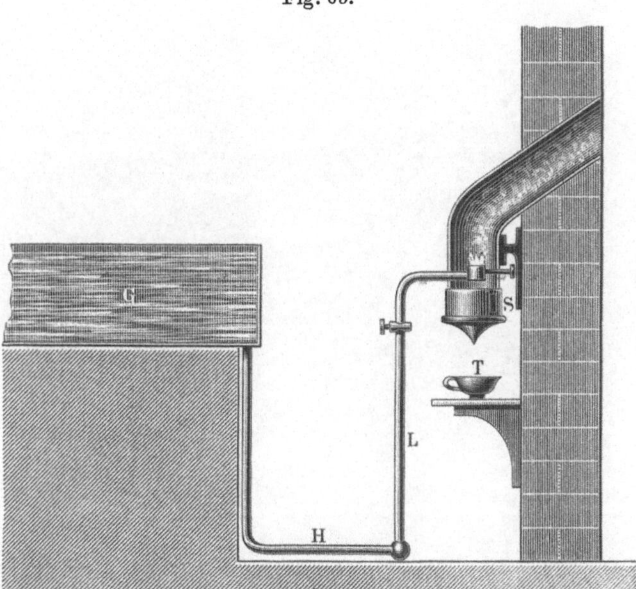

vorrichtung für die ganze Anzahl Lampen zugleich. Dadurch hat man erreicht, daß der Arbeiter nur ein einziges Ölgefäß zu überwachen hat, und seine ganze Aufmerksamkeit auf den Brand der Lampen konzentrieren kann.

Bei Anwendung der automatischen Speisevorrichtung müssen selbstverständlich die einzelnen Lampen unverrückbar festgestellt sein, und die Brenner sämtlich in einer Horizontalebene liegen. Von jedem Brenner (s. Fig. 63) führt ein Rohr L ab zu dem gemeinschaftlichen Rohre H, welches, mit dem Reservoir G kommunizierend und unter den Lampen hinlaufend, diese fortwährend mit dem nötigen Öl versieht. Das Reservoir G seinerseits ist mit Hilfe eines Schwimmers dermaßen mit einem Vorratskessel in Verbindung gesetzt, daß aus diesem letzteren stets so viel Öl in ersteres nachfließt, als verbraucht worden ist. Dies erreicht man dadurch, daß man den Schwimmer mit dem Ablaufhahn am Vorratskessel verbindet; sinkt das Niveau im Reservoir, so öffnet sich automatisch der Hahn. Hat es seine ursprüngliche Höhe wieder erreicht, so ist mit ihm auch der Schwimmer gestiegen

und hat den Hahn geschlossen. Es ist hierzu erforderlich, daß dieser Hahn
sehr leicht beweglich ist und dennoch dicht schließt; Bedingungen, welche
im gegebenen Falle sich allerdings sehr leicht erreichen lassen, da die öligen
Flüssigkeiten, die man verarbeitet, den Hahn fortwährend schmieren, wenngleich sie an und für sich nur eine geringe Viskosität besitzen.

Wir verdanken der Firma Heinrich Hirzel, G. m. b. H., in Leipzig-
Plagwitz die nachstehende Abbildung (Fig. 64) und Beschreibung der von
ihr konstruierten Rußlampen. Zu sehen ist auf der Abbildung, in welcher
Weise der Anschluß derselben an die Rußkammern hergestellt wird. Jede

Fig. 64.

einzelne der Lampen besitzt im Innern drei Schnittbrenner, deren Flammen-
größe genau eingestellt werden kann. Die Gehäuse der Brenner sind unten
mit Registerschiebern für die Verbrennungsluft und über den Flammen mit
ebensolchen für die Zugluft versehen, welche beide ein genaues Regulieren
zulassen und für den günstigsten Stand festgestellt werden können. Die Öle
werden auf Dochten gebrannt, und es eignen sich für diesen Zweck besonders
solche aus Braunkohlenteer. Die Menge des den Lampen zugeführten Öls
läßt sich durch einen Regulierhahn an dem mit Flüssigkeitsstand versehenen,
seitlich aufgestellten Vorratsbehälter genau regulieren.

Die Regulierung der Registerschieber richtet sich nach der Beschaffenheit
des verwendeten Öls und es ist dafür gesorgt, daß die Abstände von den Luft-
zuführungen nach den Brennern, sowie deren Querschnitte in den weitesten
Grenzen variiert werden können. Ein Vorzug dieser Lampen ist auch, daß
sie behufs Reinigung sehr leicht demontiert werden können.

Was die Weite der Zuleitungsröhren für das Brennmaterial anbelangt, so hängt dieselbe ganz von der Natur der Öle ab. Bei Teerölen und überhaupt dünnflüssigen Mineralölen können dieselben ziemlich eng sein; bei dickflüssigen Ölen hingegen empfiehlt es sich, weite Röhren anzuwenden, weil diese Öle in engen Röhren sich zu langsam fortbewegen. Man kann sich in diesem Falle auch der Wärme als Verdünnungsmittel bedienen; es ist bekannt, daß dickflüssige Öle in der Wärme viel liquider werden. Es empfiehlt sich dann, das Ölreservoir von abziehenden Feuergasen umstreichen zu lassen, oder, wenn dies aus irgend welchen Gründen nicht ausführbar sein sollte, mit einer anderen Wärmequelle zu verbinden.

Wenn es sich darum handelt, Öle von leichter Entzündbarkeit auf Ruß zu verbrennen, so kann die Konstruktion der Lampen noch eine einfachere sein; man bedarf hier keiner Dochte, und erspart hierdurch ziemlich viel an laufenden Ausgaben. An Stelle der Brenner treten in diesem Falle flache Schalen, denen das Öl durch eine Röhre am Boden zugeführt wird; es ist aber besonders darauf zu achten, daß sich der Inhalt der Schalen nicht so stark erhitzt, daß ein Teil des Öls verdampft, ohne zu brennen. Deshalb müssen dieselben von einem Kühlmantel umgeben sein, durch den fortwährend kaltes Wasser fließt.

Schließlich verdient noch bemerkt zu werden, daß es zweckmäßig ist, das Ölreservoir nicht in demselben Raume aufzustellen, in welchem die Verbrennung stattfindet, und es auf alle Fälle mit einem dicht schließenden Deckel, der nur ein kleines Luftloch hat, zu versehen. Auf diese Weise vermindert man die Feuergefährlichkeit der Anlage und schützt die Rohrleitungen und Brenner vor Verstopfungen durch Staub und Ruß.

3. Die Abscheidung des Lampenrußes.

Der mit Hilfe der vorstehend beschriebenen Verbrennungsvorrichtungen erzeugte Ruß kann nun, wie bereits erwähnt, entweder in einem Kammersystem oder auf kalten Metallflächen kondensiert werden. Für ersteren Fall sind dieselben Einrichtungen gebräuchlich, wie sie unter dem Abschnitt „Flammruß" eingehend geschildert worden sind. Die Lampen werden in genügender Anzahl in der aus Fig. 62 bis 64 ersichtlichen Weise vor den Kammern angebracht, und der Zug in den letzteren entsprechend reguliert.

Die Konstruktion der Kammern wechselt hier ebenso sehr, wie wir dies beim Flammruß gesehen haben, und auch ihre Dimensionen im Verhältnis zur Anzahl der im Gebrauch befindlichen Lampen sind sehr verschieden. Im allgemeinen läßt sich sagen, daß bei der Erzeugung von Lampenruß in Kammern eine bessere Kondensation stattfindet wie bei Flammruß, weil die Registerschieber an den einzelnen Lampen eine viel bessere Zugregulierung gestatten, wie die Schieber und Feuertüren großer Feuerungen. Man wird darum die Größenverhältnisse der Kammern beim Lampensystem im allgemeinen kleiner wählen dürfen, wie dies z. B. aus dem später zu beschreibenden Apparat von Martin und Grafton hervorgeht.

Die zweite Art der Abscheidung des Lampenrußes, das sogenannte Blaksystem, umgeht die Anwendung von Rußkammern durch die Benutzung der Eigenschaft des Rußes, sich an kalten Flächen in Schichten niederzuschlagen Sie findet bei der Verarbeitung gasförmiger oder vergaster Brennstoffe ganz allgemeine Anwendung, doch werden auch flüssige Rohstoffe sehr häufig in Apparaten dieser Art verrußt. Ihre Vorzüge sind die Erzeugung einer besseren

Rußqualität und die Vermeidung des kostspieligen Kammersystems, doch ist ihre Leistungsfähigkeit im allgemeinen geringer wie die der ersten Art, wobei aber nicht zu übersehen ist, daß der Ruß gleich in einer kompakteren und viel reineren Form entfällt, die nicht der intensiven Nachbearbeitung wie Ruß aus Kammern bedarf.

Die Art und Weise, wie dieses Prinzip bei den verschiedenen, im Gebrauch befindlichen Apparaten durchgeführt wird, zeigt im großen und ganzen nur geringe Abweichungen: der rußenden Flamme wird die kühlende Fläche so dargeboten, daß die erstere ihre Stelle fortwährend ändert, so daß der auf letzterer abgeschiedene Ruß der ferneren Wirkung der Flamme entzogen wird. Dadurch wird einer Verbrennung des Rußes vorgebeugt, indem dieser kontinuierlich durch Abstreicher entfernt, in geschlossenen Gefäßen gesammelt und außerhalb des Bereichs der Flamme gebracht wird. Man erreicht dies dadurch, daß man entweder die Lampen mit dem Abstreicher unter der feststehenden, gekühlten Fläche rotieren läßt, oder umgekehrt die letztere über den stationären Lampen und dem Abstreicher in Drehung versetzt. In beiden Fällen ist die Arbeit eine kontinuierliche und bedarf, einmal im regulären Betrieb, keiner weiteren Wartung. Auch hierin liegt ein Vorzug gegenüber dem Kammersystem.

Je nach der Art der Ausbildung der Kühlfläche für die rußende Flamme kennt man Tellerapparate, bei denen die Lampen unter einer entsprechend geformten Metallplatte brennen, oder Zylinderapparate, bei denen die Verbrennung unter rotierenden Zylindern stattfindet. Man hat der Kühlfläche auch andere Formen, z. B. die eines im Winkel von 45° rotierenden, rechtwinkligen Konus, dessen äußerer Mantel von Wasser berieselt wird, wahrend im Innern die Lampen angebracht sind, gegeben. Im Prinzip laufen alle diese Konstruktionen, die wir im folgenden näher beschreiben wollen, auf dasselbe hinaus.

4. Apparate für die Erzeugung von Lampenruß.

a) Kammersystem.

Hier ist dem bereits unter Flammruß Gesagten und den vorstehenden Ausführungen nichts hinzuzufügen. Mit Rücksicht auf den meist nur geringen Umfang des Kammersystems und die Verhütung jeglicher Verunreinigung des erzeugten Lampenrußes wird man von der Ausführung der Kammern in Mauerwerk Abstand nehmen und diese besser aus Eisenblech herstellen.

Martin und Grafton haben einen Apparat konstruiert, der hauptsächlich in England im Gebrauch sein und einen sehr guten Lampenruß liefern soll. Der Apparat besteht in der Hauptsache aus einer entsprechenden Anzahl mit Dochten versehenen Lampen A (vgl. Fig. 65 u. 66), die unter den Trichtern B brennen, welche die Rußgase durch Knieröhren nach dem horizontalen Sammelrohr C führen. Die Lampen sind mit selbsttätiger Speisevorrichtung versehen und es kann statt derselben auch ein weites, mit ebenso vielen Abzweigungen mit Dochten versehenes Rohr dienen, wodurch die automatische Speisung der einzelnen Brenner vereinfacht wird.

Um die Gase möglichst abzukühlen, bevor sie in die Rußfänger D gelangen und die Abscheidung des größten Teils des Rußes zu ermöglichen, steht das horizontale Sammelrohr C noch mit zwei oder mehreren Röhren der gleichen Form und Größe, nebst dazwischen gelegten eisernen Kästen (auf

der Zeichnung nicht angegeben) in Verbindung. Aus dem letzten dieser
Kästen treten dann die Rauchgase in ein System von 70 bis 80 in Blech-
röhren D vertikal aufgehängten leinenen Säcken von etwa 90 cm Weite
und 5,5 m Länge, die in Reihen von je 6 bis 8 Stück hintereinander angeordnet und abwechselnd oben und unten miteinander verbunden sind. Am
unteren Ende eines jeden letzten Sackes, bzw. des ihn umgebenden Blech-

Fig. 65.

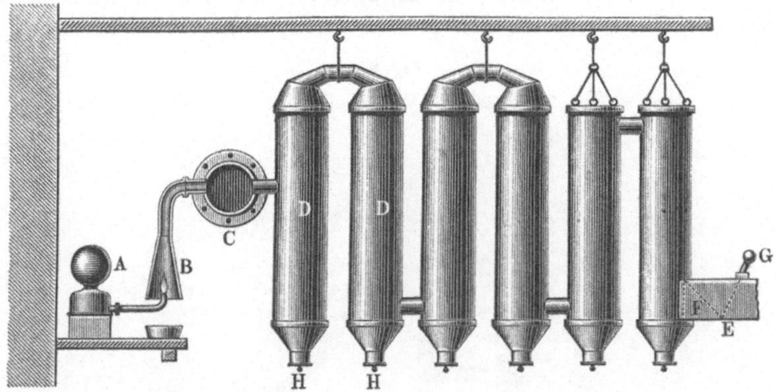

mantels ist ein horizontaler Kanal E angeschlossen, dessen Ende in den
gemeinschaftlichen Schornstein mündet und der zum Zurückhalten der letzten
Rußteilchen mit einem Drahtsieb F versehen ist, das durch die Zugstange G

Fig. 66.

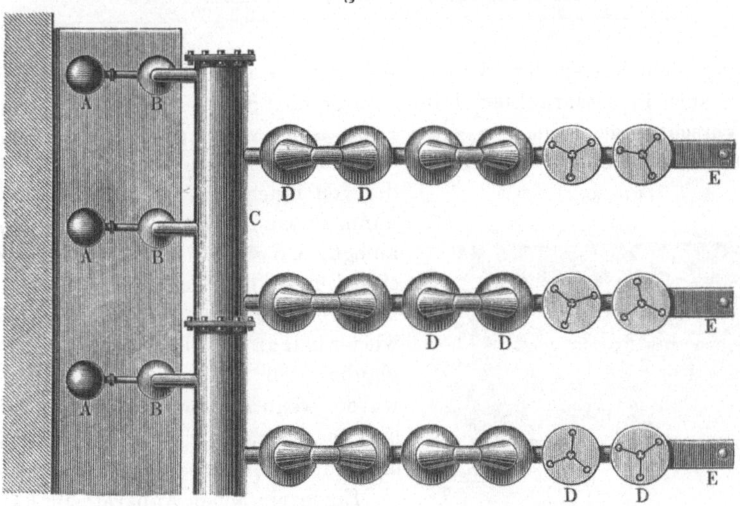

behufs Reinigung in schüttelnde Bewegung versetzt werden kann. Das Entleeren des Apparats erfolgt bei den horizontalen Röhren und Kästen durch
Schieber; bei den Säcken in unter die mit Verschluß versehenen Bodenstücke H
geschobene Fässer unter gleichzeitiger mechanischer Erschütterung der Säcke.

Die geschilderte Einrichtung soll den Vorteil besitzen, daß sich der Ruß
in den einzelnen, aufeinander folgenden Röhren, Kästen und Säcken in
verschiedener Qualität absetzt und man daher in der Lage ist, diese je nach

den bestimmten Zwecken gesondert aufzufangen. Als Rußfänger wird man
sich dabei aber besser der bereits beschriebenen Fiechterschen Staubkollektoren mit Asbestfiltern bedienen.

b) Blaksystem.

Die praktische Anwendung der längst bekannten Beobachtung, daß sich
ein kalter Gegenstand mit Ruß beschlägt, wenn man ihn in eine leuchtende
Flamme hält, hat, wie bereits erwähnt, zu einem weiteren Verfahren der Rußfabrikation geführt, welches den großen Vorzug besitzt, daß zu seiner Aus-

Fig. 67.

führung nicht kostspielige Anlagen erforderlich sind, sondern daß die Fabrikation auch in beschränktem Raume ausgeführt werden kann. Prechtl hat
den Vorschlag gemacht, um diese Fabrikation zu einer kontinuierlichen zu
machen, die Lampen unter einem rotierenden eisernen Zylinder anzubringen,

Fig. 68.

der von innen mit Wasser gekühlt werden
kann, und an welchen sich dann der Ruß
anlegt. Auf der Seite des Zylinders streift
eine Bürste den angesetzten Ruß in ein
Reservoir ab, und der Zylinder kommt
wieder kalt an der Flamme an. Gentele[1]
glaubt, daß es noch vorteilhafter sein
würde, wenn die Lampen in dem Zylinder
brennen würden; wir werden später sehen,
daß auch diese Idee benutzt worden ist.

Einen einfachen Apparat zur Fabrikation von Lampenruß nach diesem Ver-
fahren zeigt Fig. 67 im Durchschnitt. Ein gußeiserner, dünnwandiger,
glatt abgedrehter Zylinder ruht auf einer hohlen Achse in Lagern und ist
umgeben von einem Blechmantel, der die äußere Luft abhält und ein Ver-
schleudern des Rußes verhütet. Durch die eine Seite der hohlen Achse fließt
fortwährend kaltes Wasser ein, während auf der entgegengesetzten Seite das

---

[1] Lehrbuch der Farbenfabr., 2. Aufl., S. 395.

warme Kühlwasser abläuft. Unter dem Zylinder sind die rußenden Flammen aufgestellt und seitlich von denselben befindet sich eine Abstreichvorrichtung aus Leder oder einem anderen passenden Material, welche den an der Mantelfläche abgesetzten Ruß fortwährend abkratzt und über eine schräge Ebene in einen Sammelbehälter befördert. Der Antrieb des Zylinders erfolgt maschinell und die Speisung der Lampen automatisch.

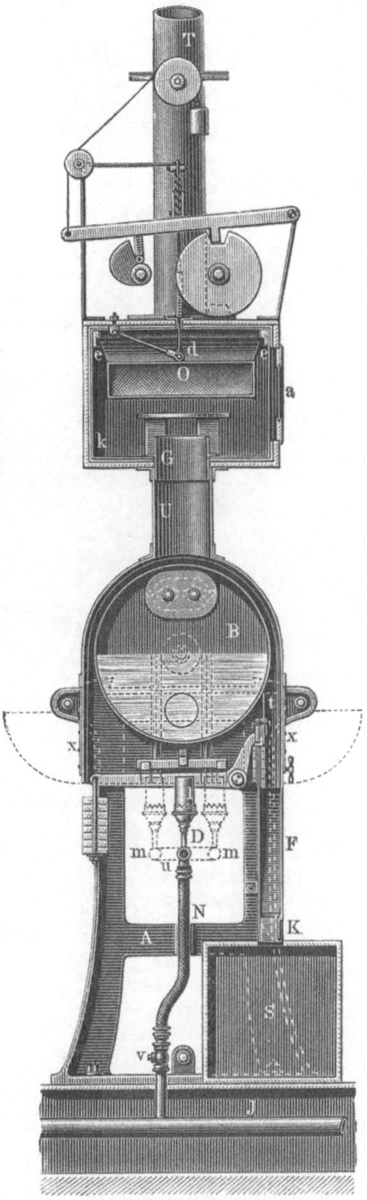

Ein größerer Apparat dieser Art, wie er in Amerika gebräuchlich ist, wird in der „Papier-Zeitung" 1884, S. 1592[1]) beschrieben. Er besteht aus einem System von sich drehenden Zylindern E, s. Fig. 68, unter denen die Lampen M angebracht sind. Der sich auf den Zylindern abscheidende Ruß wird wie oben vermittelst der federnden Schieber H abgekratzt und fällt in den Vorratsraum bzw. in die Zwischenbehälter D. Den Lampen wird durch das Rohr B das erforderliche Öl (oder Gas) zugeleitet. Der Verbrennungsraum ist oberhalb der rotierenden Zylinder durch die Blechwand G abgegrenzt. Die entweichenden Verbrennungsgase enthalten noch viel Ruß und werden zur Abscheidung desselben durch die Zickzackrohre F zum Schornstein geleitet. In diesen Zickzackrohren sind an einer Welle b mechanische Abklopfer angebracht, die den Ruß hindern, sich an den Wänden festzusetzen, so daß er gleichfalls in die Sammelgefäße D gelangt.

Die beschriebenen beiden Zylinderapparate können natürlich keinen Anspruch auf technische Vollkommenheit machen und sind nur als die Vorläufer der modernen Apparate zu betrachten. Eine wesentliche Vervollkommnung der von Prechtl gegebenen Idee bedeutet der Apparat von Rob. Dreyer[2]) (Fig. 69 u. 70). Derselbe besteht in der Hauptsache aus einer Reihe von Brennern l, über welchen sich eine mit Wasser gekühlte Blechtrommel B langsam umdreht. Die Trommel bedeckt sich hierbei mit Ruß, der durch den Schaber t abgestrichen wird und durch den Trichter F in den Auffangkasten S fällt. Der Rauch mit dem nicht abgesetzten Ruß wird in einen über dem Rußapparate angebrachten Kasten abgesaugt und der Ruß durch ein Abklopf-

Fig. 69.

---

[1]) Wagners Jahresber. 1884, S. 1150. — [2]) D. R.-P. Nr. 29261.

filter zurückgehalten. Im Gestelle A ist die Blechtrommel B mittels Schnecken-
getriebes cd drehbar gelagert. Die Zapfen sind hohl und zur Durchleitung des
Kühlwassers passend eingerichtet. An Hand eines im Kniestücke i steckenden

Fig. 70.

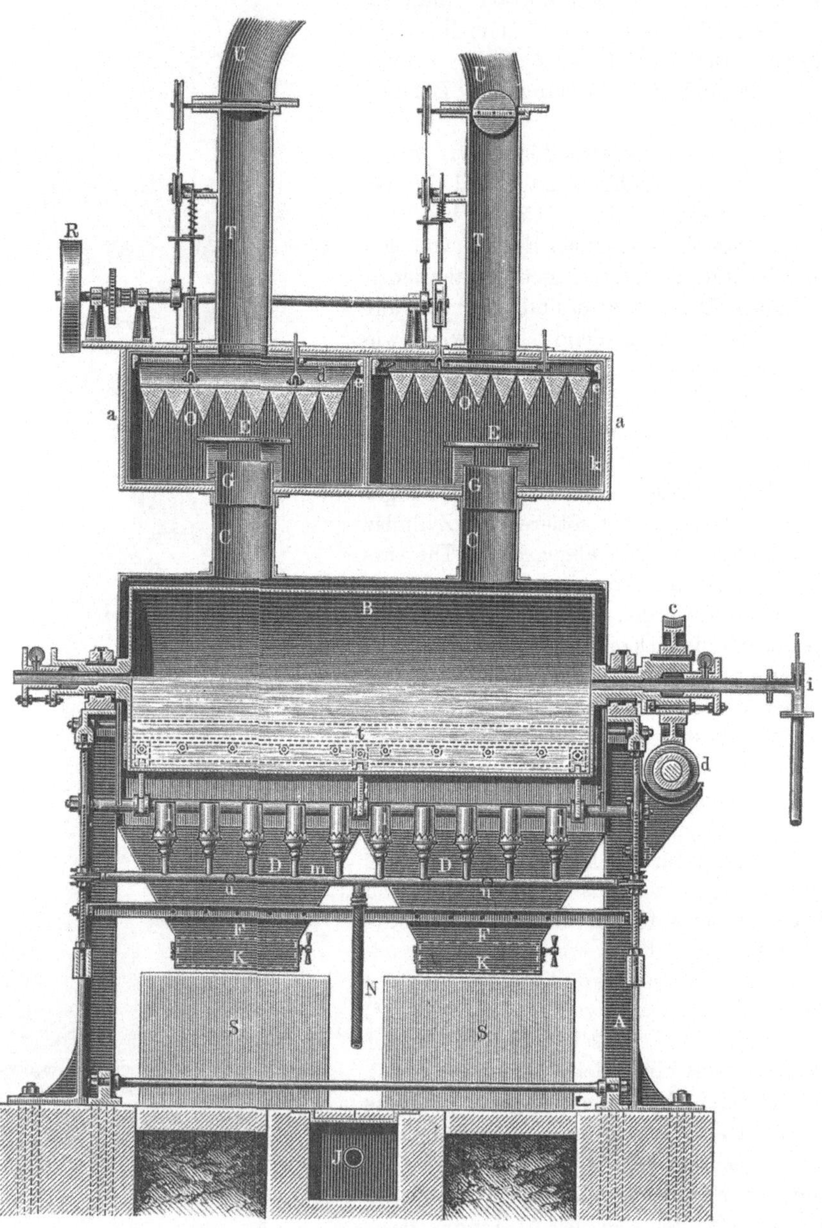

Thermometers wird die Temperatur des Ablaufwassers kontrolliert bzw. der
Wasserabfluß nach Erfordernis geregelt. Unter der Trommel B befindet sich
das Lampensystem D, welches aus den Brennern l, dem Verteilungsrohr m,

dem Gummischlauch N und der Vorrichtung besteht, mit deren Hilfe die Brenner in senkrechter Richtung gehörig eingestellt werden können. Durch Zwischenstücke u aus Gummi lassen sich die Verteilungsröhren, bzw. die Brenner, nebeneinander oder verschränkt aufstellen, wie dies zur besseren Verteilung des Rußes am zweckmäßigsten erscheint. Unterhalb des Gestelles A befindet sich in einem Kanal das Zuleitungsrohr J, von dem aus der Zufluß des Brennstoffs zu den Brennern durch den Schlauch N mittels eines Hahns v geregelt wird. Die Blechtrommel B ist in einem entsprechenden Abstande von einem Blechmantel umgeben, der sich vermittelst Handhaben auf die Gestellseitenwände stützt; den Unterteil dieses Mantels bilden die Klappen x und x_1, welche den Zutritt zu den Brennern l, bzw. zum Abstreichmechanismus gestatten. Die Abstreichmaschine t wird durch Hebel und Gegengewichte stets gegen die kreisende Blechtrommel angedrückt, so daß der abgenommene Ruß durch den Auffangtrichter F in das Sammelgefäß S herabfällt. Beim Auswechseln der Kästen S wird die Klappe K am unteren Ende des Trichters S zeitweilig geschlossen, so daß der Betrieb des Apparats nicht unterbrochen werden muß. Behufs etwaiger innerer Reinigung der Trommel B ist dieselbe an einer Seite mit einem verschließbaren Mannloch M versehen.

Um das sogenannte Schwitzen des Fabrikraumes zu verhüten und denselben im Interesse der Gesundheit der Arbeiter zu lüften, sowie etwa an der Blechtrommel vorbei streichenden Ruß aufzufangen und damit eine größere Ausbeute zu erzielen und gleichzeitig die Nachbarschaft vor Rußbelästigungen zu bewahren, werden die Dämpfe durch Rohrstutzen C in den zur Verhütung von Abkühlung mit Filz verkleideten und in der Mitte geteilten Holzkasten a gesaugt. Jede Abteilung des Holzkastens ist durch eine kleine Tür zugänglich gemacht und enthält einen Rußfänger, bestehend aus einem eisernen Gerippe, welches mit Flanell überzogen ist. Behufs Abdichtung und Einhängung dieser Flanellfilter O in einer Kastenabteilung dienen die ledernen Seitenwände k und der Holzrahmen d, welcher letztere seine Unterstützung durch die Leisten e findet.

Zur Vermeidung der Verstopfung der Flanellfilter durch den sich ansetzenden Ruß ist eine selbsttätige Abklopfvorrichtung auf dem Deckel des Holzkastens angebracht, die mittels eines Riemens, welcher von der Trommelachse B auf die Riemenscheibe R geht, in Gang gesetzt wird. Um die Abklopffilter ohne Betriebsstörung ununterbrochen in Wirksamkeit zu erhalten, sind dieselben, nebst der sich anschließenden Abzugsvorrichtung, doppelt angeordnet, und treten abwechselnd in Tätigkeit.

Jede der beiden Abzugsröhren T ist an ihrem oberen Ende mit einer Drosselklappe U versehen, welche beim Abklopfen des Trichters selbsttätig geschlossen und dann wieder geöffnet wird. Damit der von den Filtern abgestoßene Ruß nicht zurück auf die Trommel B fallen kann, sind Schutzdeckel E und Einsatzstücke G angebracht. Die Füße unter den Schutzdeckeln lassen so viel freie Öffnung, daß die warme, feuchte Luft ungehindert von dem Mantel aus durch die Stutzen C nach dem Innern des Holzkastens a gelangen kann. Die beiden Ableitungsröhren T stehen mittels Krümmer mit dem für mehrere Apparate dienenden und zum Luftsauger führenden gemeinsamen Abzugsschlote in Verbindung.

Einen ähnlichen Apparat baut die Firma Heinrich Hirzel, G. m. b. H. in Leipzig-Plagwitz, bei dem sich gleichfalls unter einem gekühlten rotierenden

Zylinder eine Anzahl Dochtlampen oder Gasbrenner befinden. Wir verdanken der genannten Firma folgende Mitteilungen über den in Fig. 71 abgebildeten Apparat. Zum Unterschied von dem Apparat von Dreyer ist diese Konstruktion vollständig geschlossen, es befinden sich also auch die Lampen in dem Mantel, welcher die rotierende Trommel einschließt. Hierdurch ist es möglich, auch die Außenluft abzusperren bzw. durch Schieberregister, welche sich vorn befinden, zu regulieren. Der von der Trommel abgeschabte Ruß fällt bei

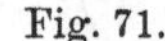

Fig. 71.

dieser Konstruktion in eine Transportschnecke und wird von dieser direkt nach der einen Seite des Apparats bewegt, von welcher er in untergebundene Säcke fällt. Man hat daher nicht nötig, Klappen zu öffnen, wie bei dem Dreyerschen Apparat, so daß die Zugverhältnisse in dem Apparat selbst stets die gleichen bleiben. Der Apparat ist kompendiös ausgeführt und auch der Antrieb derart angeordnet, daß man nicht allzu kleine Geschwindigkeiten bei der Transmission erhält.

Die Aufstellung erfolgt direkt auf ein glattes Fundament und die Apparate werden meistens für einen Trommeldurchmesser von 700 mm bei

einer Trommellänge von etwa 2 m ausgeführt. Oben auf dem Apparat selbst
befinden sich zwei Rußfangapparate, aus denen die Abgase durch ein gemein-
schaftliches Rohr nach dem Kamin geleitet werden.

Auch die Firma Alphons Custodis, Aktiengesellschaft für Essen-
und Ofenbau in Düsseldorf stattet die von ihr errichteten Lampenruß-
fabriken mit den vorigen ganz ähnlichen Appa-
raten aus, so daß man wohl annehmen darf,
daß unter den Lampenrußapparaten die mit
rotierender Trommel heute am gebräuch-
lichsten sind. Die Apparate dieser Firma bestehen aus eisernen Zylindern, welche über den
Brennern rotieren und von innen mit Wasser
gekühlt werden. Auf der den Brennern gegen-
überliegenden Seite sind Abstreicher oder Kratzer
angebracht, welche den auf der gekühlten Metall-
fläche abgeschiedenen Ruß entfernen; dieser fällt
in passend angebrachte Rinnen, von denen aus
er durch Transportschnecken direkt den Ver-
packungsgefäßen zugeführt wird. Jeder Apparat
ist in ein Metallgehäuse eingebaut, so daß weder
ein Verlust an Ruß nach dem Arbeitsraume,
noch durch Verbrennung desselben an der atmosphärischen Luft stattfinden kann. Die Verbrennungsgase werden durch Entlüftungsrohre,
welche mit Rußfängern versehen sind, nach
einem Schornstein abgeführt.

Wie bei den Rußöfen dieser Firma, ist
auch bei diesen Apparaten der größte Wert auf
eine genaue Regulierbarkeit der Brenner sowie
der Luftzufuhr gelegt und es kann auch der
Zug durch Schieber aufs genaueste eingestellt
werden; gerade in diesem Punkte liegt das
ganze Geheimnis einer rationellen Fabrikation.
Die Regulierung der Luftzufuhr erfolgt durch
Jalousien, welche so sorgfältig gearbeitet sind,
daß die Luftzufuhr mit größter Genauigkeit auf
das erforderliche Maß beschränkt werden kann,
welches je nach der Natur des verbrennenden
Materials verschieden ist. Im wesentlichen entsprechen also diese Apparate der vorbeschriebenen Konstruktion.

Liberalerweise hat uns die Firma Custodis
den Plan für eine Lampenrußfabrik nach ihrem
System zur Verfügung gestellt, den wir durch die
Fig. 72, 73 u. 74 (S. 103) wiedergeben. Die Anlage ist für eine tägliche
Produktion von 3000 kg Lampenruß aus Öl ohne vorherige Vergasung be-
rechnet. Auf dem Grundriß der Fig. 74, sowie auf dem Schnitt Fig. 73 er-
sehen wir an beiden Längsseiten des Fabrikgebäudes A je einen kleinen
Anbau B, welcher zur Aufnahme der Ölbehälter a dient. Die rotierenden

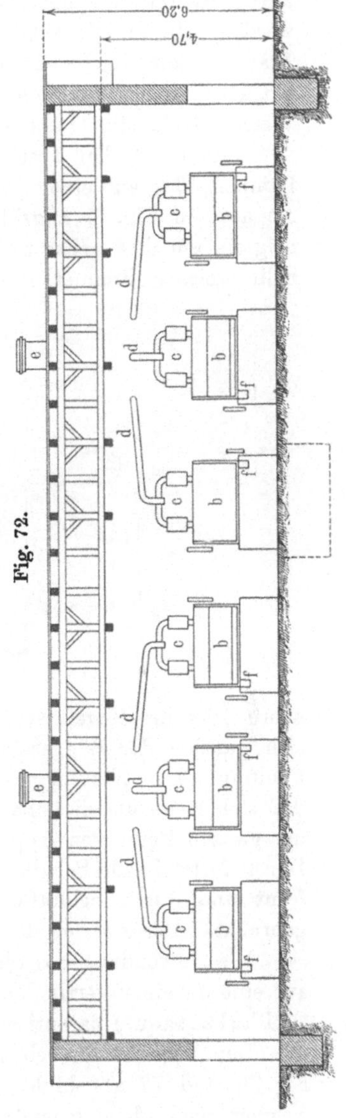

Rußapparate *b* sind an beiden Längsseiten des Hauptgebäudes *A* reihenweise nebeneinander aufgestellt und ein jeder derselben ist mit zwei Rußfängern *c* (Fig. 72 u. 73) versehen, aus denen die Abhitze durch die gemeinschaftlichen Rohre *d* nach den Kaminen *e* geführt wird. Jeder Apparat besitzt seitlich einen Abfallstutzen *f*, in welchem die Transportschnecke liegt, die den abfallenden Ruß direkt in die Packfässer befördert, welche, nachdem sie gefüllt, durch Karren auf dem Geleise *g* (Fig. 74) nach dem Lagerraum geschafft werden. In Fig. 73 sieht man bei *h* die in der Mitte des Raumes liegende Transmission, welche sämtliche Apparate vermittelst des Antriebes *k*, welcher mit einer Ausrückvorrichtung versehen ist, in Bewegung setzt. In gleicher Weise betreibt die Transmission bei *i* auch die erwähnten Transportschnecken.

Bei den bisher beschriebenen Apparaten erfolgt die Kondensation des Lampenrußes auf einem rotierenden Zylinder. G. G. Shoemaker, dessen Apparat in Fig. 75 abgebildet ist, bedient sich hierzu einer Reihe von geneigten, um ihre Achse rotierenden Hohlkegeln *A* mit geöffneter Basis, innerhalb welcher Brenner *B* so angebracht sind, daß die Flamme gegen die

Fig. 73.

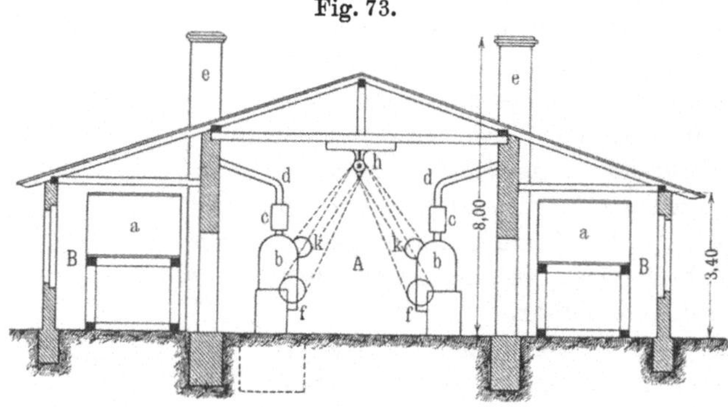

obere Seite des Kegels schlägt. Oberhalb eines jeden Kegelmantels befindet sich parallel der Längsseite desselben ein perforiertes Rohr *C* für Wasserkühlung. Der Kegelmantel ist an der Basis nach außen umgekrempelt, so daß sich rings um dieselbe eine Art Rinne *D* bildet, aus der das Kühlwasser der ganzen Reihe von Apparaten in einen gemeinschaftlichen Kanal abfließt. Durch feststehende Schaber *E* wird der Ruß aus den einzelnen Kegeln entfernt und durch Schlotten *F* nach einem gemeinschaftlichen Sammelgefäß gebracht. Der Antrieb des Apparats erfolgt durch das Zahnrad *G*.

Die Anwendung des gleichen Prinzips der Abscheidung des Lampenrußes auf eine an einer vertikalen Achse rotierende, gekühlte ebene Fläche hat sich O. Thalwitzer[1]) patentieren lassen.

Der Apparat in seiner gegenwärtigen vervollkommneten Form ist in Fig. 76 und 77 abgebildet. Die sauber abgedrehte Platte *A*, mit Rand *a*, welcher, nach oben gehend, den Wasserbehälter bildet, nach unten gehend, den seitlichen Luftzug von der Flamme abhält, ist an einer vertikalen hohlen Achse *b* befestigt, welche zu gleicher Zeit dazu dient, die Verbrennungsgase abzuführen. Diese Achse ist in dem Gußkörper *B* gelagert, und trägt ein Schneckenrad *d*, das durch die Schnecke *f* in Umdrehung versetzt wird.

---

[1]) D. R.-P. Nr. 9426, 1879 und 13691, 1880.

Die Gußkörper B sind an einem eisernen Träger M befestigt, welcher seinerseits wieder auf einem ebensolchen N montiert ist. M, auf welchem gleichzeitig die Transmissionswelle o gelagert ist, trägt eine ganze Reihe solcher
Einzelapparate, welche sämtlich durch Zahnräder m vermittelst der Schnecke f
von o in Bewegung gesetzt werden. Die Platte A wird durch Wasser gekühlt,

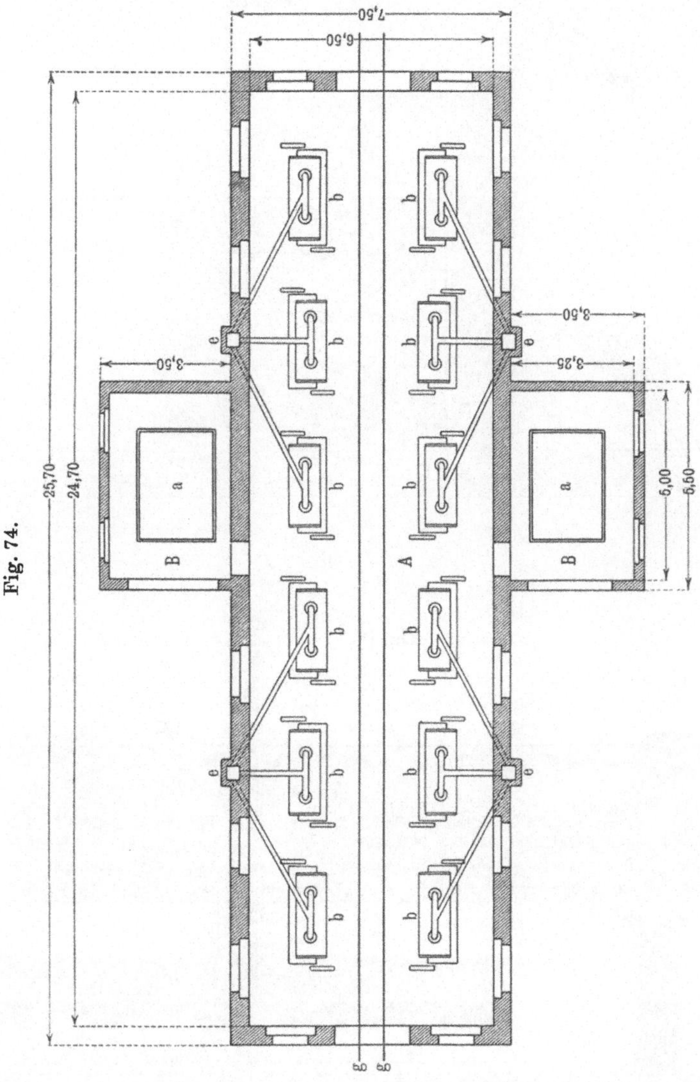

welches in dem Maße, wie es verdampft, durch Zuleitung von frischem Wasser
ersetzt wird. Die Temperatur dieses Wasserbades beträgt fortwährend 100° C.;
es wird dadurch erreicht, daß der sich niederschlagende Ruß keine Destil-
lations- oder Verbrennungsprodukte absorbieren und ohne vorheriges Kalzinieren direkt in den Handel gebracht werden kann.

Unter der Platte A sind eine Anzahl von Lampen J angeordnet, welche
durch Rohr l gemeinschaftlich gespeist werden. Bei der Fabrikation von

Ölruß steht dieses letztere mit einem Ölbehälter von konstantem Niveau in
Verbindung, so daß auch in diesem Falle eine Regulierung der einzelnen
Flammen nicht erforderlich ist. Für die Verbrennung von Gas sind die
Brenner besonders konstruiert, und gestatten die Fabrikation verschiedener

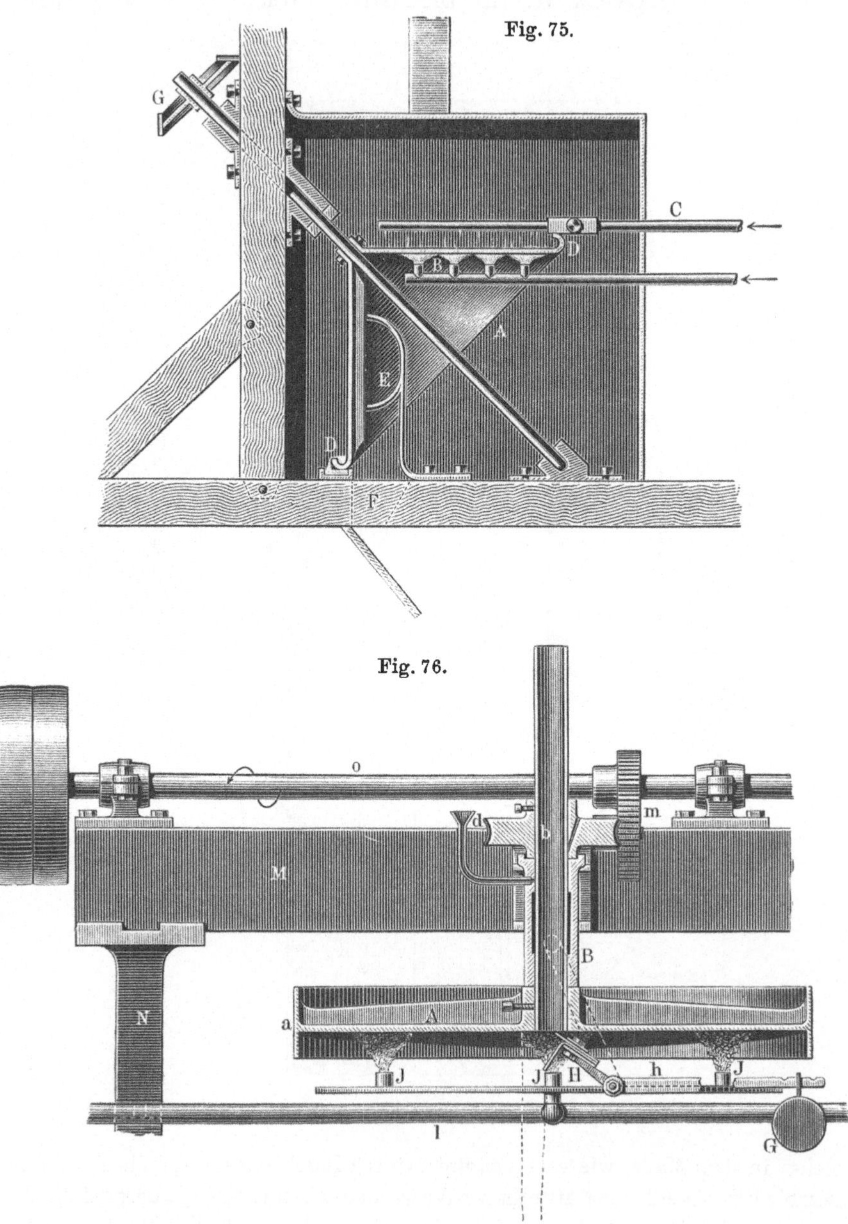

Fig. 75.

Fig. 76.

Qualitäten von Ruß. Der Schaber H ist an einem gebogenen Arme befestigt,
der an den Gußkörper B geschraubt ist, und wird durch Hebel h und Gegengewicht G gegen die berußte Fläche gedrückt. Die Verbrennungsprodukte
entweichen durch die hohle Achse b. Der abgestrichene Ruß fällt in den

Fig. 77.

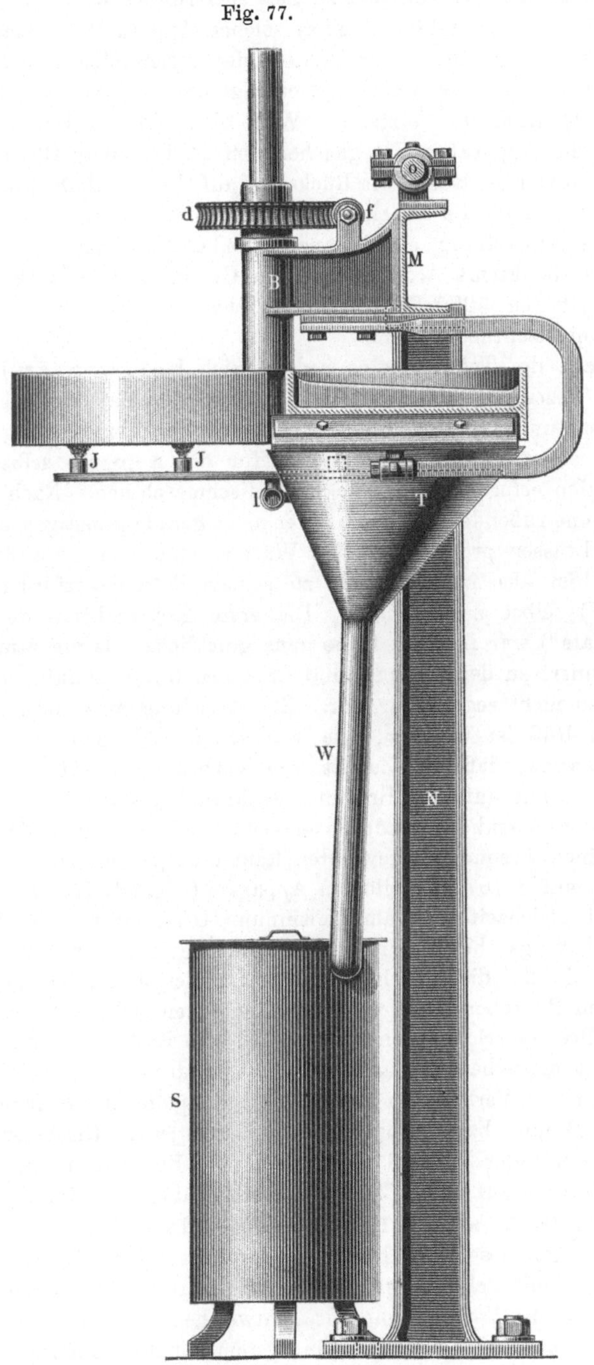

Sammeltrichter T und gelangt von diesem durch das Rohr W in das Blechgefäß S, aus welchem er von Zeit zu Zeit entfernt wird.

Was die Leistungsfähigkeit eines solchen Apparates anbelangt, so verbraucht derselbe bei einem Durchmesser der rotierenden Platte von 80 cm
in 24 Arbeitsstunden 8 cbm Gas und erzeugt daraus 700 bis 1500 g Gasruß,
je nach der Qualität des letzteren. Wird Öl direkt auf Ruß verbrannt, so
beansprucht ein Apparat in der gleichen Zeit 15 bis 20 kg Öl und liefert 20
bis 25 Proz. davon an Ruß. Mit Rücksicht auf diese verhältnismäßig kleinen
Quantitäten von Ruß, die ein einzelner Apparat zu erzeugen imstande ist, ist
natürlich die Aufstellung einer ganzen Reihe derselben erforderlich. So
arbeitet z. B. die Firma A. Biermann u. Co. in Halle mit 120 Apparaten,
konsumiert jährlich 5000 Doppelzentner schweres Mineralöl und produziert
etwa 250 Doppelzentner Gasruß.

Gleichfalls des Tellerprinzips bedient sich Rob. Dreyer [1]) bei seinem
Apparat zur Erzeugung von Lampenruß in größerem Maßstabe, als dies bisher
geschehen ist, unter gleichzeitiger Ausnützung der Verbrennungswärme zur
Beschaffung einer billigen Betriebskraft für die Apparate selbst sowie die
zur Fabrikation erforderlichen Sieb- und Mischmaschinen. Nach seinen Versuchen gibt eine rußende Gasflamme unter nicht gerade günstigen Bedingungen
an das Kühlwasser pro Stunde eine Wärmemenge von etwa 380 Kal. ab;
der Apparat ist also imstande, die zu seinem Betriebe erforderliche Kraft
(etwa $^1/_2$ PS) selbst zu erzeugen. Die erste Konstruktion des Dreyerschen Apparats [2]) war insofern keine ganz glückliche, als die atmosphärische
Luft ungehindert zu den Lampen und Brennern treten konnte, also der Zutritt derselben nicht regulierbar war. Zur Erzielung einer möglichst großen
Ausbeute an Ruß ist es aber, wie wir schon mehrfach erwähnt haben,
erstes Erfordernis, daß der Zutritt von Verbrennungsluft aufs genaueste
reguliert und somit auf ein Minimum beschränkt werden kann. Dies wird
in der neuen Konstruktion dadurch erreicht, daß der ganze Verbrennungs-
apparat in einem besonderen gewölbten Raume aufgestellt ist.

Bei dem auf S. 107 abgebildeten Apparate (Fig. 78) für die Darstellung
von Ruß bei gleichzeitiger Dampfgewinnung tritt der zu verrußende Stoff
aus dem Zuleitungsrohr 1 durch Rohr 2 in die hohle, vertikale und sich
drehende Welle 2, die durch die übereinander liegenden geschlossenen
und gekühlten Rußteller 4 geführt ist, unter denen sich, mit der Welle verbunden, die Brennvorrichtungen 5 befinden. Die Rußteller werden getragen
durch die mit denselben verbundenen drei Standröhren 6, welche mit dem
Dampfsammler 7 in Verbindung stehen. Das Doppelfenster 8 dient zur Beobachtung des Brenn- bzw. Rußprozesses. Unter jedem Rußteller 4 befindet
sich, ebenfalls mit der Welle 3 verbunden, eine Vorrichtung x, welche den
Ruß abstreift und auf eine Blechtafel fallen läßt, von wo er durch den
Rechen 9 nach der Abfallröhre 10 und weiter in das Gefäß 11 befördert wird.

Fig. 79 zeigt diese Vorrichtung in etwas größerem Maßstabe. Durch
die Öffnung 12 mit Schieber erfolgt der genau regulierte Zutritt der Luft,
während bei 13 die Verbrennungsgase entweichen, welche, ehe sie in den
Schornstein S eintreten, zuvor noch ein System von Rußfängern R durch das
Ventil V passieren. Die Art und Weise, wie das Verbrennungsmaterial in

---

[1]) D. R.-P. Nr. 40 909 und Zusatz 44871. — [2]) D. R.-P. Nr. 40 909.

Fig. 78.

VI
V
R R R
S
I
II
20
7
19
C
E
G
F
H
III
8
12
21
J K Z
IV
V
39
17 16
3
13
15
D
6 c
6 c
37

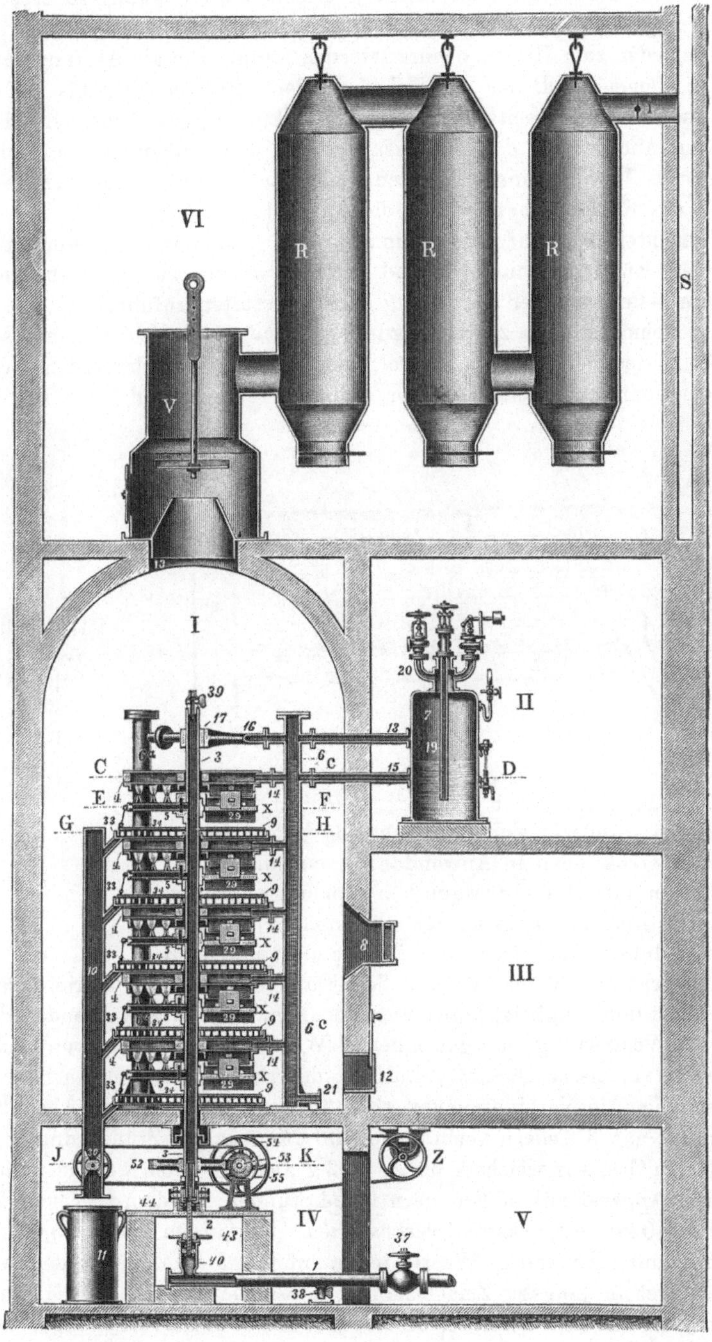

die hohle Achse des Apparates eingeführt wird, ergibt sich aus Fig. 80. Da das Kühlwasser bis über den Siedepunkt erhitzt, und der Dampf desselben bis auf 4 Atm. Überdruck gebracht werden kann, so erzeugt der Apparat zugleich gespannten Dampf, der zu irgend welchem Betriebe (Dampfmaschine) oder zum Heizen benutzt werden kann. Die als Auffangplatte für den Ruß dienenden Böden der Teller werden also über 100 bis 150° C erwärmt, wodurch einerseits eine zu große Abkühlung der rußenden Flammen vermieden, andererseits die Kondensation von Wasserdämpfen und sonstigen unliebsamen Verbrennungsprodukten unmöglich wird. Hierdurch wird die Qualität des Rußes verbessert und die Ausbeute vermehrt.

Verzichtet man auf die Gewinnung von gespanntem Wasserdampf, so können als Kühlmittel auch Öle und Fette verwendet werden, wobei man die Öldämpfe behufs völliger Vergasung den Gasretorten zuführt.

Als Rohmaterialien zur Erzeugung von Rußgas empfehlen sich besonders Braunkohlenteeröle, Petroleum, Petroleumrückstände, Liasschiefer bzw. Schieferöle, Kolophonium, Naphta, Suinter und andere Fette und Öle. Die Anzahl

Fig. 79.   Fig. 80.

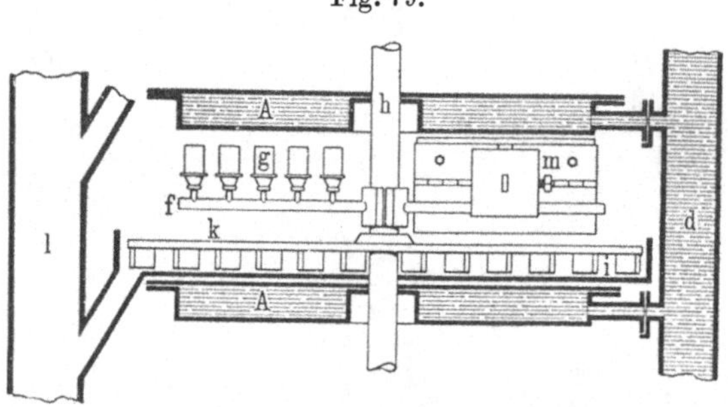
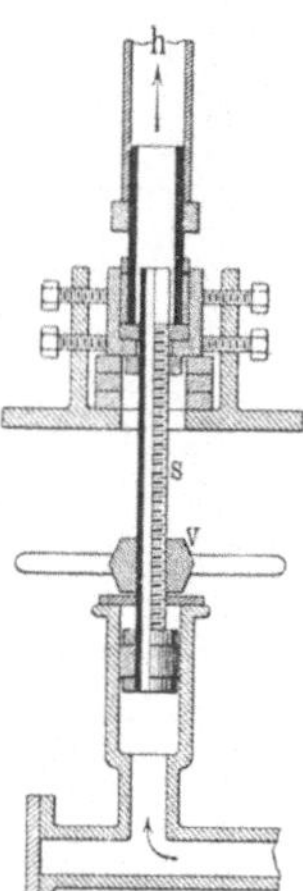

der Flammen richtet sich nach der Qualität des herzustellenden Rußes, wobei gleichzeitig verschiedene Brennerkonstruktionen in Anwendung kommen.

Als Vorzüge des Dreyerschen Apparates werden angeführt: Inanspruchnahme der kleinsten Grundfläche zur Aufstellung (eine Fläche von 7 bis 8 qm genügt für einen Apparat mit 60 bis 90 rußenden Flammen), geringe Betriebskraft bei großer Leistungsfähigkeit, kontinuierlicher, leicht zu überwachender Betrieb, praktische Verwertung der gewonnenen Wärme, Gewinnung von Ruß von feinster bis mittlerer Qualität, Fortfall der Belästigung der Nachbarschaft.

Bei einem, in Verbindung mit einer Ölgasanstalt, in Betrieb befindlichen Rußapparat mit 3 Tellern verbrauchen 30 Brenner pro Stunde durchschnittlich 2,3 cbm Gas, aus welchem bis zu 222 g Ruß gewonnen wurden. Hiernach würde ein Apparat mit 60 Brennern in 24 Stunden 110 cbm Gas oder 200 kg Gasöl mit 40 kg Teerrückstand verbrauchen. Es würden bis zu 10,66 kg Ruß gewonnen und etwa 360 kg Wasser in Dampf von 3 Atm. verwandelt werden.

Der erst in jüngster Zeit bekannt gewordene Apparat von Heinrich Juster[1] hat mit dem bereits beschriebenen Thalwitzerschen Apparat nach D. R.-P. Nr. 9426 und 13691 die Anordnung der gekühlten Metallscheibe und das

---

[1] D. R.-P. Nr. 223070.

gleichzeitig als Welle dienende Abzugsrohr für die entrußten Rauchgase gemein. Sein Unterschied gegenüber diesem besteht hauptsächlich in der Anordnung der Brenner und Schabevorrichtungen, sowie in der Konstruktion der ersteren. Gleichzeitig wird dabei (nach der Patentanmeldung) der zuerst von G. Wegelin[1]) eingeführte Druck der Verbrennungsluft auf die Flamme zur Beeinflussung der Rußqualität, wenn auch in anderer Form, zur Geltung gebracht.

In den Fig. 81 bis 87 ist diese Vorrichtung schematisch dargestellt. Wie Fig. 81 erkennen läßt, ist die Ausbildung der rotierenden Scheibe 1 genau die gleiche, wie bei dem Apparat von Thalwitzer. Sie besitzt an ihrer Peripherie ebenfalls einen gleichzeitig nach oben und unten vorstehenden Rand 3, von denen der obere den Behälter für das Kühlmittel bildet (Wasser oder Öl), der untere dagegen dazu dient, die Rauchgase zu zwingen durch das Rohr 2 abzu-

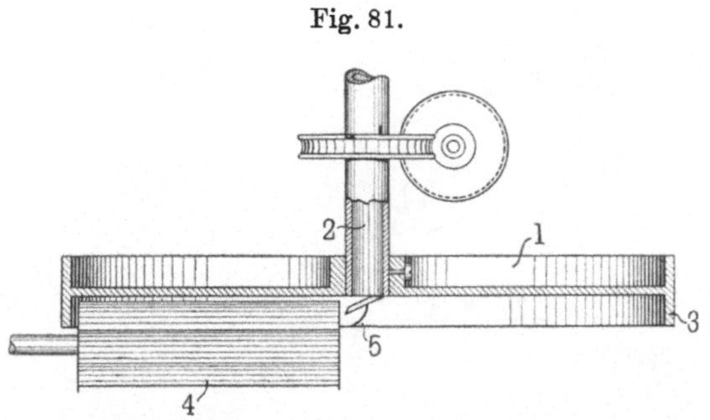

Fig. 81.

ziehen. Die Anordnung der Brenner 4 unter der rotierenden Scheibe 1 ergibt sich aus Fig. 82 und geschieht in der Weise, daß die Flamme radial der Scheibe aufschlagen muß und sich unter derselben nur in deren Drehrichtung aus-

Fig. 82.

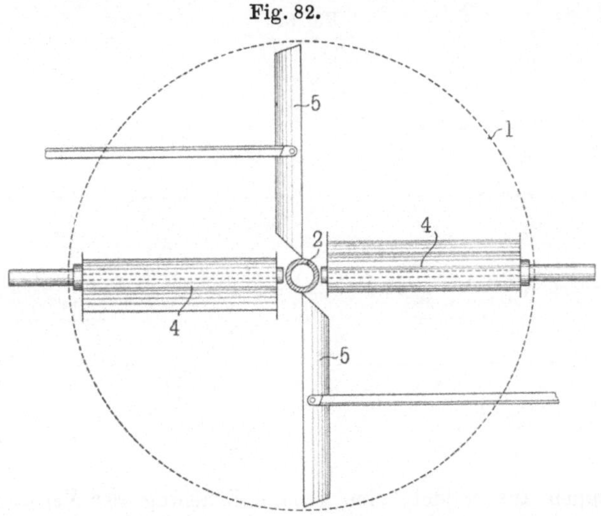

breiten kann, so daß sich der Ruß an der Scheibe gegen deren Drehrichtung niederschlägt, und nicht bei fortschreitender Drehung wieder durch die Flammenmitte geführt und überhitzt wird, wodurch er zum Teil verbrennen und an Qualität leiden würde.

Die Anzahl der Brenner unter einer Scheibe richtet sich nach deren Größe, doch muß zwischen je zweien derselben eine Abstreichvorrichtung 5

---

angebracht werden, damit der von einem Brenner erzeugte Kohlenstoff mit der Flamme des folgenden Brenners nicht in Berührung kommt. Der Brenner für flüssige Brennstoffe kann mit oder ohne Docht eingerichtet werden und besteht aus dem Rohre 6, Fig. 83 u. 85, das für gasförmige Brennstoffe auf eine entsprechende Länge mit kleinen Löchern oder Schlitzen zum Aus-

Fig. 83.   Fig. 84.

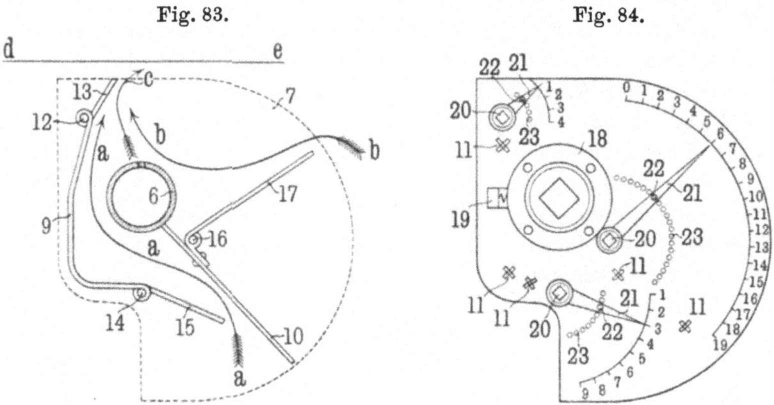

strömen derselben versehen ist. Dieses Rohr dient in seiner Verlängerung gleichzeitig zur Zuführung des Brennstoffs. Um den als Brenner ausgebildeten Teil des Rohres 6 ist ein System von Blechen angeordnet, welche teils fest,

Fig. 85.

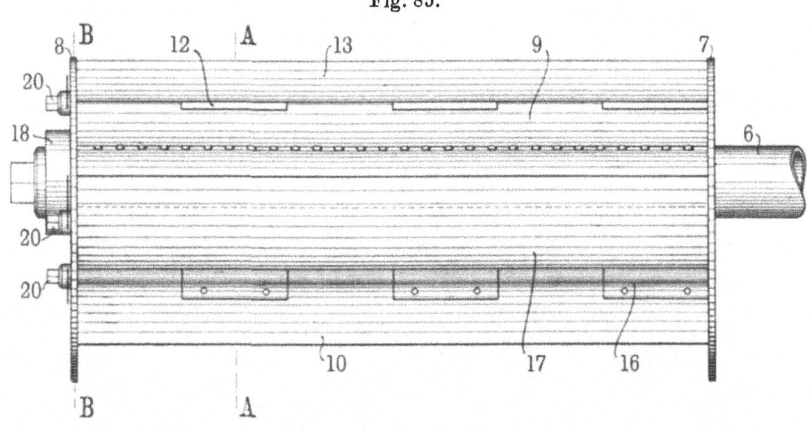

teils als Klappen ausgebildet, eine genaue Regelung der Verbrennung und die Erzielung eines spezifisch schweren Rußes durch Pressung bzw. durch Einschnüren der Flamme ermöglichen.

Aus den Figuren 83, 84 und 85 ist die Ausführungsform des Brenners ersichtlich, und zwar zeigt Fig. 85 denselben in Vorderansicht, Fig. 83 und 84 im Schnitt bzw. in Seitenansicht. Zwischen den zwei Seitenblechen 7 und 8 sind die im Schnitt A—A (Fig. 83) sichtbaren Bleche 9 und 10 in geeigneter Weise mittels durchgesteckter Läppchen und Splinte 11 (Fig. 84) befestigt. An diesen beiden Blechen sind mittels der Scharniere 12, 14 und 16 die Klappen 13, 15 und 17 angelenkt, wovon Klappe 15 dazu dient, die Menge der in der Richtung des Pfeiles a der Flamme zuströmenden Luft zu beeinflussen, während Klappe 13 vermöge ihrer gegen die Flamme geneigten Stellung diese sich nur in einer Richtung ausbreiten läßt. Über der Klappe 17 können der Flamme je nach Bedarf Luft oder auch nur Rauchgase zugeführt werden, Luft, wenn sich die Klappe in tiefer Stellung unter dem tiefsten Rande der Scheibe 1 befindet, und Rauchgase, wenn die Klappe in den mit Rauchgasen erfüllten Raum unter der Scheibe 1 hineinragt.

An einem der beiden Seitenbleche 8, Fig. 84 (Seitenansicht $B-B$) und Fig. 85, ist ein Ring 18 befestigt, an dem durch eine Stellschraube 19 das ganze System von Blechen und Klappen auf dem Rohre 6 in entsprechender Stellung festgehalten wird. Das Ende des Rohres 6 wird, wenn nicht mehrere Brenner damit wie in Fig. 85 verbunden werden sollen, mittels eines Stopfens verschlossen. Die Scharnierbolzen aller drei Klappen sind durch das Seitenblech 8 nach außen geführt und dort als Vierkant 20 ausgebildet, durch den mittels eines Schlüssels die Klappen in die erforderlichen Stellungen gebracht werden. An dem Scharnierbolzen angebrachte Zeiger 21 zeigen auf Skalen die jeweilige Stellung der Klappen an und ermöglichen die mechanische Einstellung mehrerer Brenner nach Maßgabe eines einzelnen, dessen richtige Klappenstellung durch Versuche ermittelt wurde. Die federnden Zeiger 21 sind mit Warzen 22 versehen, die in entsprechenden Ankörnungen 23 rasten und so die Klappen in der für gut befundenen Stellung festhalten.

Die Arbeitsweise mit dieser Vorrichtung ist folgende: Der durch die Klappe 15 entsprechend zu regulierende, in der Richtung des Pfeiles a (Fig. 83) wirkende Luftstrom führt der durch den Pfeil c dargestellten Flamme eine der Bildung von Ruß entsprechende Menge Sauerstoff n u r a u f e i n e r S e i t e zu. Die auf dieser Seite sich bildenden Rauchgase werden von dem nachdrängenden Luftstrom zwischen die Flamme und die entsprechend schief gestellte Klappe 13 gedrängt und üben auf die Flamme einen Druck aus, durch den diese in der durch den Pfeil c angezeigten Richtung unter der durch die Linie $d-e$ dargestellten Fläche der Scheibe 1 abgelenkt wird. In dem durch den Rand 3 (Fig. 81) unter der Scheibe 1 gebildeten Raum sammeln sich Rauchgase von geringerer Dichte als die darunter befindliche Luft, deren Abzug in dem Rohre 2 durch Drosselung verzögert wird; dieselben umgeben daher die Flamme, der bei entsprechend hoher Stellung der Klappe 17 nur auf einer Seite durch die Klappe 15 so wenig Luft zuströmt, daß sie gewissermaßen bei Unterdruck brennt. Die Folge davon ist, daß die im Sinne der Fig. 83 rechts befindlichen Rauchgase in der Richtung des Pfeiles b gleichfalls einen Druck und Stoß auf die Flamme ausüben, wodurch die blakende Flamme eine Einschnürung ihres Querschnittes erfährt, die nach der deutschen Patentschrift Nr. 105633 (Wegelin), durch Zusammenpressen der glühenden Kohlenstoffteilchen die Erzeugung eines spezifisch schweren Rußes zur Folge hat. Zur Erreichung dieses Zweckes dient nach dem genannten Patent in geeigneter Weise zugeführte Außenluft oder Preßluft. Nach Juster jedoch ist das zur entsprechenden Einschnürung des Flammquerschnittes erforderliche Luftquantum nicht immer jenem gleich, das für die unvollständige Verbrennung am günstigsten ist, so daß man bei diesem Verfahren nicht immer alle Vorteile erreichen kann. Bei seinem Apparate dagegen soll die Beeinflussung der Flamme in obigem Sinne nur durch für die Verbrennung indifferente Rauchgase geregelt werden, wobei auch alle weiteren Vorrichtungen zur Zuführung von Preßluft oder anderer Mittel entfallen. Die Anordnung der Klappen soll jede beliebige Regelung der Verbrennung und Anpassung der Zufuhr von Luft und Rauchgasen an die Art des zu verwendenden Brennstoffes und die jeweiligen atmosphärischen Verhältnisse und schließlich die Erzielung jeder erwünschten Qualität von Ruß ermöglichen.

Fig. 86 zeigt im Schnitt eine geeignete Ausführungsform des Rohres 6 (Fig. 85) für die direkte Verbrennung flüssiger Brennstoffe ohne Docht in dem beschriebenen Brenner. In diesem Falle ist der zwischen den Seitenblechen 7 und 8 liegende Teil des Rohres als Rinne ausgebildet. Der Brennstoff fließt aus dem höher gelegenen verschlossenen Behälter 24 durch die in der Scheidewand 25 vorgesehene kleine Öffnung 26 in die Rinne, während durch das Röhrchen 27 Luft nach dem Behälter 24 aufsteigt. Sobald der Flüssig-

Fig. 86.

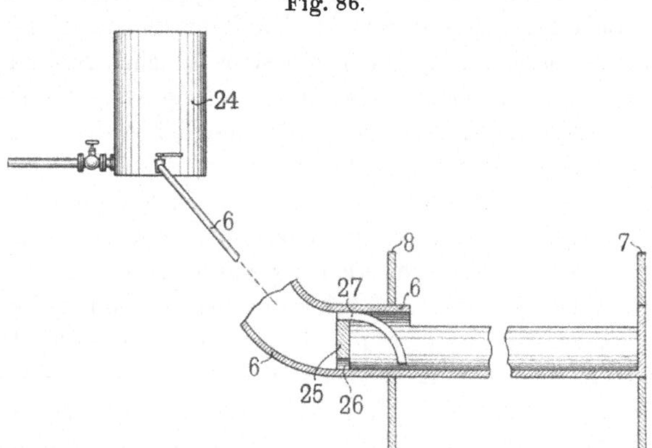

keitsspiegel die Mündung des Röhrchens 27 erreicht, hört der Zufluß auf, um erst dann wieder zu beginnen, wenn die Flüssigkeit die Mündung nicht mehr verschließt.

Zur Verbrennung flüssiger Brennstoffe mittels Dochtes eignet sich die in Fig. 87 im Schnitt dargestellte Ausführungsform des Rohres 6. In einem entsprechend langen Schlitze sind zwei gebogene Bleche 28 und 29 in das Rohr eingebracht, die dem Docht 30 als Führung dienen. In Aussparungen eines dieser Bleche 29 greifen gezahnte Rädchen 31 an den Docht und schieben denselben durch eine mittels des Stiftes 32 von außen vorzunehmende Drehung in jede beliebige Stellung.

Die Apparate von E. Binney[1]), G. L. Cabot[2]) und S. L. Rhodes[3]) sollen hier nur erwähnt werden.

Trotz der bisher erreichten Vollkommenheit in den Apparaten zur Erzeugung von Lampenruß wurden bis in die jüngste Zeit noch sehr beträchtliche Mengen dieses Materials auf primitivstem Wege erzeugt. Natürlicherweise spielen hier örtliche Verhältnisse, Preise des Rohmaterials usw. die größte Rolle. So berichtet der „Scientific American" vom 12. Oktober 1878 über eine großartige Lampenrußfabrik in Petrolia (Pennsylvanien), wo neben Petroleum ungeheure Mengen brennbarer Gase der Erde entströmen, die zum Teil zum

---

[1]) Amer. Pat. Nr. 453076. — [2]) Amer. Pat. Nr. 491923. — [3]) Amer. Pat. Nr. 497686.

Heizen und zum Betriebe von Dampfmaschinen verwendet, zum Teil aber auch auf Lampenruß verarbeitet werden. Man hat die Fabrik dicht an der Stelle angelegt, wo das Gas aus der Erde tritt, sammelt es in Gasometern und leitet es zu mehreren Tausend gegen große Schieferplatten gerichteten Brennern, auf denen sich der Ruß niederschlägt. Von Zeit zu Zeit wird derselbe abgekratzt, gesammelt, verpackt und zu Markte gebracht.

Eine ähnliche Fabrik hat Neff[1]) bei Gambier (Knox County, Ohio) in der Nähe der Mündung des Kohosing angelegt. Neff verbrennt täglich in 1800 Brennern von verschiedener Konstruktion etwa 8000 cbm Gas und erhält daraus jährlich (?) 16 t Lampenruß, den er unter dem Namen „Diamantschwarz" in den Handel bringt.

Falls diese Angaben richtig sind, muß die Arbeit eine sehr unrationelle sein. 8000 cbm Grubengas repräsentieren ein Gewicht von rund 6000 kg. Der Jahreskonsum an Gas betrüge somit etwa 2 000 000 kg, wogegen die Produktion von 16 000 kg Lampenruß nur 0,8 Proz. des angewandten Gases betragen würde, eine verschwindend kleine Ziffer gegenüber dem hohen Kohlenstoffgehalte (80 Proz.) des Grubengases.

Fig. 87.

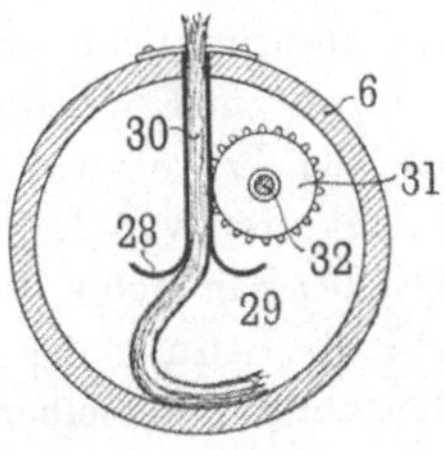

Über die Herstellung von Lampenruß aus Naturgas in den Vereinigten Staaten von Nordamerika berichtet neuerdings B. Butler[2]) und beschreibt dessen Fabrikation in den Werken von G. L. Cabot in Grantsville und Creston, den größten Fabriken der Welt. Nach dieser Schilderung kann auch hier von einem auch nur einigermaßen rationellem Betriebe keine Rede sein, was wohl in erster Linie auf die Billigkeit des Rohmaterials zurückzuführen sein wird.

Der Lampenruß wird hier aus Naturgas in Ringöfen erzeugt, wobei sich ein größerer Verlust als nach allen anderen Verfahren ergibt. Die Ringöfen haben einen Durchmesser von je 20 Fuß, also einen Umfang von 60 Fuß, und besitzen oberhalb des Ringes eine rotierende, plangedrehte Eisenplatte, welche den ganzen Ring bedeckt. Unter dieser Platte sind je 1265 Gasbrenner angebracht, deren rußende Flammen gegen die Platte schlagen, während der sich auf dieser niederschlagende Ruß durch Kratzer beständig abgeschabt und durch Transporteure in Sammelkästen geschafft wird. Nach erfolgter Abkühlung wird der Ruß aufs feinste vermahlen, gesiebt und von allen Fremdkörpern befreit. Der feine Ruß wird auf eine Packbühne gehoben und hier automatisch in Säcke von $12^{1}/_{2}$ lbs Inhalt verpackt mittels ähnlicher Maschinen, wie sie in Getreidemühlen üblich sind, oder in Fässer, die einen Inhalt von 100 lbs aufweisen. Der Abgang wird gleichfalls automatisch entfernt.

Die Anlage in Grantsville erzeugt täglich in 113 Ringapparaten mit zusammen 142 945 Brennern etwa 8000 lbs Lampenruß, wozu die ungeheuere Menge von 9 143 560 cbf Naturgas erforderlich ist. Man kann annehmen, daß ungefähr $^{1}/_{8}$ des verbrannten Gases unausgenützt verloren geht, und demzufolge ist auch die Anlage Tag für Tag und Jahr für Jahr in eine dichte

---

[1]) Chem.-Ztg. 1878, S. 241; Dingl. Polyt. Journ. **231**, 177. — [2]) Min. and Eng. World 1911, No. 18.

Wolke von schwarzem Ruß gehüllt. Wenden wir die bei Besprechung der Anlagen der Mc Keane Chemical Co. (vgl. S. 89) ausgeführte Berechnung auf den vorliegenden Fall an, so finden wir, daß die Ausnutzung des Gases für Rußzwecke eine weit geringere ist, als vorstehend angegeben. Obige 9 143 560 cbf Gas = rund 260 000 cbm würden bei einem Gehalt von etwa 70 Proz. Methan 162 000 cbm dieses Gases zu je 717 g = 116 150 kg repräsentieren. Die daraus erhältliche Tagesproduktion an Lampenruß, etwa 8000 lbs = 3624 kg, betrüge mithin nur 3,1 Proz. vom Gewicht des Gases, bei dessen Zusammensetzung von 75 Proz. Kohlenstoff auf 25 Proz. Wasserstoff gewiß nur eine sehr minimale Ausbeute.

Das Naturgas wird aus benachbarten Gasquellen der Fabrik zugeführt und dient gleichzeitig dem Werke zur Lieferung der erforderlichen Kraft. Im Verhältnis zur ungeheueren Größe der Anlage ist deren Arbeiterzahl gering und beträgt zusammen für Tag- und Nachtschicht nur etwa 20 Mann.

Wie man sieht, ist die Art der Verbrennung des kohlenstoffhaltigen Materials bei allen Vorrichtungen, die wir im vorstehenden besprochen haben, die ursprüngliche geblieben, weil sich gezeigt hat, daß das Verbrennen in Lampen zur Erzielung einer möglichst tiefen Schwärze bei zartester Beschaffenheit der Ware nicht umgangen werden kann. Was im Laufe der Zeit in der Fabrikation von Lampenruß verbessert worden ist, bezieht sich nur auf die Art des Sammelns der Ware, die richtige Ausnutzung der Verbrennungsgase und die Leitung der Verbrennung selbst, Faktoren, welche allerdings für die Rentabilität derselben heutzutage von der größten Bedeutung geworden sind.

5. Eigenschaften und Verwendung des Lampenrußes.

Der Lampenruß ist eine sehr fein verteilte Kohle, die indessen infolge ihrer größeren Reinheit weit weniger flockig ist als der Flammenruß. Zuweilen besteht er aus zusammenhängenden Lappen, meistens aber aus einem feinen, tiefschwarzen Pulver. Er ist zufolge seiner Herstellungsweise viel weniger mit Produkten der unvollständigen Verbrennung und mineralischen Stoffen verunreinigt. So fand Stein[1]) in dem aus einer Gasflamme abgesetzten Lampenruß 99,1 Proz. Kohlenstoff und nur 0,9 Proz. Wasserstoff. Kubel untersuchte einen Lampenruß aus Terpentinöl, welcher einen Kohlenstoffgehalt von 99 Proz. und einen Wasserstoffgehalt von 0,6 Proz. aufwies. Nach J. R. Santos[2]) enthielt ein Ruß aus pennsylvanischen Erdgasen 95,057 Proz. Kohlenstoff, 0,665 Proz. Wasserstoff neben 0,056 Proz. kupferhaltiger, offenbar von den Brennern herrührender Asche; er fand außerdem darin 0,024 Proz. eines naphtalinartigen Kohlenwasserstoffs und konnte ihm mit der Sprengelschen Luftpumpe Gase in folgenden Mengen entziehen:

	Gew.-Proz.
Wasserstoff	0,682
Kohlensäure	1,386
Kohlenoxyd	1,378
Stickstoff	0,776

Das spezifische Gewicht dieses Rußes fand er zu 1,729 bei 17° C. Hallock[3]) bestimmte das spezifische Gewicht des amerikanischen Lampen-

---

[1]) Journ. f. prakt. Chem. (N. F.), 8, 402. — [2]) Chem. News 1878, 38, 94. — [3]) Jahresber. 1888, S. 2832.

rußes zu 1,723 bis 1,798. A. Ludwig[1]) bestimmte in einem aus Acetylen hergestellten Lampenruß 99,2 Proz. Kohlenstoff. Folgende neuere Elementaranalysen finden sich bei Gmelin-Kraut[2]) und Glassner u. Suida[3]):

	Gmelin-Kraut		Glassner u. Suida	
	1.	2.	3.	
Kohlenstoff	93,21	92,86	92,06	Proz.
Wasserstoff	1,20	1,04	0,73	„
Sauerstoff und Schwefel	—	—	7,21	„
Asche	0,34	0,32	—	„

Der Lampenruß zu 1 und 2 war aus Petroleum erzeugt und bei der Temperatur des geschmolzenen Glases geglüht; die Angaben der Analyse zu 3 beziehen sich auf ein bei 110° bis zur Gewichtskonstanz getrocknetes Produkt. Die Zahl für Schwefel und Sauerstoff ist eine ungefähre und schließt offenbar auch den Aschengehalt ein. Im lufttrockenen Zustande enthielt dieser Ruß 3,87 Proz. Feuchtigkeit.

Ein guter Lampenruß wird daher von Wasser ebenso leicht wie von Spiritus, Benzin, Öl u. dgl. benetzt und läßt sich infolgedessen ohne weitere Bearbeitung gleich gut zur Herstellung von Wasser- und Leim-, als auch Ölfarben und Firnissen verwenden und die aus ihm hergestellten Illustrationsdruckfarben zeichnen sich durch tiefe Schwärze und hohen Glanz aus.

Der Lampenruß wird je nach seiner Qualität zu den verschiedensten Zwecken, mit Ausnahme der Kunstkohlenfabrikation, angewendet. Gewöhnlichere Sorten dienen zur Herstellung von Buch- und Steindruckfarben, Ölfarben, Firnissen, zur Fabrikation von Buntpapier, Lackleder u. dgl. Die feinsten Sorten werden ausschließlich auf Künstlerfarben, Illustrationsdruckfarben und feine Firnisse für die optische Industrie und ähnliche Zwecke verarbeitet; andere Verwendungsarten läßt der hohe Preis nicht zu. Für feine Lampenruße aus Gas werden zurzeit 350 bis 400 $\mathcal{M}$ pro 100 kg bezahlt. Eine wichtige Verwendung findet der Lampenruß noch in der Fabrikation der chinesischen Tusche, welche durch Vereinigung von gereinigtem Lampenruß mit der ammoniakalischen Lösung des Niederschlages einer konzentrierten Pergamentsolution mit Galläpfelinfusion entsteht. Als Wohlgeruch setzt man etwas Moschustinktur und als Bindemittel stark eingekochte Pergamentsolution zu, verarbeitet die Masse auf dem Reibsteine bis zu vollkommenster Gleichmäßigkeit, formt sie in Stängchen oder Täfelchen, trocknet sie und bestreicht sie mit dem Saft der Färbedistel, um den Formstücken den der chinesischen Tusche eigentümlichen Glanz zu geben.

V. Erzeugung von fein verteiltem Kohlenstoff auf anderem Wege.

Daß gewisse Kohlenwasserstoffe und organische Substanzen überhaupt, wenn sie in gasförmigem Zustande der Einwirkung hoher Temperaturgrade oder der elektrischen Entladung ausgesetzt werden, unter Abscheidung von Kohlenstoff zerfallen, ist eine längst bekannte Tatsache, von der man aber für die industrielle Gewinnung von rußähnlichem Kohlenstoff erst in dem letzten Jahrzehnt Gebrauch gemacht hat. Ebenso kennt man längst den reduzierenden Einfluß, den gewisse Metalle auf organische, namentlich sauer-

---

[1]) Zeitschr. f. angew. Chem. 1899; Wagners Jahresber. 1899, S. 87. — [2]) Handb. d. anorg. Chem. 1[III], 499. — [3]) Liebigs Ann. 1907, **357**, 101.

stoffhaltige Stoffe bei pyrogener Reaktion (z. B. der Zinkstaubdestillation) ausüben. Um nur ein Beispiel hervorzuheben, sei an die Bildung des Retortengraphits erinnert, welcher bekanntlich in den Gasretorten durch pyrogene Zersetzung der gasförmigen Stoffe an den glühenden Retortenwänden entsteht, oder an das Vorhandensein von sog. „freien Kohlenstoff" im Steinkohlenteer, welcher auf gleiche Weise entstanden ist und dem Ruß in seinen Eigenschaften nahe steht.

Hinsichtlich der zersetzenden Wirkungen der Metalle auf gasförmige Kohlenwasserstoffe hat erst in jüngster Zeit M. J. Kusnetzow[1]) interessante Beiträge geliefert, von denen es noch nicht feststeht, ob sie für die Industrie nutzbar gemacht werden können. Erhitzt man gasförmige Kohlenwasserstoffe in Gegenwart feinverteilter Metalle, insbesondere von Aluminium, so zerfallen dieselben in ihre Elemente. Bei 600° C z. B. werden etwa 95 Proz. der Kohlenwasserstoffe in Gegenwart von Magnesium zerlegt, während Platin nur etwa 70 bis 80 Proz. zu zersetzen vermag. Dagegen findet bei der Anwesenheit von Aluminium unter der angegebenen Temperatur eine totale Zerlegung des Kohlenwasserstoffmoleküls in seine Elemente statt. Zink, Silber, Nickel, Kupfer und Eisen üben keinen merklichen Einfluß aus.

Daß selbst die Kohlensäure unter geeigneten Bedingungen zu Kohlenstoff reduziert werden kann, hat erst vor kurzem K. Brunner[2]) durch ein sehr interessantes Experiment bewiesen. Wird nämlich Magnesiumpulver in einer aus fester Kohlensäure hergestellten Schale verbrannt, so bildet sich ein grauer Kuchen, welcher beim Auflösen in verdünnter Salzsäure Kohlenstoff von tiefschwarzer Farbe in flockiger, rußähnlicher Form hinterläßt. Ersetzt man das Magnesium durch Aluminium, so hinterbleibt schwer lösliches Aluminiumoxyd neben wenig Aluminiumkarbid und ein schwerer, graphitähnlicher Kohlenstoff.

Der verhältnismäßig leichte Zerfall des Acetylenmoleküls in Kohlenstoff und Wasserstoff unter dem Einfluß der Hitze ist von Berthelot und Baeyer schon vor langen Jahren beobachtet worden.

Industriell wird schon seit längerer Zeit (neben dem Retortengraphit der Gasanstalten, der nicht hierher gehört) der freie Kohlenstoff des Steinkohlenteers als sog. „Teerruß" (vgl. Zellner, a. a. O., S. 74) zur Herstellung elektrischer und galvanischer Kohlen gewonnen und verarbeitet, dessen Abscheidung aus dem Teer wir hier zunächst besprechen wollen. Als Quellen des Steinkohlenteers, wie er für diesen Zweck in Frage kommen kann, sind nur die Leuchtgas- und Koksindustrie zu betrachten; Teere anderer Herkunft, z. B. aus der Hochofen- und Generatorgasindustrie, enthalten zufolge ihrer Bildungsweise zu viele mineralische Beimengungen (Flugasche u. dgl.), als daß der aus ihnen abzuscheidende Kohlenstoff für irgend welche Zwecke mit Vorteil zu verwerten wäre. Auch die Teere der Kokerei- und Gasindustrie sind unter sich sehr verschieden.

Im Kokereiteer steigt der Gehalt an freiem Kohlenstoff nach Spilker[3]) nicht über 10 bis 12 Proz. und beträgt häufig nur 2 bis 6 Proz. Es kann sich also nicht bezahlt machen, die geringen Mengen von Teerruß durch Extraktion der löslichen Bestandteile dieses Teers zu gewinnen. Andererseits ist aber auch nicht jeder Gasteer zu diesem Zweck geeignet; Teer aus

---

[1]) Chem.-Ztg. 1908, S. 253. — [2]) Ber. d. deutsch. chem. Ges. 1905, S. 1432. — [3]) Kokerei und Teerprodukte der Steinkohle, S. 38.

Gasanstalten alten Stils, die mit Horizontal- oder Schrägretorten arbeiten, enthält heute kaum unter 20 Proz. freien Kohlenstoff, häufig aber bis 35 Proz. und mehr, wogegen Teer aus modernen Gasfabriken mit Vertikalofenbetrieb nur 2 bis 4 Proz., mit Kammerofenbetrieb aber nicht mehr als der Kokereiteer, also im höchsten Falle 10 bis 12 Proz. an freiem Kohlenstoff aufzuweisen hat. Für die Gewinnung von Teerruß kann daher nur der Gasteer aus Horizontalretorten ernstlich in Frage kommen. Man vergleiche hierzu auch Lunge-Köhler[1]), wo dieser Gegenstand ganz ausführlich behandelt ist. Da indessen die Horizontalretorte im Gasanstaltsbetriebe immer mehr durch die ökonomischer arbeitende Vertikalretorte und den Kammerofen verdrängt wird, so ist es nur eine Frage der Zeit, daß auch diese Quelle für ein rußähnliches Produkt versiegt.

Die Abscheidung des freien Kohlenstoffs aus Steinkohlenteer kann auf verschiedene Weise erfolgen. E. Jacobsen[2]) mischt Steinkohlenteer mit dem halben Volum Schwefelkohlenstoff, worauf sich der Kohlenstoff körnig ausscheidet und durch Dekantieren und Filtrieren von der Lösung getrennt werden kann. Das sehr feuergefährliche und mit Verdunstungsverlusten verknüpfte Verfahren hat keinen Eingang gefunden. A. Lessing[3]) trennt die isolierenden (asphaltartigen) Stoffe des Steinkohlenteers von den elektrizitätsleitenden (freier Kohlenstoff) in ähnlicher Weise unter Verwendung anderer, geeigneter Lösungsmittel. Nach Zellner (a. a. O. S. 74) war J. Rudolphs in Stockholm der erste, der ein Verfahren zur Herstellung von Teerruß aus Steinkohlenteer für die Kunstkohlenfabrikation in den Betrieb einführte, dessen Prinzip das Folgende ist: Um dem Teer die für die Filtration nötige Dünnflüssigkeit zu geben, wird er in einem verschlossenen Rührwerk unter Zusatz von leichten Teerölen erwärmt und hierauf durch Filterpressen mit dichter Einlage gedrückt, in welchen der Teerruß als Kuchen zurückbleibt, während das Filtrat in bekannter Weise destilliert wird. Ähnlich ist das auf S. 24 erwähnte Verfahren der Rütgerswerke-Aktiengesellschaft[4]) zur Verbesserung der Rußausbeute aus Steinkohlenteer, Pech usw.

Hodurek[5]) hat gezeigt, daß der so gewonnene freie Kohlenstoff noch sehr viel Bitumen enthält; in der Tat gibt Zellner (a. a. O. S. 75) an, daß der Teerruß beim Verkoken eine sehr harte und poröse Kohle liefert. Um reinen Kohlenstoff aus Teer zu extrahieren, muß man diesen nach Kraemer und Spilker[6]) mit Anilin oder Pyridinbasen behandeln, welche alle hochmolekularen Teerbestandteile lösen. Bei den hohen Marktpreisen dieser Extraktionsmittel eignet sich das Verfahren nur für analytische Zwecke. Die Chemische Fabrik Lindenhof, C. Weyl u. Co in Mannheim[7]) hat dann die interessante Beobachtung gemacht, daß Phenole (z. B. die gewöhnliche rohe Karbolsäure des Handels) ein mindestens ebenso großes Lösevermögen für die Begleiter des freien Kohlenstoffs im Steinkohlenteer und Pech besitzen, und darauf ein technisch durchführbares Verfahren zur Gewinnung von reinem Kohlenstoff aus diesen Materialien begründet. Das Lösungsmittel kann in diesem Fall dem Extrakt sowohl, wie auch dem Rückstand durch Behandeln mit kaustischen Alkalien ohne Verlust wieder entzogen und letzterer

---

[1]) Industrie des Steinkohlenteers und Ammoniaks, 5. Aufl. — [2]) Dingl. Polyt. Journ. **198**, 356. — [3]) D. R.-P. Nr. 98 278. — [4]) D. R.-P. Nr. 208 600. — [5]) Österr. Chem.-Ztg. 1904, S. 368. — [6]) Muspratts Chemie **8**, 4. Aufl., S. 3. — [7]) D. R.-P. Nr. 213 507.

mit Wasser und verdünnten Säuren weiter gereinigt werden. Endlich hat noch P. C. Reilly[1]) gefunden, daß sich aus dem auf 65 bis 140° erhitzten Teer der freie Kohlenstoff mit Hilfe eines Saug- oder Druckfilters leicht abscheiden läßt, wobei aber jedenfalls nur ein äußerst unreines, schmieriges Produkt gewonnen werden kann, das erst nach weiterer gründlicher Reinigung Handelswert besitzt.

Teerruß kommt namentlich aus Schweden in ölfeuchten Brocken, ersichtlich wie sie aus der Filterpresse kommen, in den Handel und soll besonders zur Herstellung von Schleifkontakten (Dynamobürsten) sich eignen. Er enthält nach Zellner (a. a. O. S. 75) noch große Mengen organischer Substanzen und bildet schwarze, plastische Kuchen, die bei längerem Liegen grünliche, kristallisierende Effloreszenzen (Naphtalin und Anthracen) zeigen. Ein solches Produkt ergab bei der Untersuchung:

Asche	0,04 Proz.
Glühverlust	35,13 „
Mittleres spez. Gewicht	1,11 „
Wirkliches spez. Gewicht	1,45 „

Behrens[2]) fand in einem bis zur Erschöpfung mit kochendem Benzol und Schwefelkohlenstoff extrahierten Produkt die unter 1 und in einem auf andere Weise gereinigten die unter 2 angegebenen Werte:

	1	2
Kohlenstoff	90,836	91,921 Proz.
Wasserstoff	3,058	3,157 „
Asche	0,398	0,872 „

Die Elementaranalyse eines, sukzessive mit Petroläther, Benzol und Schwefelkohlenstoff extrahierten Teerrückstands ergab nach Donath und Margosches[3]) folgende Resultate:

Kohlenstoff	89,2 Proz.
Wasserstoff	2,3 „
Stickstoff	0,7 „
Asche	0,67 „

Demnach müssen im Teerruß auch nicht unbeträchtliche Mengen anderer Elemente, in der Hauptsache Sauerstoff und wahrscheinlich etwas Schwefel, vorhanden sein.

Die zielbewußte Zersetzung von Kohlenwasserstoffen durch hohe Hitzegrade in ihre Elemente zum Zweck der Rußgewinnung scheint zuerst der Amerikaner J. J. Mc. Tighe[4]) ausgeführt zu haben. Nach ihm wird der Dampf von Kohlenwasserstoffen in einer Retorte bei Luftabschluß einer intensiven Hitze ausgesetzt, so daß nicht Verbrennung, sondern Dissoziation eintritt. Nach dem Abkühlen der Zersetzungsprodukte soll dann der Kohlenstoff in Form von Lampenruß aus dem Kondensat abgeschieden werden.

Später haben A. Schneller und W. Joh. Wisse gefunden, daß es bei Anwendung elektrischer Ströme von sehr hoher Spannung, 10000 bis 40000 Volt, gelingt, gasförmige, flüssige und feste Kohlenwasserstoffe oder deren Derivate zu zersetzen und den Kohlenstoff in feinster Verteilung abzuscheiden.

---

[1]) Engl. Pat. Nr. 22853, 1908. — [2]) Dingl. Polyt. Journ. 208, 369. — [3]) Chem. Ind. 1904, S. 222. — [4]) Amer. Pat. Nr. 346169, 1886.

Man bringt die zu zersetzenden Kohlenwasserstoffe oder deren Verbindungen, aus welchen die Kohle abgeschieden werden soll, seien dieselben nun gasförmig, flüssig oder fest, in einem Gefäß unter, das mit zwei Elektroden oder den Enden elektrischer Leitungen ausgestattet ist, in welche dann irgend eine Stromquelle für hohe Spannung eingeschaltet wird. Die Anordnung ist so zu treffen, daß die elektrische Entladung quer durch die Masse der Kohlenwasserstoffe oder ihrer Verbindungen unter Ausschluß der Luft oder anderer, die Verbrennung unterhaltender Substanzen stattfindet.

Der Apparat, in welchem der Prozeß vor sich geht, besitzt am Boden eine Ableitung nach einem Sammelgefäß, das mit einer Pumpe in Verbindung steht, welche die mit Ruß beladenen Zersetzungsprodukte beständig absaugt und durch eine Filterpresse drückt. Am Ausgang derselben befindet sich ein zweites Sammelgefäß, welches zur Abkühlung der Flüssigkeit dient, die dann von neuem wieder in den oberen Teil des Zersetzungsapparats eingeführt wird. Man kann also auf diese Weise einen beständigen Kreislauf für eine bestimmte Menge von Rohmaterial herbeiführen, in der Weise, daß aller zersetzbarer Kohlenstoff ausgeschieden wird, wodurch z. B. aus Rohpetroleum als Zersetzungsprodukt ein dem Kienruß gleichkommendes Produkt gewonnen wird.

Die meisten der hierher gehörigen Verfahren gehen von Metallcarbiden (Calciumcarbid) bzw. Acetylen oder diesem ähnlich zusammengesetzten Gasen aus und beruhen auf den endothermischen Eigenschaften derselben, wie sie von Berthelot entdeckt worden sind. Schon 1881 war es diesem Forscher gelungen, durch Explosion von reinem Acetylen bei gleichbleibendem Volumen eine dem Volumen des angewandten Acetylens entsprechende Menge von Wasserstoff neben amorphem, sehr leichten Kohlenstoff zu erhalten, welche das Zersetzungsgefäß vollkommen erfüllten.

Ein auch für die Technik brauchbares Verfahren der Zerlegung des Acetylens in seine Komponenten ist zuerst von Hubou[1] angegeben worden. In einem geschlossenen Behälter wird unter Ausschluß von Luft ein Gemisch von Acetylen und Wasserstoff unter Druck durch den elektrischen Funken zersetzt. Der dabei auftretende Wasserstoff dient zur Verdrängung der Luft aus dem Behälter, sowie zur Verdünnung des Acetylens, um die Explosion desselben zu verlangsamen. Nach A. Frank[2] tritt bei diesem Hubouschen Prozeß ein vollständiger Zerfall des Acetylens nur dann ein, wenn der Anfangsdruck, unter welchem dieses steht, sehr hoch ist. In der Praxis kann man aber infolge der dabei auftretenden, hohen Explosionsdrucke nur ziemlich niedrige Anfangsdrucke — 5 bis 6 Atm. — anwenden, wobei neben dem Zerfall des Acetylenmoleküls auch eine Kondensation desselben eintritt, so daß einerseits die Bildung teerartiger Produkte, welche den Ruß verunreinigen, nicht zu verhindern und andererseits auch die Ausbeute aus dem relativ teuren Rohmaterial keine vollkommene ist.

Die Beseitigung dieser störenden Nebenreaktionen und zugleich eine wesentliche Erhöhung der Ausbeute an reinem Kohlenstoff ist A. Frank[3] in Gemeinschaft mit N. Caro und A. R. Frank dadurch gelungen, daß sie nicht mehr Acetylen allein, sondern behufs gleichzeitiger Beseitigung und

---

[1] D. R.-P. Nr. 103862, 1898. — [2] Zeitschr. f. angew. Chem. 1905, S. 1733. — [3] Ebend. 1905, S. 1733 u. ff.; D. R.-P. Nr. 112416.

Verbrennung des frei werdenden Wasserstoffs ein in entsprechenden Verhältnissen hergestelltes Gemisch von Acetylen und Kohlenoxyd oder Kohlensäure unter Druck mittels des elektrischen Funkens zur Explosion bringen. Nach der Gleichung

$$C_2H_2 + CO = 3\,C + H_2O$$

liefern also Acetylen und Kohlenoxyd, wenn der Prozeß vollkommen verläuft, eine Erhöhung der Kohlenstoffausbeute um die Hälfte.

Die Genannten fanden dann weiter, daß auch bei der Verbrennung von Kohlensäure mit Acetylen der Sauerstoff der ersteren sich zum großen Teil mit dem Wasserstoff des Acetylens verbindet, während die zunächst zu Kohlenoxyd und dann zu Kohlenstoff reduzierte Kohlensäure die Ausbeute an Kohlenstoff entsprechend vermehrt:

$$2\,C_2H_2 + CO_2 = 5\,C + 2\,H_2O.$$

Man kann diese Prozesse gewissermaßen als eine Sublimation des Kohlenstoffs auffassen, indem gewöhnliche Kohle auf dem Umwege über Carbid in Acetylengas verwandelt und ein anderer Teil durch Verbrennung als Kohlenoxyd und Kohlensäure vergast und aus dem Gemisch der Gase der ursprüngliche Kohlenstoff dann in reinster Form wieder abgeschieden wird.

Die bei der Explosion der Gasgemische auftretende hohe Temperatur bewirkt eine teilweise rückläufige Reaktion zwischen dem ausgeschiedenen Kohlenstoff und dem gleichzeitig gebildeten Wasser, so daß die Ausbeute an Ruß, wenn auch wesentlich höher als aus Acetylen allein, der theoretischen von 3 Äquivalenten nicht entspricht, sondern nur etwa $2^1/_2$ Äquivalente beträgt. Für die erfolgreiche Durchzündung der Gemische von Acetylen und Kohlenoxyd müssen dieselben unter einem Anfangsdruck von mindestens 6 Atm. stehen, und im Moment der Explosion steigt dieser Druck dann auf 40 bis 50 Atm. Bei 14 Atm. Anfangsdruck beträgt der Explosionsdruck 125 Atm., und ähnlich liegen die Verhältnisse auch für die Acetylen-Kohlensäuregemische. Es ist also große Vorsicht und die Verwendung geprüfter und zuverlässiger Stahlgefäße geboten. A. Ludwig[1]) hält es daher für zweifelhaft, ob die mit erheblichen Schwierigkeiten verknüpften Anlagen zur industriellen Ausübung solcher von komprimiertem Acetylen ausgehenden Verfahren im Verhältnis zum Gewinn stehen.

Anstatt Acetylen kann man auch mit Vorteil dessen Metallverbindungen, besonders die der alkalischen Erden oder andere Carbide, z. B. Aluminiumcarbid oder diese Verbindungen enthaltende Gemische, verwenden. Leitet man z. B. über Calciumcarbid bei erhöhter Temperatur Kohlenoxyd, Kohlensäure oder diese Verbindungen enthaltende Gase, so tritt Kohlenstoffabscheidung ein, und zwar hauptsächlich nach den Reaktionen:

$$
\begin{aligned}
CaC_2 + CO \quad &= CaO + 3\,C;\\
CaC_2 + 3\,CO \quad &= CaCO_3 + 4\,C;\\
2\,CaC_2 + CO_2 \quad &= 2\,CaO + 5\,C;\\
2\,CaC_2 + 3\,CO_2 &= 2\,CaCO_3 + 5\,C.
\end{aligned}
$$

Der Kohlenstoff scheidet sich hierbei je nach der angewendeten Temperatur und der Dauer der Einwirkung in mehr oder minder feiner Verteilung oder in kristallinischer Form ab. Als Beispiel sei angeführt die Herstellung von feinst verteiltem Kohlenstoff aus Calciumcarbid. In einer Retorte, Röhre

---

[1]) A. a. O.

oder sonstigem Apparat wird fein zerkleinertes Calciumcarbid auf 200 bis 250⁰ erhitzt und der Einwirkung von Kohlenoxyd so lange unterworfen, bis keine Absorption mehr eintritt. Die erhaltene Reaktionsmasse wird sehr fein gemahlen, mit Wasser geschlämmt und der abgeschlämmte Teil, wenn notwendig, durch Behandlung mit geeigneten Lösungsmitteln von anhaftendem Kalk befreit.

Das so erhaltene Kohlenstoffpulver ist frei von allen teerigen Bestandteilen und in so feiner Verteilung, daß es mit Vorteil zur Fabrikation bester Druckerschwärze und als Ersatz für chinesische Tusche verwendet werden kann.

Leitet man Kohlenoxyd, Kohlensäure oder diese Gase enthaltende Gemische bei hoher Temperatur oder unter Druck ein, so scheidet sich Kohlenstoff in graphitischer Form ab. Der auf diese Weise erhaltene Graphit ersetzt den natürlichen Graphit in allen seinen Verwendungsarten.

Wir verdanken Herrn Prof. Dr. A. Frank in Charlottenburg noch folgende freundliche Mitteilungen über den von ihm erfundenen Prozeß. Als Ergebnis der in großem Maßstabe durchgeführten Versuche ist festgestellt worden, daß bei der Verbrennung von Acetylen mit Kohlenoxyd oder Kohlensäure, bzw. bei der Explosion dieser Gasmenge die Ausbeute nicht ganz der Theorie entspricht, sondern geringer ist, da bei der hohen Explosionstemperatur ein Teil des nach der Formel

$$C_2H_2 + CO = 3\,C + H_2O$$

ausgeschiedenen Kohlenstoffs sich wieder mit dem gleichzeitig auftretenden Wasserdampf in Kohlenoxyd und Wasserstoff umsetzt. Daß aber die Verbrennung vorher eine vollkommene war, wird dadurch bewiesen, daß bei diesem Verfahren keinerlei Kondensationsprodukte (Teer usw.) entstehen, wie dies bei dem Hubouschen Prozeß (Explosion von reinem Acetylen) stets der Fall ist. Bei der Verbrennung von Acetylen mit Kohlenoxyd werden an reinen, teerfreien Kohlenstoffen etwa $2^1/_2$ statt 3 Äquivalente gewonnen.

Auch bei dem Verbrennen von Acetylen mit Kohlensäure ist die Ausbeute etwas geringer als der Gleichung

$$2\,C_2H_2 + CO_2 = 2\,H_2O + 5\,C$$

entspricht, die Qualität des Rußes dagegen noch feiner.

Der bei der Einwirkung von Kohlenoxyd auf Calciumcarbid entstehende Graphit ist von vorzüglicher Reinheit und besonderer Schwere, und es entspricht bei dieser Operation die Ausbeute nicht nur der theoretischen, sondern sie ist sogar häufig etwas höher, weil viele Carbide Kohlenstoff in Form von Graphit enthalten, der also mit gewonnen wird.

Nach den Formeln

$$CaC_2 + CO = CaO + 3\,C$$

und

$$CaC_2 + 3\,CO = CaCO_3 + 4\,C,$$

die bei der praktischen Arbeit immer gleichzeitig in Wirksamkeit treten, erhält man eine Ausbeute von etwa 45 kg reinem Graphit aus 100 kg 80 proz. Carbid. Nach den Formeln

$$C_2H_2 + 3\,CO = H_2O + CO_2 + 4\,C,$$
$$C_2H_2 + CO_2 = H_2O + CO + 2\,C$$

ist die Ausbeute etwas geringer, beträgt aber immerhin 35 bis $37^1/_2$ kg Graphit auf 100 kg Carbid.

Die Reinigung des Graphits von dem beigemengten Ätzkalk bzw. kohlensauren Kalk kann zum Teil durch Abschlämmen erfolgen, da das spezifische Gewicht des Kalks 2,8 bis 2,9, das des gewonnenen Graphits dagegen nur 2,1 beträgt, doch wird man die letzten Anteile von Kalk und Aschenbestandteilen immer auf chemischem Wege entfernen, wofür ein einfaches Verfahren ausgearbeitet worden ist, welches gleichzeitig eine Regenerierung der verwendeten Chemikalien gestattet. Bei sorgfältiger Reinigung erhält man einen Graphit mit nur 2 Proz. Aschengehalt, während die im Handel vorkommenden besten amerikanischen und Ceylon-Graphite 10 bis 20 Proz. Asche hinterlassen. Infolgedessen ist der nach dem Frankschen Verfahren hergestellte Graphit besonders geeignet zur Fabrikation von Elektroden für chemische Zwecke und für Dynamomaschinen. Bei der Verwendung zu Dynamobürsten kommt noch der besondere Vorteil hinzu, daß der aus Carbid gewonnene Graphit besser leitet und nicht so hart ist als der aus Retortenkohle gewonnene und deshalb den Kollektor der Dynamomaschine fast gar nicht angreift und abschleift. Auch der aus Acetylengas nach Franks Verfahren hergestellte Ruß hat ein höheres spezifisches Gewicht — 1,90 bis 1,95 — und ein besseres Leitungsvermögen als gewöhnlicher Lampenruß und ist deshalb zur Herstellung von Lichtkohle aller Art besonders geeignet.

Für die Herstellung von 100 kg Graphit oder Kohlenstoff sind bei dem vorstehenden Verfahren nach Prozeß I. und II. etwa 200 kg Carbid erforderlich. Während aber für die Gewinnung des Graphits die Anwendung eines möglichst hochprozentigen Carbids behufs Verminderung der Reinigungskosten angezeigt ist, wird für die Gewinnung des feinen Rußes aus Acetylengas gerade der geringste, für andere Zwecke unbrauchbare Carbidabfall noch lohnende Verwendung finden, da hierbei das Acetylengas erst für sich gewonnen und dann mit Kohlenoxyd gemischt in die Explosionsgefäße gebracht wird. Es ist deshalb bei letzterem Prozeß auch gleichgültig, ob man für die Gewinnung des Acetylengases ein Abfallprodukt benutzt, welches nur 150 Liter Gas pro Kilo liefert, oder ein hochprozentiges Handelscarbid.

Der aus Acetylen nach dem in Rede stehenden Verfahren hergestellte Ruß übertrifft an Glanz und Tiefe, sowie an Farbkraft (wir haben Gelegenheit gehabt, uns an vorgelegten Illustrationsdruckproben davon zu überzeugen) die besten amerikanischen Gasruße und wird für Kunstdruck und andere Zwecke, namentlich für die Herstellung schwarzer Leder- und Glanzlacke von 2 bis 4 $\mathcal{M}$ pro Kilogramm von den Farben- und Lackfabriken bewertet. Der Preis des Graphits ist je nach der Reinheit ein verschiedener und stellt sich für bessere Qualitäten auf etwa 63 $\mathcal{M}$ und für Elektrodengraphit auf 120 $\mathcal{M}$ pro 100 kg.

Die für die Durchführung der obigen Prozesse neben Acetylen bzw. Carbid nötigen Gase, Kohlenoxyd und Kohlensäure, sind leicht zu gewinnen um so mehr, als es nicht erforderlich ist, daß diese Gase ganz rein bzw. stickstofffrei sind. Kohlenoxyd kann am besten durch Absaugen aus den Carbidschmelzöfen erhalten werden oder auch einfach durch Verbrennen von Koks in geeigneten Schachtöfen. Kohlensäure ist in genügender Reinheit aus den zum Brennen des für die Fabrikation von Carbid bestimmten Kalkes dienenden Kalköfen zu entnehmen oder auch durch Verbrennen von Koks allein herzustellen; auch können, wo solche vorhanden sind, natürliche Kohlensäurequellen, wie Fumarolen usw., welche eine reine Kohlensäure liefern, herangezogen werden.

Die Kosten der für eine tägliche Verarbeitung von 400 cbm Acetylen erforderlichen Maschinen und Apparate stellen sich auf etwa 12 500 $\mathscr{M}$, doch sind dabei die Kompressoren schon so reichlich dimensioniert, daß sie auch für das doppelte Quantum genügen, und ebenso ist auch die Zahl der stählernen Bomben (Explosionsgefäße) so bemessen, daß bei 20 Atm. Kompression jedes Gefäß nur zweimal pro Stunde zu füllen und zu entleeren ist. Durch eine bereits vorgesehene Vereinfachung der Verschlußvorrichtung der Bomben kann die Entleerung derselben in kürzester Zeit geschehen, so daß hierin eine weitere Verbilligung der Kosten schon heute erblickt werden darf.

Nicht eingeschlossen in obiger Summe sind zwei Gashalter für Acetylen und Kohlenoxyd oder Kohlensäure von je 40 cbm Kapazität, sowie die nötigen Einrichtungen für die Entwickelung, Reinigung und Waschung dieser Gase und ebenso die erforderlichen Gebäude, welche indessen nur von geringer Ausdehnung und einfachster Bauart zu sein brauchen. Auch der Kraftbedarf zum Betrieb der Kompressoren ist nur gering, und es genügen für eine Anlage in obigem Umfang etwa fünf Pferdekräfte.

Verpackung und Versand des Acetylenschwarz erfolgt in leichten Blechgefäßen verschiedener Größe mit Holzumhüllung, in welchen das Produkt durch Pressen etwas verdichtet wird.

F. Morani[1]) hat ebenfalls festgestellt, daß bei der Anwendung eines entsprechenden Druckes im Zersetzungsgefäß die Entfernung der Luft aus dem letzteren, wie dies das Verfahren von Hubou vorschreibt, unterbleiben kann, da unter diesen Arbeitsbedingungen der Sauerstoff keinerlei oxydierende Wirkung auf das Acetylen oder dessen Zersetzungsprodukte ausübt und somit die Luft keine Änderung in dem durch die Gleichung: $C_2H_2 = C_2 + H_2$ veranschaulichten einfachen Spaltungsprozeß zu bewirken vermag. Die in dem der Zersetzung zu unterwerfenden Gemisch enthaltene Luft wirkt vielmehr wie ein indifferentes Gas, so daß sie die von Berthelot bei der Explosion von Gemischen des Acetylens mit indifferenten Gasen beobachteten Erscheinungen, bestehend in der Verminderung der Explosionstemperatur und des auftretenden Druckes, hervorruft.

Die solcher Art erzielte Erniedrigung des Explosionsdruckes, sowie der Temperatur, welcher das Produkt ausgesetzt wird, ist nun in Anbetracht des Einflusses dieser beiden Faktoren (Temperatur und Druck) auf die physikalischen Eigenschaften des herzustellenden Produkts von wesentlicher Bedeutung; tatsächlich wird durch den in Rede stehenden Vorgang die größtmögliche Homogenität und Zerteilung desselben und demzufolge die nahezu gänzliche Abwesenheit von graphitischem Kohlenstoff in ihm bedingt. Es konnte diesbezüglich auch festgestellt werden, daß die Bildung von Kohlenstoff von graphitischer Beschaffenheit, wie solcher als die schädlichste Verunreinigung des Acetylenschwarz betrachtet werden muß, gerade dann erfolgt, wenn man das als Ausgangsmaterial dienende Acetylen und den sich daraus abscheidenden amorphen Kohlenstoff der Einwirkung hoher Temperaturen und Drucke aussetzt.

Behufs weiterer Verminderung des Explosionsdruckes und Erzielung von Kohlenstoff besserer Qualität fügt Morani dem zu zersetzenden Acetylen ebenfalls einen gasförmigen exothermischen Kohlenwasserstoff oder eine

---

[1]) D. R.-P. Nr. 141 884, 1901.

Mischung solcher Gase (Methan, Äthan, Steinkohlengas usw.) zu, die ohne irgend welche Beeinflussung des vor sich gehenden chemischen Zersetzungsprozesses: $C_2H_2 = C_2 + H_2$ einen Teil der frei werdenden Energie aufnehmen und dabei in ihre mit denjenigen des Acetylens identischen Elementarbestandteile zerfallen, so daß auf diese Weise nicht bloß der Explosionsdruck verringert und demgemäß eine Vereinfachung der Konstruktion der Apparate ermöglicht, sondern auch ein besseres Produkt, sowie gleichzeitig auch eine höhere Ausbeute erzielt wird. Die von Berthelot gemachten Beobachtungen über die Zersetzung des mit anderen Gasen gemischten Acetylens finden somit auch bei diesem Verfahren eine wichtige gewerbliche Verwertung.

Behufs praktischer Durchführung seines Verfahrens zur Gewinnung von Acetylenschwarz verfährt Morani wie folgt: In einem geschlossenen Rezipienten von beliebiger Gestalt wird Acetylen beispielsweise unter einem Druck von 4 Atm. komprimiert, ohne daß vorher die Luft aus dem Rezipienten entfernt worden wäre. Man erhält so eine aus drei Raumteilen Acetylen und einem Raumteile Luft bestehende Mischung. .Durch die in beliebiger bekannter Weise eingeleitete Zündung wird die Zersetzung des Acetylens herbeigeführt, worauf das abgeschiedene Acetylenschwarz dem Behälter durch entsprechend angebrachte Öffnungen entnommen wird. Nach erfolgtem Verschließen dieser letzteren kann der Behälter ohne weiteres zur Durchführung einer neuerlichen Operation dienen. Der Explosionsdruck steigt hierbei nicht über 15 Atm. und kann eine weitere Verringerung dadurch erfahren, daß man, wie bereits erwähnt, das Acetylen mit exothermischen Kohlenwasserstoffen, z. B. mit Leuchtgas bzw. Steinkohlengas, vermischt.

Führt man beispielsweise in einen geschlossenen, mit Luft gefüllten Behälter drei Raumteile Acetylen und einen Raumteil Steinkohlengas ein, so wird in dem Behälter ein Druck von 5 Atm. herrschen. Nach der Explosion findet sich eine Gewichtsmenge Acetylenschwarz vor, welche derjenigen des in der Mischung enthalten gewesenen Kohlenstoffs sehr annähernd entspricht. Der Explosionsdruck steigt in diesem Falle nicht über 12 Atm.

J. M. Morehead[1] komprimiert ein Gemisch von Acetylen und Sauerstoff oder Luft im Verhältnis von 1 und vorzugsweise 4,5 Proz. Luft, läßt dasselbe in einen luftleeren Kessel treten, in welchen es durch den elektrischen Funken zur Explosion gebracht wird. Der Minimaldruck für die Dissoziation des Acetylens beträgt etwa 4 Atm. pro Quadratzoll. Der resultierende Ruß wird durch ein Gebläse aus dem Explosionskessel entfernt und dieser wieder von neuem evakuiert und beschickt.

Später hat derselbe[2] gefunden, daß es möglich ist, Acetylen bei nahezu gewöhnlichem Druck und entsprechender Temperatur in seine Elemente zu zerlegen, wenn man es plötzlich der Temperatur der dunklen Rotglut aussetzt und daß dabei keinerlei Neben- und Polymerisationsprodukte gebildet werden. Zur Ausführung des Verfahrens bedient er sich der in Fig. 88 u. 89 dargestellten Apparatur.

Die Retorte 7 wird mittels der Brenner 3 durch Gas auf dunkle Rotglut oder darüber erhitzt. Ein Strom von Acetylengas, das durch den Mantel 14 mit fließendem Wasser auf einem unter seiner Dissoziationstemperatur liegenden

---

[1] Amer. Pat. Nr. 779728, 1905, für Union Carbide Co. — [2] Journ. Ind. and. Eng. Chem. 1911, S. 449; Amer. Pat. Nr. 986489.

Wärmegrad gehalten wird, wird durch das Rohr 12 in den oberen Teil der Retorte eingeführt. Das in die Retorte eintretende und plötzlich auf dunkle Rotglut oder noch höher erhitzte Acetylen zerfällt rasch in seine Elemente; während der abgeschiedene Kohlenstoff in der Retorte zu Boden fällt, zieht der Wasserstoff in die Kondensationskammern 21, um die letzten Reste des in ihm enthaltenen Rußes abzusetzen und dann zur Heizung der Retorte nach den Brennern zurückgeführt zu werden.

Sobald sich der Ruß in entsprechenden Mengen in der Retorte angesammelt hat, wird die Zuführung von Acetylengas unterbrochen, das Ventil 30 der Wasserstoffleitung 29 geschlossen und Ventil 32 der Abgasleitung geöffnet.

Fig. 88.

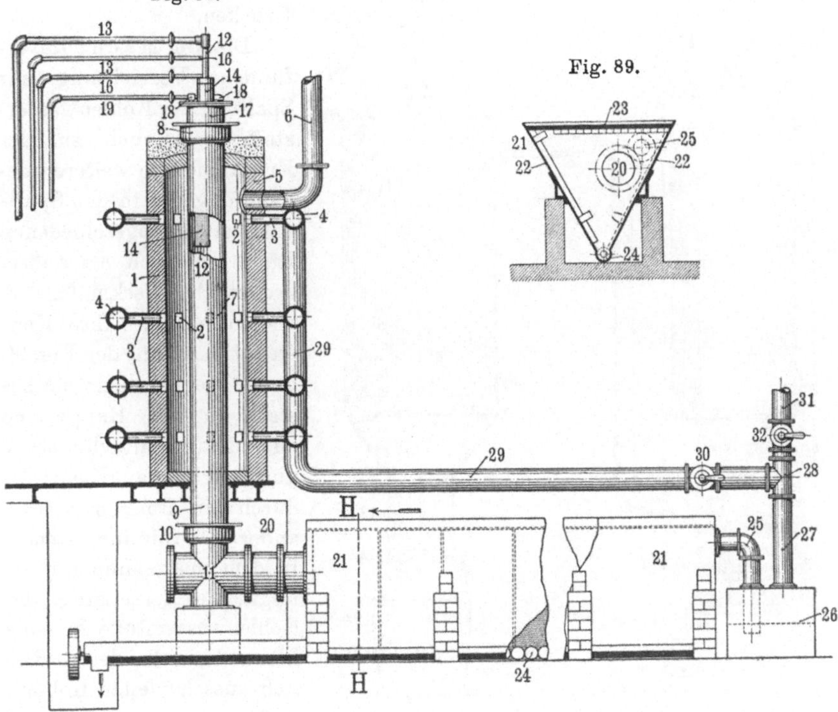

Durch ein inertes Gas von der Temperatur der Retorte, z. B. heiße Verbrennungsgase, welches durch den Stutzen 18 am oberen Ende der Retorte eingeführt wird, wird der Ruß in die Kammer 21 geblasen, in der er sich absetzt, um durch die Transportvorrichtung 24 entfernt zu werden.

Größeres Interesse hat in den letzten Jahren in Deutschland ein Verfahren von Machtolf zur Herstellung von Ruß mit besonders wertvollen Eigenschaften durch Spaltung von Kohlenwasserstoffen mittels des elektrischen Funkens durch Initialzündung usw. hervorgerufen; dasselbe ist in den D. R.-P. Nr. 194 301, 1905, 194 939, 1905, 207 520, 1907 und 212 345, 1908, die teils von Machtolf allein, teils in Verbindung mit Bosch, Closz und Boehm entnommen worden sind, niedergelegt, deren Inhalt sich sowohl auf das Verfahren selbst als auch auf die zu seiner Ausführung erforderliche Apparatur bezieht. Der Machtolfsche Prozeß basiert auf den gleichen Prinzipien, wie

das bereits an anderer Stelle besprochene Verfahren von Hubou, nämlich auf
der Tatsache, daß das Acetylen unter einem Druck von mehr als 2 Atm. in seine
Elementarbestandteile (Kohlenstoff und Wasserstoff) zerfällt, wenn diese Erscheinung durch äußere Einflüsse (z. B. durch den elektrischen Funken oder
geeignete Zündkörper, wie Knallquecksilber u. dgl.) veranlaßt wird. Die
Schwierigkeiten, die sich der technischen Ausführbarkeit des Hubouschen
Verfahrens entgegenstellten, lagen, wie bereits erwähnt, in der Unzulänglich-

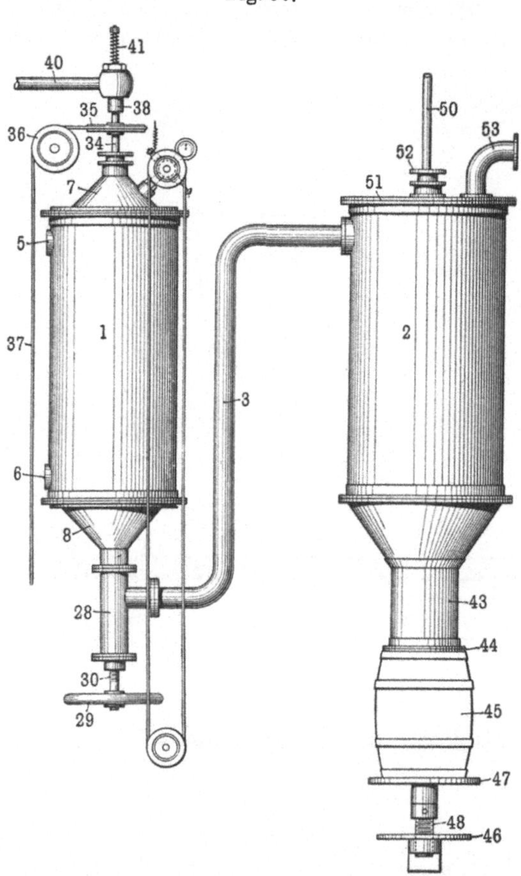

Fig. 90.

keit der Apparatur zur
Spaltung der Kohlenwasserstoffe bei den unvermeidlich
auftretenden, sehr hohen
Drucken.

Die von Machtolf er-
fundene Vorrichtung zur
Spaltung der Kohlenwasserstoffe wie auch zu der
Entnahme und weiteren Be-
handlung des in den Spalt-
gefäßen abgeschiedenen
Rußes soll sich als außerordentlich zweckmäßig er-
wiesen haben. Ihre Kon-
struktion ist aus den Fig. 90
und 91 ersichtlich; sie besteht in der Hauptsache
aus dem Spaltzylinder 1
und dem Rußsammler 2, die
durch ein Rohr 3 mitein-
ander in Verbindung stehen.
In dem Spaltzylinder 1 erfolgt die Zersetzung des
Kohlenwasserstoffs in seine
Elemente, wobei der als Ruß
sich ausscheidende Kohlenstoff nach dem Sammler 2
geleitet wird.

Der aus Stahlguß her-
gestellte Spaltzylinder 1
ist (vgl. Fig. 91) mit einem Hohlmantel 4 versehen, der zur Aufnahme des vor-
zuwärmenden Öles oder des zur Vorwärmung des Spaltapparats dienenden
Dampfes bestimmt ist. Zu diesem Zweck befindet sich am oberen Teil des
Mantels 4 ein Stutzen 5, der als Dampfeinlaß oder Ölablaß vorgesehen ist,
während der am unteren Teil angeordnete Stutzen 6 als Dampfauslaß bzw.
Ölzulaß dient. Oben ist der Spaltzylinder durch einen Stahlgußdeckel 7 und
unten durch einen Stahlgußboden 8 abgeschlossen. Am Stutzen 28 des
Bodens 8 befindet sich ein mit Handrad 29 ausgerüstetes Absperrventil 30,
das während der Zersetzung des Kohlenwasserstoffgases die Verbindung mit
dem Sammler 2 zu unterbrechen hat. Innerhalb des Spaltzylinders 1 ist ein
Rührwerk eingebaut, das den Zweck hat, ein Anhaften des bei der Zer-

setzung des Kohlenwasserstoffgases sich bildenden Rußes an der Zylinderwandung zu verhindern.

Das Rührwerk besteht zur einen Hälfte aus einem dicht an die Zylinderwandung sich anlegenden Messer 31, zur anderen Hälfte aus einem mit Öffnungen versehenen Stahlrohr 32 (Fig. 91) und wird durch Stege 33 versteift; seine Betätigung erfolgt durch das auf der Hohlachse 34 (Fig. 91) sitzende Rad 35, das durch Vermittelung eines Rades 36 und eines Riemens 37 von unten aus bedient werden kann. Auf der Hohlachse 34 ist ein Ventilkörper 38 (Fig. 91) mit gefedertem Rückschlagventil 39 und Stutzen 40 zum Einführen von Wasserstoff — das mit demselben Wasserstoffbehälter in Verbindung steht wie der Ablaßstutzen — drehbar angeordnet.

Um stets sicher zu sein, daß das Rückschlagsventil 39 geschlossen ist, bevor man das Kohlenwasserstoffgas spaltet, empfiehlt es sich, dieses noch mit einem Hebel zur zwangläufigen Bewegung desselben zu versehen, so daß dem bei Stutzen 40 eintretenden Wasserstoff durch die Feder 41 kein zu großes Hindernis entgegengesetzt wird. Dieses Rückschlagsventil ist als Hahnkegel ausgebildet, auf welchem sich der Stutzen 40 leicht bewegen läßt. In dem Sammler wird, wie erwähnt, der aus dem Spaltzylinder 1 beförderte Ruß aufgefangen und um ihn hieraus leicht entnehmen zu können, ist die aus Fig. 90 u. 91 ersichtliche Einrichtung vorgesehen. Unter die Verlängerung 43 des Sammlers 2 wird durch Vermittelung einer Gummiplatte 44 ein Rußfaß 45 angepreßt, wozu mit Widerlager 46 versehene Druckplatte 47 und eine Spindel 48 dienen. Das Einpressen des Rußes in das Faß 45 geschieht durch den Kolben 49, dessen Stange 50 in einer oben am Deckel 51 des Sammlers 2 befestigten Stopfbüchse 52 geführt und dessen Betätigung durch eine geeignete Übertragungsvorrichtung von einer beliebigen Stelle aus erfolgt. An den Deckel 51 des Sammlers 2 ist ein Rohr 53 angeschlossen, das mit einem (nicht dargestellten) Staubsammler in Verbindung steht. In dieser Apparatur spielt sich der Prozeß in der Weise ab, daß das in einer

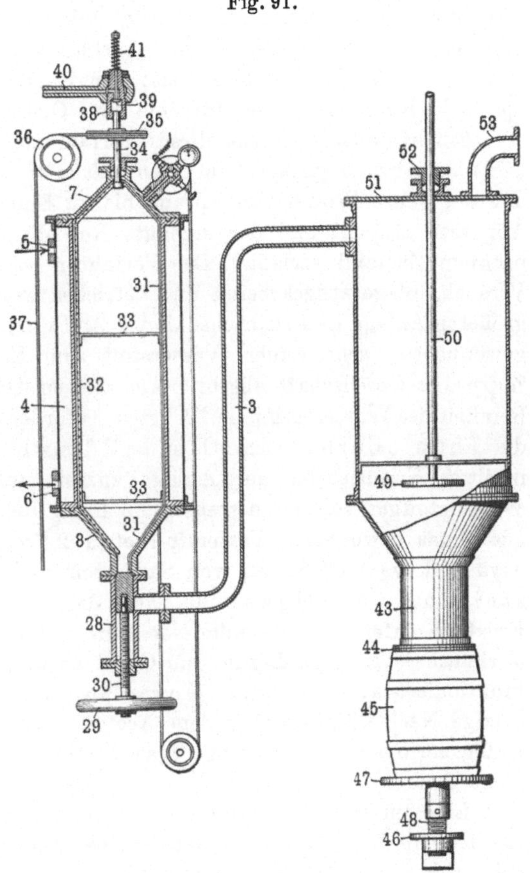

Fig. 91.

besonderen Acetylen- (oder Ölgaserzeugungs-) Anlage hergestellte und mit Hilfe eines Kompressors in einem Vorratsgefäß auf 8 bis 10 Atm. verdichtete Gas mit einem Druck von 6 bis 10 Atm. in den Spaltzylinder eingelassen und darin auf die erwähnte Weise zur Explosion gebracht wird. Der Zerfall tritt sofort und unter bedeutender Drucksteigerung ein und der Überdruck wird durch Öffnen des den Sammler mit dem Spaltzylinder verbindenden Ventils zum Transport des ausgeschiedenen Kohlenstoffs in den Rußsammler benutzt. Der Wasserstoff verläßt den letzteren nach Passieren eines Filters, wird in einem Gasometer aufgefangen und zum Teil innerhalb der Fabrikation (im komprimierten Zustand zum Ausblasen der Spaltzylinder) wieder verwendet, zum Teil auf andere Weise verwertet. Nach der Entleerung ist der Spaltzylinder sofort wieder für eine neue Operation verwendbar.

Ein besonderer Vorzug dieses Verfahrens, dessen Ausbeutung die Firma „Carbonium G. m. b. H." in Offenbach a. M. übernommen hat, soll der sein, daß der ganze Prozeß von Anfang bis zu Ende sich innerhalb geschlossener Apparate abspielt und der erzeugte Ruß die Apparatur erst in fertig verpacktem Zustand verläßt. Das Verfahren ist nahezu zwei Jahre auf einer Versuchsanlage ausgearbeitet und betrieben worden und wird heute in einer größeren Anlage in Friedrichshafen ausgeführt, welche den als Nebenprodukt gewonnenen, sehr reinen Wasserstoff zum Betrieb der Luftschiffe an die Zeppelin-Gesellschaft abgibt. Aus diesem Grunde, d. h. weil hier an die Reinheit des Wasserstoffs die höchsten Anforderungen gestellt werden, arbeitet die Firma „Carbonium G. m. b. H." nach freundlicher Privatmitteilung in ihrer Friedrichshafener Anlage zurzeit nur mit Acetylen, das ein Wasserstoffgas von mindestens 99,5 Proz. Reingehalt liefert, während der aus Ölgas gewonnene Wasserstoff etwa 2 Proz. Methan, 0,5 Proz. Kohlenoxyd und eventuell Spuren von Sauerstoff und Stickstoff enthält. Die Herstellung von Ölgasruß nach dem patentierten Verfahren wurde in Friedrichshafen hauptsächlich deshalb aufgegeben, weil die frachtlichen Verhältnisse für den Bezug von Gasöl zu ungünstig liegen. Das Verfahren funktioniert auch in seiner Anwendung auf Ölgas ausgezeichnet und der einzige Nachteil gegenüber dem Acetylen ist nur der, daß die verhältnismäßig geringen Ausbeuten an Ölgas die Herstellung eines ganz billigen Rußes nicht gestatten.

Eine im Juli 1910 eingetretene Explosion legte den Betrieb der Fabrik für längere Zeit still. Dieselbe ist inzwischen wieder vollständig neu aufgebaut und in ihrer Einrichtung so wesentlich verbessert worden, daß nunmehr ein sicherer Betrieb garantiert ist. Sie arbeitet zurzeit mit fünf Spaltzylindern und der erzeugte Acetylenruß ist von außerordentlicher Reinheit, Feinheit und Tiefe der Schwärze. Größere Mengen desselben werden nach China und Japan zur Herstellung von Tuschen und Lacken exportiert. Interessant und erwähnenswert ist wohl auch die Tatsache, daß unter Verarbeitung von Ölgas nach diesem Verfahren bei Anwendung niedriger Drucke Cyanwasserstoff, bei höheren Drucken Ammoniak in solchen Mengen auftreten, daß deren Gewinnung unter Umständen lohnend erscheint. Die darauf und auf die Verbilligung des Ölgasprozesses hinzielenden Versuche der genannten Gesellschaft sind jedoch zurzeit noch nicht abgeschlossen. Die Gewinnung von wertvollem Cyan und Ammoniak als Nebenprodukte würde natürlich auch den unlohnenden Ölgasbetrieb rentabel machen.

Unter Verwendung von Acetylen als Rohmaterial entspricht die Ausbeute von Ruß nahezu der Theorie; aus 1 cbm Acetylen werden durchschnittlich 1000 g Kohlenstoff erhalten, während bei 15⁰ und einem Barometerstand von 760 mm 1 cbm dieses Gases 1018 g Kohlenstoff enthält. Als Nebenprodukt erhält man aus jedem Kubikmeter Acetylen je 1 cbm Wasserstoff. Bei der Verwendung von anderen Gasen [z. B. Ölgas in Mischung mit Acetylen[1])] müssen Druck und Temperatur der betreffenden Gasart angepaßt sein; die Explosion wird dann bei Temperaturen von 300⁰ durch einen Zusatz von 10 Proz., bei 350 bis 380⁰ durch Spuren von Acetylen eingeleitet bzw. erleichtert. Aus 1 cbm Ölgas werden in diesem Fall 400 g Ruß gewonnen, dessen Qualität von der des Rußes aus reinem Acetylengas nicht verschieden ist.

G. Wegelin[2]) hat gleichfalls ein Verfahren und eine Vorrichtung zur Herstellung von Ruß durch Dissoziation von Gasen angegeben, in der Hauptsache darauf beruhend, daß die zur Verarbeitung gelangenden Gase selbsttätig in einen mit dem Kompressionsbehälter für gewöhnlich in geschlossen gehaltener Verbindung stehenden Raum befördert werden, in dem durch eine auf bekannte Weise erfolgende Zündung bzw. Explosion der Gase die Bildung des Rußes stattfindet, der dann durch geeignet gesteuerte Verschluß- bzw. Öffnungsorgane aus dem Raum entfernt wird. Nach einem neueren Patent desselben Erfinders[3]) werden Acetylen und andere Kohlenwasserstoffe oder deren Gemische kontinuierlich und ohne besondere Wärmezufuhr zum Explosionsbehälter in ein geschlossenes Gefäß gepreßt, in welchem jeweils der für die Zersetzung erforderliche Druck vorhanden ist. Das bei dem Eintritt erstmalig durch den elektrischen Funken od. dgl. entzündete Gas zerfällt dann kontinuierlich ohne daß der Druck im Gefäß sich erhöht, weil durch Anbringung einer Entlastungsvorrichtung der Druck im Gefäß konstant erhalten wird. Ein im Explosionsgefäß an der Eintrittsstelle des Gases angebrachter und durch die aufeinanderfolgenden Explosionen glühend erhaltener Metalldraht sorgt für ununterbrochene Zündung. Auf diese Weise soll der bei den meisten der vorbeschriebenen Verfahren unvermeidliche hohe Enddruck bei den Explosionen vermieden und ein kontinuierlicherBetrieb erzielt werden, da die Abkühlung des Spaltgefäßes nach der jedesmaligen Explosion und dessen Wiedererwärmung von außen in Wegfall kommen.

Mit einen anderen, inzwischen bereits wieder gelöschten Patent[4]) beabsichtigte Wegelin die bei den bekannten Verfahren der Rußfabrikation durch unvollkommene Verbrennung oder Dissoziation der Kohlenwasserstoffe disponibel werdenden Wärmemengen technisch auszunutzen. Zu diesem Zweck läßt er die Vorgänge der Verbrennung oder der Explosion sich in einer Art Kraftmaschine abspielen, und zwar die Verbrennungsvorgänge in einem Verbrennungsmotor, die Explosionsvorgänge in einem Explosionsmotor, bei deren Bauart besondere Rücksicht darauf zu nehmen ist, daß der erzeugte Ruß die Zu- und Abführungswege nicht verstopfen kann. Bezüglich der Einzelheiten muß auf die Patentschrift verwiesen werden.

Ein dem Frankschen Carbidprozeß gewissermaßen analoges Verfahren hat sich die Elektrizitäts-Aktiengesellschaft vormals Schuckert u. Co.[5]) patentieren lassen, bei dem sie wie dieser gleichfalls Acetylen oder Carbid,

---

[1]) D. R.-P. Nr. 194939 und 212345. — [2]) D. R.-P. Nr. 198646. — [3]) D. R.-P. Nr. 223416. — [4]) D. R.-P. Nr. 201262. — [5]) D. R.-P. Nr. 132836, 1901.

an Stelle des Kohlenoxyds oder der Kohlensäure aber die Halogensubstitutions-
produkte des Kohlenstoffs, z. B. C_2Cl_4, C_2Cl_6 und CCl_4, verwendet. Beim
Durchleiten der in entsprechenden Verhältnissen gemischten Acetylen- und
Chlorkohlenstoffdämpfe durch glühende Röhren oder beim Überleiten der
Dämpfe von Chlorkohlenstoffen über erhitztes Carbid wird der Kohlenstoff in
fein verteiltem Zustande als Ruß abgeschieden, z. B.:

$$2\,C_2H_2 + C_2Cl_4 = 4\,HCl + 6\,C,$$
$$2\,C_2H_2 + CCl_4 = 4\,HCl + 5\,C,$$
$$3\,C_2H_2 + C_2Cl_6 = 6\,HCl + 8\,C,$$
$$2\,CaC_2 + C_2Cl_4 = 2\,CaCl_2 + 6\,C,$$
$$2\,CaC_2 + CCl_4 = 2\,CaCl_2 + 5\,C,$$
$$3\,CaC_2 + C_2Cl_6 = 3\,CaCl_2 + 8\,C.$$

Als wertvolles Nebenprodukt wird dabei im ersteren Falle Salzsäure gewonnen, die wieder zur Herstellung von Kohlenstoffchloriden verwendet werden
kann, im letzteren ein Chlormetall, das aus dem Reaktionsprodukt durch Behandeln mit Wasser ausgezogen werden kann. Das Verfahren dürfte doch
wohl an dem verhältnißmäßig hohen Herstellungspreis der Chlorkohlenstoffe
scheitern und hat offenbar auch zu einer technischen Anwendung nicht geführt.

Ob der aus Acetylen durch unvollständige Verbrennung, wie es die obigen
Verfahren zum Teil bedingen, abgeschiedene Kohlenstoff in der Tat als amorpher
Kohlenstoff in gewöhnlichem Sinne bzw. als Ruß, anzusprechen ist, ist noch
eine offene Frage. W. G. Mixter[1]) will darin eine neue, allotrope Modifi-
kation des amorphen Kohlenstoffs gefunden haben. Er hat die auf diese
Weise hergestellte Kohle untersucht und bestätigt die Angabe von Moissan,
wonach dieselbe keinen Graphit enthält. Sie ist matt und porös und ein guter
Wärme- und Elektrizitätsleiter. 1 g derselben ist imstande, auf seiner Oberfläche 1 mg trockene Luft zu verdichten, sie übt aber keinerlei katalytische
Wirkungen aus. Das spezifische Gewicht fand er zu 1,919 bei gewöhnlicher
Temperatur und ihre Verbrennungswärme bei konstantem Druck und Volum
bei 20° C beträgt 7894 Cal für 1 g oder 94726 Cal für 12 g, ist also ungefähr die gleiche wie die für Graphit gefundene.

Auch Frank hat gefunden, daß der aus Acetylen oder Carbid hergestellte
Ruß ein viel größeres spezifisches Gewicht als gewöhnlicher Lampenruß hat;
während es bei diesem meist nur 1,7 beträgt, steigt es bei dem aus Acetylen
hergestellten auf 1,93 bis 2,0, und dem entsprechend ist auch die elektrische
Leitungsfähigkeit eine größere. Eine noch weitergehende Verdichtung tritt
ein, wenn man die Carbide der alkalischen Erden in einem Strom von Kohlenoxyd oder Kohlensäure erhitzt, da die hierbei auftretende Verbrennungswärme
eine wesentlich höhere ist als bei Acetylen. Hier entspricht die praktische
Ausbeute an Kohlenstoff vollkommen der theoretischen, aber dieser Kohlenstoff zeigt die Eigenschaften und das Verhalten des Graphits. In Acetylen
und den Carbiden ist also ein technisch brauchbares Material zur Gewinnung
von Ruß und Graphit geboten.

VI. Statistik.

Eine Statistik für die Erzeugung von Rußen in den verschiedenen
Produktionsländern, als welche hauptsächlich die Vereinigten Staaten von

---

[1]) Amer. Journ. Science Silliman. 1905, p. 434; Chem. Centralbl. 2, 98, 1905.

Nordamerika, das Deutsche Reich, Frankreich und Österreich-Ungarn in Frage
kommen, läßt sich aus Mangel an zuverlässigem Material nicht geben. Eine
rohe Schätzung der deutschen Produktion kann man vielleicht aus einer
Mitteilung von Badermann[1]) ableiten, welche den Umfang des Versandes auf
den für die deutsche Rußfabrikation in Frage kommenden Eisenbahnstationen
betrifft. Danach kommen auf diesen Stationen jährlich 712 bis 740 Waggon-
ladungen zu je 5000 kg zur Verfrachtung, was einer Jahreserzeugung von
3560 bis 3700 t Ruß entsprechen würde. Es darf dabei aber nicht übersehen
werden, daß einige der größten Ruß konsumierenden Fabriken, z. B. C. Conradty, Nürnberg, Gebr. Siemens u. Co., Lichtenberg, Planiawerke, Ratibor,
die Hauptmengen ihres Bedarfs an diesem Rohmaterial sich in eigenen
Rußanlagen selbst herstellen. Ohne Zweifel übersteigt daher die deutsche
Produktion an Ruß um ein Erhebliches die oben ausgerechneten Zahlen.

Auch über den Marktpreis des Rußes gibt die obige Mitteilung
einige Anhaltspunkte. Der Wert des innerhalb Jahresfrist auf den deutschen
Eisenbahnstationen verladenen Rußes schwankte nach der amtlichen Angabe
zwischen 15 und 60 $\mathcal{M}$ für 100 kg. Bei der überwiegenden Zahl der nach-
gewiesenen Sendungen überstieg der Wert jedoch nicht den Betrag von 26 $\mathcal{M}$
für 100 kg. Ruß für elektrotechnische Zwecke kostet zurzeit 15 bis 18 $\mathcal{M}$
für 100 kg.

Der Außenhandel des Deutschen Reiches in Ruß stellt sich
für die letzten 15 Jahre wie folgt:

Jahr	Rußeinfuhr			Rußausfuhr		
	Kilogramm	Durch-schnittspreis pro 100 kg $\mathcal{M}$	Gesamt-wert $\mathcal{M}$	Kilogramm	Durch-schnittspreis pro 100 kg $\mathcal{M}$	Gesamt-wert $\mathcal{M}$
1894	275 000	?	?	1 200 000	56,—	678 000
1895	261 600	77,20	202 000	1 117 300	60,—	670 000
1896	480 800	76,60	368 000	1 051 800	60,—	631 000
1900	689 800	92,—	634 000	2 296 000	40,—	919 000
1901	496 300	91,80	456 000	2 036 900	40,—	815 000
1902	444 400	91,—	405 000	1 867 200	35,—	654 000
1904	530 500	88,—	471 000	2 413 600	32,—	772 000
1905	681 100	88,—	605 000	2 192 800	32,—	702 000
1906	554 600	88,—	488 100	2 050 200	26,—	533 000
1907	791 400	88,04	696 400	2 587 100	26,—	672 600
1908	688 900	92,60	637 900	2 528 200	26,—	657 300
1909	551 800	92,60	510 900	2 714 900	30,—	814 500
1910	995 800	90,—	889 000	3 113 500	29,—	903 000
1911	989 600	—	950 000	3 244 500	—	936 000

Demnach hat sich in dem genannten Zeitraum die Einfuhr an unver-
arbeiteten Ruß nahezu vervierfacht, während die Ausfuhr um beinahe das
Dreifache gestiegen ist.

---

[1]) Farben-Ztg. 1912, S. 852.

Es betrug die Ausfuhr Amerikas an Carbon Black, Lamp Black und Gas Black:

Jahr	Wert	Davon im Durchschnitt		
		England	Deutschland	Frankreich
	Dollar	Dollar	Dollar	Dollar
1898	178 000		im Mittel	im Mittel
1899	192 000	im Mittel	pro Jahr	pro Jahr
1900	215 000	pro Jahr	49 000	22 000
1901	306 000	121 000		
1902	284 000		82 000	45 000
1903	300 000			
1904	402 700	124 000	134 000	37 000
1905	653 600	?	?	?

Seit dem Jahre 1903 wurden aus den Vereinigten Staaten folgende Mengen von Ruß in das deutsche Zollgebiet eingeführt:

1903	361 900 kg		1907	662 900 kg
1904	430 600 „		1908	551 800 „
1905	553 400 „		1909	740 000 „
1906	466 900 „		1910	848 400 „

Eine Einfuhr Deutschlands in das Zollgebiet der Vereinigten Staaten findet nicht statt.

Die aus Amerika nach Deutschland importierten Ruße sind durchweg von feinster Qualität und werden ausschließlich auf Kunstdruckfarben, Lackleder und feine Lacke verarbeitet. Die Vereinigten Staaten produzieren dank ihrer unerschöpflichen Quellen an Naturgas bei weitem die größte Menge an Lampenruß, während Deutschland für das Massenprodukt Flammruß an erster Stelle steht.

Die Einfuhr Deutschlands und Frankreichs in das gegenseitige Zollgebiet betrug seit 1903:

Jahr	Einfuhr Frankreichs nach Deutschland	Ausfuhr Deutschlands nach Frankreich
	kg	kg
1903	60 000	611 800
1904	45 500	580 000
1905	55 340	341 300
1906	45 300	212 600
1907	65 300	—
1908	63 600	—
1909	77 700	—
1910	57 400	431 800

Der Export des Deutschen Reiches nach Rußland, Belgien und Österreich-Ungarn betrug:

Jahr	Rußland kg	Belgien kg	Österreich-Ungarn kg
1903	386 400	327 300	254 500
1904	536 500	319 200	324 600
1905	690 600	363 600	160 900
1906	624 100	291 300	?
1907	637 700	460 600	?
1908	894 700	?	446 100
1909	843 700	384,600	?
1910	847 000	?	?

Deutschlands Außenhandel in Bogenlicht-, galvanischen und elektrischen Kohlen aller Art bewegt sich seit den letzten fünf Jahren folgendermaßen:

Jahr	Einfuhr insgesamt kg	Ausfuhr Bogenlichtkohlen kg	andere Ware kg	insgesamt kg
1906	309 600	3 378 100	875 800	4 253 900
1907	249 800	4 637 100	1 821 100	6 458 200
1908	457 900	4 979 800	3 527 000	8 506 800
1909	329 900	5 296 900	3 224 700	8 521 600
1910	503 900	5 896 100	3 453 900	9 350 000

Drittes Kapitel

Die Schwärze.

I. Allgemeine Bemerkungen über die Verkohlung.

Die organischen Stoffe des Tier- und Pflanzenreiches bestehen in der Hauptsache aus Verbindungen von Kohlenstoff, Wasserstoff und Sauerstoff, denen häufig in untergeordneten Mengen auch andere Elemente, wie Stickstoff und Schwefel beigesellt sind. Werden derartige Materien bei Luftzutritt auf genügend hohe Temperaturen erhitzt, so verbrennt der Kohlenstoff zu Kohlensäure, der Wasserstoff zu Wasser, während die anderen, gasförmigen Komponenten in elementarer Form entweichen und die geringen Mengen mineralischer Bestandteile, welche in allen pflanzlichen und tierischen Stoffen vorhanden sind, als Asche hinterbleiben.

Geschieht die Erhitzung unter Abschluß der atmosphärischen Luft, so treten ihre Elementarbestandteile in der verschiedenartigsten Weise zu anders gruppierten, einfacheren Verbindungen zusammen: Der Kohlenstoff vereinigt sich zum Teil mit dem darin vorhandenen Sauerstoff zu Kohlenoxyd und Kohlensäure, ein anderer Teil verbindet sich mit disponiblem Wasserstoff unter Bildung von flüchtigen Kohlenwasserstoffverbindungen, während der größte Teil desselben in Form von Kohle mit den Aschenbestandteilen hinterbleibt. Ein Teil des Wasserstoffs wird vom Sauerstoff und den untergeordneten Elementarbestandteilen Stickstoff und Schwefel zur Bildung von Wasser, Ammoniak und Schwefelwasserstoff in Anspruch genommen und alle diese flüchtigen und nicht flüchtigen Zersetzungsprodukte können unter sich wieder zu komplizierteren Verbindungen zusammentreten.

Man bezeichnet den chemischen Vorgang, durch welchen organische Stoffe unter Abscheidung von Kohle durch Erhitzen unter Luftabschluß zerlegt werden, im allgemeinen als Verkohlungsprozeß und nennt denselben eine trockene Destillation, wenn dabei gleichzeitig eine Gewinnung der flüchtigen (Teer, saures und ammoniakalisches Wasser) und gasförmigen Produkte ermöglicht ist. Der Kohlenstoff wird bei diesem Prozeß stets in amorphem Zustande erhalten, aber sein Äußeres wechselt je nach der Natur des verwendeten Rohmaterials und gleichzeitig sind dadurch auch sehr verschiedene Eigenschaften der amorphen Kohle bedingt.

So liefern z. B. Zucker und andere, beim Erhitzen schmelzende organische Stoffe eine schwammartige, glänzende Kohle, der keine besonderen physikalischen Wirkungen zukommen und die den Vorgang ihrer Bildung noch in allen Einzelheiten erkennen läßt; aus Holz erhält man eine zusammenhängende, sehr poröse und infolgedessen zur Absorption von Gasen und Gerüchen sehr geeignete Kohle, welche die Struktur des Holzes in allen Teilen beibehalten hat. Stickstoffhaltige tierische Stoffe wie Blut, Eiweiß, Horn, Haut, Haare, Knochen usw. geben beim Erhitzen unter Luftabschluß stickstoffhaltige stark aufgeblähte, glänzend schwarze Kohlen, von denen die Knochenkohle infolge ihrer Fähigkeit gelöste Stoffe, besonders Farbstoffe, aber auch viele andere organische und anorganische Stoffe aus ihren Lösungen aufzunehmen, eine wichtige Rolle in der Technik spielt. Aber allen diesen verschiedenen Varietäten von amorpher Kohle kommen die gleichen allgemeinen Eigenschaften des Kohlenstoffs zu, daß sie unschmelzbar, bei Luftabschluß feuerbeständig, geschmack- und geruchlos, in allen bekannten Lösungsmitteln unlöslich sind und im Sauerstoffstrome oder unter Zutritt der Luft erhitzt mehr oder weniger leicht zu Kohlensäure verbrennen. Ihre Verschiedenheit beruht in der Hauptsache nur darauf, daß mit dem als Rest der organischen Substanz übrig gebliebenen Kohlenstoff je nach der Art des Rohmaterials verschiedene Arten und Gewichtsmengen von Mineralsubstanzen innig gemischt sind. Gleichzeitig wird aber sowohl die physikalische als auch die chemische Beschaffenheit der zurückbleibenden Kohle sehr wesentlich von der Temperatur beeinflußt, bei der die Verkohlung ausgeführt worden ist und dies ist vermutlich ebenso wichtig, als die Verschiedenheit der Ausgangsmaterialien selbst. Es ist auch sicher, daß alle diese verschiedenen Arten von Kohle nicht chemisch reiner Kohlenstoff sind, sondern sehr komplizierte Verbindungen von solchem mit geringen Mengen von Wasserstoff, Sauerstoff, Schwefel und Stickstoff, zu deren näherer Erkenntnis unser heutiges Wissen nicht hinreicht. Immerhin muß man sagen, daß der verbrennliche Teil aller kohligen Rückstände, soweit dies durch chemische Hilfsmittel bis jetzt festzustellen ist, keine großen Verschiedenheiten darbietet[1].

Aus den Ergebnissen der Versuche von Violette über die trockene Destillation des Holzes geht hervor, daß die Wirkung der Hitze in erster Linie eine wasserabspaltende ist. Mills[2], der sich gleichfalls mit dem Gegenstande beschäftigte, hat eine Erklärung des Vorganges bei der Zellulose gegeben, welcher sich nach ihm theoretisch wie folgt abspielt:

$$n\,C_6H_{10}O_5 - H_2O = n\,C_6H_8O_4 \text{ bei etwa } 185^0$$
$$n\,C_6H_8O_4 - H_2O = n\,C_6H_6O_3 \quad \text{ ” ” } 220^0$$
$$n\,C_6H_6O_3 - H_2O = n\,C_6H_4O_2$$
$$n\,C_6H_4O_2 - H_2O = n\,C_6H_2O \quad \text{ ” ” } 430^0$$

Der Endzustand wäre jedenfalls

$$n\,C_6H_2O - H_2O = n\,C_6 = 2 \cdot n\,C_3,$$

läßt sich aber unter gewöhnlichen Versuchsbedingungen nicht erreichen.

In Wirklichkeit verläuft der Prozeß komplizierter, indem gleichzeitig eintretende andere Atomgruppierungen zur Bildung von Nebenprodukten führen. So hat Mills für Zellulose und Cannose folgende Zersetzungsgleichungen gefunden:

$$3\,C_6H_{10}O_5 = 12\,C + C_6H_8O_4 + 11\,H_2O$$

	Zellulose	Kohle	Gas u. Teer	Organ. Wasser
berechnet:	100	29,6	29,6	40,8
gefunden:	—	27,6	30,0	39,4

---

[1] Vgl. Lunge-Köhler, Industrie des Steinkohlenteers u. Ammoniaks, 5. Aufl., 1, 8 u. f. — [2] Journ. Soc. Chem. Ind. 1885, p. 325.

$$C_{12}H_{22}O_{11} = 9\,C + C_3H_2O + 10\,H_2O$$

	Cannose	Kohle	Gas u. Teer	Organ. Wasser
berechnet:	100	31,6	15,8	52,6
gefunden:	—	31,5	17,7	50,8

Den gleichen Verlauf hat Mills auch für Wolle und andere stickstoffhaltige tierische Substanzen festgestellt.

Auch aus den Versuchen von Forster[1]) geht hervor, daß der organischen Substanz der verschiedenen Kohlenarten wahrscheinlich eine Einheit C_3 oder $n\,C_3$ zugrunde liegt und bei der trockenen Destillation ein einfaches Verhältnis des im Teer, im Gase und im freien Zustande abgeschiedenen Kohlenstoffs besteht, z. B.:

$$2\,C_{24}H_{18}O = 33\,C + C_{15}H_{34}O + H_2O$$

	Organ. Substanz der Durhamkohle	Abgesch. Kohlenstoff	Gas u. Teer	Organ. Wasser
berechnet:	100	61,5	35,7	2,8
gefunden:	—	61,5	38,5	

$$2\,C_{12}H_2O = 12\,C + C_{12}H_2O + H_2O$$

	Organ. Substanz der schott. Cannelkohle	Abgesch. Kohlenstoff	Gas u. Teer	Organ. Wasser
berechnet:	100	41,9	52,9	5,2
gefunden:	—	41,3	58,7	

Mills hat ferner schottischen Ölschiefer, Cannel- und Bogheadkohle von denen er die Zusammensetzung der organischen Substanz vorher ermittelte, der trockenen Destillation bei mäßiger und bei hoher Temperatur unterworfen und dabei unter Vernachlässigung von deren Stickstoff-, Schwefel-, Wasser- und Aschengehalt folgenden Zerfall konstatiert.

Bei mäßiger Temperatur:

$$7\,C_6H_{10}O = 18\,C + C_{24}H_{62}O_3 + 4\,H_2O$$

	Ölschiefer	Abgesch. Kohle	Teer u. Gas	Organ. Wasser
berechnet:	100	31,5	58,0	10,5
gefunden:	—	31,2	58,3	10,5

$$4\,C_9H_{12}O = 27\,C + C_9H_{46}O_3 + H_2O$$

	Cannelkohle	Abgesch. Kohle	Teer u. Gas	Organ. Wasser
berechnet:	100	59,6	37,1	3,3
gefunden:	—	58,1	38,1	3,6

$$3\,C_{12}H_{20}O = 15\,C + C_{21}H_{58}O_2 + H_2O$$

	Bogheadkohle	Abgesch. Kohle	Teer u. Gas	Organ. Wasser
berechnet:	100	33,3	63,3	3,3
gefunden:	—	33,3	64,1	2,6

Bei hoher Temperatur:

$$7\,C_6H_{10}O = 6\,C + C_{36}H_{62}O_3 + 4\,H_2O$$

	Ölschiefer	Abgesch. Kohle	Teer u. Gas	Organ. Wasser
berechnet:	100	10,5	79	10,5
gefunden:	—	12,8	76	11,2

---

[1]) Proc. Inst. Civ. Eng. 1884, April.

$$4\,C_9H_{12}O \;=\; 24\,C \;+\; C_{12}H_{46}O_3 \;+\; H_2O$$

Cannelkohle   Abgesch. Kohle   Teer u. Gas   Organ. Wasser

berechnet:	100	52,9	43,8	3,3
gefunden:	—	52,5	43,9	3,6

$$3\,C_{12}H_{20}O \;=\; 6\,C \;+\; C_{30}H_{58}O_2 \;+\; H_2O$$

Bogheadkohle   Abgesch. Kohle   Teer u. Gas   Organ. Wasser

Der Einfluß der Temperatur auf die Menge des abgeschiedenen, fixen Kohlenstoffs ist somit unverkennbar. Die Ursache ist leicht verständlich. Werden die zu verkohlenden Materialien einer langsam steigenden Temperatur ausgesetzt, so entweicht das hygroskopisch und chemisch gebundene Wasser unterhalb der Temperatur, bei welcher eine lebhafte Zersetzung eintritt und kann nicht vergasend auf den Rückstand einwirken, weshalb das Ausbringen an diesem höher sein muß, als wenn das Rohmaterial plötzlich einer sehr hohen Temperatur ausgesetzt und darin erhalten wird, wobei die noch stets auftretenden Wasserdämpfe, sowie die Kohlensäure einen Teil des ausgeschiedenen, glühenden Kohlenstoffs unter Bildung von Wassergas, $(CO + H)$, vergasen. Nach zahlreichen Versuchen von Senff[1] mit verschiedenen Holzsorten sinkt die Ausbeute an Kohle um bis 10 Proz. wenn das Holz sofort in die glühende Retorte eingeschoben wird, gegenüber dem langsamen Anheizen auf die gleiche Temperatur innerhalb sechs Stunden. Kersten[2] will bei rascher Verkohlung des Holzes sogar nur halb so viel Holzkohle erhalten haben, als bei langsam geleitetem Prozeß.

Aber nicht allein in quantitativer, sondern auch in qualitativer Hinsicht spielt die Temperatur eine große Rolle beim Verkohlungsprozeß. Die Unterschiede zwischen Gasanstalts- und Zechenkoks sind bekannt; von der Holzkohle weiß man, daß mit der Höhe der Erzeugungstemperatur ihr Aufnahmevermögen für Gase und Dämpfe abnimmt und sie schwerer verbrennlich wird, was mit einer Zustandsänderung des Kohlenstoffs zusammenhängt, der über 1200° teilweise graphitiert. Auch das Färbevermögen wird durch diese Zustandsänderung beeinflußt, so daß z. B. Schwärze, aus ein und demselben Material hergestellt, bei dunkler Rotglut ein außerordentlich tiefes, samtartiges, zartes Schwarz, bei heller Rotglut dagegen ein graues, mißfarbiges Pulver liefert. Die gleiche Erscheinung kennt man bei der Knochenkohle; werden die Knochen bei der Fabrikation der Knochenkohle über die Temperatur der Rotglut erhitzt, so verliert die Knochenkohle die Eigenschaft, Farbstoffe, Salze und andere Substanzen aus ihren Lösungen zu absorbieren oder Gase, Dämpfe u. dgl. auf ihrer Oberfläche zu fixieren; die Knochenkohle ist „totgebrannt" und für diese Zwecke wertlos. Die aus dieser Tatsache für die Fabrikation von Schwärzen für die verschiedensten Zwecke zu ziehenden Schlußfolgerungen ergeben sich von selbst; ihre zweckentsprechende Ausnutzung ist Sache der Erfahrung.

Aber nicht allein durch höhere Temperatur, also ein rein physikalisches Mittel, kann eine Verkohlung der organischen Substanzen herbeigeführt werden. Derselbe Erfolg läßt sich in vielen Fällen auch auf rein chemischem Wege durch Anwendung wasserentziehender Mittel erreichen.

---

[1] Vgl. Linde, Die Destill. industr. u. forstwirtschaftl. Holzabfälle, Berlin 1909, S. 8. — [2] Metallurgie **3**, 34.

Werden z. B. organische Substanzen wie Zucker, Stärkemehl, Holz, Papier, Horn usw. mit konzentrierter Schwefelsäure übergossen, so entzieht ihnen diese den Wasserstoff und Sauerstoff im Verhältnis, wie diese Elemente Wasser bilden und der Kohlenstoff wird in den meisten Fällen in amorphem Zustande abgeschieden. Enthält die Substanz gleichzeitig Stickstoff, so wird dieser in Form von Ammoniak in Freiheit gesetzt und letzteres von der überschüssigen Schwefelsäure gebunden [1]). In ganz ähnlicher Weise wirken andere, wasserentziehende Mittel, z. B. konzentrierte Lösungen von Ätzalkalien, Sulfiden, Chlorzink u. dgl.

Auch in diesem Falle verläuft der Verkohlungsprozeß nicht ohne die Bildung von Nebenprodukten. So löst sich z. B. Rohrzucker in eiskalter konzentrierter Schwefelsäure ohne Zersetzung auf; beim geringsten Erwärmen tritt jedoch völlige Verkohlung ein, wobei, neben Ameisensäure, ein Gemenge von schwefliger Säure, Kohlensäure und Kohlenoxyd entweicht, in welchem das letztere überwiegt [2]). Unter gewissen Umständen finden sich unter den Zersetzungsprodukten ferner Furol, Pyromellithsäure und Essigsäure.

In anderen Fällen wirkt die Schwefelsäure unter Wasserabspaltung substituierend, z. B.:

$$C_{10}H_8 + H_2SO_4 = H_2O + C_{10}H_7 \cdot SO_3H$$

Naphtalin   Schwefelsäure   Wasser   Naphtalinsulfosäure

in wieder anderen spaltend, aber ohne Abscheidung von Kohlenstoff, z. B.:

$$C_2H_2O_4 = H_2O + CO + CO_3$$

Oxalsäure   Wasser   Kohlen-   Kohlen-
oxyd   säure

Auch von diesem Prozeß der Verkohlung wird industriell zur Herstellung von amorphem Kohlenstoff für manche technische Zwecke Gebrauch gemacht. Er liefert ein reineres Produkt von feinster Verteilung, weil die Aschenbestandteile dabei größtenteils in Lösung gehen und ein Zusammenkitten der Kohlenstoffteilchen ausgeschlossen ist, ist aber teurer als der pyrogene Prozeß und daher nur ausnahmsweise anwendbar.

Die amorphe Kohle, wie sie durch den Prozeß der Verkohlung organischer Substanzen pflanzlichen und tierischen Ursprungs gewonnen wird, dient im allgemeinen zwei großen Verwendungszwecken: 1. als Farbmaterial zur Erzeugung schwarzer bis grauer Farbtöne und 2. als Material zur Entfärbung von Flüssigkeiten aller Art, sowie zur Absorption von Gasen durch Verdichtung an ihrer Oberfläche. Wir werden der nachfolgenden Besprechung diese Einteilung zugrunde legen.

II. Amorphe Kohle als Farbmaterial (Schwärze).

1. Die Rohmaterialien.

Wie im vorigen Abschnitt bereits ausgeführt worden ist, ist es durchaus nicht gleichgültig, welcher Rohmaterialien man sich bedient, wenn es darauf ankommt, eine Farbe zu erzeugen, die in bezug auf Tiefe des Farbtons, Deckkraft, Trockenfähigkeit im angeriebenen Zustande, Streichbarkeit und anderen Eigenschaften allen Anforderungen genügt. Bei der Wahl des Rohmaterials ist auch zu berücksichtigen, welchem bestimmten Verwendungszweck

---

[1]) Methode der Stickstoffbestimmung von Kjeldahl-Gunning. — [2]) Vgl. v. Lippmann, Die Chemie der Zuckerarten, Braunschweig 1904, **2**, 1250.

die Farbe später dienen soll. Die geringeren Sorten von Schwarzfarben werden als Kalkfarbe benutzt, während alle anderen Qualitäten für Wasser, Leim, Öl und Lack bestimmt sind. Dabei ist es, wie uns die „Ver. Schwarzfarben- und chem. Werke, A.-G." in Niederwalluf, denen wir einen Teil der in folgendem mitgeteilten Tatsachen verdanken, eine Eigentümlichkeit, daß die Trockenfähigkeit der Farben in Öl und Lack abnimmt, je höher der Gehalt an Kohlenstoff und somit die Tiefe des Tons des verwendeten Farbstoffs ist. Man sieht also, daß die Wahl des Rohmaterials ein wesentlicher Faktor für den Erfolg der Fabrikation ist.

Es ist daher begreiflich, daß man die verschiedensten Stoffe im Laufe der Zeit auf ihre Verwendbarkeit zur Schwarzfarbenfabrikation versucht hat, wobei man zunächst schon auf eine möglichst feine Struktur, niedrigen Aschengehalt, leichte Zersetzbarkeit durch Hitze, geringen Gehalt an abschwelbaren Produkten usw. der Rohmaterialien Rücksicht nahm, Umstände, welche die Entstehung einer geeigneten, lockeren und nicht gesinterten oder verkokten Kohle begünstigen sollten. So weiß man schon seit alter Zeit, daß diesen Anforderungen das Holz oder die Abfälle harzreicher Pflanzen nicht entsprechen, daß man dagegen aus gewissen Laubhölzern, z. B. dem Holze des Faulbaumes, der Erle und Weide, der Pappel und Linde, dem Spindelbaume, der Weinrebe usw. eine vorzüglich geeignete Kohle erhält. Später hat man sich mit größerem Vorteile gewisser gewerblicher Abfälle zur Herstellung von Schwärze bedient, z. B. der Treber und Hefe als Rückstände der Weinbereitung zur Herstellung einer Schwärze, die unter dem Namen Weinschwarz, Rebschwarz, Frankfurter Schwarz, Pariser Schwarz noch heute im Handel vorkommt, der Schalen von Nüssen, Mandeln und der Kerne des Steinobstes zur Erzeugung des sog. Kernschwarz, der Korkabfälle zur Verarbeitung auf Spanischschwarz usw. usw. Alle diese Materialien sind ohne Zweifel schon auf Schwärze verarbeitet worden und diesem Umstande verdanken wir die lange Reihe von Namen für den gleichen Gegenstand, die heute aber mit gewissen Ausnahmen nur mehr die Rolle einer Qualitätsbezeichnung spielen.

Das wird uns auch von den genannten „Ver. Schwarzfarben- u. chem. Werken" bestätigt, die uns mitteilen, daß ihres Wissens außer ihren eigenen Fabriken wohl kein Werk existiert, welches die Verkohlung der Rohmaterialien in größerem Maßstab ausführt, da die Schwärzen so niedrig im Preis stehen, daß das Rohmaterial zumeist von anderen Industrien als Abfall gekauft wird. In ihren eigenen Fabriken verkokt die genannte Firma im größeren Maßstab eine besondere Art von Braunkohle und wir werden den hierzu dienenden Apparat später kennen lernen, und in einigen kleineren Betrieben die Abfälle der Reben zu echtem Rebschwarz, von Elfenbein aus Klaviertastenfabriken und Drechslereien für Elfenbeinschwarz. Als Abfall anderer Industrien kommt namentlich der Grudekoks des sächsisch-thüringischen Braunkohlengebiets, sowie der Messelner Schieferölindustrie in Frage, von dem nach einer freundlichen Privatmitteilung von Scheithauer jährlich etwa 250 Doppelladungen für diesen Zweck benutzt werden. Man stellt an ihn die Anforderung, daß er möglichst frei von Bitumenresten und von tiefschwarzer Farbe sei.

Die „Ver. Schwarzfarben- u. chem. Werke, A.-G.", schätzt die deutsche Jahresproduktion an Schwarz auf ungefähr 300 Doppelwagen. Man kann daher ohne Übertreibung behaupten, daß das Hauptmaterial zur Darstellung aller oben genannten Schwärzen gewisse Braunkohlenflöze und bituminöse Schieferablagerungen liefern, während die Rückstände der Weinbereitung nur in zweiter Linie in Betracht kommen. Dies ist lediglich dem Umstande zuzuschreiben, daß letztere vor ihrer Verwendung infolge ihres hohen Feuchtigkeitsgehaltes eine weit umständlichere Behandlung beanspruchen, welche zu der vielleicht etwas besseren Qualität des resultierenden Produktes in keinem Verhältnis steht. Sicher ist, daß die bis in die neueste Zeit schwunghaft betriebene Fabrikation von Rebschwarz durch die Fabrikation des gleichen Produktes aus anderen Materialien mehr und mehr verdrängt wird. Dies ist auch ganz natürlich, da jene anderen Materialien fortwährend und zu billigem Preise zu haben sind, während Trester und Hefe nur zeitweise und nicht immer in den erwünschten Quantitäten zu beziehen sind. Außerdem bedingt die Verarbeitung von Weinrückständen in allen Fällen einen großen Aufwand von Transportkosten, welcher bei Braunkohlen oder bituminösen Schiefern, besonders in bereits verkoktem Zustand, viel geringer ist. Die Fabrikation der Schwärze kann auch vorteilhaft mit der Kokerei oder Teerschwelerei in Verbindung gebracht werden, um so mehr, als für beide Industriezweige die Arbeit bis zu einem gewissen Punkte dieselbe ist. Man hat in diesem Falle sogar noch den Vorteil, daß man bei sorgfältiger Auswahl nur jene Produkte auf Schwärze verarbeitet, welche sich als Koks nicht wohl verwerten lassen.

Hier soll über die Natur des Rohmaterials das Wissenswerteste gesagt werden. Trester und Hefe, sowie die übrigen Abfälle anderer Gewerbe und Industrien werden der Natur der Sache nach stets annähernd die gleiche Qualität haben. Man wird also bei ihrer Verarbeitung nicht in die Lage kommen, eine besondere Auswahl treffen zu müssen. Trester und Hefe usw. werden zu verschiedenen Zeiten und an verschiedenen Orten stets dasselbe Schwarz liefern, wenn sie unter sonst gleichen Bedingungen verarbeitet werden. Dagegen sind die fossilen Rohmaterialien, wie Braunkohle, je nach ihren verschiedenen Ablagerungsverhältnissen von wechselnder Beschaffenheit.

Bei der Braunkohle z. B. unterscheidet sich die erdige Braunkohle (Feuerkohle) von der bituminösen (Schwelkohle), als deren reinste Form wir den Pyropissit zu betrachten haben. E. Erdmann[1] untersuchte solche Kohlen eingehend und gibt über ihre Zusammensetzung und ihr Verhalten bei der trockenen Destillation folgende Zahlen an:

	Sorte	Zusammensetzung					Schwelprodukte		
		C	H	O + N (Diff.)	S flüchtig	Asche	Teer	Koks	Gas
		Proz.	Proz.	Proz.	Proz.	Proz.	Proz.	Proz.	Proz.
1	Pyropissit . . .	71,12	11,63	9,43	0,10	7,72	32,61	10,33	7,06
2	Schwelkohle. .	64,83	7,62	19,18	0,48	7,89	18,75	20,83	10,42
3	Feuerkohle . .	62,15	6,42	22,11	0,46	8,86	8,88	10,42	12,24

1: von Köpsen bei Weißenfels; 2: von Waldau bei Osterfeld; 3: von Waldau bei Osterfeld.

---

[1] Chemie der Braunkohle, S. 72.

Für den Schwelprozeß kommt nur die bituminöse Braunkohle (2) in Frage. Ihre Hauptlagerstätten im Deutschen Reich finden sich in der Nähe von Halle a. S., Aschersleben und Eilsleben in flachen Mulden von wechselnder Ausdehnung und Mächtigkeit umgeben von Schichten von Feuerkohle in weit größerem Umfang, durchsetzt von anderen Mineralien, wie Aluminit und Gips, Schwefelkies, Wasserkies und Kieselsäure, Mergelkalk, Toneisenstein, Alaunstein und in selteneren Fällen von Schwefel, Phosphorit und Vivianit. Ausgedehnte Braunkohlenlager finden sich in anderen Teilen Norddeutschlands sowie des Rheingebiets, die aber Schwelkohle teils nicht, teils nur in so geringem Maße aufweisen, daß sich ein Verschwelen nicht lohnt. Geologisch gehört die Braunkohle der Tertiärformation und die Schwelkohle im besonderen dem Unteroligozän an.

Bezüglich der Entstehung der Braunkohlenarten hatte v. Fritsch[1]) eine Hypothese aufgestellt, wonach er annahm, daß dieselbe nicht an Ort und Stelle erfolgt, sondern durch Aufschwemmung zu erklären sei, wodurch die wechselnde Lagerung von Schwel- und Feuerkohle in den Flözen zu verstehen sei, weil stets der leichtere Rohstoff (die harzigen Bestandteile der Pflanzen) sich oben angesammelt haben müsse. Neuerdings haben aber Potonié und Heinold[2]) die folgende, weit davon abweichende Theorie aufgestellt, der man sich nach Scheithauer[3]) nicht verschließen kann.

Die heutigen Braunkohlenbecken bestanden in der Tertiärzeit aus ausgedehnten Sumpf- und Moorgebieten mit einer üppigen, subtropischen Flora, deren absterbende Individuen im Sumpf versanken und unter Abschluß der Luft in Torf übergingen, wie wir das heute noch an den Torfmooren beobachten können. Nach und nach häufte sich über dieser Torfschicht eine Decke aus Ton und Sand an, die den Anfang des Deckgebirges bildete und den Torf vor weiterer Verwesung schützte. Damit ist zwar die Bildung der Braunkohle im allgemeinen, nicht aber die der Schwelkohle im besonderen erklärt. Diese denken sich die genannten Forscher so, daß die Schwelkohlengebiete gleichfalls allmählich vertorfende Seebecken waren, deren Wasserspiegel aber bei wechselnder Dürre und Regenzeit starken Schwankungen unterworfen war, so daß die unter Wasser befindlichen Pflanzenreste nach und nach vertorften, während die trocken liegenden Teile unter dem Einfluß des Luftsauerstoffs weiter verwesten, bis die Zellulose gänzlich in Wasser und Kohlensäure aufgespalten war, während die Fette und Wachsharze sich unverändert erhielten. Auf diese Weise lassen sich auch die Übergänge vom Pyropissit in Schwelkohle und von dieser in Feuerkohle ganz ungezwungen erklären; denn daß bei den anderen Bildungsstätten der Braunkohle ebenfalls harz- und wachsartige Pflanzen beteiligt waren, ergibt sich aus dem Bitumengehalt dieser Braunkohlen.

Die Feuerkohle findet teils in Stücken als Förderkohle, wie sie aus der Grube kommt, teils in Form von Naßpreßsteinen, Briketts, die aus der von ersterer getrennten Klarkohle hergestellt werden, ausschließlich Verwendung als Brennmaterial; die Schwelkohle würde sich hierzu ihres hohen Bitumengehalts wegen nicht eignen, weil die teilweise schmelzende Kohle im ersteren Fall durch den Rost liefe, im zweiten Fall nur Briketts gäbe, die im Feuer

---

[1]) Vgl. Scheithauer, Die Fabrikation der Mineralöle, S. 14 u. f. — [2]) Braunkohle 4, 357 u. f. — [3]) Die Schwelteere, S. 10.

auseinanderfallen. Sie wird in Deutschland seit etwa $^1/_2$ Jahrhundert zur Gewinnung von Paraffin und Mineralölen ausschließlich verschwelt; neuerdings wird auch ein Teil derselben durch Extraktion auf Bitumen, sogenanntes Montanwachs verarbeitet, dessen Extraktionsrückstand gleichfalls brikettiert wird.

Wie bereits erwähnt, ist es der Schwelprozeß, der in dem Destillationsrückstand der Braunkohle, dem Grudekoks, der, nebenbei bemerkt, als rauchloses Heizmaterial ausgedehnte Verwendung findet, in der Hauptsache das Rohmaterial für die Schwärzefabrikation liefert. Eigens für die Zwecke der Schwärzefabrikation wird daher heute Braunkohle nur noch in sehr vereinzelten Fällen (S. 139) verkohlt. Wir können hier auf die Einzelheiten des Betriebes der Braunkohlenschwelerei nicht näher eingehen. Interessenten seien auf die vorzüglichen Werke auf diesem Spezialgebiet von Scheithauer[1]) und Graefe[2]) verwiesen. Für uns genügt es, anzuführen, daß beim Verschwelen einer normalen bituminösen Braunkohle etwa erhalten werden:

33 Proz. Teer, der auf Paraffin und Mineralöle verarbeitet wird;

23 Proz. Schwelwasser, geringe Mengen von Ammoniak, Pyridin und Phenolen enthaltend, das beseitigt wird;

9 Proz. Gas, das unterfeuert wird, und

35 Proz. Koks (Grudekoks), der in der Hauptsache zu rauchlosen Feuerungen (Grudeöfen, zur Heizung von Eisenbahnwagen usw.) verwendet wird.

Die deutsche Produktion an Grudekoks beträgt nach Scheithauer jährlich 30000 bis 35000 Waggons, wovon etwa 1 Proz. den Weg zur Schwärzefabrikation findet. Der Grudekoks ist von körniger Beschaffenheit und gelangt in dem Zustand, wie er die Kokslösche verläßt, mit einem Wassergehalt von etwa 20 Proz. zum Versand; daneben enthält er noch 15 bis 25 Proz. Aschenbestandteile, der Rest besteht aus reinem Kohlenstoff. Grudekoks mit geringem Aschengehalt, wie ihn besonders bitumenarme Braunkohlen liefern, ist von tiefschwarzer Farbe und nur diese Qualität dient zur Herstellung der Schwarzfarben. Sie wird dem Schwärzefabrikanten in durchaus trockenem Zustande geliefert, der sie durch Mahlen und Trennen vom größten Teil der Aschenbestandteile weiter verarbeitet. Wegen des hohen Kohlenstoffgehalts des Grudekoks sollen dabei zuweilen Staubexplosionen eintreten, weshalb Vorsicht geboten erscheint.

Die bituminöse Kohle von Messel (bei Darmstadt) ist offenbar in ähnlicher Weise wie die Braunkohle entstanden; ihre Bildungselemente sind nach Spiegel[3]) tierische und pflanzliche Stoffe, wie sich aus ihren Begleitfossilien ergibt. Sie ist als ein Gemenge von bituminösem Ton und Braunkohle anzusehen, deren organische Bestandteile an die Mineralsubstanz chemisch gebunden sind und sich deshalb auch nicht durch Lösungsmittel extrahieren lassen. Das durchaus vereinzelte Vorkommen besitzt eine Flächenausdehnung von $^3/_4$ Quadratkilometer, deren Abbau sich in absehbarer Zeit auf die obersten 25 m beschränkt. Die Kohle hat stückige, halbtonige Beschaffenheit und enthält neben etwa 46 Proz. Wasser durchschnittlich 30 Proz. Asche. Sie wird

---

[1]) Die Fabrikation der Mineralöle; Die Schwelteere. — [2]) Die Braunkohlenteer-Industrie. — [3]) Vgl. Scheithauer, Die Schwelteere, S. 12.

in ganz ähnlicher Weise und auch auf die gleichen Produkte verarbeitet, wie die Braunkohle und liefert dabei [nach einem Laboratoriumsversuch[1])] 50 Proz. Feuchtigkeits- und Zersetzungswasser, das beträchtliche Mengen an Fettsäuren gebundenes Ammoniak enthält, 7,8 Proz. Rohöl (Teer), 36 Proz. Koksrückstand und 6,2 Proz. Schwelgas.

Die Kohle selbst kann ihres hohen Wasser- und Aschengehalts wegen nicht verfeuert werden und ebensowenig der Koksrückstand mit durchschnittlich nur 21 Proz. Kohlenstoff und 79 Proz. Asche aus einem eisenoxydreichen Ton bestehend. Abgesehen von den für die Schwärzefabrikation begehrten Mengen wird der letztere nicht verwertet. An diese Industrie wird er gleichfalls in getrocknetem Zustand geliefert und neigt wegen seines hohen Aschengehalts nicht zu Staubexplosionen[2]).

Der Ölschiefer der Liasformation (Schottland, Württemberg) besitzt je nach dem Bitumengehalt eine graue bis schwarze Farbe und liefert im Durchschnitt bei der Schwelanalyse 2,68 Proz. Wasser, 24,31 Proz. Teer und 73 Proz. Koksrückstand, der in den neueren Schwelöfen erzeugt nur noch 3 bis 4 Proz. Kohlenstoff (gegen 12,5 bis 18 Proz. früher) besitzt. Er ist auch für die Schwärzefabrikation nicht ohne weitgehende Reinigung des Koksrückstands verwendbar.

Ein in der Natur vorkommendes Schwarz, die sogenannte spanische oder schwarze Kreide, muß hier noch erwähnt werden; sie ist ein durch kohlige oder metallische Teile gefärbter Tonschiefer von schwarzblauer bis schwarzer Farbe. Das in Spanien vorkommende Material wird im allgemeinen vorgezogen, doch finden sich auch gute Lager in Italien, der Schweiz, Tirol und in Deutschland bei Osnabrück, Bayreuth u. a. a. O. Derartige durch Kohlenstoff gefärbte Erden werden vielfach auch künstlich hergestellt (s. später).

Schwierigkeiten in der Beschaffung des Rohmaterials existieren im allgemeinen nicht. Nur die Fabrikation des Elfenbeinschwarz leidet nach einem Bericht der Handelskammer Hannover unter dem Mangel und dem hohen Preis der Elfenbeinabfälle.

Die Vorbereitung des Rohmaterials zur Verarbeitung beschränkt sich in der Hauptsache auf das Trocknen derselben, das in gleicher Weise zur Erhöhung der Ausbeute als auch zur Ersparnis an Brennmaterial beiträgt. Es geschieht überall durch die Abhitze der Glühöfen und beansprucht wegen der leichten Entzündbarkeit des dabei unter Umständen auftretenden Staubes besondere Vorsichtsmaßregeln.

Die Firma A. Wegelin, Aktiengesellschaft für Rußfabrikation und chemische Industrie[3]), hält im Gegensatz zu den bisherigen Verfahren, die auf der Verwendung des bituminösen Ausgangsmaterials im rohen, d. h. unzerkleinerten oder nur vorgebrochenen Zustand basieren, eine vorherige Mahlung bzw. Pulverisierung desselben für vorteilhaft. Sie bringt Braunkohle, Torf, Grudekoks usw. vor der Verkohlung schon in den Zustand feinster Verteilung und erreicht damit einen viel schnelleren Verlauf des Schwelprozesses bei niedrigerer Temperatur und ein Schwarz von viel tieferem Ton. Wenn man, wie bisher, mit nur wenig oder gar nicht zerkleinertem Material arbeitet, dessen einzelne Teile von sehr verschiedener Größe sind, so ist keine

---

[1]) Vgl. Scheithauer, Die Schwelteere, S. 15. — [2]) Ebend., S. 64. — [3]) Deutsche Patentanm. W. 34 281, 1910.

einheitliche Entgasung des Materials möglich und der resultierende Koks zeigt eine sehr wechselnde Beschaffenheit, wenn man nicht unter großem Zeitaufwand die Entgasung vollkommen zu Ende führt, so daß auch die gröberen Teile des Materials bis ins Innere hinein vollkommen verschwelt sind, wobei aber der erhältliche Koks unter der Wirkung der lang andauernden und erhöhten Temperatur an Tiefe der Farbe verliert.

Das Verfahren kann mit gutem Erfolg mit Braunkohlenstaub ausgeführt werden, wie er in Brikettfabriken massenhaft auftritt, und erlaubt somit eine lohnende Verwertung dieses sonst lästigen Materials. Nach dem Verlassen des Ofens bedarf das Material keiner weiteren Verarbeitung durch Mahlen u. dgl., sondern es wird direkt als gebrauchfertige Schwärze gewonnen. Ein weiterer Vorzug dieses Verfahrens dürfte unseres Erachtens darin liegen, daß die sonst hin und wieder vorkommenden Kohlenstaubexplosionen möglichst vermieden werden.

Ein dem Wegelin schen ganz ähnliches Verfahren hat neuerdings A. Metzner unter dem Aktenzeichen M 44710, Kl. 22f vom 27. Mai 1911 zum Patent eingereicht. Es betrifft die Herstellung von Schwärze aus Braunkohlenstaub der Brikettfabriken, der behufs Herabminderung der Gefahr einer Selbstentzündung mit Dampfwasser gekocht und darauf dem Schwelprozeß unterworfen und in Kühlapparaten abgekühlt wird.

Die außerordentlich leichten und feinverteilten, bei der Trocknung von Braunkohle zur Brikettfabrikation aus den Trockenapparaten vom Wasserdampf mitgerissenen Kohleteilchen werden durch Fangvorrichtungen zurückgehalten und bilden ein weiches und trockenes Mehl, das häufig durch Selbstentzündung auf den Werken Brände verursacht und dadurch lästig wird. Nach der Behandlung mit Dampfwasser wird es in den üblichen Zylindern verschwelt und braucht nach der Entnahme aus den Kühlgefäßen nur zerdrückt zu werden, um eine billige, besonders deckkräftige und handelsfähige Farbe zu bilden, die sich infolge ihres geringen Aschengehaltes sowohl zu Wasser- und Ölfarben, als auch zu Buchdruckfarben eignet.

Ein Vorschlag von Gatehouse[1]), die Braunkohle vor der Verschwelung mit Wasserglas zu tränken, ist offenbar unpraktisch.

2. Der Glühprozeß.

Die ersten Schwarzfarben wurden ohne Zweifel aus den kohligen Rückständen hergestellt, welche man auf Feuerstellen vorfand. Später hat man sich dazu der in Meilern erzeugten Kohle bedient, um sich schließlich mit gesteigertem Bedürfnis und verfeinerten Ansprüchen einem Verfahren zuzuwenden, wie es schon seit langer Zeit zur Erzeugung von Knochenkohle in großem Maßstabe ausgeführt wird und darin besteht, daß man die zerkleinerten Knochen in irdene oder eiserne Töpfe packt, und diese in einem Flammofen so lange der Glühhitze aussetzt, bis die Knochen gar gebrannt sind. Bei der Analogie der für die Darstellung der Schwärze maßgebenden Verhältnisse muß es wundernehmen, daß dies Verfahren nicht schon früher in Anwendung gekommen ist.

So entstanden nach einem Berichte von F. Matthey[2]) in Nassau und bei Kassel die ersten Anlagen, die, nach diesem Systeme arbeitend, unter

---

[1]) Engl. Pat. Nr. 1557, 183. — [2]) Deutsche Industrie-Ztg. 1877, S. 204.

Einhaltung nur geringer Vorsichtsmaßregeln aus Braunkohle stets eine gleichmäßig tiefschwarze, lockere Kohle erzielten, die durch weitere Behandlung in entsprechenden Mahlvorrichtungen eine ebensolche Schwärze lieferte. Derartige Anlagen sind infolge der Einfachheit ihrer Konstruktion sowie ihrer Billigkeit noch heute im Gebrauch, wurden aber später vielfach durch solche mit kontinuierlichem Betriebe verdrängt.

Wir haben die Beschreibung des untenstehenden Kalzinierofens (Fig. 92) schon an einem anderen Orte gegeben und können uns also hier lediglich auf die Schilderung des Verfahrens beschränken. Nachdem die Töpfe richtig gepackt sind, geschieht die Beschickung durch die Arbeitsöffnung auf die früher angegebene Weise und unter Beobachtung der dort angegebenen Vorsichtsmaßregeln in bezug auf die Lutierung der Töpfe unter sich. Man sorgt dafür, daß der Ofen in etwa 18 bis 20 Stunden die Dunkelrotglut erreicht; die Destillationsprodukte brechen sich durch die Fugen des Verstrichs Bahn, verbrennen mit dem überschüssigen Sauerstoff der zwischen den Töpfen aufsteigenden Feuergase und unterstützen dadurch wesentlich die Verkohlung im oberen Teil des Ofens. Es ist aus diesem Grunde eine gleichmäßige Erhitzung der ganzen Beschickung unschwer zu erreichen. Zur Umwandlung der Braunkohlen oder Weinrückstände in tiefschwarze Kohle genügt die Dunkelrotglut während einer Zeitdauer von fünf bis sechs Stunden. Ein längeres Erhitzen oder höhere Temperatur können der Qualität des resultierenden Schwarz nur schädlich sein, insofern letzteres dann einen bräunlichen Ton annimmt, der besonders nach dem Feinmahlen deutlich hervortritt.

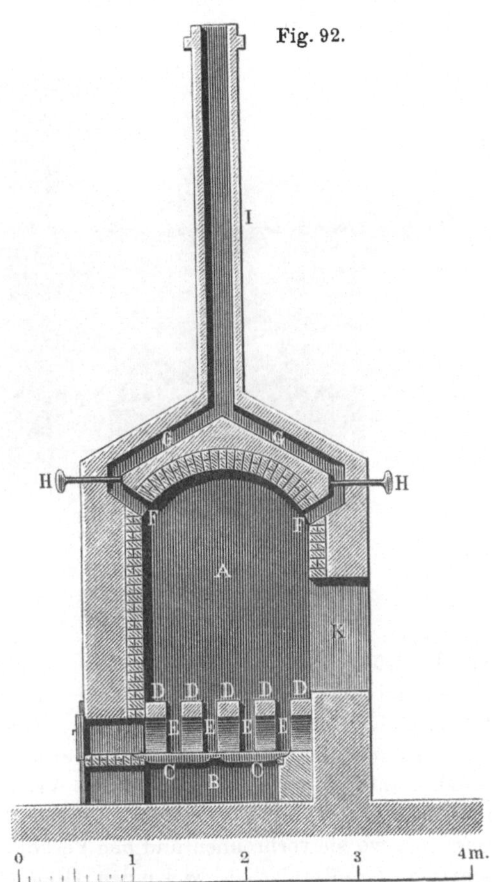

Fig. 92.

Nach beendigter Operation müssen die Türen der Feuerung sowie des Aschenfalls geschlossen und, wenn nötig, mit Lehm verstrichen werden; man schließt auch die Schieber zum Schornstein und überläßt das Ganze bis zur genügenden Abkühlung sich selbst.

Man muß beim Entleeren des Ofens und der Töpfe mit größter Vorsicht zu Werke gehen; der Inhalt der Töpfe hat die Eigenschaften eines Pyrophors

und entzündet sich, an die Luft gebracht, schon bei einer ziemlich niedrigen
Temperatur. Die Töpfe, namentlich jene im unteren Teil des Ofens, sind
einer starken Abnutzung ausgesetzt; sie werfen sich leicht, zerspringen auch
hin und wieder und müssen daher öfters ausgewechselt werden. Dies und
die intermittierende Art des Betriebes, welche nicht nur viel mehr Zeit, sondern
auch unnötig viel Brennmaterial beansprucht, veranlaßten größere Schwärze-
fabriken bald zur Anlage von Retortenöfen mit kontinuierlicher Verkohlung.
Man hat diese Öfen in verschiedener Konstruktion ausgeführt: sowohl mit
liegenden als auch mit stehenden Retorten, mit Einrichtung zur Gewinnung
der Nebenprodukte, als auch zur Ausnutzung derselben als Heizmaterial bei

Fig. 93.

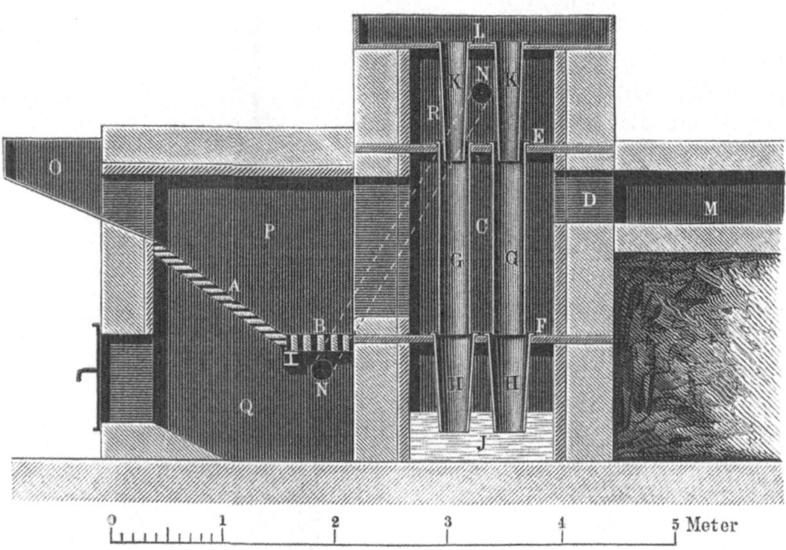

dem Prozeß selbst, für den Betrieb mit direkter Feuerung wie für einen
solchen mit überhitztem Dampf. Jedes dieser Systeme hat Vorzüge, die es
in dem einen oder anderen Falle besser geeignet erscheinen lassen.

Was zunächst die Anlagen mit stehenden Retorten anbelangt, so verbindet man in der Regel damit keine Verwertung der entstehenden Destillationsprodukte durch Kondensation, sondern man leitet dieselben unter die
Feuerung, wo sie verbrennen und den Verkohlungsprozeß unterstützen. Einen
derartigen, kontinuierlich wirkenden Ofen (Fig. 93) beschreibt Matthey[1]
und fügt hinzu, daß nach seinen bisherigen Ermittelungen dieser Ofen neben
einigen anderen Systemen bei weitem die Hauptmasse des zur Schwärzefabrikation dienenden Koks liefert. Derselbe besteht aus dem Feuerraume P,
der oben durch ein flaches Gewölbe geschlossen ist und sich hinten nach oben
und seitwärts in den eigentlichen Glühraum C von 1,32 m Länge, 0,90 m
Breite und 1,66 m Höhe erweitert. Als Rost hat sich für Braunkohlenbrand
ein Treppenrost A von 1,63 m Länge und 0,72 m Breite bei einem Fallwinkel
von 34⁰ bewährt. An dessen unteres, gleichzeitig auch inneres Ende schließt

---

[1]) Deutsche Industrie-Ztg. 1877, S. 204.

sich ein kleiner Planrost B an, durch dessen horizontale Bewegungen vermittelst einer Zugstange ein Nachrollen des Brennmaterials aus dem Blechkasten O veranlaßt wird. Die Seitenwände des Glühraumes sind mit feuerfestem Material ausgemauert; die Rückseite enthält zwei mehr hohe als breite Öffnungen D, welche symmetrisch angebracht sind und zum Abzuge der Feuergase nach dem Schornstein dienen. Die Decke und der Boden des Glühraumes werden durch zwei starke gußeiserne Platten E und F von mindestens 3 cm Dicke gebildet, mit je fünf kreisrunden Öffnungen zur Aufnahme der Retorten G und der Kühlzylinder H. Die gußeisernen Retorten haben eine Wandstärke von 25 mm, eine Höhe von 1,69 m und eine lichte Weite von 220 mm. Sie werden durch die erwähnten fünf Öffnungen der oberen Gußplatte hindurchgesteckt, hängen sich in letzterer mit ihrem ringförmigen, flanschartigen Bord auf und reichen eben bis zu den korrespondierenden, für die Aufnahme der schwarzblechernen Kühlzylinder H bestimmten, um ein weniges kleineren fünf Öffnungen der unteren Gußplatte.

Die Kühlzylinder hängen gleichfalls durch Vermittelung eines Flansches in derselben Weise in der unteren Gußplatte; sie haben eine etwas geringere Weite als die Retorten, von denen sie gleichsam die Verlängerung nach unten bilden. Bei einer Länge von 0,83 m tauchen dieselben 0,15 m tief in einen unter dem Glühraum befindlichen Wasserbehälter J, so daß sie von dem Boden des letzteren noch etwa 0,24 m abstehen.

Zur Füllung der Retorten dienen fünf Trichter K von dünnem Gußeisen, welche bei Beginn des Betriebes samt den Zylindern, den unteren wie den oberen, mit dem zu verbrennenden Material, oder besser dem Koks desselben, gefüllt werden. Diese Trichter haben unten einen geringeren Durchmesser als die Retorten, so daß zwischen den Wandungen beider ein Spielraum von ringsum 5 mm bleibt; sie reichen mit ihrem Rande 5 cm in den Hals der Retorte hinein. Aus dem unteren Ende des Kühlzylinders tritt dabei ein dessen Entfernung vom Boden des Wasserbassins entsprechendes Quantum in Form eines kegelförmigen Haufens heraus. Sobald der Ofen auf Dunkelrotglut gebracht ist, zieht man vermittelst einer genügend breiten Krücke die ausgetretene Kohle seitwärts heraus; ein gleiches Quantum tritt sofort aus dem Kühlzylinder an dessen Stelle, wie sich dieser gleichzeitig wieder aus der Retorte, diese aus dem Trichter und letzterer aus dem Vorratsraume über der oberen Platte L füllt. Jede solche Operation, die von zwei zu zwei Stunden vorzunehmen ist, ergibt pro Retorte 30 Liter Koks; bei anfänglicher Füllung mit Rohmaterial sind die erstentnommenen Partien natürlich aus dem Bassin zu entfernen, bis nur wohl durchglühter Koks an die Reihe kommt.

Die in der Retorte in bedeutender Menge sich entwickelnden Gase entweichen durch den ringförmigen Spalt, den man absichtlich zwischen dem Halse der Retorte und dem Trichterfuß gelassen hat, sammeln sich in dem Raume R zwischen der obersten und mittleren Platte und werden durch ein genügend weites Rohr N unter die Feuerung geleitet, um mit der Verbrennungsluft in dieselbe eingesaugt und mit verbrannt zu werden.

Die Reibungswiderstände, welche die Gase bei einem Austritte durch die im Trichter befindliche Schicht klarer Kohlen zu überwinden hätten, sind merklich größer als die, welche sie auf dem vorbezeichneten Wege finden; nach unten hindert der Wasserverschluß ein Entweichen in dieser Richtung, es ist demnach besondere Sorgfalt darauf zu verwenden, daß jene stets gefüllt erhalten bleiben, weil das Niveau der Kohle nicht allein periodisch infolge des Abziehens des Koks, sondern auch außerdem kontinuierlich infolge der steten Volumverkleinerung im Glühraume sinkt.

Die Verkokung ist eine viel gleichmäßigere und die Ausbeute eine wesentlich bessere, wenn man zum Füllen der Retorten nur getrocknete Ware verwendet. Man hat aus diesem Grunde den Rauchkanälen M, welche die Heizgase nach dem Kamin führen, eine solche Form gegeben, daß es möglich ist, die abgehende Wärme zum Trocknen des Rohmaterials zu verwenden. Man gibt ihnen eine Länge von etwa 6 m bei einer Breite von 1,8 m, breitet auf der dadurch gebildeten Fläche die Braunkohlen oder Trester aus und befördert sie je nach Bedarf auf die Platte L, so zwar, daß das entfernte Material stets wieder durch neues ersetzt wird.

Einen ganz ähnlichen Apparat, nur in größeren Dimensionen, wie er in der Schwärzefabrik von Zumstein in Dürkheim in der Rheinpfalz in Tätigkeit ist, beschreibt Illgen [1]). Dieser Ofen enthält zwölf in zwei Reihen senkrecht stehende zylindrische Schamotteretorten von 0,45 m lichtem Durchmesser und etwa 2,5 m Höhe. Das Chargieren wird durch unmittelbar über den Retorten angebrachte, kurze, nach unten trichterförmig zusammengezogene gußeiserne Zylinder bewerkstelligt, der Verschluß mittels eines gußeisernen Deckels, der in eine ringförmige Tasse eingesenkt ist, hergestellt. Die Tasse enthält keine Wasserfüllung, wie bei den Reinigern der Kohlen- und Holzgasanstalten, sondern sie wird um den eingesenkten Deckel herum mit feuchtem Lignitklein, dem Material, das dort verarbeitet wird, ausgefüllt. An den unten offenen Tonretorten sind mittels Flanschenverschraubung zylindrische, gußeiserne Verlängerungen angebracht, welche in einem flachen, gemauerten Behälter 12 bis 25 mm tief in Wasser tauchen. Dieser Wasserbehälter ist an einer Seite abgeschrägt, um das Ausziehen der Kohle bequem zu erleichtern.

Das Beschicken geschieht alle zwei bis drei Stunden mit je 1¹/₂ Ztr. Lignit pro Retorte. Da die bei der Verkokung sich entwickelnden Gase, welche an der oberen Öffnung der Tonretorte, zunächst unter dem gußeisernen Einfülltrichter, in einem gemeinsamen Sammelkanal abgefangen werden, um später mit Luft gemischt in den Ofenraum zur Verbrennung zu gelangen, nicht zur Erzielung des zur vollständigen Vorkokung erforderlichen Hitzegrades hinreichen, so ist gleichzeitig ein Siemensscher Gasgenerator (mit Rost und gleichfalls mit Lignit beschickt) im Betriebe, dessen Feuergase, mit dem Retortengas und zuletzt noch mit Luft vermischt, in dem Retortenofen verbrannt werden.

An dem gemeinschaftlichen Gaskanal, neben dem sich, unmittelbar daran grenzend, der Luftzuführungskanal befindet, ist eine Drosselklappe angebracht, die so gestellt werden kann, daß man das Gasgemisch je nach Erfordernis entweder an der oberen oder unteren Seite, oder auch oben und unten (bzw. rechts und links) zugleich in den Ofen eintreten lassen kann. Die Verbrennungsprodukte gelangen durch einen gemauerten Kanal und ein 18 m hohes Kamin vollkommen rauchfrei aus dem Ofen ins Freie. Es ist begreiflich, daß unter diesen Umständen von einem Gasdruck in den Retorten nicht die Rede sein kann, indem das Kamin, ähnlich wie ein Exhaustor, saugend auf die Retorten wirkt. Von dem Sammelraum für die Retortengase

---

[1]) Journ. f. Gasbel. 1872, Nr. 5.

geht ein Tauchrohr in eine kleine Teerzisterne, wo sich außerhalb des Ofens durch Abkühlung der Teer aus den Gasen abscheidet.

Illgen macht noch einige Verbesserungsvorschläge für diesen Ofen. Zunächst soll derselbe für liegende Retorten eingerichtet werden, weil diese bei vorkommenden Undichtigkeiten leichter Abhilfe, überhaupt einen sicheren, bequemeren Betrieb gestatten sollen. Das Ausziehen des Koks soll dann mittels eines an seinem unteren Ende in Wasser eintauchenden gußeisernen Knierohres vom Querschnitt der Retorte an der Rückseite des Ofens vorgenommen werden, während das Chargieren in bekannter Weise, wie bei der Steinkohlengasbereitung üblich, an der Vorderseite des Ofens geschehen soll. Der Ofen soll ferner mit Vorlage versehen, ein Kondensator aufgestellt und ein Teil der vor dem Eintritt in die Vorlage weggeführten Retortengase in

Fig. 94.

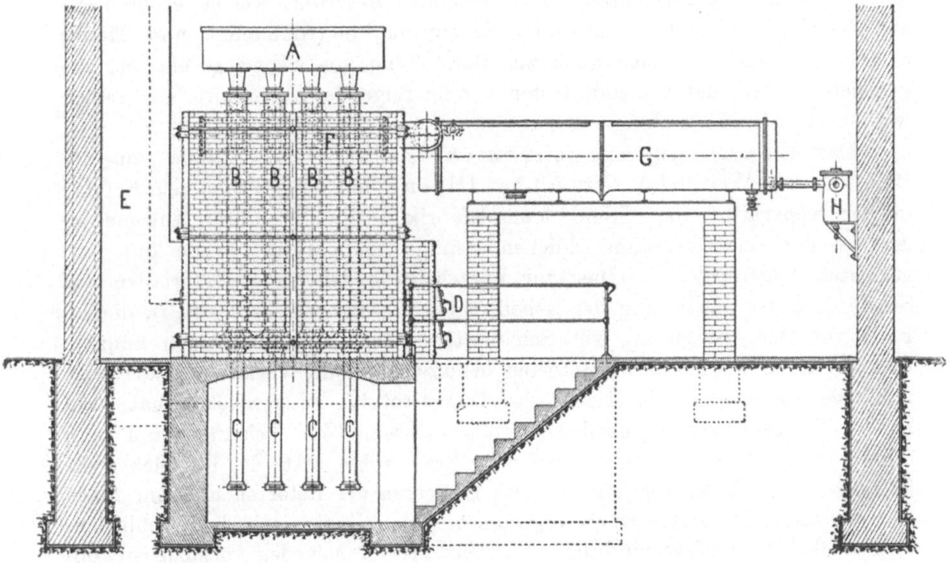

einem Kalkreiniger zum Zwecke der Beleuchtung des Werkes gereinigt, das bisherige System der Feuerung jedoch im übrigen beibehalten werden, der Gasgenerator aber, wenn möglich, in Wegfall kommen.

Von diesen Vorschlägen dürfte der auf die Verwendung horizontaler Retorten bezügliche kaum eine Verbesserung bedeuten und ist auch wohl nicht zur Ausführung gelangt. Dagegen hat die Firma Heinrich Hirzel, G. m. b. H., in Leipzig-Plagwitz den von Matthey und Illgen beschriebenen Apparat wesentlich vervollkommnet und demselben die in Fig. 94 dargestellte Form gegeben. Die Vertikalretorten sind beibehalten worden und im übrigen ist die Konstruktion wie folgt. Der Ofen ist sowohl zur Verkohlung solcher Materialien, welche, wie z. B. Knochen usw. wertvolle Teere liefern, als auch solcher bestimmt, bei denen man von einer Gewinnung der Destillationsprodukte absieht. Die zur Schwelung gelangenden Stoffe werden in die noch heißstehenden Retorten B eingefüllt und darin auf entsprechend hohe Temperatur erhitzt. Die entweichenden Destillationsprodukte werden in dem Kühler G kondensiert und die ausfließende Flüssigkeit in der Florentiner

Flasche H in ihre öligen und wässerigen Bestandteile getrennt. Bei der Verarbeitung von Materialien, welche keine wertvollen Nebenprodukte liefern, wird die Kondensationsapparatur ausgeschaltet.

Die abgeschwelte Kohle wird durch Öffnen eines Verschlusses in die luftdicht schließenden Kühlzylinder C abgelassen, während neues Material aus dem Vorratsbehälter A den Retorten zugeführt wird. In den Kühlzylindern bleibt die Kohle so lange, bis sie gänzlich erkaltet ist und ohne Gefahr der Selbstentzündung durch einen Schieber abgezogen werden kann.

Die Arbeit mit diesem Ofen ist eine kontinuierliche und es braucht nicht erwähnt zu werden, daß die aus der Kondensation entweichenden, brennbaren Gase zur Heizung der Retorten mit herangezogen oder in anderer Weise nutzbringend verwertet werden.

Speziell für die Herstellung von Knochenkohle sind noch eine Reihe anderer Öfen, mit horizontalen und vertikalen Retorten, welche größtenteils auf die Gewinnung der wertvollen Nebenprodukte (Ammoniak und Tieröl) eingerichtet sind und sich auch zur Herstellung von Schwärze eignen, angegeben worden, deren bekanntesten wir im folgenden Abschnitt beschreiben werden (vgl. S. 173 u. f.).

Das Vergasen der ausgenutzten Weintreber (Abfälle von der Brennerei und Weinsteinbereitung) hat Illgen[1]) mit ausgezeichnetem Erfolge in der Apparatur einer Steinkohlengasfabrik ausgeführt unter Anwendung der bei der Gasfabrikation üblichen Reinigungsapparatur. Jede gut eingerichtete Gasfabrik sei daher zur Verarbeitung derartiger Materialien auf Schwärze unter Gewinnung der Nebenprodukte geeignet. Man wird in diesem Falle von der Anwendung von Schamotteretorten Abstand nehmen können, und zweckmäßig gußeiserne Retorten benutzen, da die Verkohlung der hier in Frage kommenden Materialien bei Dunkelrotglut zu geschehen hat, und höhere Temperaturen vermieden werden müssen. Zur Heizung kann man minderwertiges Material, etwa Torf oder Braunkohle, statt des ungleich mehr Hitze gebenden Koks verwenden. Das Entleeren der Retorten hat sehr rasch zu geschehen, am besten in untergestellte eiserne Kasten mit dicht schließendem Deckel oder Wasserfüllung. Letzteres ist entschieden vorzuziehen, obgleich dann noch ein Trocknen des Koks vor der weiteren Verarbeitung nötig wird. Man verhindert aber dadurch, daß der glühende kohlige Rückstand während des Ausziehens fortbrennt und sich mit Asche verunreinigen kann.

Der von Matthey und Illgen beschriebene, von Hirzel verbesserte Apparat bietet unstreitig vor der Anlage analog einem Gaswerke eine Reihe von Vorteilen, welche sich auf den kontinuierlichen Betrieb, die leichtere Bedienung, billigere Arbeit, Raumersparnis und größere Leistungsfähigkeit beziehen; auch dürfte die erzielte Schwärze dadurch, daß das bereits verkohlte Material gar nicht mit der Luft in Berührung kommt, in qualitativer wie quantitativer Hinsicht eine bessere sein, so daß die vielleicht bessere Verwertung der flüchtigen Destillationsprodukte nach dem Vorschlage von Illgen wohl kaum ins Gewicht fallen dürfte.

Zur Verwertung von Abfällen in zerkleinertem Zustande, wie Sägespänen, extrahierten Spänen von Farbhölzern, ausgelaugter Gerberlohe usw., hat Halliday einen kontinuierlich arbeitenden Apparat (Fig. 95) konstruiert, der

---

[1]) Dinglers polyt. Journ. **185, 186** u. f.

sich vermutlich auch für die Zwecke der Schwärzeerzeugung eignen dürfte. Er besteht der Hauptsache nach aus einer gußeisernen, liegenden Retorte A, in welcher sich eine Transportschnecke B so bewegt, daß sie das durch Trichter und Schnecke C in die Retorte geschaffte Rohmaterial langsam nach der anderen Seite der letzteren befördert. Die Retorte A ragt hinten etwas aus dem Ofen heraus, und besitzt an dieser Stelle zwei sich gegenüberliegende Stutzen, welche mit den Röhren K und D verbunden sind, deren ersterer zur Kondensation, letzterer dagegen in den Löschbehälter E führt, in welchem sich der erzeugte Koks, ohne mit der Luft in Berührung zu kommen, ablöscht.

Fig. 95.

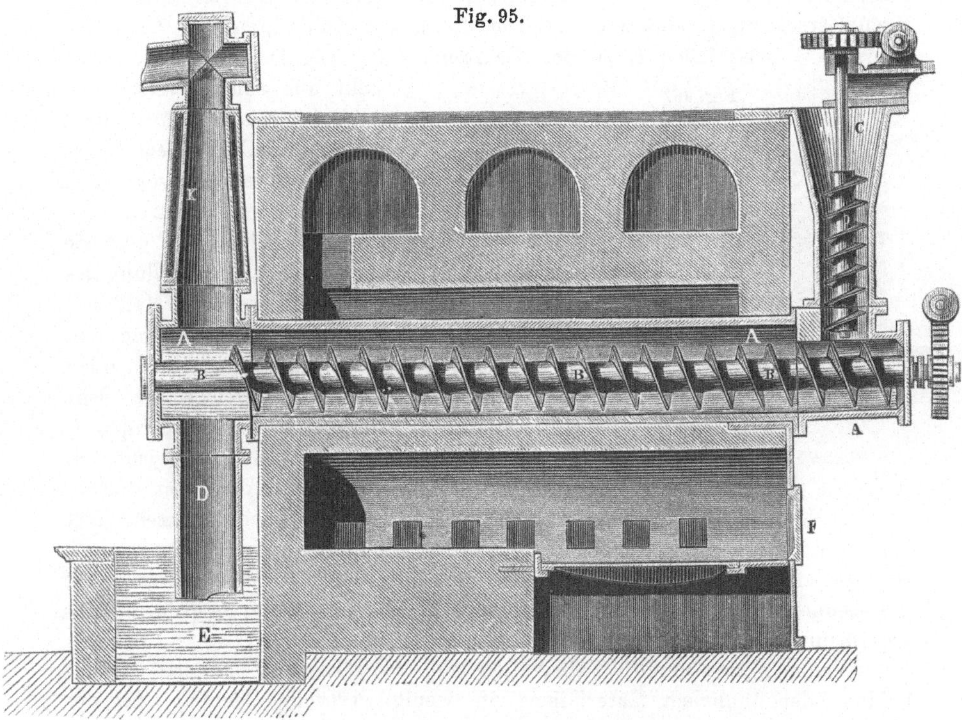

Durch Regulierung der Geschwindigkeit des Schneckenrades hat man es in der Hand, das Material beliebig lange der Wirkung der Hitze auszusetzen. Außerdem bietet der Apparat den Vorteil, daß das zu verschwelende Material fortwährend gemischt und somit jedes Teilchen der Berührung mit der glühenden Retortenwand ausgesetzt wird, so daß ein Überhitzen einzelner Partien oder ein zu schwaches Glühen anderer vermieden wird.

Rotierende Apparate nach Art der Kaffeebrenner, hauptsächlich für die Verarbeitung bituminöser Schiefer, haben ferner Lahoré[1]) und Moissan[2]) konstruiert.

Um bei der Verkohlung die erforderliche gleichmäßige Temperatur mit Sicherheit einhalten zu können, hat man andererseits auch den Versuch gemacht, die Heizung der Retorten, statt mit direktem Feuer, mit überhitzter Luft oder überhitztem Dampf auszuführen. Für die Verwendung von über-

---

[1]) Wagners Jahresber. 1863, S. 678. — [2]) Rév. industr. 1879, S. 343.

hitzter Luft hat Nepp[1]) eine geeignete Konstruktion angegeben. Apparate für überhitzten Dampf sind von Perutz, Grotowsky und Ramdohr angegeben und zum Teil in der Braunkohlenteerindustrie benutzt worden.

Einen für die Verkohlung von Lederabfällen und ähnlichen Materialien bestimmten Apparat (Fig. 96) hat sich A. Zwillinger in Wien patentieren lassen[2]). Derselbe besteht aus der stehenden guß- oder schmiedeeisernen Retorte A, welche mit einem Isoliermantel umgeben ist und durch Rohr b mit überhitztem Wasserdampf versorgt werden kann. Am Kopf derselben befindet sich ein genügend weiter, mit Flansch verschließbarer Stutzen zum Füllen und seitlich unten ein solcher zum Entleeren der Retorte. Die flüchtigen Zersetzungsprodukte entweichen durch die Kühlschlange D nach den eisernen Waschgefäßen E zu dem Gasreiniger F. Der Dampfüberhitzer be-

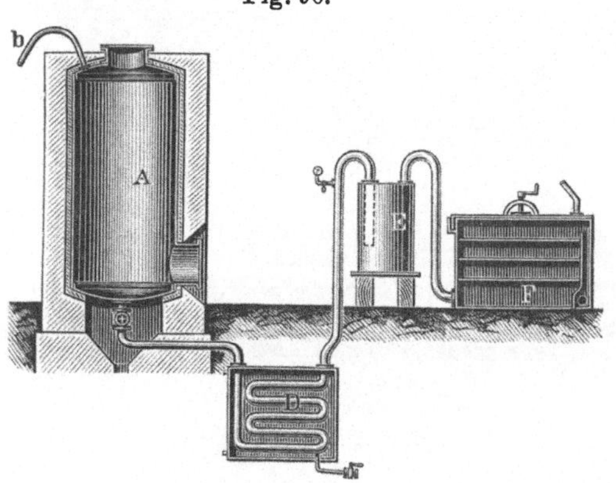

Fig. 96.

steht aus einem System von starken, gußeisernen Röhren, welche, soweit sie dem Feuer ausgesetzt sind, vor dem Durchbrennen dadurch geschützt werden, daß man sie vor der Zusammenstellung des Apparates mehrere Male mit einer aus 2 Teilen Lehm und 1 Teil Kieselgur bestehenden Mischung, welche in sehr dünnem, wässerigem Sirup aufgeschlämmt ist, bestreicht. Es entsteht hierdurch ein dünner Überzug, welcher sehr fest haftet, und das Rohr von außen gegen die Zerstörung durch die Flamme schützt. Die Innenseite überzieht sich im Laufe der Zeit mit einer sehr fest anliegenden Schicht von kristallisiertem Eisenoxyd, wodurch jede weitere Zerstörung des Eisens verhindert wird.

Wenn es sich um die Fabrikation von Schwärze aus Trestern, Braunkohlen oder ähnlichen Materialien, die wenig wertvolle Destillate bei der Verkohlung ergeben, handelt, wird wohl den verschiedenen Apparaten mit direkter Feuerung und ohne besondere Verwertung der Nebenprodukte der Vorzug zu geben sein. Hat man es aber mit Abfällen animalischer Stoffe oder solcher Substanzen, welche viel Ammoniak oder wertvollen Teer liefern, zu tun, so empfiehlt sich die Destillation mit überhitztem Dampf und dürfte der Apparat von Zwillinger gute Dienste leisten. Abgesehen davon, daß die Ausbeuten an Teer und Ammoniaksalzen beim Verkohlen mit überhitztem Dampf größer sind, erhält man auch ein gleichmäßigeres Produkt als Destillationsrückstand.

Damit ist die Zahl der sich zur Schwärzefabrikation eignenden Apparate keineswegs erschöpft. In anderen Fabrikationszweigen, so in der Holzverkohlung, der Braunkohlenindustrie usw., sind noch andere auch in diesem Falle anwendbare Systeme im Gebrauch, deren Konstruktion eine kompliziertere ist und deren Dimensionen größere sind, wie dies ja in der Natur der Sache liegt.

---

[1]) D. R.-P. Nr. 19294. — [2]) D. R.-P. Nr. 28613.

3. Der Mahlprozeß.

Auf welche Weise man auch verfahren hat, um eine geeignete Schwärzekohle zu erhalten und aus welchem Material sie auch erzeugt worden ist, so erfährt sie von jetzt ab die gleiche Behandlung. Diese besteht zunächst darin, daß man die Kohle in einen möglichst trockenen Zustand versetzt, sei es durch Trocknen auf Hürden an der Luft oder unter Benutzung der Wärme der von den Öfen abgehenden Feuergase. Sodann folgt die erste Mahlung, wozu sich alle Arten von Mühlen eignen; am zweckmäßigsten sind aber Desintegratoren (Schleudermühlen) oder Mahltrommeln. Diese Apparate sind vollkommen geschlossen und es wird daher das Stäuben des Materials vollständig vermieden.

Das Prinzip der Desintegratoren beruht auf der durch entgegengesetzte Rotation erzeugten Zentrifugalkraft in den Korbstäben der Maschinen. Sie

Fig. 97.

Fig. 98.

bestehen meist aus vier konzentrischen Körben, deren Peripherien mit Stäben von Stahl besetzt sind, wie aus der Fig. 97 ersichtlich ist und die derart in Bewegung gesetzt sind, daß immer der vorhergehende Korb dem nachfolgenden entgegengesetzt rotiert. In den inneren Korb werden die Materialien eingebracht und durch rasche Umdrehung mit großer Kraft gegen ein feststehendes Messer, den Zerteiler, geschleudert und so in kleinere Stücke zerschellt; diese gelangen in den zweiten Korb und werden hier in entgegengesetzter Richtung herumgeworfen, wodurch die Stückchen einer weiteren Zerkleinerung ausgesetzt sind. Dasselbe wiederholt sich in den folgenden Körben, so daß das Material, wenn es die Maschine verläßt, in ein Pulver von beliebiger Feinheit umgewandelt ist. Die Leistungsfähigkeit der Desintegratoren ist bei einem verhältnißmäßig geringen Kraftaufwande eine nahezu unübertreffliche, sie sind infolge des höchst einfachen Mechanismus geringen Reparaturen ausgesetzt und finden daher in der Industrie mit Recht eine immer größere Verbreitung.

Ein anderes, ebenfalls sehr zweckmäßiges System repräsentieren die sogenannten Mahltrommeln, von denen Fig. 98 eine Ansicht gibt. Dieselben bestehen der Hauptsache nach aus einer schmiedeeisernen Trommel von entsprechender Dimension, welche an einer horizontalen Achse auf einem Lagerbock montiert ist. Die Trommel besitzt zwei sich gegenüberliegende Füllöffnungen mit Bügelverschluß, und befindet sich ganz in einem Gehäuse aus

Eisenblech, von welchem in der Zeichnung nur die beiden Seitenwände und teilweise die mit einer Schiebetür versehene Vorderwand sichtbar sind. Jedes der beiden Mannlöcher ist mit zwei Deckeln versehen: einem Volldeckel, welcher aufgeschraubt wird, wenn die Mühle in Tätigkeit ist, und einem durchbrochenen, mit dem man ersteren ersetzt, wenn dieselbe entleert werden soll. Die Mühle ist mit einer genügenden Anzahl gußeiserner Kugeln verschiedener Durchmesser angefüllt, welche durch ihre rollende Bewegung das eingefüllte Material in kurzer Zeit zerkleinern. Es ist selbstverständlich, daß die Löcher am durchbrochenen Deckel der Füllöffnungen nicht so groß sein dürfen, daß beim Entleeren auch die Kugeln mit herausfallen. Die Entleerung geschieht bei vollständig geschlossenem Gehäuse in einen unter die Trommel geschobenen kleinen Wagen.

Es ist bezüglich der ersten Mahlung des Schwärzegutes noch ganz besonders zu erwähnen, daß man dieses, wenn es aus den Zylindern oder Retorten in geschlossenen Gefäßen zur Abkühlung gebracht worden ist, erst ganz kalt werden lassen muß, bevor man es in die Mühle bringt, weil sich sonst das gröbliche Pulver bei längerem Liegen, was ja bisweilen vorkommt, leicht entzünden kann. Einen derartigen Fall spontaner Selbstentzündung bei Holzkohle beobachtete Hargreaves [1]), welcher fand, daß Kohle, die nur 24 Stunden Zeit zur Abkühlung hatte, bis sie pulverisiert wurde, beim Aufbewahren in offenen Gefäßen allmählich heiß wurde und nach 36 Stunden zu brennen anfing. Wurde das Pulvern erst nach drei Tagen vorgenommen, so zeigte sich nachher keine bemerkenswerte Temperaturerhöhung. Über einen ähnlichen Fall berichtet G. Roll [2]). Auf einem eisernen Kollergang wurden 10 kg Holzkohle zu feinem Pulver (Pulvis subtilis) vermahlen. Das Pulver wurde in ein Faß getan und blieb während vier Tagen in einem Raume stehen, der im Laufe dieser Zeit nicht mit Licht oder brennenden Stoffen betreten worden war. Am vierten Tage waren Faß und Holzkohle verbrannt, und es bleibt nur die Möglichkeit einer Selbstentzündung zur Erklärung dieser Erscheinung, die ja auch mehrfach an Schwärze, besonders aus Braunkohlen beobachtet worden ist.

Je nach der Qualität der Farbe wird der Mahlprozeß in Kugelmühlen oder Kollergängen bis zu genügender Feinheit zu Ende geführt oder es folgt noch eine weitere Zerteilung des Materials in sog. Naßmühlen, während bei den allergrößten Anforderungen noch ein Schlämmen des feinstpulverisierten Produktes erforderlich ist. Nach Auskunft der Ver. Schwarzfarben- und chemischen Werke, A.-G., werden nur die Knochen und Elfenbeinschwärzen auf der Naßmühle gemahlen und geschlämmt, während alle Koksschwärzen, wie Rebschwarz, Braunkohlenschwarz usw. auf Mahlgängen und Kugelmühlen zu der gewünschten Feinheit gebracht werden.

Das in einer der erwähnten Mühlen erzielte gröbliche Pulver wird in Naßmühlen, wie sie in Farbenfabriken allgemein im Gebrauch sind, weiter verarbeitet und verläßt dieselben nicht eher, als bis es vollständig in ein unfühlbares, feines Pulver verwandelt ist. Die zum Mahlen von Erd- und Mineralfarben angewendeten Naßmühlen, deren Anordnung aus Fig. 99 ersichtlich ist, unterscheiden sich von den gewöhnlichen Mühlen, welche den zu

---

[1]) Städel, Jahresber. 1874, S. 50; Chem. News **29**, 117; Journ. Chem. Soc. [2] **12**, 420. — [2]) Chem.-Ztg. 1887, S. 1365.

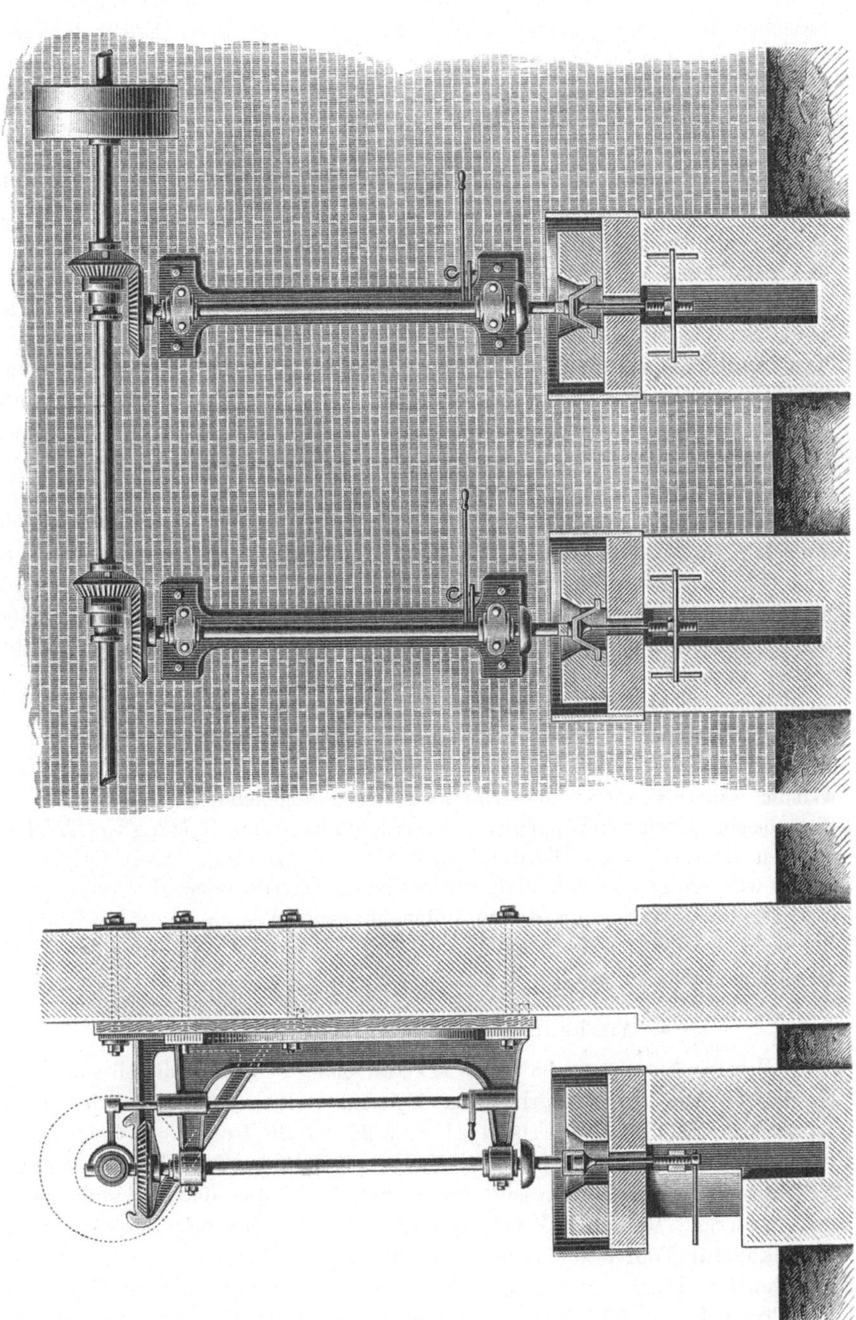

Fig. 99.

mahlenden Körper in trockenem Zustande verarbeiten, dadurch, daß das Mahlgut nach seinem Durchgange zwischen den beiden Steinen an der Peripherie nicht sofort abgeführt, sondern eine bestimmte Zeit hindurch immer wieder zwischen die Steine gebracht wird. Man muß, um diesen Effekt hervorzubringen, den Läufer, falls er nicht aus mehreren Stücken ohne Verbindung untereinander besteht, mit zwei oder drei, nach Umständen auch mehreren tiefen Rinnen versehen, die mit ihrer äußeren Seite tangential zu der zentralen Aushöhlung des Steines stehen. Diese Rinnen haben den Zweck, an dem Umfang des Läufers das von den arbeitenden Steinflächen ausgestoßene Mahlgut wieder aufzunehmen, was vollkommen erreicht wird, da letzteres vom Wasser mit in die Kanäle gerissen wird. Die schweren Teilchen bewegen sich bei diesem Vorgange zunächst der Ebene des Bodensteines nach innen und werden hierbei abermals von den Mahlflächen der Steine ergriffen. Während das Wasser, dessen Gesamtmasse so groß ist, daß es einige Zoll über dem Läufer wegsteht, einerseits durch das in der Mitte des letzteren befindliche Loch nach oben tritt, drängt es sich andererseits zwischen dem Läufer und der Wand des Bottichs hindurch wieder nach der Mahlfläche, um seinen Kreislauf zu vollenden und dieses Spiel aufs neue fortzusetzen.

Das Mahlgut wird auf diese Weise schließlich in ein äußerst feines, unfühlbares Pulver verwandelt, was je nach der besonderen Beschaffenheit des Materials 10 bis 20 Stunden in Anspruch nimmt. Jede einzelne Mühle vermag 50 bis 60 kg Material aufzunehmen. Das fein gemahlene Produkt gelangt schließlich aus der Mühle durch Rinnen auf offene, kastenartige Filter, oder zweckmäßiger, es wird mit Hilfe eines Druckfasses durch eine Filterpresse gedrückt.

Zum Trocknen dienen in der Praxis die verschiedenartigsten Vorrichtungen. Manche Fabriken bringen das filtrierte Produkt auf Bretter, die sie in einem mit geeigneten Gestellen versehenen Lattenbau der Luft aussetzen. Wieder andere benutzen die beim Kalzinieren abgehende Wärme, indem sie dieselbe ein System von Rippenröhren passieren lassen zur Heizung von Trockenräumen für die nasse Ware. Welcher Art Vorrichtung man den Vorzug geben will, hängt hauptsächlich von örtlichen Verhältnissen ab.

Die getrocknete, nur lose zusammenhängende Ware passiert noch einmal die oben erwähnte Mahltrommel, um dann in Fässer verpackt und in den Handel gebracht zu werden.

4. Ausbeuten und weitere Verarbeitung.

Was die Ausbeute an Schwärze anbelangt, so hängt dieselbe natürlich ebensosehr von dem verarbeiteten Material, wie von der Art der Arbeit selbst ab. Bei Trestern erhielt Illgen 20 bis 25 Proz. vom Gewicht der trockenen Trester an Schwärze und glaubt mit Bestimmtheit, daß die sonstigen Nebenprodukte (Gas, Holzessig, Pottasche) die Kosten der Farbefabrikation nahezu decken werden. Matthey berichtet, daß bei der Verkohlung von Braunkohle in Töpfen ebenfalls 20 bis 25 Proz. Rückstand gewonnen werden. Dagegen teilt Illgen mit, daß in der erwähnten Zumsteinschen Fabrik aus 100 Pfund Lignit 50 Pfund Koks und ungefähr 16 bis $16^1/_2$ cbm Gas von geringer Leuchtkraft erhalten werden.

Ihre Eigenschaften unterscheiden die Schwärze wesentlich vom Ruß; während letzterer eine zarte, flockige Masse darstellt, welche sammetartigen

Glanz besitzt und äußerst voluminös ist, bildet die Schwärze ein staubförmiges
Pulver von viel bedeutenderer Schwere, welchem irgend welcher Glanz völlig
abgeht, und sich nur durch Anreiben des Farbmaterials mit Firnis erreichen
läßt. Gute Schwärze ist ein unfühlbares Pulver, welches sich vor dem Ruß
durch eine reine, tiefschwarze Nuance auszeichnet. Infolge der weit weniger
feinen Verteilung besitzt sie aber eine viel geringere Deckkraft als Ruß, was
natürlich ihre Anwendbarkeit beschränkt.

Nur in vereinzelten Fällen wird es nötig sein, die Schwärze noch durch
eine weitere Verarbeitung zu veredeln, z. B. bei Bein- und Elfenbeinschwarz, feinstem Pariser oder Frankfurter Schwarz durch Schlämmen und
Extrahieren der Aschenbestandteile durch verdünnte Säuren.

Der Schlämmprozeß vollzieht sich im großen genau in der in Erd-
farbwerken üblichen Weise. Dazu dient in der Regel eine Anzahl treppen-

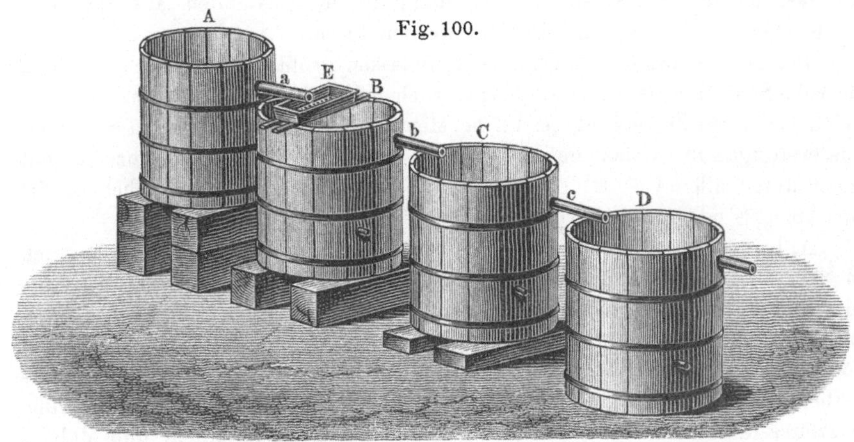

Fig. 100.

förmig übereinander aufgestellter, hölzerner oder eiserner Bottiche von entsprechender Größe (Fig. 100), deren oberster zweckmäßig mit einem mechanisch
betriebenen Rührwerk versehen ist und die durch Überlaufröhren miteinander
verbunden sind. Man füllt den obersten Bottich bis zum Überlauf mit Wasser,
setzt das Rührwerk in Bewegung und trägt das Farbmaterial nach und nach ein,
indem man den Zulauf des Wassers entsprechend reguliert. Bei einem Durchmesser der Bottiche von 0,75 bis 0,80 m soll das Rührwerk in der Minute etwa
40 Umdrehungen machen, so daß sich die schwereren Anteile des Schlämmgutes
noch in diesem Bottich abzusetzen vermögen, während alle leichteren, aus reinerer
Kohle bestehenden Teile in die folgenden Bottiche übergeschlämmt werden und
sich in diesen nach und nach niederschlagen. Aus dem letzten Bottich soll nur
klares Wasser ablaufen, weshalb dieser unter Umständen zur Verlangsamung
der Bewegung des Wassers aus einer größeren Zisterne bestehen kann.

Wenn sich in den Bottichen genügend Schlämmgut angesammelt hat,
werden sie kurze Zeit der Ruhe überlassen, das klare Wasser abgezogen, der
Farbschlamm auf offene Filter abgelassen, oder zweckmäßiger durch eine
Filterpresse gedrückt und die Preßkuchen auf geeignete Weise getrocknet.
Dies geschieht in der Regel an der Luft auf Trockenbrettern in offenen Schuppen
mit Lattengerüsten, auf denen die Trockenbretter neben- und übereinander
aufgestellt werden. Wo der Preis der Schwärze dies zuläßt, erfolgt das Trocknen

besser in geheizten Trockenkammern, wozu man billige Wärme aus Abdampf oder anderen Quellen verwenden kann. Nach dem Trocknen muß die Schwärze, die jetzt aus zusammenhängenden, lockeren Stücken besteht, nochmals gemahlen werden.

Eine schärfere Reinigung der Schwärze von den sie begleitenden mineralischen Bestandteilen geschieht nach dem Trocken- oder Naßmahlprozeß mit Hilfe von verdünnter, roher Salzsäure. Dieser Prozeß wird indessen heute bei den niedrigen Preisen der Schwarzfarben selten durchgeführt. Man kann sich dazu einer Einrichtung bedienen, wie sie von Pardeller angegeben worden ist und die wir im folgenden Abschnitt bei der Reinigung der Knochenkohle beschreiben werden. In der Regel genügt dazu aber ein Aufrühren der Schwärze in Wasser unter Zusatz von roher Salzsäure bis zur stark sauren Reaktion, ev. unter Zuhilfenahme von Dampf, Dekantieren und mehrmaligem Auswaschen des Rückstandes, der dann unter Umständen auf die vorbeschriebene Weise noch geschlämmt werden kann.

Bei der Behandlung mit Säure ist indessen größte Vorsicht geboten, weil die rohe Schwärze häufig einen beträchtlichen Gehalt an Schwefelmetallen aufweist, bei deren Zersetzung reichliche Mengen von äußerst giftigem Schwefelwasserstoffgas in Freiheit gesetzt werden. Die Ausführung des Prozesses hat daher unter allen Umständen in geschlossenen Apparaten zu geschehen, die mit Abzugs- oder Absaugevorrichtungen für die Gase versehen sind.

A. Lamprecht[1]) beschreibt einen bestimmten Fall, der über den Verbrauch an Säure bei diesem Prozeß einigen Aufschluß gibt, aber durchaus nicht für alle Fälle zutreffend sein dürfte. Aus 100 kg bituminösem Schiefer der Liasformation in Haselnußgröße erhielt er bei der trockenen Destillation 75 kg Koksrückstand, der beim Pochen und Mahlen weitere 2 kg verlor. Die zurückbleibenden 73 kg Schwärze verbrauchten zur weiteren Reinigung 73 kg rohe Salzsäure und nach dem Lösen, Waschen, Filtrieren, Trocknen und Mahlen wurden 35 kg einer Schwärze erhalten, welche als Maler- oder lithographische Farbe, sowie für Tapetendruck vorzüglich geeignet war. Es braucht nicht besonders hervorgehoben zu werden, daß sich der Säureverbrauch ganz nach der Natur und Menge der Aschenbestandteile der betreffenden Kokskohle richtet. Man wird einer derartigen Behandlung im allgemeinen nur ein solches Produkt unterwerfen, welches möglichst wenig lösliche Aschenbestandteile enthält, oder dessen Endprodukt den Aufwand an Säure verträgt.

Dagegen kann eine scharfe Reinigung der Schwärze von mineralischen Bestandteilen dann in Frage kommen, wenn es sich um die Verwendung derselben zur Herstellung von galvanischen oder elektrischen Kohlen handelt. In dieser Richtung hat namentlich F. von Hardtmuth ein Reinigungsverfahren ausgeführt, das wöchentlich zwei bis drei Wagenladungen Material lieferte. Das Verfahren bezieht sich auf die Reinigung von Anthrazitpulver, das vorher in geeigneten Retorten der Entgasung unterzogen war, eignet sich natürlich aber auch für andere Produkte. Wir geben in folgendem eine kurze Darstellung desselben, die wir auszugsweise dem schon mehrfach zitierten Werke von Zellner[2]) entnehmen.

Der Rohanthrazit mit einem Aschengehalt von 3 bis 6 Proz. wird zuvor zerkleinert, mechanisch aufbereitet, gewaschen, getrocknet und in Walzen-

---

[1]) Chem. Zentralbl. 1859, S. 863 — [2]) Die künstlichen Kohlen, S. 31 u. f.

mühlen fein gemahlen und gesichtet. Dann folgt die chemische Reinigung mit Flußsäure in gußeisernen, verbleiten Kesseln mit verbleiten Rührwerken, in welche die Kohle durch ein Paternosterwerk, die Flußsäure von 25° Bé aus verbleiten Druckfässern eingebracht wird. Die Mischung der Kohle mit Flußsäure erfolgt unter Wärmeentwickelung und Auftreten von Schwefelwasserstoff während vier bis sechs Stunden unter Zuhilfenahme von gespanntem Dampf. Dann läßt man acht bis zehn Stunden lang offenen Dampf in den Kohlebrei eintreten, bis dieser dünnflüssiger wird und ins Kochen gerät. Nach Beendigung des Kochens läßt man die Säure absetzen und hebert sie durch einen Kautschukschlauch ab. Sie besteht aus einer verdünnten, mit gelösten Salzen und anorganischen Substanzen verunreinigten Flußsäure und wird wieder auf brauchbare Säure zugute gemacht.

Der Kohlebrei wird zur Wiedergewinnung der anhaftenden Flußsäure in den Kesseln mit Dampf und Wasser aufgekocht, die in der Ruhe abgeschiedene Flüssigkeit abgehebert und der abgesetzte Kohlenschlamm in Filterpressen entwässert und ausgewaschen. Darauf folgt ein acht- bis zehnstündiges Auskochen der Kohle mit verdünnter Salzsäure zwecks Entfernung der letzten Reste von kieselsauren und kieselflußsauren Salzen, Filtrieren und Aussüßen derselben wie vorher. Die letzten Preßkuchen zeigen einen Wassergehalt von 33 bis 40 Proz. und einen Aschengehalt von nur 0,25 bis 0,45 Proz. auf Trockensubstanz berechnet.

Selbstverständlich muß für einen derartigen Prozeß die Flußsäure im eigenen Betriebe hergestellt werden. Das dafür angewandte Verfahren, sowie die von der Firma J. L. C. Eckelt in Berlin gelieferte Apparatur werden von Zellner ausführlich beschrieben und auch die Schutzvorrichtungen angegeben, die beim Arbeiten mit einer so gefährlichen Säure und dem Auftreten giftiger Gase unerläßlich sind. Die Beschickung der Kessel für die Flußsäuregewinnung beträgt 800 bis 900 kg Flußspat und die Operation dauert zwei Tage. Unter den gegebenen Verhältnissen stellte sich der Selbstkostenpreis für 100 kg 25proz. Flußsäure auf etwa 18,50 $\mathcal{M}$. Das Verfahren bietet Schwierigkeiten durch die Beseitigung der Abwässer; es wird heute nicht mehr ausgeführt und sollte hier nur der Vollständigkeit wegen nicht übergangen werden. Man vergleiche übrigens auch das von Zellner angegebene Verfahren zur Reinigung von Schornsteinruß auf S. 70 dieses Werkes.

5. Die Herstellung von Schwärze auf anderem Wege.

Die künstlich erzeugten Schwarzfarben, welche auf dem Niederschlagen organischer schwarzer Farbstoffe (Blauholzabsud mit Eisen- oder Kupfersalzen, Anilinfarbstoffe) auf ein anorganisches Substrat beruhen und als Farblacke besonders im Tapetendruck vielfache Anwendung finden, gehören nicht hierher.

Newton[1] hat den Vorschlag gemacht, ein Gemisch von 200 Tln. gelöschtem Kalk, 160 Tln. Gasteer und 18 Tln. Alaun zu einem homogenen Teig zu verarbeiten und diesen in Tiegeln oder Retorten einer starken Hitze auszusetzen; durch Änderung des Verhältnisses will er alle Nuancen von Schwarz durch Braun bis Grau herstellen. Der Vorschlag läuft demnach auf

---

[1] Dingl. Polyt. Journ. **136**, 398.

die vorherige Erzeugung eines bituminösen Materials aus Kalk als Grundlage hinaus und ist später noch häufiger praktiziert worden (s. unter Entfärbungskohle).

Beachtenswerter sind jene Vorschläge, welche die Verkohlung organischer Substanzen auf anderem als dem pyrogenen Wege vorsehen, obgleich uns die Vereinigten Schwarzfarben- und chemischen Werke, A.-G., mitteilten, daß ein solches Verfahren zu teuer einstehen würde angesichts des Verbrauches an Chemikalien, sowie der Notwendigkeit, die Farbe einem umständlichen Auswaschungsprozeß zu unterwerfen.

Ein Verfahren von W. Majert[1]) zur Herstellung von fein verteiltem Kohlenstoff aus Kohle irgend welcher Art, an deren Stelle man auch geeignete, organische Stoffe verwenden kann, basiert auf der Beobachtung, daß man Kohlenstoff von ungemein feiner Verteilung erhält, wenn man die genannten Stoffe am besten in pulverisiertem Zustande bei höherer Temperatur mit konzentrierter Schwefelsäure behandelt. Der aus organischen Substanzen mit konzentrierter Schwefelsäure abgeschiedene Kohlenstoff erlangt aber erst die Eigenschaft feinster Zerteilung durch eine längere Einwirkung der Säure, was unter Zuhilfenahme von Kontaksubstanzen, bzw. Sauerstoffüberträgern, wie Quecksilbersulfat, beschleunigt wird. Die Einwirkung der Säure beginnt bereits bei 130^0, die günstigste Temperatur liegt indessen zwischen 160 und 210^0 und hängt wesentlich von der Beschaffenheit des Rohmaterials ab.

Erhitzt man Holzkohle in der Form, wie sie in Laboratorien unter Benutzung von konzentrierter Schwefelsäure zur Herstellung von Schwefligsäuregas verwendet wird, also in haselnußgroßen Stücken, so findet man, nachdem ungefähr die Hälfte der Kohle oxydiert ist, im Entwickelungsgefäß einen dicken, schwarzen Brei; fügt man nach dem Erkalten desselben ein wenig Wasser hinzu, so verdickt sich der Gefäßinhalt unter Erhitzung zu einer gelatinösen Masse, aus der erst bei weiterem Wasserzusatz der fein verteilte Kohlenstoff in Klümpchen sich abscheidet. Um an Säure zu sparen, geht man am besten schon von möglichst fein gemahlener Kohle aus und erzielt ein um so besseres Resultat, je feiner dieselbe vorher zerkleinert worden ist. Je länger man das Erhitzen mit Schwefelsäure fortsetzt, desto feinere Zerteilung des Kohlenstoffs tritt ein, desto geringer wird aber auch die Ausbeute. Die Zerteilung geht schließlich so weit, daß der Kohlenstoff sich in der Filterpresse nicht mehr zurückhalten läßt und nur durch Dialyse von der Säure getrennt werden kann.

Majert gibt folgendes Ausführungsbeispiel an: In einem verschließbaren, mit Ableitungsrohr für das Schwefligsäuregas versehenen gußeisernen Kessel werden 100 kg möglichst fein gepulverte Holzkohle und 1000 kg Schwefelsäure von 60^0 Bé so lange auf 160 bis 200^0 erhitzt, bis eine Probe die gewünschte Feinheit zeigt. Der je nach der Dauer der Einwirkung nach dem Erkalten mehr oder weniger gummielastikumartige Kesselinhalt wird in einem verbleiten Bottich mit 2000 bis 3000 Liter Wasser verdünnt und eine halbe Stunde lang mit Dampf aufgekocht; dann filtriert man die Masse durch eine Filterpresse, wäscht den Rückstand mit Wasser aus, trocknet und mahlt ihn und erhält nach dem Sieben desselben das fertige Handelsprodukt.

----

[1]) D. R.-P. Nr. 126 670, 1900.

Wie man sieht, ist der Prozeß, der gleichzeitig ein Verkohlen des Rohmaterials und die Erzielung eines feinstzerteilten Produktes durch die Wirkung der Schwefelsäure bezweckt, so interessant er an sich auch ist, so kompliziert und teuer, daß an seine Verwertung zur Gewinnung von Schwärze nicht zu denken ist. Wo es sich darum handelt, für Spezialzwecke einen so fein verteilten Kohlenstoff, wie man ihn auf mechanischem Wege nicht erzielen kann, zu erhalten, mag seine Ausführung am Platze sein; derartige Zwecke liegen aber zurzeit kaum vor.

Das Verfahren zur Herstellung einer schwarzen Farbe von D. Lerman, B. Schwarz und P. Pikos[1]) beruht auf einem anderen Prinzip. Nach dieser Erfindung wird das Rohmaterial, Steinkohle, Braunkohle oder Lignit zunächst in bekannter Weise auf Fein- oder Staubkorn gebracht und dieses dann je nach Qualität und Aufschließfähigkeit mit 0,5 bis 15 Proz. Hydraten, Karbonaten, Sulfiden, Sulfiten oder Sulfaten der Alkalien oder anderer anorganischer Metallsalze in wässeriger Lösung und inniger Mischung in offenen, Vakuum- oder Druckgefäßen bei einer Temperatur von 90 bis 110° längere Zeit erhitzt. Dabei sollen Bitumen, Eisen- und Kalksalze, Schwefel usw. gelöst werden, während die nicht gelösten organischen Stoffe eine Umwandlung erfahren.

Bei sehr fein zerkleinertem Material kann die Erwärmung im offenen Gefäße erfolgen; bei sehr porösem Material hat sie in geschlossenen Gefäßen unter Anwendung eines Vakuums zu geschehen, um die Luft aus den Poren des Materials zu entfernen, während man bei einem dichten Material besser in einem Druckgefäße bei 1 bis 4 Atm. Überdruck arbeitet, um das Eindringen der Flüssigkeit in das Innere zu erleichtern, wozu man sich vorher auch noch des Vakuums bedienen kann.

Der feste Rückstand wird durch Dekantieren, Filtrieren oder in der Zentrifuge von der Lösung getrennt und trocken geschleudert. Die wässerige Lösung liefert bei entsprechender Verarbeitung einen brauchbaren Gerbstoff, kann aber auch auf eine schwarze Farbe verarbeitet werden. Der fast entwässerte Rückstand wird dagegen wie folgt behandelt. Man setzt ihn in geschlossenen, mit Rührwerk versehenen Apparaten der trockenen Destillation bei einer Temperatur aus, deren Höhe sich nach der Natur des Rohmaterials richtet. Die Destillationsgase passieren mit oder ohne Anwendung einer Saugapparatur die Kondensation und geben hier einen Teer ab, der je nach seiner Beschaffenheit auf verschiedene Produkte verarbeitet wird, während die unkondensierten Gase zur Heizuug oder Beleuchtung verwendet werden können.

Der noch heiße Inhalt der Rührapparate wird mit Wasser abgeschreckt und vermahlen, wobei eine schwarze Farbe in Form eines unfühlbaren, feinen Pulvers erhalten wird, die bei der Steindruckprobe mit einem polierten Werkzeuge ein mattschwarzes, sich leicht ballendes Produkt mit sehr inniger Kohärenz der Teilchen ergibt, das ein sehr lockeres Gefüge und große Deckkraft besitzt und geeignet ist, überall da Verwendung zu finden, wo schwarze Farbstoffe angewendet werden und zwar als Ersatz sowohl der billigsten, als der teuersten bisher bekannten, ferner als Rohmaterial zur Herstellung von Druckerschwärze.

Man wird auch diesem Verfahren nicht den Preis der Einfachheit zusprechen können und bezweifeln müssen, ob das nach demselben hergestellte

---

[1]) D. R.-P. Nr. 182572, 1906.

Kohler, Rußfabrikation. 3. Aufl. 11

Material mit dem auf billigere, einfachere Weise aus geeigneten Rohstoffen erzeugten hinsichtlich des Preises zu konkurrieren vermag.

In einfacher Weise hat früher eine uns bekannte Fabrik Lederabfälle aller Art (also tierische Substanz), die damals zu sehr billigen Preisen im Handel zu haben waren, auf Schwärze verarbeitet, indem sie dieselben in Rührkesseln mit etwa dem fünften Teile ihres Gewichts eines Gemisches von kaustischem und kohlensaurem Natron unter entsprechendem Zusatz von Wasser verkochte, bis eine vollständige Zersetzung der organischen Substanz unter Abscheidung des Kohlenstoffs eingetreten war. Während des Kochens bildeten sich reichliche Mengen von Ammoniak, die abgefangen und absorbiert wurden. Der Kesselrückstand wurde mit Wasser verdünnt und durch eine Filterpresse gedrückt. Nach dem Auswaschen, Trocknen und kurzem Mahlen des Rückstandes war die Farbe, die sich für feinere Stiefelwichsen und Buchdruckfarben sehr gut eignete, gebrauchsfertig. Aus 100 kg Ledermehl wurden etwa 75 bis 80 kg Schwärze gewonnen. Seitdem sind diese Abfälle ein begehrtes Rohmaterial für die Kunstlederfabrikation geworden und die Erzeugung von Schwärze aus denselben ist längst eingestellt worden.

In diesem Zusammenhange wäre schließlich auch noch die Fabrikation von Cyanverbindungen aus tierischen Abfällen (Lederabfälle, Hornspäne, Hufe, Klauen, Lumpen, Sehnen, Flechsen, Haare und andere Abfallprodukte aus Schlächtereien, Abdeckereien u. dgl.) zu erwähnen, die auf der Verschmelzung dieser Stoffe mit Alkalisalzen beruht und dabei etwa 20 bis 40 Proz. Schwärze liefert, die in erster Linie für Entfärbungszwecke verwendet wird. Wir werden im folgenden Abschnitte auf dies Nebenprodukt der ganz oder nahezu erloschenen Industrie noch näher eingehen.

6. Anwendung der Schwärze und Statistik.

Obgleich die verschiedenen Schwärzen, deren wir in vorstehendem erwähnt haben, fast sämtlich für Farbzwecke hergestellt werden, so ist die Anwendung derselben doch eine durchaus verschiedene. Die geringeren Sorten, wie Schieferschwarz u. dgl., werden als Wasser- bzw. Kalkfarbe zu Anstrichzwecken aller Art benutzt, um Töne von Schwarz bis Grau zu erzielen. Bessere Sorten von Koksschwarz u. dgl. dienen denselben Zwecken, werden aber vielfach auch zu gewöhnlicheren Buchdruckfarben, sowie hauptsächlich im Tapetendruck verwendet. Das echte Rebschwarz (Pariser oder Frankfurter Schwarz) ist wegen seiner großen Deckkraft und Tiefe des Tons sehr geschätzt und findet Anwendung zur Herstellung der feinsten Kupferdruckfarben. Das Beinschwarz (Knochenschwarz oder Cölnerschwarz) ist wegen der geringen Deckkraft als Wasserfarbe nicht wohl zu gebrauchen, gibt aber, mit Öl abgerieben, eine vorzügliche, satte Ölfarbe, die jedoch schwierig trocknet, dem man nach Mierzinski[1]) durch vorsichtiges Erhitzen der mit Firnis oder Leinöl abgeriebenen Mischung in einem glasierten Gefäße über Kohlenfeuer abhelfen kann. Ausgedehnte Verwendung findet· diese Farbe in der Wichsefabrikation. Das Elfenbeinschwarz findet, mit Öl abgerieben, als Malerfarbe für die feinsten Kunst- und Dekorationsmalereien Verwendung, ebenso als Unterlage für feine Illustrationsdruckfarben, lithographische und andere Zwecke.

---

[1]) Die Erd-, Mineral- und Lackfarben usw. Weimar 1881, S. 26.

Die Gesamtproduktion an Schwarzfarben, deren Basis der Kohlenstoff bildet, ist nicht festzustellen. Nach der weiter oben angegebenen Taxierung der „Vereinigten Schwarzfarben- und chemischen Werke, A.-G., mögen im Deutschen Reiche jährlich 300 Waggons hergestellt werden, was aber voraussichtlich nicht alle Gattungen einschließt.

Die Ein- und Ausfuhr des Deutschen Reiches an Buch- und Kupferdruckschwärze trocken, nicht verarbeitet, also in der Hauptsache aus feineren Sorten bestehend, stellt sich nach den Mitteilungen des Kaiserlichen Statistischen Amtes für die Jahre 1895 bis 1910 folgendermaßen:

Jahr	Einfuhr			Ausfuhr		
	Kilogramm	Durchschnittspreis pro 100 kg *M*	Gesamtwert *M*	Kilogramm	Durchschnittspreis pro 100 kg *M*	Gesamtwert *M*
1895	22 400	110	25 000	1 097 000	95	1 042 000
1896	27 700	110	30 000	1 141 600	90	1 027 000
1900	34 500	100	35 000	1 343 800	130	1 747 000
1901	27 600	100	28 000	1 425 100	130	1 853 000
1902	29 800	100	30 000	1 326 800	130	1 725 000
1904	21 500	100	22 000	1 564 000	130	2 033 000
1905	26 500	100	27 000	1 658 800	130	2 156 000
1906	—	—	—	608 900	48	291 000
1907	—	—	—	683 500	30	205 000
1908	—	—	—	1 062 500	25	266 625
1909	—	—	—	1 379 800	25	344 950
1910	—	—	—	1 263 200	25	316 000
1911	—	—	—	635 200 (?)	—	675 000

Die Einfuhrziffern für die Jahre 1906 bis 1910 sind in den weiter oben gegebenen Zahlen für die Rußeinfuhr mit inbegriffen.

Ein Artikel, der in der Hauptsache aus Beinschwarz besteht, ist die Stiefelwichse. Für diese stellt sich die deutsche Einfuhr und Ausfuhr in den Jahren 1903 bis 1910 wie folgt:

Jahr	Einfuhr	Ausfuhr
	Hauptsächlich aus Frankreich und der Schweiz kg	Hauptsächlich nach Italien und den Niederlanden kg
1903 . . . . ⸳	242 400	1 564 100
1904 . . . . ⸳	183 000	1 818 700
1905	147 900	1 773 800
1906	27 300	1 248 300
1907	25 500	1 232 200
1908	22 800	1 231 300
1909	15 100	1 173 700
1910	12 100	1 084 700

III. Amorpher Kohlenstoff als Entfärbungsmittel.

1. Ursachen der entfärbenden Wirkung.

Neben der hohen Deckkraft des amorphen Kohlenstoffs, die ihm als Farbe so hohen Wert verleiht, ist eine seiner wichtigsten Eigenschaften sein großes Entfärbungsvermögen für flüssige oder gelöste organische Substanzen, von der man, wie schon eingangs erwähnt, in der Technik den ausgiebigsten Gebrauch macht. Auf diese Eigenschaft hat sich eine besondere Industrie gegründet, die sich mit der Herstellung von sog. Entfärbungspulvern befaßt. Ihrer Natur nach sind diese in der Regel nichts anderes als Schwärze, und sie verdienen um deswillen eine besondere Betrachtung in dem vorliegenden Werkchen, weil bei ihrer Herstellung um des besonderen Zweckes willen etwas andere Gesichtspunkte als bei der Herstellung von gewöhnlicher Schwärze maßgebend sind.

Das Vermögen, Farbstoffe in sich aufzunehmen, bzw. gefärbte Flüssigkeiten zu entfärben, kommt in unterschiedlichem Grade jeder Art von amorphem Kohlenstoff zu, gleichgültig, ob er tierischen oder vegetabilischen Ursprungs ist, aber nur den matten, porösen Varietäten; Kohle mit glänzender Oberfläche äußert nicht die geringste absorbierende Kraft, und mit zunehmender Porosität steigt auch ihre entfärbende Wirkung. Großporige Kohle, wie Koks, besitzt nur ein geringes Entfärbungsvermögen; aber je feinporiger eine Kohle ist, desto größer ist ihre Wirkung.

Die ersten Beobachtungen über die entfärbenden Wirkungen machte Lowitz (1785) an Holzkohle, und man war daher früher der Ansicht, daß diese Wirkungen rein spezifische, d. h. nur der Holzkohle zukommende Eigenschaften seien. Erst später erkannte Figuier (1811), daß auch andere Kohlenarten, z. B. Knochenkohle und tierische Kohle überhaupt, diese Eigenschaft, und zwar in weit höherem Grade als die Holzkohle besitzen, weil sie sich in einem Zustande viel größerer Porosität, also viel feinerer Verteilung befinden. Heute wissen wir, daß entfärbende Wirkungen nicht allein der Kohle, sondern in größerem oder geringerem Maße allen unlöslichen Körpern, wie namentlich gewissen in der Natur vorkommenden Silikaten (Infusorienerde, Pfeifenton, Fullererde usw.), den künstlich erzeugten Niederschlägen von Tonerdehydrat, Eisenoxydhydrat u. dgl. zukommen.

Die erste technische Anwendung von gekörnter Knochenkohle für Entfärbungszwecke wurde 1828 von Dumont gemacht, der auch gleichzeitig ihre Regenerationsfähigkeit entdeckte. In die Zuckerfabrikation wurde sie daraufhin ganz allgemein eingeführt. Ihre Verwendung wurde von Pohl[1] zuerst ausführlich besprochen. 1862 wurde sie schon von Charters[2] zum Entfärben von Erdöl verwendet. 1867 empfahl Hochstetter den Satz der Blutlaugensalzfabrikation zur Entfärbung von Paraffin und brachte denselben als Entfärbungsmittel in den Handel, doch soll schon vor ihm (1864) J. J. Sundy[3] den Satz zum gleichen Zwecke verwendet haben.

Über die Ursache der entfärbenden Wirkung der Kohle sind die Meinungen der Forscher zu verschiedenen Zeiten andere gewesen und dürfen wohl auch

---

[1] Polyt. Zentralbl. 1855, S. 165. — [2] Vgl. Engler-Höfer, Das Erdöl, III, 551. — [3] Redwood-Singer, Mineralöl, S. 163.

heute noch nicht als vollkommen geklärt gelten. Zaloziecki[1]) hat sich im Jahre 1887 eingehend mit der Frage der Entfärbung von Ozokerit beschäftigt und führt als die bis dahin geltenden Theorien für diese Erscheinung die folgenden an: Die Ursache liegt 1. in der Absorptions- und Verdichtungsfähigkeit der Oberfläche der Entfärbungskörper für Gase, gelöste Substanzen u. dgl.; 2. in der Gegenwart von Basen und basischen Salzen in den Entfärbungsmitteln, also in chemischen Verhältnissen; 3. in der Attraktion zwischen Farbstoff und der durch Porosität vervielfältigten Oberfläche der Entfärbungskörper, also auf einem rein mechanischen Vorgang, und endlich nehmen einige die kombinierten Wirkungen der beiden letzten Ursachen, nämlich der chemischen Affinität und der porösen Struktur für die Ursachen der Entfärbung in Anspruch.

Glassner u. Suida[2]) kommen bei ihren Untersuchungen über die Ursachen der Entfärbung von gefärbten Flüssigkeiten durch verschiedene Kohlen zu dem gleichen Ergebnis; außer den genannten Theorien führen sie noch eine fünfte an, nach welcher der auf der Kohle verdichtete Sauerstoff als das wirksame Agens bei den Entfärbungserscheinungen zu betrachten ist, insofern er die Farbstoffe usw. durch Oxydation zerstört. Man kann demnach von der Existenz einer rein chemischen, einer rein mechanischen und einer Oxydationstheorie sprechen, und es zeigt sich auch hier die gleiche Differenz in den Anschauungen, die wir bei dem der Entfärbung analogen Prozeß der Färbung von Textilfasern beobachten. Beide Vorgänge zeigen in der Tat so weitgehende Analogien, daß wir ebensowohl von der Entfärbung von Flüssigkeiten durch Kohlen, wie von deren Entfärbung durch Textilfasern und mit dem gleichen Recht vom Färben der Kohlen wie der Textilfasern sprechen können. In beiden Fällen verhalten sich die Kohlen, wie die Textilfasern den gefärbten Flüssigkeiten gegenüber nicht gleichgültig, sie sind vielmehr imstande, Veränderungen hervorzurufen, an denen sie sich entweder direkt beteiligen, oder als Katalysatoren wirken.

Wie wir gesehen haben, hat man schon bald die ungleich größere Entfärbungskraft der tierischen gegenüber der vegetabilischen Kohle erkannt und man kennt auch die weitaus innigeren Beziehungen, welche die animalische Faser im Vergleich zur vegetabilischen zu den organischen Farbstoffen besitzt. Man weiß aber längst, daß sich beim Färbeprozeß die Fasern am Vorgange chemisch beteiligen und die nebenherlaufenden physikalischen Prozesse nur den Hauptvorgang erleichtern. Wenn beide Erscheinungen analog verlaufen, müßte man daher annehmen, daß auch die Kohlen chemisch nicht indifferent sind, sondern gleichfalls, wie die Textilfasern, aktive Gruppen enthalten. Die ausgedehnten Untersuchungen von W. Luzi[3]) haben ergeben, daß freier Kohlenstoff in keiner Kohle vorhanden ist, und andererseits hat Zaloziecki[4]) gezeigt, daß reine Kohle keine besondere Adhäsion für Farbstoffe besitzt. Sehr beachtenswert schien eine Beobachtung von Patterson, welche Glassner u. Suida[5]) anführen, daß nämlich die entfärbende Wirkung der Knochenkohle im wesentlichen auf ihrem Gehalt an organischen Substanzen beruhe, indem diese durch konzentrierte Schwefelsäure ausgezogen und aus der Lösung mit Wasser gefällt, ein hervorragendes Entfärbungs-

---

[1]) Dingl. Polyt. Journ. **265**, 20. — [2]) Lieb. Ann. d. Chem. 1907, **357**, 95 u. f. — [3]) Jahresber. f. Chem. 1893, S. 392. — [4]) Dingl. Polyt. Journ. **265**, 20. — [5]) A. a. O., S. 99.

vermögen besitzen, was freilich von den genannten Forschern nicht bestätigt werden konnte.

Eine chemische Wirkung der Tierkohle beim Entfärbungsvorgange nahm zuerst Bussy[1]) an. In einer ausgedehnten Versuchsreihe stellte er solche Kohle unter Zuschlag der verschiedensten Salze und aus verschiedenen Materialien her und untersuchte sie auf ihren Wirkungswert.

Die Resultate der Arbeiten von Bussy sind in der nachfolgenden Tabelle zusammengestellt. Die zur Indigoprobe bei seinen Entfärbungsversuchen verwandte Flüssigkeit enthielt 1 g Indigo pro Liter, so daß also jedes Gramm entfärbter Flüssigkeit 1 mg Farbstoff entspricht. Die angewandte Menge an Kohle betrug in allen Fällen 1 g.

Natur der Kohle Angewandt: 1 g	Ent- färbte Indigo- lösung g	Ent- färbte Melasse- lösung g	Ver- hältnis aus dem Indigo	Ver- hältnis aus der Melasse
1. Rohe Knochenkohle	32	9	1,00	1,00
2. Kohle von vegetabilischen und tierischen Ölen, mit phosphorsaurem Kalk kalziniert	64	17	2,00	1,90
3. Knochenkohle, m. Salzsäure extrahiert	60	15	1,87	1,60
4. Nr. 3 mit Kali kalziniert	1450	130	45,00	20,00
5. Kalzinierter Kienruß	128	30	4,00	3,30
6. Nr. 5 mit Kali kalziniert	550	90	15,20	10,60
7. Kohle aus kalzinierter Soda, mit Phosphor abgeschieden	380	80	12,00	8,80
8. Kohle aus essigsaurem Kali	180	40	5,60	4,40
9. Kohle aus Stärkemehl, mit Kali kalziniert	340	80	10,60	8,80
10. Kohle aus Eiweiß oder Leim, mit Kali kalziniert	1115	140	35,00	15,50
11. Kohle aus Blut, mit phosphorsaurem Kalk kalziniert	380	90	12,00	10,00
12. Kohle aus Blut, mit Kreide kalziniert	570	100	18,00	11,00
13. Kohle aus Blut, mit Kali kalziniert	1600	180	50,00	20,00

Er schloß aus diesen Versuchen, daß die Wirkung des Alkalis beim Glühprozeß nicht als eine bloß mechanische und dadurch hervorgerufene zu betrachten ist, daß es sich beim Verkohlen zwischen die einzelnen Teilchen lagert und so eine feinere Verteilung bewirkt. Tierische Kohle sei stets stickstoffhaltig und, indem sich das Alkali dieses Bestandteils unter Bildung von Cyankalium bemächtige, könne es die entfärbende Kraft der Tierkohle verzehnfachen, wie z. B. bei der aus der Blutlaugensalzfabrikation stammenden Kohle aus tierischen Abfällen.

Rein chemische Wirkungen der Kohle sind auch von Payen[2]), Graham[3]), Weppen[4]), Hofmann und Krüss[5]), W. G. Mixter[6]), G. Lemoine[7]),

[1]) Journ. de Pharm. 8, 257. — [2]) Ann. chim. phys. 21, 215. — [3]) Pogg. Ann. 19, 131. — [4]) Lieb. Ann. 55, 241; 59, 354. — [5]) Zeitschr. f. anorg. Chem. 3, 89. — [6]) Ber. d. deutsch. chem. Ges. 26, 859. — [7]) Chem.-Ztg. 1907, S. 259.

Senderens[1]) beobachtet worden. Knecht[2]) hat gefunden, daß Tierkohle eine um so geringere Affinität für saure Farbstoffe besitzt, je weniger Stickstoff sie enthält. Später fand er[3]), daß der Stickstoffgehalt der Kohle bei der Absorption von basischen Farbstoffen keine Rolle spielt, daß aber andererseits die Affinität der Tierkohle für basische Farbstoffe beträchtlich vermindert wird, wenn die gereinigte Kohle mit Aluminium- oder Zinkstaub erhitzt und darauf mit Chlor- oder Flußsäure behandelt wird. Er schließt daraus, daß das Entfärbungsvermögen der Tierkohle den organischen, bei Rotglut beständigen Stoffen (s. o. Patterson) zuzuschreiben ist und daß ganz reiner Kohle eine Absorptionsfähigkeit weder für basische, noch für saure Farbstoffe zukommt. Die Absorption von Farbstoffen durch Tierkohle sei daher nicht als ein mechanischer Vorgang anzusehen, und die Tatsache, daß die Tierkohle saure Farbstoffe aus einer homologen Reihe im Verhältnis ihres Molekulargewichts absorbiere, beweise, daß dabei eine chemische Wirkung eine Rolle spiele.

Auch Glassner und Suida (a. a. O., S. 119) finden Beziehungen zwischen dem Stickstoffgehalt der Kohle und ihrem Entfärbungsvermögen und nehmen an, daß eine möglichst große Oberfläche von unlöslichen Cyanverbindungen, welche, wie sie nachgewiesen haben, mit den Farbstoffen schwer- oder unlösliche Verbindungen eingehen, die Ursache des Entfärbungsvermögens stickstoffhaltiger Kohlen ist. Um die Richtigkeit dieser Annahme zu prüfen, haben sie, ähnlich wie Bussy, bei der Verkohlung stickstoffhaltiger organischer Substanzen den Cyanisierungsprozeß dadurch gefördert, daß sie die Verkohlung in Gegenwart von Pottasche ausführten. Vergleichsversuche mit neutralem Cöllnerleim und Wolle ohne und mit Pottaschezusatz ergaben, daß sich in beiden Fällen durch die Wirkung der Pottasche reichliche Mengen von Cyanverbindungen gebildet hatten, die beim Auswaschen der Kohle in Lösung gingen. Gegenüber der ohne Pottaschezusatz erhaltenen Kohle zeigte die mit einem Zuschlag von Pottasche aus Cöllnerleim gewonnene eine Zunahme des Entfärbungsvermögens um das 7- bis $7\frac{1}{2}$fache, während dasjenige der reinen Wollkohle sogar um das 30- bis 80fache gestiegen war. Auch die durch das Verkohlen der reinen Materialien erhaltenen Produkte lassen sich durch nachträgliches Schmelzen mit Pottasche in gleicher Weise gegen Farbstoffe aktivieren, sogar stickstofffreie Zuckerkohle, bei welch letzterer sich im Waschwasser der Kohle Cyanverbindungen nachweisen ließen, woraus Glassner und Suida schließen, daß in diesem Falle der Stickstoff der Luft zur Cyanbildung herangezogen worden ist.

Die genannten Forscher teilen daher die Anschauungen Bussys, daß die Wirkung des Zusatzes von kohlensauren Alkalien nicht lediglich die Rolle der feineren Verteilung des Kohlenstoffs spielt, sondern daß wahrscheinlich ein Zusammenhang zwischen den Cyangruppen in der Kohle und ihrem Entfärbungsvermögen besteht. Dagegen haben Mazzoli und Pellet[4]) mit einer sehr großen Anzahl von Entfärbungskohlen des Handels eingehende Versuche angestellt, wonach deren Entfärbungskraft sich nicht durch das Vorhandensein von Stickstoff oder chemisch wirksamen, stickstoffhaltigen Gruppen erklären läßt. P. Cazeneuve[5]) hat gezeigt, daß

---

[1]) Chem.-Ztg., S. 209. — [2]) Ebend., Rep., S. 435. — [3]) Ebend. 1909, S. 623. —
[4]) Bull. Soc. Chim. de France 1909, **5** u. **6**, 1011; Chem.-Ztg. 1910, Rep., S. 41. —
[5]) Compt. rend. **110**, 788.

im Stickstoffstrom erhitzte und darin erkaltete Tierkohle keine entfärbenden Wirkungen mehr besitzt.

Von anderer Seite wird der dem Entfärbungsvermögen der Kohle zugrunde liegende Vorgang als ein Oxydationsprozeß angesehen; so zeigte A. W. Hofmann[1]), daß eine farblose Leukanilinlösung beim Kochen mit Tierkohle sich ziemlich schnell unter Bildung von Rosanilin rötet. P. Cazeneuve[2]) beobachtete die gleiche Erscheinung der Farbstoffbildung beim Kochen der Lösungen von α-Naphtylamin oder p-Phenylendiamin mit Tierkohle. Er zeigte ferner, daß Rotwein bei längerer Behandlung mit Tierkohle unter Durchleiten eines schwachen Luftstromes zur Erzielung intensiverer Berührung zwischen Flüssigkeit und Kohle eine zwiebelrote Färbung annimmt, dieselbe Färbung, welche ihm auch durch Versetzen mit Salpetersäure oder einer Wasserstoffsuperoxydlösung erteilt wird, während derselbe Wein bei gleicher Behandlung mit Luft, aber ohne Knochenkohle, seine Farbe nicht verändert. Auch gegenüber gewissen Leukoderivaten der Kondensationsprodukte zwischen Sulfophenolcampher und Paranitrosomethylanilin verhält sich die Tierkohle als Oxydationsmittel von gleicher Wirkung wie Wasserstoffsuperoxyd, Eisenchlorid, Ferricyankalium usw. und erzeugt schon in der Kälte eine johannisbeerrote Färbung, welche durch Berührung mit Luft allein nicht entsteht.

Kräftig oxydierende Wirkungen zeigt die Knochenkohle auch gegenüber dem Rohrzucker; übergießt man feinkörnige, mit siedendem Wasser ausgezogene Knochenkohle noch heiß mit konzentrierter Zuckerlösung von 85 bis 95° C, so findet nach Ventzke[3]) so heftige Oxydation statt, daß Karamelisation eintritt, große Mengen von Wasserdampf entweichen und selbst Explosion stattfinden kann. Von Wärmeentwickelung ist stets auch die Adsorption des Zuckers durch Knochenkohle aus reinen und salzhaltigen Lösungen begleitet, worüber Ventzke[4]), Scheibler[5]), Schulz[6]) und Walberg[7]) berichten.

Man schloß aus diesen Versuchen, daß sich die Tierkohle wie ein dem Wasserstoffsuperoxyd ähnliches Agens verhalte und glaubte darin auch die Erklärung für die Tatsache gefunden zu haben, daß dieselbe gewisse Lösungen intensiver färbt, statt sie zu entfärben, und Cazeneuve erblickt den Beweis für die Richtigkeit dieser Anschauung in dem Umstand, daß wirksame Tierkohle nach dem Glühen und Erkalten in einem Strom von Stickstoff oder Kohlensäuregas ihre entfärbende Wirkung verliert, weil ihr dadurch die auf ihrer Oberfläche verdichtete Luft entzogen wird. Indessen können diese Versuche doch nichts weiter beweisen, als die oxydierenden Wirkungen der Knochenkohle zur Erzeugung, nicht aber zur Beseitigung oder Zerstörung von Farbstoffen, auf die es hier doch einzig und allein ankommt.

Andererseits hat man aber auch Beobachtungen gemacht, welche eine direkt reduzierende Wirkung der Kohle, namentlich gegenüber den Lösungen gewisser Metallsalze, erkennen lassen. So fand namentlich Monde[8]), daß frisch ausgeglühte Kohle die Lösungen von schwefelsaurem Kupfer und

---

[1]) Ber. d. deutsch. chem. Ges. 7, 530. — [2]) Compt. rend. 1890, 110, 788; Chem.-Ztg. 1890, Nr. 14. — [3]) Journ. f. prakt. Chem. I, 57, 332. — [4]) Zeitschr. d. Ver. d. deutsch. Zuckerind. 2, 133. — [5]) Ebend. 20, 219; 21, 325. — [6]) Ebend. 19, 528. — [7]) Ebend. 24, 855. — [8]) Journ. f. prakt. Chem. 67, 255.

salpetersaurem Silber zu reduzieren vermag, und Heintz[1]) zeigte, daß Lösungen von Platinchlorid beim anhaltenden Kochen mit tierischer Kohle entfärbt werden und daß das Filtrat nur noch Salzsäure, aber kein Platin mehr enthält. In ähnlicher Weise wird eine Lösung von Eisenchlorid zu Eisenchlorür reduziert. Da hierbei aber keine Oxydationsprodukte der Kohle, wie Kohlenoxyd und Kohlensäure, auftreten, so ist Heintz geneigt, die reduzierende Wirkung dem stets vorhandenen und auf der Oberfläche der Kohle verdichteten Wasserstoff zuzuschreiben, der bekanntlich selbst beim Erhitzen derselben bis zur Weißglut nicht ausgetrieben werden kann.

An den oxydierenden und reduzierenden Wirkungen der Kohle kann demnach nicht gezweifelt werden, aber sie hängen offenbar in keiner Weise mit derem Entfärbungsvermögen zusammen. Nach den neueren Ansichten beruht dagegen die Fähigkeit gewisser Stoffe, Gase und Dämpfe, Farbstoffe und Salze aus Lösungen aufzunehmen, auf einem rein mechanischen Vorgang, der sogenannten Adsorption. Man versteht unter dieser, hauptsächlich durch van Bemmelen[2]) studierten Erscheinung die Oberflächenanziehung gewisser Stoffe auf andere, die sie zurückhalten, und zwar hat man vorgeschlagen, die Verdichtung von Stoffen in porösen Körpern und auf Oberflächen von nicht porösen Körpern Adsorptions-Erscheinungen zu nennen und das Wort Absorption zu beschränken auf die Erscheinungen, bei denen man annimmt, daß die Moleküle des absorbierten Stoffes und jene des adsorbierenden Stoffes sich einander gegenseitig ganz durchdringen, und in diesem Sinne gehören die Erscheinungen bei porösen Stoffen, wie Kohle, zu den Adsorptionserscheinungen. Zu den gleichen Vorgängen gehören auch die Erscheinungen beim Färben organischer Gewebe (s. o.) mit gelösten Farbstoffen, und jedenfalls ergibt sich schon jetzt, daß diese Erscheinungen außerhalb des Gebietes der gewöhnlichen chemischen Verbindung stehen und dabei die Molekularkräfte (Kapillarität) eine große Rolle spielen[3]).

Erfahrungsgemäß sind die spezifisch schwereren Gase und die hochmolekularen gelösten Stoffe mehr zur Adsorption geneigt, als die spezifisch leichteren Gase und weniger kompliziert zusammengesetzten löslichen Stoffe, und hierin liegt die wertvolle Eigenschaft der adsorbierenden Stoffe. Sie zeigen aber gleichzeitig auch den Nachteil, daß sie zumeist auch durch Absorption oder Aufsaugung sich mit dem zu behandelnden Stoff (Öl u. dgl.) ganz erfüllen und sie weiter auch einen mehr oder weniger großen Anteil dieses Stoffes durch Adsorption zurückhalten, der sich daraus nicht ohne weiteres wiedergewinnen läßt.

Lagergren[4]) hat berechnet, daß der mittlere Druck, unter dem die gespannten Flüssigkeitsschichten in Kieselsäure, Kaolin, Tierkohle usw. absorbiert sind, 7000 bis 10 000 Atm. beträgt und folgert, daß daraus die bei der Absorption entwickelte Wärmemenge (vgl. o., Ventzke, Scheibler, Schulz, Walberg) zu erklären ist. Für 1 g Tierkohle und Wasser hat Chappius experimentell eine Wärmemenge von 8 Kal. gefunden, also für 1 g auf der Kohle verdichtetes Wasser 36 Kal., wozu ein Druck von 6150 Atm. nötig sein sollte. Die absorbierende Oberfläche von 1 g Tierkohle berechnet Lagergren auf 4 qm und die Anzahl der Kohlenpartikelchen auf 1,4 Billionen!

<hr>

[1]) Zeitschr. f. d. chem. Großgewerbe **2**, 419; Lieb. Ann. **187**, 2, 277. — [2]) Vgl. Van Bemmelen, Die Absorption. Herausgegeben von Wo. Ostwald, Dresden 1910. — [3]) Ebend., S. 409 u. f. — [4]) Ebend.

Wenn solche Kräfte bei der in Rede stehenden Erscheinung in Wirkung treten, braucht man ihre Ursachen nicht auf chemischem Gebiet zu suchen.

In seiner erwähnten Arbeit kommt Zaloziecki, indem er außer Kohle auch noch andere Entfärbungsmittel in den Kreis seiner Untersuchungen zieht, zu dem Schluß, daß 1. die Qualität bzw. Brauchbarkeit der Entfärbungsmittel abhängig ist von der Natur des Farbstoffs und daher der Begriff der spezifischen Adhäsion vollkommen berechtigt ist; daß 2. Kaolin, Kieselerde, Silikate, Phosphate und andere kohlenstofffreie Mineralstoffe auf die Farbstoffe in wässeriger Lösung nur unbedeutend wirken; daß 3. die Körper mit verkohlten, organischen Materialien offenbar durch Änderung ihrer äußeren Struktur ein hohes Entfärbungsvermögen erreichen, und endlich 4. der reinen Kohle im allgemeinen keine besondere Adhäsion für Farbstoffe zukommt.

Das Entfärbungsvermögen gewisser Substanzen, zu dessen Erklärung man früher chemische oder katalytische Wirkungen in Anspruch nahm, wird heute fast ausnahmslos den erwähnten mechanischen Wirkungen zugeschrieben. In diesem Sinne spricht sich auch Rosenthaler[1]) aus, wenn er sagt, daß dasselbe zu den sogenannten Adsorptionserscheinungen zu rechnen sei, die allerdings durch Reaktionen, die zwischen den Bestandteilen der Kohlen und den zu adsorbierenden Stoffen vor sich gehen, modifiziert werden können. Im Verein mit Türk hat derselbe[2]) eingehende Versuche angestellt, deren Ergebnisse diese Autoren in folgenden Sätzen zusammenfassen.

1. Die Kohlensorten zerfallen bezüglich ihres Adsorptionsvermögens in zwei Gruppen, in eine stark und eine weniger stark oder gar nicht adsorbierende. In die erstere gehören Tier-, Fleisch- und Pflanzenblutkohle, in die zweite Blutlinden- und Schwammkohle; am stärksten adsorbiert die Tierkohle, etwas weniger die Fleischkohle, beträchtlich weniger die Pflanzenblutkohle.

2. Die Adsorption ist für ein und dieselbe Kohle abhängig vom Lösungsmittel der zu adsorbierenden Substanz; sie ist am stärksten für die wässerige Lösung, geringer für Weingeist, Methylalkohol, Essigäther. Aceton, am geringsten für Chloroform.

3. Die Geschwindigkeit der Adsorption ist abhängig von den Umständen, welche die Größe derselben nach 1. und 2. beeinflussen. Sie ist demgemäß am größten für Tierkohle und wässerige Lösungen, aber wenig abhängig von der Temperatur.

4. Aus konzentrierten Lösungen wird relativ weniger adsorbiert als aus verdünnten.

5. Alle Umstände, welche die Adsorption begünstigen, wirken in demselben Grade hindernd beim Versuch, die adsorbierten Substanzen wieder in Lösung zu bringen.

6. Das Entfärbungsvermögen der Kohlen ist abhängig von ihrem Adsorptionsvermögen.

Man ist heute allgemein der Ansicht, daß jede Kohle, einerlei ob animalischen oder vegetabilischen Ursprungs, entfärbungskräftig wird, wenn sie in der Glühhitze mit oxydierend wirkenden Agenzien behandelt wird, und erklärt sich die Wirkung einer solchen Behandlung so, daß dabei ein Teil des Kohlenstoffs verbraucht wird, während der zurückbleibende dadurch physi-

---

[1]) Arch. Pharm. 1908, **245**, 686. — [2]) Ebend. 1906, S. 517.

kalisch so verändert, bzw. oberflächlich porös wird, daß er durch große Flächenanziehung imstande ist, Farbstoffe oder gelöste Salze in seinen Poren niederzuschlagen. Aus diesem Grunde wird manche Kohle, die bereits zu Entfärbungszwecken gedient hat, durch geeignete Regenerierung wirkungskräftiger, z. B. die doppelt geglühte Holzkohle, die bei der Rektifikation des Spiritus benutzt wird. Während die groben Stücke nach sachgemäßem Ausglühen mit einem Zusatz von frischer, doppelt ausgeglühter Holzkohle in den Betrieb zurückwandern und hier den gleichen Zweck wie vorher erfüllen (Desodorisation), liefert das dabei entfallende pulverige Material ein Produkt von beträchtlichem Entfärbungsvermögen, das neuerdings sogar als Entfärbungspulver auf den Markt gebracht wird (freundliche Privatmitteilung von Herrn Direktor Dr. Zuckschwerdt in Staßfurt).

Wie wir in der Folge noch sehen werden, beruhen eine Anzahl der in Vorschlag gebrachten Verfahren zur Herstellung von Entfärbungskohle auf dieser Erkenntnis. Das Bestreben, gewöhnlicher Kohle entfärbende Eigenschaften zu erteilen, reicht sehr weit zurück, und es zeigt sich, daß auch schon frühere Erfinder, offenbar ohne sich der Wirkung bewußt gewesen zu sein, den gleichen Weg dabei eingeschlagen haben.

Die Herstellung der Entfärbungskohle ist lange Jahre hindurch und zum Teil auch heute noch in der Hauptsache ein Nebenzweig der Fabrikation von Blutlaugensalz aus tierischen Abfällen, wie Horn, Blut, Leder, Lumpen usw. gewesen, wobei nach dem Auslaugen der Schmelze mit Pottasche ein Rückstand hinterblieb, Satz oder Schwärze genannt, der neben Kohle metallisches Eisen, Schwefeleisen und Schwefelkalium enthält. Dieser „Satz", aus dem man die Kohle durch einen Reinigungsprozeß in mehr oder weniger reinem Zustand abgeschieden hat, bildete das Rohmaterial, aus dem man die Entfärbungskohle fabrizierte. Schon seit längerer Zeit ist indessen die Gewinnung von Ferrocyanalkalien auf diesem Wege eingegangen, hauptsächlich deshalb, weil die Leuchtgasindustrie in ihren „ausgebrauchten Gasreinigungsmassen" enorme Mengen eines sehr reichhaltigen Rohmaterials auf den Markt geworfen hat, dem man das darin enthaltene Cyan nur durch einen einfachen Auslaugungsprozeß zu entziehen braucht, um auf billigstem Wege die Ferrocyanalkalien zu gewinnen. Auch stiegen die beim alten Prozeß verwendeten tierischen Abfälle infolge anderweitiger Verwertung mit der Zeit immer höher im Preise, und endlich war auch das alte Verfahren infolge der enormen Beanspruchung der Apparatur beim Schmelzprozeß ein sehr kostspieliges. Aus diesen Gründen ist von den nach diesem alten Verfahren arbeitenden Blutlaugensalzfabriken seit Anfang der achtziger Jahre des vorigen Jahrhunderts eine nach der anderen eingegangen, und es konnten sich nach Mitteilung eines befreundeten Fachmannes nur wenige derselben, hauptsächlich wegen der gleichzeitigen Fabrikation des lohnenden Entfärbungspulvers, noch bis in die letzten Jahre über Wasser halten.

Das aus dieser Quelle stammende, vorzügliche Rohmaterial ist demnach erschöpft und der Bedarf an Entfärbungskohle muß aus anderen Quellen gedeckt werden. Als Rohmaterialien kommen fernerhin in Betracht vor allem die Knochenkohle, dann Holzkohle, Braunkohle, Abfälle aus Zellulosefabriken (Sulfitverfahren), Lederfabriken und Schlachthäusern (Blut, Horn) usw., von denen natürlich diejenigen tierischen Ursprungs im Werte an erster Stelle stehen.

2. Die Fabrikation der Entfärbungskohle.

Die wichtigste der zum Entfärben von Flüssigkeiten benutzten Kohlen ist die Knochenkohle, die in der Zucker- und Spiritusraffinerie und in der Paraffinindustrie in größtem Maßstabe verwendet wird. Gleichzeitig ist dieselbe eines der wichtigsten Rohmaterialien für die Herstellung der reinen Entfärbungskohle, wie solche für feinere Chemikalien, Alkaloide u. dgl. unerläßlich ist. Wir wollen daher zunächst kurz ihre Fabrikation besprechen und verweisen bezüglich aller näheren Einzelheiten auf die ausführlicheren Werke über diesen Gegenstand, insbesondere auf den betreffenden Artikel in Muspratts Chemie, auf Friedbergs „Fabrikation der Knochenkohle und des Tieröls", sowie desselben Verfassers „Verwertung der Knochen auf chemischem Wege" u. a.

a) Die Erzeugung der Knochenkohle.

Die allgemeinen Gesichtspunkte, welche bei der Herstellung intensiv wirkender Knochenkohle beachtet werden müssen, sind bereits im vorigen Abschnitt entwickelt worden. Ein gleichmäßiges und genügendes Brennen der zur Verkohlung gelangenden Knochen ist für die Erzielung befriedigender Resultate die erste Bedingung. Ist die im Ofen herrschende Temperatur zu niedrig oder der Verkohlungsprozeß von zu kurzer Dauer, so resultiert eine Kohle, welche noch viel unverbrannte, empyreumatische Stoffe enthält, die sich später in der zu entfärbenden Flüssigkeit lösen und ihr sowohl einen unangenehmen Geruch, als auch eine bräunliche Farbe erteilen, Eigenschaften, die sie für den genannten Zweck unbrauchbar machen. Dagegen liefert ein zu langes Erhitzen oder zu hohe Temperatur eine zu dichte Kohle, deren wirksame Oberfläche sehr vermindert ist und damit im Zusammenhang auch ihr Entfärbungsvermögen. Es ist daher von der größten Wichtigkeit, die Materialien hinlänglich zu brennen, dabei aber zu verhüten, daß die Verkohlungstemperatur zu hoch steigt.

Zur Herstellung von Knochenkohle eignen sich nur möglichst durch Benzin entfettete, nicht aber zugleich von der leimgebenden Knorpelsubstanz befreite Knochen, weil nur die letztere das Material zur Kohlebildung liefert. Nicht entfettete Knochen liefern eine unwirksame Glanzkohle, alte, lange lagernde Knochen infolge der eingetretenen teilweisen Zersetzung der Knorpelsubstanz eine arme Kohle. Durch Dämpfen entfettete Knochen haben ebenfalls viel von ihrer Leimsubstanz verloren. Die Verkohlung der Knochen geschieht am besten im zerkleinerten Zustand; zum Zerkleinern derselben dienen geeignete Brechmaschinen, sogenannte Knochenbrecher, in welche die möglichst dichten und harten Knochen eingetragen und automatisch in zerkleinertem Zustand ausgetragen werden. Weiche Knochen geben eine Kohle, welche die erforderliche Wiederbelebung nach dem Gebrauch nicht aushält, eignen sich aber gut zur Herstellung von reiner Entfärbungskohle.

Das Brennen der Knochenkohle erfolgt entweder in unterbrochenem, meistens aber in kontinuierlichem Betrieb. In der ersten Zeit wurde die trockene Destillation der Knochen zu dem Hauptzweck vorgenommen, das dabei neben einer wässerig-öligen Flüssigkeit übergehende sogenannte „Hirschhornsalz" (kohlensaures Ammoniak) und aus der Flüssigkeit das als Arzneimittel geschätzte „Dippelsche Öl“ (Pyridinbasen, Pyrrol usw. neben Ammoniak enthaltend) zu gewinnen. Man verarbeitete die Knochen (im großen) in liegenden, eisernen Retorten mit Kondensationsanlagen, ganz ähnlich der in der Leuchtgasindustrie gebräuchlichen Anordnung, diskontinuierlich, indem man die Destillate sammelte und das Gas nach erfolgter Reinigung zur Beleuchtung verwandte, oder zur Heizung unter die Retorten zurückführte[1]).

Später wurde die Erzeugung von Knochenkohle der Hauptzweck der Verarbeitung von Knochen durch Erhitzen bei Luftabschluß. Man hatte zuerst den unterbrochenen Betrieb in einfachster Form eingeführt, indem man die zerkleinerten Knochen in tönerne oder schmiedeeiserne Töpfe packte und diese, in einem Ofen übereinandergebaut, in ähnlicher Weise wie wir dies schon S. 71 f. für das Kalzinieren des Rußes und S. 145 für Schwärze beschrieben haben, der Wirkung des Feuers aussetzte. Dabei war eine Beheizung der Töpfe nur bis zum Eintritt der trockenen Destillation erforderlich. Die von diesem Moment an frei werdenden Gase genügten zur Unterhaltung der Heizung und zum Garbrennen der Kohle. Bei dem steigenden Bedarf an Knochenkohle war diese primitive Art des Betriebes, die zudem infolge ungleichmäßiger Erhitzung des Brenngutes nur eine minderwertige Qualität von Knochenkohle lieferte, bald nicht mehr durchzuführen und mußte dem heute wohl allgemein eingeführten kontinuierlichen Betrieb weichen. Nur für gewisse Zwecke, z. B. zur Herstellung von sogenanntem Elfenbeinschwarz, wird der Topfbetrieb auch noch heute an manchen Orten ausgeführt.

Für den jetzt allgemein üblichen kontinuierlichen Betrieb der Knochenverkohlung sind viele Ofenkonstruktionen angegeben worden, bezüglich deren wir auf die oben angegebenen Quellen verweisen müssen. Als typisch beschreiben wir hier nur den Ofen von Weber[2]), der rein maschinell betrieben und durch einen Generator beheizt wird. Der Ofen ist in Fig. 101 bis 103 in drei Durchschnitten dargestellt. Er besteht aus dem Generator A und dem Brennofen B, in welchem die Retorten C senkrecht aufgestellt sind. Eine gewölbte Verbrennungskammer erstreckt sich seitlich der Retorten durch den ganzen Verbrennungsofen hindurch. Der obere Teil des Generators A ist durch den seitlichen Kanal a (Fig. 101) mit dem unteren Raum des Brennofens verbunden. Durch die Kanäle a' wird hocherhitzte Luft eingeführt, die sich mit dem Generatorgas mischt.

Die Retorten C bestehen aus feuerfestem Material und werden von einem gußeisernen Boden getragen, der wie die Seitenwände des Ofens auf Doppel-T-Trägern ruht. Die Retorten haben eine ovale Form (Fig. 103) und sind an ihren Außenseiten mit Vorsprüngen $d\,d'$ (Fig. 102) ausgestattet, welche sie auseinanderhalten, so daß sie von den Feuergasen umspült werden können. Die einander zugekehrten Vorsprünge $d\,d'$ der beiden Retortenreihen sind durch Bogen C_2 miteinander verbunden, wodurch einem Verwerfen derselben in der Hitze vorgebeugt wird. Die unteren Enden der Retorten werden luftdicht durch Flanschen b umschlossen, welche einen Teil der mit feuerfestem Material bekleideten Bodenplatten C_1 bilden. An ihrer Außenseite werden die Retorten ihrer ganzen Länge nach durch Zwischenblöcke gehalten, so daß hier senkrechte Feuerkanäle gebildet werden, welche an ihren unteren Enden bei e mit

---

[1]) Vgl. Dumas, Handb. d. angew. Chem., übersetzt von Alex u. Engelhart, 1, 554. Nürnberg 1830. — [2]) D. R.-P. Nr. 53 380.

dem Feuerraum vereint sind. Die Abzüge C_6 für die entweichenden Feuergase sind mit Regulierschiebern C_7 versehen; aus diesen strömen die Feuergase in die Schornsteine C_8.

Die oberen Enden der Retorten sind mit gußeisernen Mundstücken D ausgestattet, welche durch Deckel D_1 luftdicht geschlossen sind; die letzteren

Fig. 101.

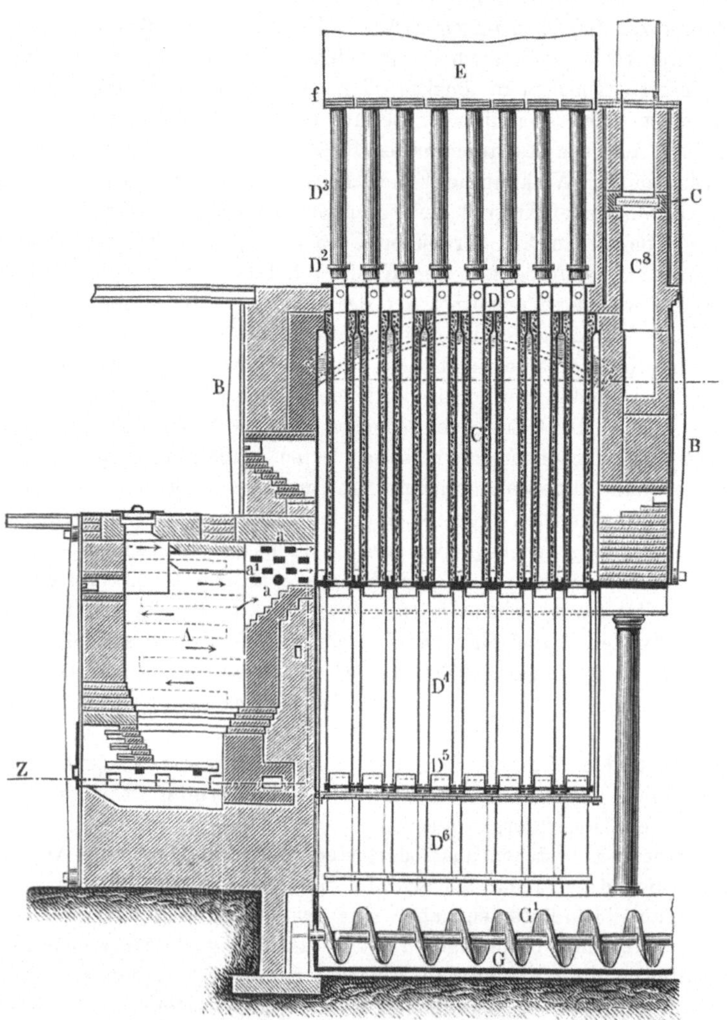

enthalten in den gußeisernen Stutzen D_2 die Speiseröhren D_3, welche mit den Bodenöffnungen der festen Trichter E verbunden sind. In letztere werden die zerkleinerten Knochen mittels eines Elevators gefördert und durch die Schieber f^1 in die Retorten abgelassen. Die gußeisernen Kühlgefäße D_4 sind an der Bodenplatte C_1 des Ofens luftdicht befestigt; ihre Böden sind mit Öffnungen versehen, welche mit Öffnungen der unter den Böden angeordneten Schieber D_5 korrespondieren, so daß bei geeigneter Schieberstellung der Luftzutritt zum Inneren der Kühlgefäße völlig gehindert wird. Dies ist notwendig, weil die Destillationsgase mittels eines Exhaustors abgesogen werden und demnach auch alle Verbindungen der Retortenteile luftdicht sein müssen. Die Schieber am Boden der Kühler werden automatisch durch einen besonderen Mechanismus derart bewegt, daß bei jeder Öffnung derselben nur geringe Mengen von Kohle gleichzeitig entleert werden. In dem gleichen Verhältnis

Fig. 102.

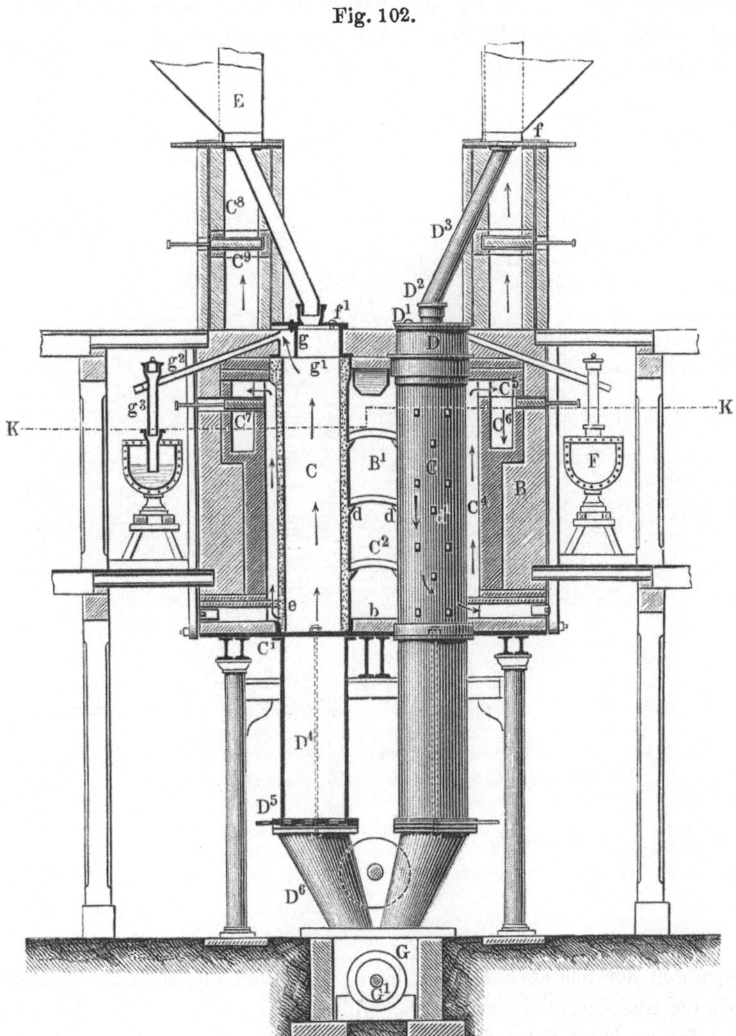

wie der Abzug der Kohle unten erfolgt, sinkt die Beschickung mit frischen Knochen aus dem oberen Trichter in die Retorten nach.

An das Mundstück D jeder Retorte ist eine Querwand g angegossen, welche mit dem Deckel verbolzt ist, so daß eine Kammer g_1 auf der einen Seite entsteht, aus welcher die Destillationsprodukte abgesogen werden, ohne daß Knochenstückchen hineingelangen können. Diese Kammern g_1 sind durch die Röhren g_2 und g_3 mit den beiden hydraulischen Vorlagen F, auf jeder

Seite des Ofens belegen, verbunden. Die in diesen Vorlagen nicht kondensierten Gase und Dämpfe werden durch die Röhren F_1 einem Exhaustor zugeführt und durch diesen in die Kondensatoren getrieben, aus welchen die permanenten Gase durch in dem Heizkanal a ausgesparte Kanäle in die Feuerung geleitet werden.

Unterhalb der Kühler D_4 und der Schieber D_5 sind die Schurren D_6 befestigt, welche die abgelassene Kohle nach der in der Rinne G gelagerten Transportschnecke G_1 hinleiten. Die Öffnungen der Böden der Kühler D_4

Fig. 103.

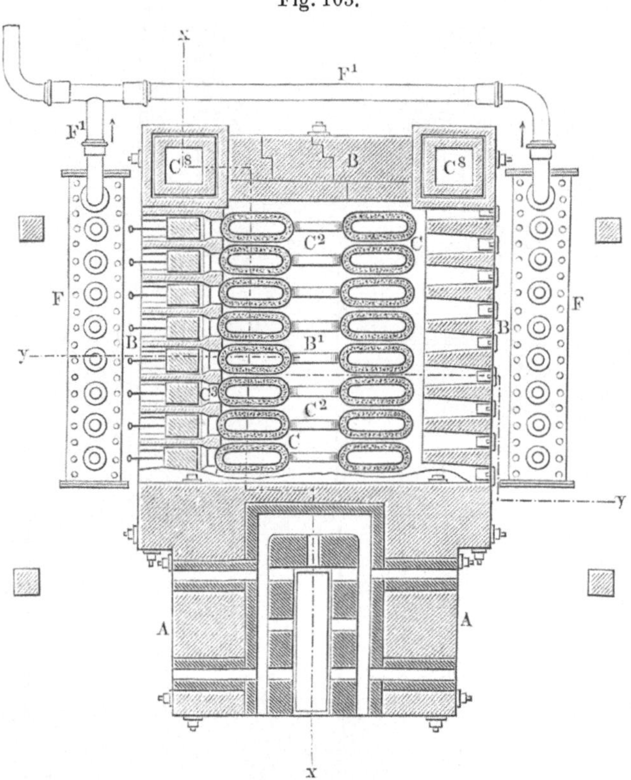

und diejenigen der Schieber D_5 werden abwechselnd durch einen besonderen Mechanismus übereinander geschoben, wobei jedesmalige entsprechende Entleerung erfolgt. Die Kohle wird von der Transportschnecke G_1, deren Gehäuse durch Wasser gekühlt wird, weiter geführt und einem Elevator übergeben, der sie in den Speisetrichter einer Zerkleinerungsmaschine schafft, in welcher ein Korn von beliebiger Feinheit hergestellt werden kann.

Man gewinnt aus je 100 kg Knochen etwa 60 kg Knochenkohle, 8,2 kg Ammoniakwasser mit 10 Proz. NH_3 und 8,8 cbm Gas, dessen Leuchtkraft diejenige des gewöhnlichen Steinkohlengases um das Dreifache übertreffen soll. In der Tat wurde das Gas früher vielfach zur Beleuchtung benutzt. Die Verarbeitung dieser Nebenprodukte gehört nicht hierher. Man vergleiche darüber das einschlägige Werk von Lunge und Köhler: „Die Industrie des Steinkohlenteers und Ammoniaks", 5. Aufl., Braunschweig 1912, in welchem dieser Gegenstand ganz ausführlich erörtert wird.

Wenn die Knochen, wie oben angegeben, bereits in zerkleinertem Zustande zur Verkohlung gelangt sind, findet eine weitere Zerkleinerung der Knochenkohle nicht statt; sie gelangt vielmehr sofort in die Sortiermaschinen, welche die richtige Korngröße vom Staub und dem zu feinkörnigen Material trennt. Letzteres wird, wie weiter unten beschrieben, auf reine Tierkohle verarbeitet.

Die Knochenkohle enthält etwa 6 bis 12 Proz. Kohlenstoff, der, wie sämtlicher beim Verkohlen organischer Substanzen erhaltene, nicht vollkommen rein ist, sondern neben geringen Mengen von Wasserstoff nach Wallace[1] etwa $^1/_{10}$ seines Gewichts an Stickstoff enthält. Nach Weiler ist außerdem Cyancalcium ein nie fehlender Bestandteil der frisch bereiteten Knochenkohle.

Gute Knochenkohle besitzt nach Wallace folgende Zusammensetzung:

Kohle	11,0 Proz.
Phosphorsaurer Kalk und phosphorsaure Magnesia	80,0 „
Kohlensaurer Kalk	8,0 „
Schwefelsaurer Kalk	0,2 „
Alkalisalze	0,4 „
Eisenoxyd	0,1 „
Kieselsäure	0,3 „

Renner[2] fand in zwei verschiedenen Proben folgende Bestandteile:

	1.	2.
Kohlenstoff	9,6 Proz.	9,7 Proz.
Schwefelsaurer Kalk	0,2 „	0,3 „
Kohlensaurer Kalk	8,6 „	7,8 „
Phosphorsaurer Kalk	78,3 „	77,9 „
Phosphorsaure Magnesia	1,3 „	1,3 „
Chlornatrium	0,5 „	0,5 „
Silikate und Sand	0,8 „	0,8 „
Eisenoxyd	0,2 „	0,3 „
Alkalien, Schwefel, organische Reste	0,5 „	1,4 „

Aus Analysen, die Stammer[3] für ungebrauchte und gebrauchte Knochenkohle veröffentlichte, ergibt sich für frische Knochenkohle folgende Zusammensetzung:

Wasser	3,66 Proz.
Kohle	10,08 „
Sand	1,95 „
Eisenoxyd	0,19 „
Magnesia	0,13 „
Kalk	44,91 „
Alkalimetalle	0,39 „
Chlor	0,38 „
Schwefelsäure	0,21 „
Kohlensäure	3,12 „
Phosphorsäure	33,63 „

Aus einer großen Anzahl von Analysen, die Hugo Schulz[4] ausführte, geht hervor, daß der Gehalt der Knochenkohle an Kohlenstoff von etwa 5,75 bis 12,5 Proz. schwankt. Schwefelmetalle fehlen begreiflicherweise in keiner

---

[1]) Zeitschr. f. Rübenzucker-Ind. 1871, S. 349. — [2]) Dingl. Polyt. Journ. 144, 371. — [3]) Zeitschr. f. Rübenzucker-Ind. 1871, S. 332. — [4]) Dingl. Polyt. Journ. 183, 314.

Knochenkohle. Frazer Smith[1]) hat nachgewiesen, daß der Schwefel an Eisen und nicht etwa an Alkali- oder Alkalierdmetalle gebunden ist, da die Knochenkohle weder in der Kälte noch beim Erwärmen mit Essigsäure Schwefelwasserstoff entwickelt, während die Sulfide der Alkalien und alkalischen Erden durch kalte Essigsäure sofort zersetzt werden. Erst beim Behandeln mit Salzsäure werden die Sulfide der Knochenkohle unter Schwefelwasserstoffentwickelung zersetzt, und bekanntlich wird auch das Schwefeleisen nicht von Essigsäure, wohl aber von verdünnter Salzsäure angegriffen.

b) Reinigung der Knochenkohle. (Noir epurée.)

Um aus der Knochenkohle ein indifferentes Entfärbungspulver herzustellen, müssen die fremden und schädlichen Bestandteile durch eine Reinigung mit Salzsäure entfernt werden. Eine andere Säure, etwa die billigere Schwefelsäure, ist natürlich in diesem Falle wegen der Schwerlöslichkeit des entstehenden schwefelsauren Kalkes nicht zu verwenden. Krieger[2]) hat zwar für die Entkalkung der zum Entfärben der Zuckersäfte dienenden Knochenkohle die Behandlung derselben mit unter hohem Druck durch Kohlensäure gesättigtem Wasser in Vorschlag gebracht; aber dort handelt es sich um die Beseitigung des von der Kohle aus dem Saft aufgenommenen kohlensauren Kalkes, während der in derselben schon vorher, hauptsächlich als phosphorsaures Salz vorhandene, sog. Konstitutionskalk erhalten bleiben soll. Auch ist phosphorsaurer Kalk, der ja in der Knochenkohle gegenüber dem Carbonat in ungefähr der zehnfachen Menge vorhanden ist, in kohlensaurem Wasser nicht löslich.

Zur Herstellung von Entfärbungspulver aus Knochenkohle bedient man sich nur feinkörnigen und staub- oder pulverförmigen Abfalls, der auch in gemahlenem Zustande als Beinschwarz für Malerfarben oder zur Herstellung von Schuhwichse und Lederschwärze in den Handel gebracht wird. Der früher ziemlich geringwertige Staub der Knochenkohle hat durch diese Verwendung sehr an Bedeutung gewonnen, da er eines der vorzüglichsten Rohmaterialien für die Fabrikation von Entfärbungspulvern bildet.

Die Extraktion der Knochenkohle mit Salzsäure vollzieht sich in der Regel in großen, hölzernen, mit Rührwerken versehenen Bottichen, welche entweder im Freien aufgestellt oder mit Deckel und Abzug versehen sind, um die Belästigung der Arbeiter durch schädliche und giftige Gase (Salzsäure, Kohlensäure und Schwefelwasserstoff) zu verhüten. Die Bottiche werden bis zur Hälfte mit Salzsäure gefüllt und die Knochenkohle unter gutem Umrühren in kontinuierlichem Strahl zugegeben. Die Masse schäumt anfänglich ziemlich stark auf, verwandelt sich aber bald in eine dicke, schwarze Flüssigkeit, der man Wasser zufügt, um sie dann, nachdem das Rührwerk noch kurze Zeit in Tätigkeit war, in der Ruhe absitzen zu lassen. Durch Abziehen trennt man die über dem zarten, schwarzen Schlamm stehende, die gesamte Phosphorsäure neben Chlorcalcium, Alkali-, Magnesium-, Tonerde- und Eisensalz enthaltende Flüssigkeit von der Kohle und sammelt sie für eine weitere Verarbeitung.

Der Bodenschlamm wird wiederholt mit reinem Wasser aufgerührt und die abgezogenen sauren Waschwässer werden für die Verdünnung der Salz-

<hr>

[1]) Zeitschr. f. Rübenzucker-Ind. 1875, S. 817. — [2]) Dingl. Polyt. Journ. **226**, 603.

säure zu neuen Operationen aufbewahrt. Schließlich wird der erschöpfte
Schlamm in eine Filterpresse gedrückt und darin mit reinem, am besten
heißem Wasser vollkommen ausgewaschen. Nach dem Trocknen und Mahlen
ist das Entfärbungspulver verkaufsfertig.

Die Menge der Salzsäure, die man bei dem Entkalkungsprozeß anzuwenden hat, richtet sich nach dem Gehalte der verwendeten Knochenkohle an
säurelöslichen, anorganischen Bestandteilen und kann vorher durch Analyse
festgestellt werden. Ein entsprechender Überschuß muß natürlich vorhanden
sein; wie groß dieser zu nehmen ist, ergibt sich aus dem Befunde der Extraktion,
der sich durch die Betriebskontrolle leicht feststellen läßt.

Sehr eingehend beschreibt neuerdings J. Pardeller[1]) die Fabrikation
der reinen Tierkohle aus Knochenkohle unter Gewinnung der Nebenprodukte
durch Extraktion mit Salzsäure. Dieser Fachmann empfiehlt zunächst die

Fig. 104.

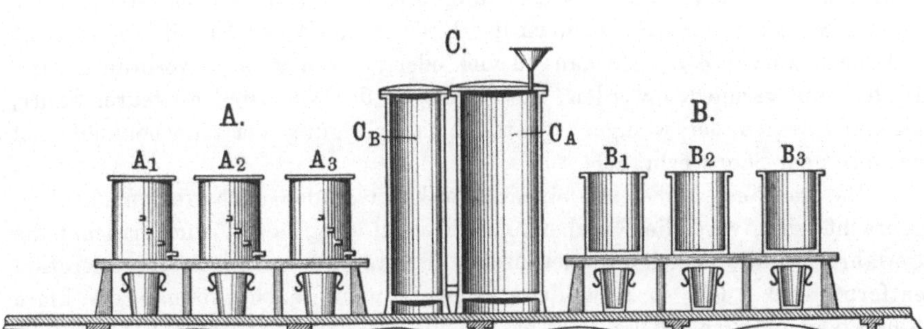

Verwendung reiner Salzsäure zur Extraktion, weil man damit eine viel
reinere und wertvollere Kohle und besser bezahlte Nebenprodukte gewinnen
könne, als beim Gebrauch der unreinen, technischen Salzsäure.

Die zur Ausführung des Prozesses dienende Apparatur wird durch
Fig. 104 dargestellt. Sie besteht aus der Extraktionsbatterie A mit den
Extrakteuren A_1, A_2 und A_3, der Entsäuerungs- oder Wässerungsbatterie B
mit den Gefäßen B_1, B_2 und B_3 und der Saturationsbatterie C. Sämtliche
Gefäße sind aus säurefestem Steinzeug hergestellt. Für größere Betriebe
empfiehlt sich die Aufstellung einer Zentrifuge (oder Filterpresse) zur Entwässerung der ausgewaschenen Kohle.

Für eine tägliche Verarbeitung von 100 kg Knochenkohle auf chemisch-
reine Tierkohle müssen die Extraktions- und Entsäuerungsgefäße einen
Fassungsraum von je 400 Liter haben. Die Saturationsbatterie muß so groß
gewählt werden, daß das größere Gefäß C_A wenigstens 1200 Liter, das kleinere
C_B etwa 600 Liter faßt. Die Inbetriebsetzung erfolgt, indem man in das
erste der drei Extraktionsgefäße 100 kg Spodium (Knochenkohle) gibt, diese
mit 100 kg Wasser zu einem Brei anrührt und langsam 125 bis 130 kg Salzsäure von 22,5° Bé zusetzt. Beim innigen Vermischen der Salzsäure mit dem
Brei mit Hilfe eines hölzernen Rührscheits bläht sich die Masse, je nach der
feineren oder gröberen Körnung des Spodiums, mehr oder weniger stark auf,

---

[1]) Der Chemisch-Technische Fabrikant; Beiblatt zur Seifensieder-Zeitung 1911,
S. 953, 989 bis 1037 u. f.

weshalb man zunächst nur etwa $^1/_3$ der genannten Menge von Salzsäure zugibt und den Rest nach und nach in kleinen Portionen, so daß ein Überschäumen der Flüssigkeit verhütet wird. Um genügend Steigraum zu lassen, fassen die Extrakteure je etwa 100 Liter mehr, als das Volum der gemischten Substanzen beträgt. Wenn die Fabrikation in regulärem Betriebe ist, wird man häufig bedeutend mehr als 100 kg Knochenkohle für einen Topf in Arbeit nehmen können, ohne auf technische Schwierigkeiten zu stoßen.

Die gut verrührte Flüssigkeit im zuerst beschickten Extrakteur bleibt in der Ruhe stehen, bis sie sich geklärt hat, wird darauf dekantiert und in den zweiten Extrakteur gebracht, der inzwischen bereits mit Knochenkohle und Wasser in den vorbeschriebenen Mengen beschickt worden ist. In der Praxis kann man die Salzsäuremenge für die ersten drei Beschickungen auf je 100 kg reduzieren, da man anfangs ja nur frische Säure verwendet; sobald die schon im vorhergehenden Extrakteur gebrauchte Säure in Wirksamkeit tritt, also von der vierten Beschickung an, geht man wieder auf 125 bis 130 kg Salzsäure hinauf. Je nach der Beschaffenheit der Knochenkohle zeigt sich nach kurzer Zeit, ob man zu viel oder zu wenig Säure verbraucht hat. Beides muß vermieden werden, sowohl wegen des Verlustes an teurer Säure, als auch wegen der weniger vollständigen Reinigung der Knochenkohle bei zu geringem Säureverbrauch.

Da die Säure immer aus einem Extrakteur in den nächstfolgenden übergebracht wird, wird die Knochenkohle dreimal ausgelaugt, und man hat die Gewähr, daß alle löslichen mineralischen Bestandteile am Ende der Operation entfernt sind. Die so behandelte Kohle kommt, nachdem man die klare Flüssigkeit möglichst dekantiert hat, samt der noch anhaftenden Lösung in die Entsäuerungsapparate; nach Zusatz von etwa 100 Liter reinem Wasser rührt man tüchtig um und läßt absitzen. Das erste Waschwasser enthält noch bemerkenswerte Mengen gelöster Phosphate und wird zweckmäßig zum Verdünnen neuer Salzsäuremengen zur Extraktion verwendet. Sorgt man dafür, daß dieses Waschwasser nie mehr als 100 Liter pro Charge ausmacht, so kann es vollständig im Betriebe aufgearbeitet werden. Das zweite Waschwasser ist nicht mehr verarbeitungswürdig; man läßt es fortlaufen oder führt es des geringen Phosphorsäuregehaltes wegen zur Düngung auf Wiesen oder Felder. Das Waschen wird so lange fortgesetzt, bis jede Spur von Säure oder Salzen aus dem kohligen Rückstande entfernt ist, der dann mit Hilfe einer Zentrifuge (oder Filterpresse) vom Waschwasser befreit, getrocknet und gemahlen wird.

Die Zersetzung der sich aus etwa 75 Proz. neutralem, phosphorsaurem Kalk, $Ca_3(PO_4)_2$, 8 Proz. fein verteiltem Kohlenstoff, 2 Proz. neutraler, phosphorsaurer Magnesia, $Mg_3(PO_2)$, und 15 Proz. hauptsächlich aus kohlensaurem Kalk und Ätzkalk bestehenden anderen Mineralstoffen zusammensetzenden Knochenkohle erfolgt nach den Gleichungen:

$$Ca_3(PO_4)_2 + 4\,HCl = Ca(H_2PO_4)_2 + 2\,CaCl_2$$
$$Mg_3(PO_4)_2 + 4\,HCl = Mg(H_2PO_4)_2 + 2\,MgCl_2$$
$$CaCO_3 + 2\,HCl = CaCl_2 + H_2O$$

Als Nebenprodukt der Reinigung der Knochenkohle erhält man somit in der Hauptsache eine wässerige Lösung von saurem Calciumphosphat, die geringe Mengen von saurem Magnesiumphosphat und Chlorcalcium enthält. Als lohnendste Verwertung dieser Lauge schlägt Pardeller deren Verarbeitung auf ein neutrales Kalkmagnesiumphosphat vor, das als vorzügliches Nährsalz gut bezahlt wird, während seine Herstellung aus obiger Lösung viel weniger kompliziert ist als die anderer Phosphate, z. B. des Natrium-, Kalium- oder Ammoniumphosphats. Man braucht der Lösung nur die entsprechende Menge Kalkmilch zuzusetzen, um nach der Gleichung

$$Ca(H_2PO_4)_2 + 2\,Ca(OH)_2 = Ca_3(PO_4)_2 + 4\,H_2O$$

die Fällung des unlöslichen, neutralen Phosphats hervorzurufen. Das letztere wird filtriert, gewaschen und getrocknet und ist darauf ein gesuchter Handelsartikel. Bezüglich der Einzelheiten über die Verarbeitung der Calciummagnesiumphosphatlösung müssen wir auf das Original verweisen.

Nach dem Verfahren von G. Banfi[1]) wird gewöhnliche Knochenkohle statt mit Salzsäure mit schwefliger Säure behandelt, wobei diese letztere stets in geeigneter Weise wiedergewonnen wird. Ein besonderer Wert des Verfahrens liegt zugleich darin, daß auch gebrauchte Knochenkohle, welche ihre Entfärbungskraft verloren hat, durch die reduzierende Wirkung der schwefligen Säure auf die vorhandenen organischen Stoffe wieder ihre ursprüngliche, höchste Entfärbungskraft erhält, so daß das bisher nötige Ausglühen vermieden wird.

Die gewöhnliche Knochenkohle wird entweder gekörnt oder gepulvert in zwei senkrechte, hohe Behälter aus Sandstein oder aus einem anderen geeigneten Stoff eingeführt, die an ihren unteren Enden geschlossen sind und von denen der eine an der oberen Öffnung durch einen mit einem Rohre versehenen Deckel geschlossen ist, welches, nach unten gebogen, in den unteren Teil des zweiten, oben offenen Behälters einmündet. In diese beiden Behälter wird außer der Knochenkohle die sechs- bis achtfache Gewichtsmenge Wasser eingefüllt. Am unteren Teile des ersten Behälters wird ein Strom von Schwefligsäureanhydrid eingeblasen, welches mit Luft oder auch anderen inerten Gasen vermischt sein kann, um das Bewegen der Masse zu begünstigen.

Zu diesem Zweck eignet sich besonders solche schweflige Säure, welche durch Verbrennen von Schwefel oder auch Pyriten in einem Luftstrom gewonnen wird, weil diese Gasmischung außer der schwefligen Säure eine gewisse Menge freien Sauerstoff und eine große Menge Stickstoff enthält, welche Gase das erwähnte Bewegen oder Durchrühren der Masse begünstigen und folglich die Berührung der schwefligen Säure mit der in Wasser getauchten Tierkohle inniger gestalten.

Durch die Einwirkung der schwefligen Säure werden Calciumcarbonat und Calciumphosphat, welche in der Kohle des ersten Behälters vorhanden sind, zersetzt, indem ersteres in Calciumbisulfit, letzteres in Calciummonophosphat und Calciumbisulfit gemäß folgender Gleichungen übergeführt wird:

$$CaCO_3 + SO_2 + H_2O = Ca(HSO_3)_2 + CO_2,$$
$$Ca_3(PO_4)_2 + 4\,SO_2 + 4\,H_2O = Ca(H_2PO_4)_2 + 2\,Ca(HSO_3)_2.$$

Calciumbisulfit und Monophosphat werden vom Wasser gelöst, und es steigt allmählich die Dichte dieser Lösung. Das Einblasen von schwefliger Säure wird so lange fortgesetzt, bis die Dichte der Lösung keine Erhöhung mehr zeigt.

Während der Reaktion, besonders gegen das Ende der Umsetzung, entweicht mit den inerten Gasen aus dem ersten Behälter schweflige Säure, welche

---

[1]) D. R.-P. Nr. 168034, 1904.

von den Calciumsalzen der im zweiten Behälter befindlichen Knochenkohle gebunden wird. Die Anwendung von zwei miteinander verbundenen Behältern hat den Zweck, neben der Nutzbarmachung ·der aus dem ersten Behälter entweichenden schwefligen Säure in dem zweiten Behälter, in dem ersten Behälter einen gewissen Druck zu erzeugen, welcher die Reaktion beschleunigt und auch dichtere Lösungen zu erhalten gestattet. Man erhält zufriedenstellende Resultate selbst mit Drucken von nur 1 m Wassersäule.

Wenn die Reaktion beendet ist, läßt man den Inhalt des ersten Behälters ein Filter passieren und wäscht den Filterrückstand zuerst mit verdünnter, wässeriger schwefliger Säure und später mit reinem Wasser, bis die Waschwässer nicht mehr sauer reagieren. Die rückständige, gereinigte Knochenkohle kann man entweder in feuchtem Zustande oder getrocknet in den Handel bringen.

Die Beschickung des zweiten Behälters wird für eine neue Operation verwendet, für welche auch die ersten mit den verdünnten Lösungen von schwefliger Säure erhaltenen Waschwässer benutzt werden. Die durch Filtration gewonnene, das Calciummonophosphat und Calciumbisulfit enthaltende Lösung wird in einem geschlossenen Apparat allmählich zum Sieden erhitzt, wobei eine Fällung des Calciumphosphats mit einer gewissen Menge Calciumsulfit stattfindet. Die sich dabei entwickelnde schweflige Säure kann im Prozeß selbst oder zu anderen Zwecken Verwendung finden.

Das erhaltene Calciumphosphat kann nach dem Behandeln mit Schwefelsäure oder Calciummonophosphatlösung als Düngemittel verwendet werden.

Wenn man die von Kalksalzen befreite Knochenkohle mit Kali oder Pottasche mischt und nochmals in den Kalzinierofen einsetzt, erhöht sich nach dem Ausziehen des Alkali, wie Bussy (a. a. O.) gezeigt hat, deren Entfärbungsvermögen um ein Vielfaches. Daß die Ursache hiervon nicht, wie Bussy u. a. annahm, auf die Bildung von Cyankalium, sondern auf andere Umstände zurückzuführen ist, ist bereits an anderer Stelle (S. 164 u. f.) erwähnt worden.

Neuerdings wird von England aus mit großer Reklame unter dem Namen „Clarine“ ein „neues“ Entfärbungsmittel in den Handel gebracht. Wie Herzfeld[1]) mitteilt, besteht dasselbe im wesentlichen aus mit Schwefelsäure aufgeschlossener Knochenkohle und enthält ein lösliches Calciumsalz der Phosphorsäure. Es bietet somit weder etwas Neues, noch etwas besonders Gutes und wird sich infolge seiner Verunreinigungen nur für ganz bestimmte Zwecke verwenden lassen.

Außer zum Entfärben und Geruchlosmachen von Flüssigkeiten aller Art dient die gereinigte Knochenkohle (und zum Teil auch in roher Form) zur Herstellung der sogenannten plastischen Kohle, d. h. einer mit Wasser und Bindemitteln, wie Leim, Stärke usw. teigartig gemachten Masse, aus welcher durch Pressen Gegenstände (Platten, Zylinder, Hohlkugeln usw.) geformt werden, die nach dem Trocknen und Glühen zum Filtrieren von Trinkwasser usw. verwendet werden, wozu sich das Material hervorragend gut eignet. Aus derartigen Preßkörpern baut man ganze Batterien von Filtern für Wasserreinigungszwecke, die außerordentlich wirksam sind. Wir kommen auf diesen Gegenstand noch an anderer Stelle zurück, besonders, da derartige

---

[1]) Zeitschr. f. Zuckerindustrie 1906, S. 738; Chem.-Ztg. 1906, Repert., S. 291.

Filter in der neueren Zeit auch in der chemischen Industrie wegen ihrer Beständigkeit gegen Säuren und Alkalien eine größere Rolle spielen.

3. Entfärbungskohle aus anderen tierischen Stoffen.

Es ist bereits erwähnt worden, daß man aus den Rückständen der Blutlaugensalzfabrikation aus tierischen Abfällen (Schwärze oder Satz genannt) eine ausgezeichnete Entfärbungskohle hergestellt hat, deren hervorragende Wirkung von Bussy auf den dabei verlaufenden Cyanisierungsprozeß zurückgeführt worden ist. Jedenfalls aber ist bekannt geworden, daß der Einfluß schmelzender Alkalien auf Kohle irgend welchen Ursprungs imstande ist, die Entfärbungskraft der Kohle bedeutend zu erhöhen. Es ist sicher, daß deren Stickstoffgehalt mit dieser Erscheinung nicht im Zusammenhang steht.

Stickstoffhaltige tierische Abfälle, welche hier in Frage kommen, sind Lederabfälle aller Art und altes Lederzeug, Hornabfälle, Hufe, Klauen, Abfälle aus Wollkämmereien, wollene Lumpen, Haare, Sehnen, Flechsen und andere Abfälle der Schlächtereien und Abdeckereien, deren Wert sich für die Blutlaugensalzfabrikation nach ihrem Gehalt an Stickstoff richtete, welcher bei den einzelnen Stoffen nach den Analysen von Boussingault und Payen, sowie Karmrodt zwischen 5 bis 16 Proz. schwankt.

Ein Gemisch dieser Stoffe liefert bei der trockenen Destillation in geeigneten Öfen neben einem stark ammoniakalischen, wässerig-öligen Destillat (s. oben bei Knochenkohle) etwa 30 Proz. Tierkohle von je nach der Temperatur stark schwankendem Stickstoffgehalt. Wenn die Verkohlung langsam vor sich geht und die Temperatur dunkle Rotglut nicht übersteigt, hinterbleibt eine weiche, zerreibliche, mattschwarze Kohle mit einem Stickstoffgehalt von 5 bis 7 Proz. Erhitzt man schnell und auf helle Rotglut, so werden größere Mengen von Stickstoff flüchtig und der Stickstoffgehalt des harten, dichten und glänzend schwarzen Rückstandes beträgt kaum mehr als 2 bis 3 Proz. Die mit möglichst hohem Stickstoffgehalt hergestellte Kohle bildet das Rohmaterial für die Fabrikation von Blutlaugensalz nach dem alten Verfahren.

Zur Fabrikation von Blutlaugensalz wurden etwa 75 Tle. solcher Kohle mit 100 Tln. Pottasche und 6 bis 8 Tln. Eisenabfällen in Flammöfen während 5 bis 6 Stunden geschmolzen, die erkaltete Schmelze von kristallinischer Beschaffenheit und grünschwarzer bis schwarzer Farbe nach dem Zerschlagen in faustgroße Stücke ausgelaugt und die Lauge durch Kristallisation weiter verarbeitet. Der beim Auflösen der Rohschmelze verbleibende Rückstand von etwa 18 bis 20 Proz., die Schwärze oder der Satz, ist ein weiches, schwarzes Pulver; seine Menge hängt vorwiegend von der Natur der verschmolzenen Substanzen ab. Karmrodt[1]) erhielt z. B. aus zehn Schmelzen im Mittel bei der Verarbeitung von

Lumpen	28,8	Proz.
Horn	18,75	„
Haaren	23,0	„
Leder	35,1	„
schlechter Tierkohle	38,73	„

deren Zusammensetzung die folgende war (s. Tabelle a. f. S.).

---

[1]) Verh. d. Ver. z. Beförd. d. Gewerbfleißes 1857, S. 168 u. ff.

Verarbeitetes Material	Horn	Lumpen	Leder
Erhaltene Schwärze	18,75 Proz.	28,3 Proz.	35,1 Proz.

Zusammensetzung:	Proz.	Proz.	Proz.
Kieselsäure	21,14	29,70	26,46
Kohle	**6,10**	**4,22**	**9,19**
Kali	12,18	16,70	10,22
Kalk	16,20	18,45	19,66
Magnesia	2,15	1,27	0,97
Tonerde	4,80	10,24	14,17
Eisen und Eisenoxyd	16,14	2,12	3,10
Mangan	0,42	0,06	0,72
Kupfer	Spuren	0,42	0,02
Schwefelsäure	1,27	0,16	1,85
Phosphorsäure	10,45	0,44	4,92
Schwefel, Chlor, Cyan, Kohlensäure und Verlust	9,15	10,22	8,73
	100,00	100,00	100,00

Danach sind also die Mengen der Rückstände, welche einzelne Schmelzen ergeben, ebenso wechselnd, wie die Zusammensetzung der letzteren. In allen Fällen aber scheint der nutzbare Bestandteil der Rückstände, die tierische Kohle, nur in sehr untergeordneten Mengen vorhanden zu sein. Durch die Reinigung sind sehr beträchtliche Mengen von unwirksamen und störenden Substanzen, besonders Sand (Silikate), Eisen, Kali, Kalk und Schwefelverbindungen zu entfernen, was sowohl eine mechanische, wie auch eine chemische Bearbeitung erfordert.

Was zunächst die chemische Seite der Verarbeitung anbelangt, so beginnt diese damit, daß die erschöpften Rückstände auf Halden gebracht werden, um daselbst möglichst lange zu lagern und so dem Schwefeleisenkaligehalt Gelegenheit zu geben, sich durch freiwillige Oxydation zu zersetzen. Diese Zersetzung durch andere Oxydationsmittel zu bewirken, wäre natürlich viel zu teuer. Man wird den Oxydationsprozeß auch durch Anwendung mechanischer Mittel, wie häufiges Wenden usw., zu unterstützen vermögen. Auf diese Operation folgt sodann ein Schlämmen der schweren Teile, wie Eisen, Eisenoxyd, Sand usw., von der leichten Kohle, wobei gleichzeitig auch die durch Oxydation des Schwefeleisenkaliums usw. entstandenen, löslichen Salze ausgewaschen werden.

Die jetzt resultierende Kohle ist bereits für rohe Entfärbungszwecke verwendbar. Um feinere Qualitäten von Entfärbungspulver zu erzielen, wird das Produkt wiederholt mit Salzsäure ausgekocht, vollkommen ausgewaschen und getrocknet. Für ganz besondere Zwecke, z. B. zur Verwendung für die Entfärbung kostbarer Alkaloide usw., wird diese Raffination mit Salzsäure in besonders scharfer Weise ausgeführt, so daß alles Eisen und die sonstigen unlöslichen Oxyde in Lösung gehen und schließlich nur der ganz reine Kohlenstoff von höchstem Entfärbungsvermögen zurückbleibt. Nach dem Trocknen, Mahlen und eventuellen Kalzinieren ist das Produkt verkaufsfertig. Nach

Vossen[1]) enthält es etwa 30 bis 40 Proz. Tierkohle, ferner große Mengen von Kieselsäure und kieselsauren Salzen, sowie etwas Eisenoxyd.

Es ist schon erwähnt worden, daß man durch direktes Verkohlen derartiger Stoffe eine entfärbend wirkende Kohle nicht erhalten kann, weil diese vor dem Verkohlen zum Teil schmelzen und daher· eine aufgeblähte und glänzende Kohle liefern, der jede feinporige Beschaffenheit abgeht. Man erzielt aber in den Laboratorien daraus eine außerordentlich wirksame Kohle, wenn man diese Abfälle in inniger Vermischung mit ätzenden Alkalien kalziniert. Man dampft das Blut unter Zusatz von Ätznatron bis fast zur Trockne ein oder löst Blutkuchen, Horn, Lederabfälle in konzentrierter Natronlauge[2]) auf, verdampft und kalziniert bei Luftabschluß. Dabei lassen sich alle die Nebenprodukte gewinnen, welche auch bei der Fabrikation der Knochenkohle auftreten, wie Ammoniak, Pyridinbasen, tierisches Öl usw., deren Verwertung aber nur lohnend ist, wenn man in größerem Maßstabe arbeitet.

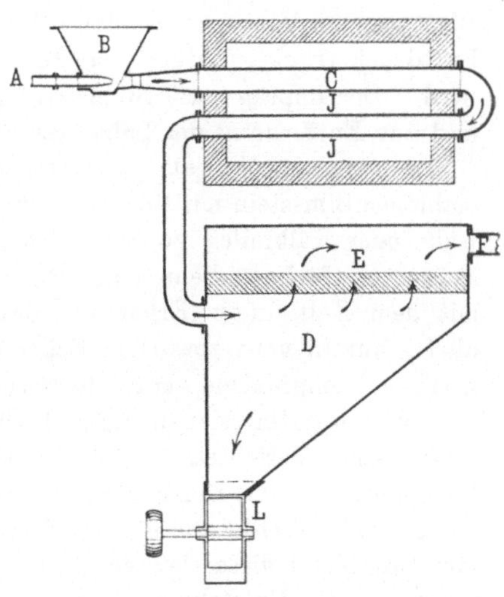

Fig. 105.

Die resultierende Kohle braucht nur mit Wasser ausgelaugt zu werden, um ein reines Entfärbungspulver von höchster Wirkungskraft zu geben. Aus der Waschflüssigkeit läßt sich das aufgewendete Ätznatron in Form von Soda wiedergewinnen. Da diese Rohstoffe, besonders das Blut, beträchtlichen Eisengehalt aufweisen, ist jedoch für viele Zwecke eine Extraktion mit Salzsäure nicht zu umgehen.

Ein Patent von M. Laßberg[3]), das gleichzeitig auch zur Verarbeitung von Holzabfällen (Säge- und Hobelspäne) auf Kohle vorgesehen ist, sucht die Verkohlung von Lederabfällen so zu modifizieren, daß von der Verwendung von Alkalien bei diesem Prozeß abgesehen werden kann. Es wird dies erreicht durch die gleichzeitige Mitwirkung von Dampf, der die zu verkohlenden Stoffe durch die Retorten führt. Der Apparat besitzt eine Konstruktion, welche durch Fig. 105 wiedergegeben wird.

Die in dem Heizraume J befindlichen und zur Verkohlung dienenden Retorten C sind mit einem Dampfstrahlapparat A versehen, durch welchen Dampf einströmt, der aus dem Zuführungstrichter B gleichzeitig das Material in die Retorten C einführt. Das Austrittsende der Retorten C steht mit einem Gefäß D in Verbindung, in welchem die festen Kohleteilchen von den Gasen durch eine durchbrochene Wand E mit Scheidevorrichtungen getrennt werden. Die entwickelten Gase nebst Dampf entweichen bei F und können zur Verwertung herangezogen werden, während die abgeschiedene Kohle bei L abgezogen wird.

---

[1]) Österr. Chem.-Ztg. 1905, S. 373. — [2]) Vgl. Michaelis, Lehrb. d. anorg. Chem. II, S. 710. — [3]) D. R.-P. Nr. 52275, 5. September 1889.

Auf einem anderen Wege sucht O. Brandenburg[1]) den gleichen Zweck zu erreichen. Sein Verfahren zur Herstellung fein verteilter Kohle aus Blutkuchen, Fleisch, alkalischen Pflanzenauszügen usw. geht von dem Gesichtspunkte aus, daß die bei der Verkohlung derartiger Substanzen in der Regel inne gehaltene Temperatur, welche bis zu 1000° C getrieben wird, zu hoch ist und daß deshalb die Kohle für Absorptionszwecke zu dicht ausfällt. Er vermeidet daher von vornherein die hohe Temperatur und erhitzt die betreffenden Stoffe im Ofen nur auf etwa 500° C. Die weitere Verkohlung wird dann durch Eintragen des zerkleinerten Gutes in heiße, konzentrierte Schwefelsäure herbeigeführt. Schließlich wird das erhaltene Produkt in bekannter Weise extrahiert und bis zu neutraler Reaktion mit Wasser ausgewaschen, getrocknet und gemahlen.

Eine Kohle mit sehr hohem Absorptionsvermögen für Farbstoffe stellt Gawalowski[2]) her, indem er Bimssteinstücke mit defibriniertem Blut erst im Vakuum und dann durch Aufheben desselben bei gewöhnlichem Luftdruck tränkt, wodurch das Blut in alle Poren des Bimssteins eingetrieben wird. Der imprägnierte Stein wird getrocknet, im Verkohlungsofen geglüht und zur Entfernung der Salze des Blutes sorgfältig ausgewaschen.

Unger und Wasem[3]) überziehen, wie schon vor ihnen Gawalowski, gemahlenen Bimsstein mit tierischer Kohle und formen aus dem mit hydraulischem Kalk oder Kalkmilch zu einem Teig verarbeiteten Produkt Formstücke, die sie zur Entfärbung benutzen. Dabei soll sich die Kieselsäure des Bimssteins mit dem Kalk unter Erhärtung des Materials verbinden. Dieses Präparat dürfte nur in ganz speziellen Fällen zu verwenden sein, ebenso wie der von Zeller[4]) empfohlene verkohlte Posidonienschiefer.

Weiteres Material in dieser Richtung bietet auch Perutz[5]). Wie derselbe ferner berichtet, besitzt die bei der Fabrikation des Phosphors aus Phosphorsäure und Holzkohle restierende Kohle nach vorheriger Präparierung, auf ähnliche Weise, wie die der Knochenkohle, mindestens die dreifache entfärbende Kraft dieser letzteren. Er vermutet, daß die Anwesenheit des Phosphors bei der Entstehung derselben eine ähnliche Rolle spielt, wie die des Stickstoffs bei der Herstellung von tierischer Kohle.

4. Entfärbungspulver aus Braunkohle, Torf und anderen mineralischen, kohlenstoffhaltigen Produkten.

Die entfärbenden Eigenschaften der bei der Braunkohlenschwelerei hinterbleibenden, koksartigen Rückstände sind schon Anfang der dreißiger Jahre des vorigen Jahrhunderts von Bergounhioux[6]) erkannt worden. Man hat schon zu damaliger Zeit aus einer in der Gegend von Menat (Dep. Puy de Dôme) vorkommenden Braunkohlenart eine Schwärze fabriziert, die zur Herstellung von schwarzen Anstrichfarben usw. verwendet wurde. Bergounhioux untersuchte diese Schwärze auf ihr Entfärbungsvermögen und fand dasselbe ebenso groß, wenn nicht größer als das der gewöhnlichen Knochenkohle. Als Nachteil, den das Produkt dieser gegenüber besitzt, be-

---

[1]) D. R.-P. Nr. 81887, 24. Jan. 1894. — [2]) Zeitschr. f. Rübenzucker-Ind. 1875, S. 218. — [3]) D. R.-P. Nr. 24341. — [4]) D. R.-P. Nr. 57330. — [5]) Die Ind. d. Mineralöle. Wien 1880, II, S. 121 u. f. — [6]) Dumas, Handb. d. angew. Chem. 1830, I, S. 536.

zeichnet er seinen Gehalt an Schwefeleisen, der aus nierenförmigen Einschlüssen von Schwefelkies herrührt.

Wie Riehm[1]) mitteilt, besitzt der fein gemahlene Grudekoks der sächsisch-thüringischen Braunkohlenindustrie entfärbende Eigenschaften, die aber denen der bekannten Entfärbungsmittel (Blutlaugensalzrückstände, Knochenkohle) nicht gleichkommen. Nach Carl Berger[2]) erhält man durch Kalzinieren von 5 Tln. Grudekoks mit 2 Tln. Calciumphosphat und vorsichtiges Nachglühen des Produktes an der Luft ein Pulver, das neben entfärbenden auch desinfizierende Wirkungen besitzt.

Herm. Koch[3]) schmilzt etwa 3 Tle. leicht schmelzender, ätzender oder auch kohlensaurer Alkalien in einem geeigneten Gefäße, trägt in den dünnen Fluß unter Umrühren etwa 2 Tle. gemahlenen Koks, z. B. Braunkohlenkoks, ein und erhält das Gemisch etwa 20 Minuten unter beständigem Umrühren in Rotglut. Nach dem Erkalten pulvert man die Schmelze und wäscht mit heißem Wasser das Alkali aus. Den noch alkalischen Rückstand (Koks) säuert man mit Salzsäure schwach an und wäscht ihn dann wieder mit heißem Wasser bis zur neutralen Reaktion aus und trocknet ihn. Man erhält so ein wirksames Reinigungs- oder Entfärbungsmittel, während das ausgelaugte Alkali zur Wiederverwertung zurückgewonnen wird.

Nach dem Erfinder beseitigen die geschmolzenen, wasserfreien Alkalien alle die Oberfläche des Koks bedeckenden Bestandteile, welche dessen Entfärbungsvermögen beeinträchtigen; der Koks wird dabei voluminöser und erhält eine größere Oberfläche.

Stark absorptionsfähige Kohle aus erdiger, noch nicht destillierter, fein verteilter Braunkohle will R. Goldstein[4]) dadurch herstellen, daß er das Material in inniger Mischung mit geschlämmtem Kaolin in geschlossenen Gefäßen bei nicht zu hoher Temperatur (Kirschrotglut) erhitzt, bis die Entwickelung von Gasen usw. nachgelassen hat. Dabei verhindert einerseits das Kaolin ein Zusammensintern des Braunkohlenkoks und nimmt andererseits die Destillationsprodukte (Teer und Pech) der Kohle auf, die sich zersetzen und deren Kohlenstoff sich in feinster Verteilung auf der Mineralsubstanz niederschlägt. Das Produkt besitzt eine außerordentlich aktive Oberfläche und eignet sich zur Beseitigung oder Zurückhaltung lästiger Stoffe, wie Farbstoffe, oder stinkenden und gesundheitsschädlichen Gasen besser, als andere Erzeugnisse ähnlicher Art.

Ein eigentümliches Verfahren zur Herstellung von Entfärbungskohle aus Mineralkohle oder bituminösen Massen hat Arno Lotz[5]) zum Patent angemeldet. Er erzeugt durch aufeinanderfolgendes Tränken des Rohmaterials mit Lösungen von Alkali oder Alkalicarbonat und Säure oder umgekehrt innerhalb der Poren desselben Salze und glüht darauf die Masse. Es werden z. B. 50 kg gemahlene Braunkohle, Steinkohle u. dgl. mit etwas Ammoniak, Ätznatron, Ätzkali, Soda oder Pottasche in wässeriger Lösung getränkt und einige Zeit stehen gelassen, worauf man ungefähr die doppelte Menge verdünnte Schwefelsäure oder eine andere geeignete Säure auf die Kohle einwirken läßt. Dadurch soll innerhalb der feinsten Poren die Reaktion dieser Stoffe aufeinander stattfinden und das Neutralisationsprodukt seine

---

[1]) Jahresber. d. Techn.-Ver. d. sächs.-thür. Mineralölind. 1888. — [2]) Chem. Ind. 1886, S. 221; D. R.-P. Nr. 34975. — [3]) D. R.-P. Nr. 55922, 13. März 1890. — [4]) D. R.-P. Nr. 213828, 1907. — [5]) Deutsche Patentanm. L. 31430, Kl. 12 d, 1911.

Wirksamkeit in allen Teilen der Kohle ausüben können. Gerade in der Auf-
einanderfolge dieser Operationen soll der Vorzug und Erfolg des Verfahrens
liegen, da beim direkten Tränken der Kohle mit Ammonium-, Kalium- und
Natriumsulfat die Wirkung ausbleibt. Nachdem beim Glühen sämtliche Gase
entwichen sind, wird noch etwa eine Stunde weiter erhitzt.

Auf Neuerungen in der Herstellung entfärbend, desodorisierend und des-
infizierend wirkender Kohle wurden ferner die französischen Patente Nr. 209347
(Ducat), Nr. 209469 (Levy-Samson) und Nr 212720 (Cusinier) 1891 erteilt. Letzteres betrifft zugleich die Verwendung und Wiederbelebung derselben [1]).

Wenn man, nach Michaelis[2]), möglichst eisenfreien Ton sehr innig mit
Teer oder feinem Pulver von backender Steinkohle ·mengt und die Mischung
verkohlt, so resultiert eine poröse, matte, absorbierende Kohle, ein Gemenge
von gebranntem, porösem Ton und fein verteilter Kohle. Auch der Kohle
aus anderen, nicht schmelzenden organischen Substanzen läßt sich auf diese
Weise eine feinere Zerteilung geben; eine sehr wirksame Kohle liefert z. B.
ein Gemenge von Braunkohlen und Ton. Es ist kaum anzunehmen, daß die
Herstellung von Entfärbungspulvern auf diesem Wege in absehbarer Zeit notwendig werden wird.

Zahlreiche andere Surrogate für tierische Kohle wurden noch empfohlen
und wohl auch mit mehr oder minder großem Erfolge als Ersatz derselben
verwendet. Wir führen nach Muspratt[3]) folgende an:

Die Kohle, welche Torf nach dem Glühen bei Luftabschluß hinterläßt,
hat große Ähnlichkeit mit der aus Knochen, Blut oder anderen tierischen
Stoffen gewonnenen. Sie ist in hohem Grade porös und besitzt ein solches
Entfärbungsvermögen, daß 5 Tle. derselben in ihrer Wirkung etwa 4 Tln.
Knochenkohle gleichkommen. Da sie stark eisenhaltig ist, muß sie natürlich
vor ihrer Verwendung mit starker Salzsäure ausgezogen werden.

Die Patente von Olschewski[4]) greifen zurück auf die Verwendung von
Ton als Grundmasse, welchem zur Erhöhung der Porosität kohlensaurer Kalk
beigemischt wird. Das Gemisch wird bei Silberschmelzhitze gebrannt, wobei
eine sehr feinporige, schwammige Masse entstehen soll. Diese wird mit Blut,
Leimlösung, Teer oder Rückständen der Petroleumdestillation getränkt, bei
Luftabschluß geglüht und schließlich zur Entfernung des Kalkes und der
durch die Wirkung desselben gebildeten löslichen Silikate zuerst mit verdünnter und später mit heißer, konzentrierter Salzsäure ausgezogen..

Stranecki[5]) benutzt als Grundmasse seines Surrogates ein natürlich
vorkommendes Kieselsäurehydrat, wahrscheinlich die unter dem Namen
Bergkork bekannte Mineralsubstanz, welche im wasserfreien Zustande aus

94,26 Proz. Kieselsäure
5,10   „   Tonerde und Eisenoxyd und
0,46   „   Magnesia

besteht. Das geglühte Material wird gebrochen und in einem Vakuum drei
Stunden lang mit einer 5 proz. Melasselösung digeriert, darauf in einem heißen

---

[1]) Vgl. auch Buchanan, engl. Pat. Nr. 4925, 1905. — [2]) Ausführl. Lehrbuch
d. anorgan. Chem. II. Abt., S. 709. Braunschweig 1881. Vgl. auch Ziegler, Zeitschr.
f. Rübenzucker-Ind. 1875, S. 819. — [3]) Encyclopäd. Handb. d. techn. Chem. 4, 1391,
IV. Aufl. Braunschweig. — [4]) D. R.-P. Nr. 19589, 23254 u. 26459. — [5]) Neue
Zeitschr. f. Rübenzucker-Ind. 7, 83, 98.

Luftstrom getrocknet und von neuem auf gleiche Weise behandelt. Schließlich wird die imprägnierte Masse rasch auf Glühhitze gebracht. Bei dreimaliger Behandlung mit Melasse resultiert ein Produkt mit einem Kohlenstoffgehalt von etwa 3 Proz., der bei einer vierten Behandlung auf 5 Proz. steigen soll.

5. Entfärbungskohle
aus Pflanzenstoffen oder vegetabilischer Kohle.

P. Degener[1]) hat ein Patent auf die Herstellung von Entfärbungskohle aus den alkalischen Extrakten von Pflanzenstoffen entnommen. Kocht man Holz oder Stroh (weniger gut eignen sich Torf oder Braunkohle) in zerkleinertem Zustande unter Druck mit Ätzkali- oder Natronlauge, so gehen große Mengen besonders stickstoffhaltiger Stoffe in Lösung. Die Lösung wird eingedampft und unter Luftabschluß oder bei ganz geringem Luftzutritt geglüht, wobei nach dem Auslaugen mit Wasser eine sehr poröse Kohle hinterbleibt. Eine derartige Kohle erhält man auch aus den Abfallaugen der Strohstoff- und Cellulosefabrikation nach dem Sulfitverfahren in großer Menge. Um sie für Entfärbungszwecke brauchbar zu machen, wird sie mit einer geringen Menge von Salzsäure behandelt, darauf vollkommen ausgelaugt und unter Luftabschluß schwach geglüht.

In gleicher Weise wie die aus der Sulfitcellulosefabrikation stammende Kohle sollte auch die sog. Schlempekohle (Abfall aus der Melasseentzuckerung) nach geeigneter Behandlung eine sehr brauchbare Entfärbungskohle liefern.

Stenhouse[2]) empfiehlt, vegetabilische Kohle in Pulverform, z. B. die aus Holzsägespänen abfallende, schwer zu verwertende, mit einer konzentrierten Lösung von phosphorsaurem Kalk in Salzsäure zu tränken, bis alle Luft aus den Poren ausgetrieben und die Kohle ganz mit Flüssigkeit durchdrungen ist. Nach dem Kochen wird die Kohle getrocknet und geglüht. Um mit Tonerde zu imprägnieren, verfährt man mit einer Lösung von schwefelsaurer Tonerde wie oben, trocknet und glüht. Dabei wählt man die Verhältnisse so, daß auf 54 Tle. käuflicher schwefelsaurer Tonerde $92^{1}/_{2}$ Tle. gepulverter Holzkohle kommen. Nach dem Glühen enthält die Kohle dann ziemlich genau 7,5 Proz. Tonerde in einer Form, welche in allen Säuren, mit Ausnahme von konzentrierter Schwefelsäure, unlöslich ist, so daß die Kohle sich zum Entfärben organischer Säuren, wie Weinsäure, Zitronensäure usw., vortrefflich eignet. Eine Steigerung des Tonerdegehaltes über 7,5 Proz. hinaus vermehrt die Entfärbungskraft der Kohle nicht mehr; dagegen besitzt eine solche mit weniger als 7,5 Proz. Tonerde nur geringe entfärbende Kraft[3]).

Das ganz gleiche Verfahren, nur von frischem Holz ausgehend, hat Melsens[4]) angegeben.

Diebel und Mensik[5]) machen den Vorschlag, fein verteiltes Holz (Sägespäne) vor oder nach dem Verkohlen mit auf demselben niedergeschlagenen kohlensaurem Baryt (bei beabsichtigter Abscheidung von Gips) oder Magnesiumhydrat (bei beabsichtigter Abscheidung von Kalk) zu imprägnieren und im Falle das Material als Entfärbungsmittel dienen soll, behufs Bildung von fein zerteiltem Tonerdehydrat in den Poren desselben es mit einer gesättigten

---

[1]) D. R.-P. Nr. 44063. — [2]) Ann. Chem. **101**, 243. — [3]) Vgl. auch das D. R.-P. Nr. 86247, 1896. — [4]) Zeitschr. f. Rübenzucker-Ind. 1875, S. 819. — [5]) D. R.-P. Nr. 44534, 1888.

heißen Alaun- und darauf mit einer Sodalösung unter Umrühren zu übergießen und auszulaugen, bis Chlorbaryum nur noch eine geringe Trübung gibt.

Auf ein Verfahren zur Gewinnung und Wiederbelebung von Kohle mit großer Entfärbungskraft hat R. Ostrejko ein D. R.-P. Nr. 136792, 1900 erhalten. Nach diesem Verfahren werden zur Herstellung der Kohle vegetabilische Substanzen in zerkleinertem und feuchtem Zustande, z. B. Sägemehl, Torf, entzuckerte Rübenschnitzel, Defäkationsschlamm, Steinkohlenpulver für sich oder in geeigneter Mischung mit oder ohne Zusatz von gelöschtem Kalk oder essigsaurem Kalk in Lösung oder Kartoffelstärke u. dgl. einer rapiden, bei Hellrotglut vor sich gehenden trockenen Destillation in einer Retorte, deren Konstruktion angegeben wird, unter gleichzeitiger Einwirkung von in großen Mengen angewendetem Wasserdampf oder Wasserdampf und Kohlensäure unterworfen, welche durch die rotglühenden Röhren hindurchgeführt werden. Dabei sollen sich fast alle flüssigen und gasförmigen Produkte der Destillation in für die Kohle unschädliche Gase, wie Wasserstoff, Kohlenoxyd u. dgl. zersetzen, so daß die trockene Destillation demgemäß in einer Atmosphäre von unschädlichen Gasen und nicht, wie dies bei den bisher bekannten Methoden der Fall ist, in einer solchen von Pech-, Holzessig-, Methylalkohol- u. dgl. Dampf erfolgt, welche die Kohle für den genannten Zweck verderben.

Nach beendeter Destillation soll durch die erzeugte Kohle bei Hellrotglut noch kurze Zeit ein schwacher Strom von stark überhitztem Wasserdampf oder Kohlensäure hindurchgelassen werden, wonach die Kohle abgekühlt und, je nach Umständen, mit reinem Wasser oder mit Säure (z. B. Salzsäure) und Wasser ausgewaschen und darauf getrocknet, bzw. noch ein zweites Mal unter Ausschluß der Luft geglüht wird. Es werden eine Reihe von Ausführungsbeispielen gegeben, bezüglich derer wir auf die umfangreiche Patentschrift verweisen müssen. Die Wiederbelebung der ausgenutzten Kohle wird in gleicher Weise wie die Erzeugung derselben durchgeführt, wobei Wasserdampf und Kohlensäure nur in geringen Mengen zur Verwendung kommen.

Es ist, nach der Patentschrift, zur Erzeugung einer energisch wirkenden Kohle, außerordentlich wichtig, daß die zu verkohlenden Stoffe sehr rasch auf hohe Temperatur gebracht werden, eine Anforderung, welcher der beschriebene Apparat entspricht. Selbstverständlich erhält man in verschiedenen Fällen Kohle von verschiedener Entfärbungskraft, wie es auch vorkommt, daß durch gewisse Kohlensorten Zuckersäfte und Sirupe wirksamer entfärbt werden, als Karamellösungen, andere Kohlensorten dagegen gerade die entgegengesetzte Eigenschaft aufweisen.

Richter u. Richter [1]) wollen aktive Kohle in der Weise gewinnen, daß sie Gemische von kohlenstoffhaltigen Materialien und Mineralstoffen der trockenen Destillation unterwerfen. Die Erfinder wollen solche Mineralstoffe, die bereits als Klärmittel gedient und sich dabei mit niedergeschlagenen Kolloidstoffen usw. beladen haben, aber bei den zur Durchführung der Trockendestillation in Betracht kommenden Temperaturen nicht sintern oder gar schmelzen, auf die angegebene Weise behandeln; das Verfahren zeigt eine gewisse Ähnlichkeit mit dem bereits erwähnten Patent Nr. 213828 von Goldstein, das in der Patentschrift auch angezogen wird.

---

[1]) D. R.-P. Nr. 239760, 1910.

Nach der deutschen Patentanmeldung (R. 30454, 1910) wollen die gleichen Erfinder fein verteilten, aktiven Kohlenstoff von hoher Wirksamkeit dadurch herstellen, daß sie nach beliebigen, bekannten Verfahren gewonnene, noch nicht zur Filtration benutzte, aktive Kohle einem ein- oder mehrmaligen Veredelungsprozeß unterwerfen, der darin besteht, daß man sie mit Sauerstoff (ev. durch Befeuchten nach Anspruch 2) belädt, oder ihr sauerstoffhaltige Körper beimischt und darauf unter Luftabschluß glüht.

Die geringe Menge von Sauerstoff, die bei diesem Verfahren zur Einwirkung auf die Kohle gelangt, soll dieselbe nur oberflächlich anätzen und dadurch wirksamer machen. Bedingung ist, daß ein bereits aktives Kohlematerial, entweder für sich oder in Mischung mit fein verteilten Mineralstoffen, verwendet wird. Die durch das Verfahren erzielte Steigerung der Aktivität der Kohle soll sehr beträchtlich sein. Es wird angeführt, daß eine aktive Kohle von der Wirkung 80 bis 90 nach der Indigokarminskala nach der Behandlung im Sinne der obigen Erfindung den Wirkungswert 160 bis 200 derselben Skala aufwies.

Jünemann kocht 90 Tle. grobgekörnte Holzkohle mit einer Lösung von 5 Tln. saurem Calciumphosphat und 5 Tln. schwefelsaurer Tonerde, trocknet und glüht und will auf diese Weise eine Kohle von außerordentlich großem Entfärbungsvermögen erhalten, die gegenüber der Tierkohle den Vorteil besitzen soll, sich mechanisch mit vielen Salzen zu verbinden und deren Wirkungsweise länger dauern soll, während die Regenerierung leicht ausführbar sei.

6. Anhang: Die Fullererde.

Der schärfste Konkurrent der Tierkohle oder deren Surrogaten für Entfärbungszwecke ist die sog. Walk- oder Fullererde, ein natürlich vorkommendes Aluminium-Magnesiumhydrosilikat. Früher wurde dieses Material ausschließlich vom Auslande, besonders England, bezogen. Jetzt hat man aber auch in Deutschland (bei Fraustadt in Schlesien), sowie in den Vereinigten Staaten Lager von bedeutender Mächtigkeit erschlossen. Die ursprüngliche Verwendung zum Walken des Tuches (daher der Name) ist heute nur noch von geringer Bedeutung; um so bedeutender dagegen diejenige zum Reinigen und Bleichen mineralischer und vegetabilischer Öle, so daß es sich wohl verlohnt, hier einige Worte über diesen Gegenstand zu sagen.

Über die Gewinnung und Verwendung der Fullererde in den Vereinigten Staaten entnehmen wir einem Bericht in der „Chemischen Zeitschrift" 1911, S. 202 die folgenden, interessanten Mitteilungen:

Während vieler Jahre wurde Walkerde von England, dem damaligen einzigen Produktionslande, importiert, bis im Jahre 1893 dieses Material zufälligerweise auch in den Vereinigten Staaten entdeckt wurde. Gelegentlich eines damals in Quincy, Fla., gemachten, allerdings mißlungenen Versuches, Backsteine zu fabrizieren, fiel einem dort beschäftigten elsässischen Arbeiter die große Ähnlichkeit der dazu verwendeten Erde mit der in Deutschland gewonnenen Walkerde auf. Angestellte chemische Untersuchungen ergaben, daß diese Erde tatsächlich Walkerde war. Die Entdeckung dieses Materials im Staate Florida verursachte beträchtliche Aufregung; angebliche Funde wurden bald darauf aus verschiedenen anderen Staaten gemeldet; es zeigte sich jedoch, daß bei den meisten der gemeldeten Funde das Material als Walkerde wertlos war.

Seit der Zeit der Auffindung von Walkerde in Florida ist dieser Staat in der Produktion dieses Materials stets an führender Stelle geblieben. Später wurde in den Staaten Colorado und New York solche Erde gewonnen und in kleineren Mengen auch im Staate Utah. Vom Jahre 1904 bis 1907 stand der Staat Arkansas hinsichtlich der geförderten Menge dieses Materials an zweiter Stelle. Bald nachdem die erste Auffindung von Walkerde in Forida gemeldet worden war, wurden auch Lager in Georgia entdeckt, doch begann man hier erst im Jahre 1907 mit ihrer Ausbeutung. Damals nahm der Staat Georgia hinsichtlich der geförderten Menge die dritte Stelle ein; er rückte jedoch im Jahre 1909 an die zweite Stelle, die er auch im Jahre 1910 beibehielt. Im Jahre 1904 wurde Walkerde in den Staaten Alabama und Massachusetts gewonnen, 1907 in Süd-Karolina und Texas und 1909 auch in Kalifornien.

Die hauptsächlichste Verwendung findet die Walkerde in den Vereinigten Staaten beim Bleichen, Klären oder Filtrieren von Fetten, Schmiermitteln und Ölen. Bei ihrer Verwendung für mineralische Öle wird gewöhnlich die Erde, nachdem sie sorgfältig getrocknet und fein gemahlen worden ist, in lange Zylinder gebracht, durch die man die rohen, schwarzen mineralischen Öle langsam durchlaufen läßt. Das auf diese Weise filtrierte und zuerst austretende Öl ist vollkommen wasserhell und viel dünner als dasjenige, das später aus dem Zylinder heraustritt. Das Öl wird so lange durch den Zylinder laufen gelassen, bis es schließlich die erwünschte Farbe zeigt. Die Erde selbst wird hierauf mittels Dampfes gereinigt und kann alsdann von neuem verwendet werden.

Bei der Reinigung von vegetabilischen Ölen ist der Vorgang vollkommen anders geartet. Hier wird das Öl bis hart an den Wassersiedepunkt in großen Behältern erhitzt, hierauf wird Walkerde zugesetzt, und zwar in Mengen von 5 bis 10 Proz. des Gewichtes des zu reinigenden Öles; die Mischung wird kräftig umgerührt und durch Sackfilter filtriert. Der Farbstoff des Öles wird durch die Erde zurückgehalten, während das filtrierte Öl eine helle, strohfarbene Flüssigkeit darstellt.

Die amerikanische Walkerde wird beim Filtrieren von mineralischen Ölen der englischen vorgezogen, während umgekehrt die englische Erde sich zum Filtrieren von Fetten und vegetabilischen Ölen besser eignet als die amerikanische. Beim Reinigen von vegetabilischen und tierischen Fetten mittels amerikanischer Walkerde macht sich ein mehr oder weniger unangenehmer Geruch bemerkbar, dessen Ursache bisher noch nicht festgestellt werden konnte.

Die Entwickelung der amerikanischen Walkerdeindustrie zeigt sich deutlich beim Vergleich der Produktion des Jahres 1895, die 6900 t betrug, mit der Produktion des Jahres 1909, die sich auf 33586 t belief. Das Jahr 1909 weist die größte geförderte Menge von Walkerde auf, die Produktion im Jahre 1910 ergab 664 t weniger als im Vorjahre. Der Staat Florida war im Jahre 1910 mit 18832 t (zu 907 kg) oder 57,38 Proz. an der Gesamtproduktion beteiligt. Es folgen nach der Menge des geförderten Materials im Jahre 1910: Georgia, Arkansas, Texas, Kalifornien, Massachusetts, Süd-Karolina und Colorado.

7. Einiges über die Anwendung der Entfärbungskohle.

Für den Fabrikanten eines Produkts ist es immerhin von einiger Wichtigkeit, zu wissen, was mit seinem Produkt fernerhin geschieht und welchen

Anforderungen es zu genügen hat. Wir geben daher im nachstehenden in kurzen Zügen das Wesentlichste über die Verwendung der Entfärbungskohle in der Industrie und den Gewerben.

Die zu entfärbenden Flüssigkeiten oder Lösungen sind von mannigfaltigster Art; hauptsächlich kommen in Betracht Öle und Fette, wässerige, saure und alkalische Lösungen, ferner Lösungen in Alkohol, Äther, Chloroform, Kohlenwasserstoffen usw. Ein Universalentfärbungsmittel darf also keine Bestandteile enthalten, welche diesen Substanzen nicht zu widerstehen vermögen, es muß indifferent gegen dieselben sein, wie es eben der reine Kohlenstoff par excellence ist. Den höchsten Grad der Reinheit fordern die Fabrikanten chemisch-pharmazeutischer Präparate, Alkaloide usw.; hier darf das Entfärbungsmittel weder wasser-, säure- noch alkalilöslich sein. Es muß möglichst wasserfrei sein, sobald alkoholische Lösungen oder Öle usw. in Betracht kommen. Sollen wässerige Lösungen entfärbt werden, so wird ein geringer Wassergehalt natürlich keine Rolle spielen; auch das absolute Fehlen jeglicher mineralischer Verunreinigungen, soweit solche in Wasser oder der betreffenden Lösung nicht löslich sind, wird hier nicht unbedingt erforderlich sein.

Die Anwendung der Entfärbungskohle beschränkte sich früher auf das Entfärben von Ceresin, Paraffin und Mineralölen, wozu sie allerdings in großen Mengen verbraucht wurde. Dann ging diese Industrie zum Teil zur Verwendung von Magnesiumhydrosilikat über, und der Konsum an Entfärbungskohle in derselben ist ein beschränkterer geworden. Dagegen wird sie jetzt vielfach auch zum Entfärben vegetabilischer Öle und Fette, Glyzerin usw. benutzt, denen sie gleichzeitig auch den ranzigen Geschmack nimmt. In stark mit Salzsäure raffiniertem Zustande benutzen sie auch die chemischen Fabriken in der Herstellung feinerer Alkaloide usw.[1]).

Auf die entfärbende Kraft der Entfärbungskohle ist die Temperatur der zu entfärbenden Flüssigkeit von großem Einfluß. Eine heiße Flüssigkeit wird rascher entfärbt als eine kalte, und man läßt aus diesem Grunde in den Zuckerfabriken den Saft auch heiß die Knochenkohlenfilter passieren[2]). Nach Dumas[3]) gelingt die Entfärbung vielfach auch besser bei einer schwach sauren oder neutralen, als bei einer alkalischen Flüssigkeit; doch gibt es hier auch Ausnahmen, und es sollen sich z. B. Zuckersäfte besser entfärben lassen, wenn sie schwach alkalisch, als wenn sie sauer sind. Oft geschieht es, daß bei langem Sieden der zu entfärbenden Flüssigkeit mit der Kohle ein Teil des anfangs niedergeschlagenen Farbstoffs von neuem wieder in Lösung geht, so daß die Entfärbung unvollständig bleibt, selbst wenn man eine große Menge von Tierkohle angewendet hat, weil eben die dazu gerade erforderliche Zeit überschritten worden ist. Am Mißerfolge mit irgend einer Entfärbungskohle braucht also nicht unter allen Umständen diese selbst die Ursache zu sein. Man wird vielmehr stets auch die besten Bedingungen für eine wirksame Entfärbung ausfindig zu machen haben.

Als ein Beispiel für die Anwendung des Entfärbungspulvers im großen geben wir im folgenden nach Scheithauer[4]) die Einzelheiten des Prozesses in der Paraffinindustrie. Das Entfärbungspulver muß vor dem Gebrauch bei

---

[1]) Freundl. Privatmitt. von Herrn Leo Vossen. — [2]) Muspratt, Chemie 5, 4. Aufl., a. a. O., S. 659. — [3]) Handb. d. angew. Chem. 1, 527. — [4]) Fabrikation der Mineralöle, S. 170 u. ff. Braunschweig 1895.

100 bis 110⁰ getrocknet werden. Im Großbetriebe geschieht dies in Apparaten, wie ein solcher durch Fig. 106 dargestellt ist. Ein an der Wand hängender doppelwandiger Zylinder faßt den Inhalt eines Wochenbedarfes. An seinem oberen Ende ist ein Körtingscher Saugstrahlapparat angebracht, welcher den sich beim Trocknen ergebenden Wasserdampf entfernt, während der getrocknete Inhalt am unteren Ende durch einen Doppelschieber abgezogen wird. Man gibt täglich so viel neues Material oben auf, als unten abgezogen worden ist. Der Heizdampf kann entweder in den äußeren oder, wie auf Fig. 106 dargestellt, in den inneren Zylinder eintreten. Zwischen dem Zylinder mit Entfärbungspulver und dem Körtingschen Saugstrahlapparat wird zweckmäßig noch ein Luftfilter *F* eingeschaltet, um den Luftsauger vor Verstopfung der feinen Düse durch etwa mitgerissenen Kohlenstaub zu schützen.

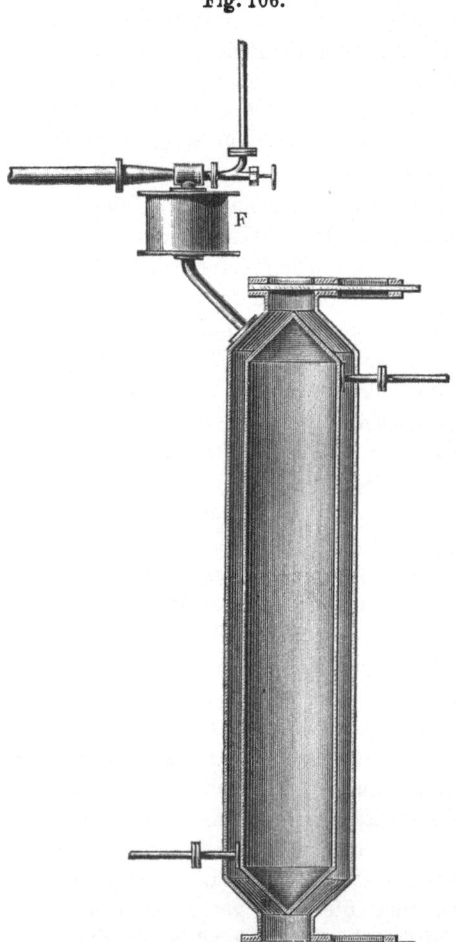

Fig. 106.

Man wendet in der Regel nur 1 bis 2 Proz. Entfärbungspulver an; eine größere Menge ist ohne bedeutendere Wirkung. Zuweilen erweist es sich als vorteilhafter, mit kleineren Mengen des Pulvers zweimal hintereinander zu entfärben. Das Mischen dauert etwa $\frac{1}{2}$ Stunde, dann läßt man absitzen und läßt das darüberstehende Paraffin noch ein Filter passieren.

Aus ihren weiter oben (S. 170) erwähnten Untersuchungen ziehen Rosenthaler und Türk folgende Schlüsse für die Anwendung der Kohlen als Entfärbungsmittel:

I. Die Kohlen müssen vor der Verwendung sorgfältig gereinigt werden, entweder durch wiederholtes Auskochen mit dem zu verwendenden Lösungsmittel oder durch Ausglühen mit nachfolgendem Auswaschen mit Säure und Wasser.

II. Man wende möglichst wenig Kohle an.

III. Es ist nicht nötig, die Entfärbung in der Wärme vorzunehmen, sondern es genügt, mehrere Stunden bei gewöhnlicher Temperatur stehen zu lassen.

IV. Die Entfärbung ist am besten nicht in wässeriger Lösung vorzunehmen, weil in dieser die Verluste am größten sind. Die Lösung sei möglichst konzentriert (vgl. aber an gleicher Stelle unter 2. und 4.).

V. Leicht oxydierbare Körper sollten nicht mit Tierkohle entfärbt werden, weil sie dadurch gleichzeitig oxydiert werden könnten.

VI. Bei quantitativen Arbeiten darf eine Entfärbung mit Kohle erst dann vorgenommen werden, wenn feststeht, daß eine Adsorption der zu bestimmenden Substanz unter den Versuchsbedingungen nicht stattfindet.

Rosenthaler und Türk wollen ferner beobachtet haben,. daß ein Zusammenhang zwischen dem Molekulargewicht der Körper und ihrer Adsorbierbarkeit in dem Sinne besteht, daß die letztere in dem Maße steigt, als das Molekulargewicht größer wird.

J. Herzog[1]) macht noch folgende Bemerkungen über den Gebrauch der Entfärbungskohle. Gerade ätherische Lösungen werden in der Kälte entfärbt, wenn man sie unter bisweiligem Schütteln 24 Stunden mit Kohle stehen läßt; andererseits ist oft ein langes Kochen zu diesem Zwecke erforderlich. Er hat stets die besten Resultate erzielt, wenn er die Kohle vor der Verwendung scharf glühte und in der Luftleere erkalten ließ. Knochenkohle eigne sich nach Kromayer[2]) zur Entbitterung von Pflanzenauszügen und Thoms[3]) habe nach dieser Methode den Bitterstoff „Äorin" aus der Kalmuswurzel isoliert. Auch harnsaures Kalium werde nach Liebermann[4]) von der Knochenkohle in weitgehendem Maße zurückgehalten, während andere Stoffe, wie fettsaure Salze oder die Salze gewisser Alkaloide (essigsaures Morphin, zitronensaures Koffein usw.) dissoziiert werden, was man vermeiden kann, wenn man als Lösungsmittel statt Wasser absoluten Alkohol wählt.

Gattermann[5]) gibt die folgenden Winke, die namentlich bei der Entfärbung von Alkaloiden usw. von Wichtigkeit sind. Handelt es sich um die Entfärbung einer festen Substanz, so löst man dieselbe zunächst in einem geeigneten Lösungsmittel auf, kocht mit der Tierkohle und filtriert von dieser ab. Ehe man die heiße Lösung mit Tierkohle versetzt, läßt man jene zuvor etwas erkalten, da nahe bis zum Siedepunkt erhitzte Flüssigkeiten bei der plötzlichen Berührung mit Tierkohle oft stürmisch aufsieden, wobei leicht ein Überschäumen erfolgt.

Bei Anwendung von Lösungsmitteln, welche sich mit Wasser nicht mischen, muß die etwa feuchte Tierkohle vorher getrocknet werden. Die Menge des Lösungsmittels wählt man zweckmäßig derart, daß beim Abkühlen der entfärbten Flüssigkeit der gelöste Körper auskristallisiert. Man muß es sich auch zur Regel machen, die Tierkohle erst dann hinzuzufügen, wenn der zu entfärbende Körper vollkommen gelöst ist. Nur so ist man sicher, daß nicht etwa ein Teil des letzteren sich ungelöst bei der Tierkohle befindet. Die Menge der anzuwendenden Tierkohle richtet sich nach der Intensität der Färbung.

8. Wiederbelebung der Entfärbungskohle.

Wenn die Knochenkohle eine bestimmte Menge von Farbstoffen und von Salzen aufgenommen hat, verliert sie die Fähigkeit, weiter absorbierend zu wirken, sie ist gesättigt. Ob durch die Aufnahme von Salzen gleichzeitig auch ihre entfärbende Kraft vermindert wird, ist noch nicht endgültig entschieden, doch steht es fest, daß eine mit Salzen gesättigte Tierkohle imstande ist, noch weiter Farbstoff aufzunehmen und umgekehrt, so daß also nicht, wie man früher glaubte, eine Sättigung mit Salzen ihre entfärbende Kraft ganz aufhebt. Entzieht man einer mit Salzen oder Farbstoffen gesättigten Tierkohle diese Substanzen wieder, so erlangt sie aufs neue die Eigenschaft,

---

[1]) Vgl. Weyl, Die Methoden der organ. Chemie 1, 137. — [2]) Die Bitterstoffe, Erlangen 1861, S. 18. — [3]) Arch. f. Pharm. 1886, S. 467. — [4]) Wiener Akad. Sitzungsber. 1877. — [5]) Die Praxis des organ. Chemikers, Leipzig 1894, S. 41.

entsalzend oder entfärbend auf Lösungen zu wirken, jedoch nicht mehr in dem Grade wie frische Kohle. Das Entfärbungsvermögen wird etwa um die Hälfte reduziert [1]).

Eine Wiederbelebung mit Farbstoff gesättigter Entfärbungskohle kann nach Anthon, Pelouze u. a. dadurch geschehen, daß man derselben durch Kochen mit verdünnter Ätznatronlösung die aufgenommenen Farbstoffe wieder entzieht und ihr nach dem Auswaschen durch Behandeln mit Salzsäure die alkalische Reaktion nimmt. In vielen Fällen wird sich dieser Prozeß aber kaum lohnen. Nach Scheithauer [2]) wird z. B. selbst in der Paraffin- und Mineralölindustrie, wo relativ sehr bedeutende Mengen von Entfärbungskohle verbraucht werden, von einer Wiederbelebung der ausgenutzten Kohle abgesehen, weil der Erfolg die Kosten nicht lohnt. Man beschränkt sich dort darauf, dem gebrauchten Pulver entweder durch Extraktion oder durch einen Schwelprozeß das ihm anhaftende Paraffin, dessen Menge nicht unbedeutend ist, zu entziehen, verwendet aber in der Regel das Pulver nicht wieder.

Wo es sich aber um die Anwendung großer Mengen von Tierkohle zum Entfärben und Reinigen von Flüssigkeiten und Gasen handelt, wie z. B. in der Erdölindustrie und der Zuckerraffinerie (zum Entfärben), in der Spiritusindustrie (zum Entfuseln des Alkohols), in der Ammoniakindustrie (zum Entfernen des sog. Empyreumas aus dem Ammoniakgase) usw. usw., kann bei dem immerhin nicht unbeträchtlichen Marktpreise der Knochenkohle und anderer Entfärbungsmittel das ausgebrauchte Material nicht einfach verworfen werden. Man treibt auch in diesen Fällen das diesem Material noch anhaftende Fabrikationsgut durch Aussüßen, Ausblasen mit Dampf usw. aus und regeneriert den Rückstand durch wiederholtes Glühen.

Bezüglich der Regenerierung der Knochenkohle in der Zuckerindustrie verweisen wir auf die einschlägige Literatur, insbesondere Stammers Zuckerfabrikation, sowie den Artikel Zucker in Muspratts Chemie. Zum Wiederbeleben der Knochenkohle dienen ähnliche Glühöfen, wie sie zu deren Herstellung aus Knochen benutzt werden; natürlich fallen dabei die dort notwendigen Kondensationseinrichtungen fort. Einen rotierenden Wiederbelebungsofen für Knochenkohle und andere Entfärbungsmittel nach der Bauart der Firma E. Bendel in Magdeburg-Sudenburg zeigen die Figuren 107 bis 109.

Der Ofen enthält 10 Retorten von entsprechendem Durchmesser, welche vertikal und in zwei Reihen an jeder Seite des Feuerungsrostes aufgestellt und so eingerichtet sind, daß ihre Halbumfänge stets den direkten Hitzestrahlen ausgesetzt sind. Jede Retorte dreht sich langsam um ihre vertikale Achse und bewirkt somit eine gleichmäßige Beheizung ihres Inhaltes. Die Retorten enthalten im Inneren eine Abzugsröhre, welche einen ringförmigen Raum für die zu brennende Knochenkohle läßt. Diese Röhre ist perforiert und bewirkt den schnellen und völligen Abzug aller Gase aus jedem Teile der Retorte ihrer ganzen Länge nach. Hohle Kragen in gewissen Abständen sind über den Löchern angebracht und dienen der Offenhaltung der letzteren, der Ansammlung und Abführung der Gase und schließlich bewirken sie die fortwährend Umdrehung der fallenden Schwärze. Jede Retorte ist mit sieben

---

[1]) Muspratt, a. a. O., S. 659. — [2]) A. a. O., S. 170 u. ff.

Fig. 107 bis 109.

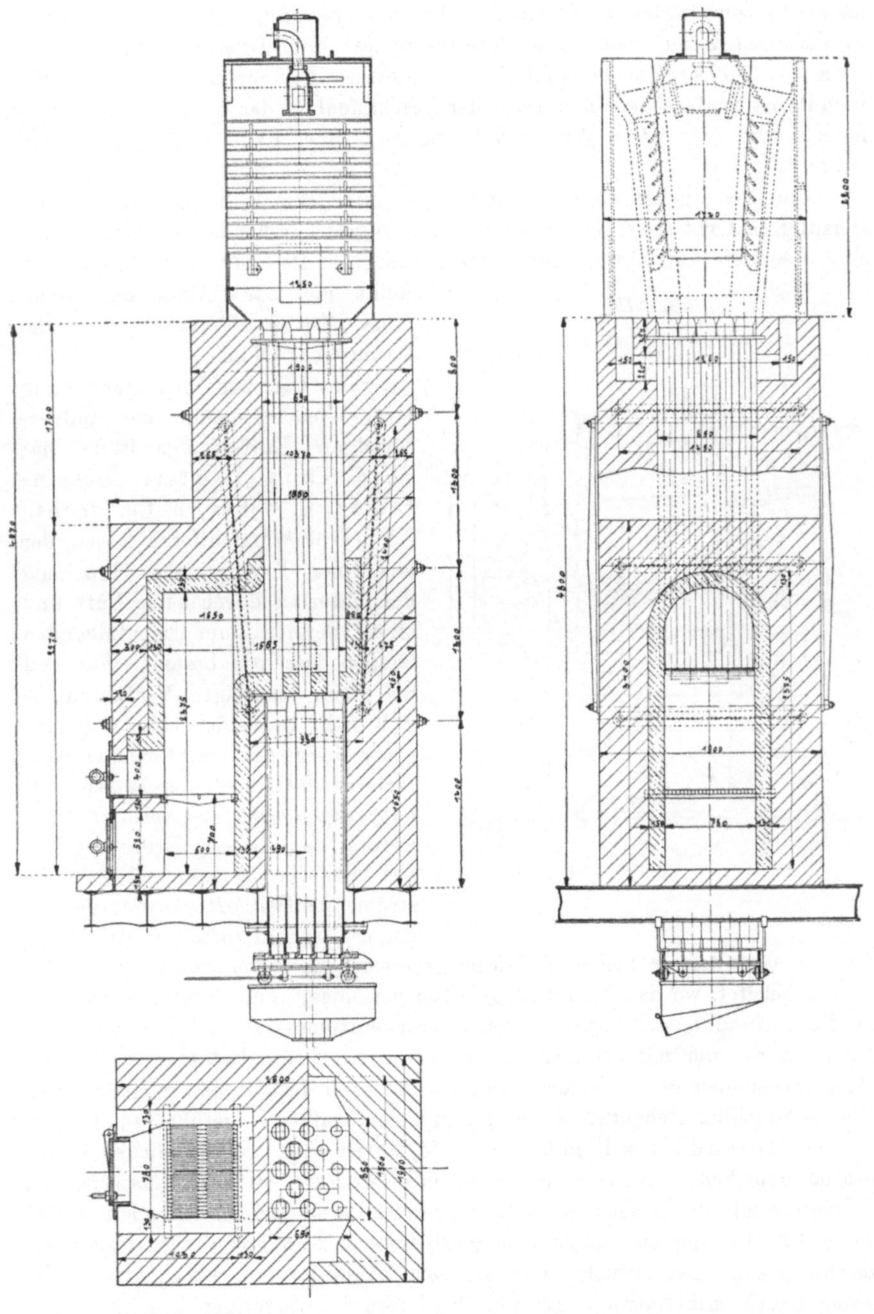

Kühlröhren versehen. Die Form und Länge dieser Kühlröhren im Verein mit ihrer drehenden Bewegung bewirkt die völlige Abkühlung der geglühten Kohle. Der Entleerungsapparat wirkt selbsttätig und periodisch in abgemessenen Quantitäten und erfordert keine Bedienung. Dieser Ofen besitzt in Verbindung mit dem Vertrocknungsapparat eine Leistungsfähigkeit von etwa 10 : 1300 kg Knochenkohle in 24 Stunden; die Leistung läßt sich aber vermittelst Stufenscheiben je nach der Beschaffenheit der Knochenkohle regulieren. Der Ofen ist so gebaut, daß nur ein kleiner Raum erhitzt zu werden braucht.

Die maschinellen Einrichtungen sind unter dem Kühlapparate von der Heizung entfernt gebracht. Dies und die langsam drehende Bewegung, sowie eine besondere Vorrichtung zur Verminderung der Reibung bewirkt, daß sich keine merkbare Abnutzung zeigt. Eine Pferdekraft genügt zum Betriebe eines Ofens.

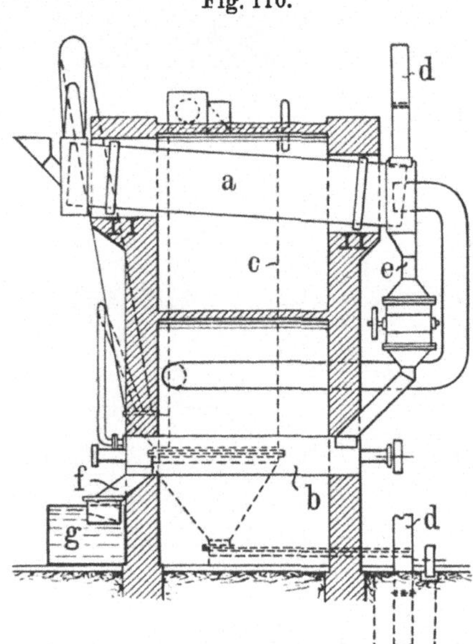

Einen Ofen zur Wiedergewinnung bzw. Wiederbelebung von pulverförmigen Entfärbungsmitteln hat sich die Firma „I. Österr. Ceresinfabrik, H. Ujhely u. Co. Nachf., Akt.-Ges. [1]) patentieren lassen, der aus einer Trommel zum Trocknen des Materials durch heiße Luft und einer Retorte zum nachfolgenden Glühen desselben besteht. Während bei dem bisherigen Verfahren es sich nicht vermeiden läßt, daß eine große Menge des staubförmigen Entfärbungsmittels von der heißen Luft mitgerissen wird und verloren geht, werden nach dieser Erfindung die aus der Trockentrommel a ausströmende Heißluft, sowie die aus der erhitzten Retorte b austretenden Dämpfe samt dem in beiden Fällen mitgerissenen Entfärbungsmittel in Staubfilter c geleitet, wo das Entfärbungsmittel gesammelt und durch Elevator dd in die Verbindungsleitung e zwischen Trockentrommel a und Retorte b befördert wird, um mit der aus der Trockentrommel unmittelbar austretenden Masse zusammen in der Retorte geglüht und nach dem Glühen in einen unter Wasserverschluß stehenden Auslauf f und Sammelfilter g geführt zu werden.

O. Molenda [2]) will mit seinem Verfahren den bisher üblichen Glühprozeß umgehen, indem er das mehr oder weniger erschöpfte Material mit Oxydationsmitteln in verdünnter Lösung (z. B. Permanganat) behandelt, wobei der größte Teil der aufgenommenen Farbstoffe und anderer Verunreinigungen zerstört wird. Beansprucht wird die Vorbehandlung der gebrauchten Masse unter Druck mit Natronlauge und Oxydation in wässeriger Lösung, sowie

____

[1]) D. R.-P. Nr. 246 376; Chem.-Ztg. 1912, Rep., S. 283 u. 317. — [2]) Österr. Pat., Anm. A. 1480, vom 17. Februar 1911.

die Ausführung des Verfahrens durch Behandlung mit Permanganat in alkalischer Lösung und darauffolgendem Waschen mit verdünnter Säure. Bei Anwendung von Salzsäure vernichtet das entstehende Chlor die letzten Reste noch vorhandener Farbstoffe u. dgl.

9. Geruchlosmachen und Filtrieren von Flüssigkeiten durch Kohle.

Die Verwendung der amorphen Kohle für diese Zwecke ist im vorhergehenden schon mehrfach erwähnt worden. Der Vollständigkeit halber soll hier nur das Wichtigste über diesen Gegenstand gesagt werden.

Weitgehende Anwendung findet die Kohle in Form von Holzkohle in der Industrie zur Entfuselung des Alkohols. Der Rohspiritus enthält neben 75 bis 95 Proz. Äthylalkohol je nach seiner Herkunft Wasser, andere Alkohole, Essigsäure-, Buttersäure- und andere Fettsäureäther, Acetal, Furfurol, Basen und andere Stoffe, die gemeinhin als „Fuselöl" bezeichnet werden, ihm einen schlechten Geruch erteilen und durch Raffinieren entfernt werden müssen. In der Regel geschieht dies in besonderen Fabriken in großem Maßstabe durch Filtration über Holzkohle unter darauffolgender Rektifikation.

Die Holzkohle besitzt in frisch geglühtem Zustande hervorragend die Fähigkeit, das Fuselöl in sich aufzunehmen. Zu diesem Zweck muß der Spiritus, entsprechend seinem Gehalte an Fuselöl, auf 25 bis 40 Vol.-Proz. verdünnt und mit der geglühten Holzkohle in innige Berührung gebracht werden. In kleineren Fabriken benutzt man hierzu hölzerne Bottiche mit einem Inhalt von 200 kg Holzkohle, über welche täglich während 10 bis 100 Tagen etwa 950 Liter Rohspiritus filtriert werden; in großen Rektifikationsanlagen bedient man sich natürlich besonderer Filterbatterien aus eisernen Zylindern, welche mit der auf Nußgröße zerkleinerten, frisch geglühten Holzkohle beschickt werden, von ähnlicher Anordnung wie die bekannten Saturationsanlagen der Rübenzuckerindustrie.

Vor Eintritt des Spiritus in die Filter wird so lange Dampf durch die Batterie geblasen, bis kein Kondenswasser mehr austritt. Dies hat den Zweck, die in der Kohle eingeschlossene Luft auszutreiben, deren Vorhandensein die Durchdringung der Kohle mit Spiritus verhindern würde. Der Rohspiritus tritt stets von unten in die Filter ein, und zwar an der Stelle, die die am längsten gebrauchte Kohle enthält, füllt deren Poren vollständig aus und kommt am Ende der Batterie stets mit frischer Kohle in Berührung. Ist ein Filter unwirksam geworden, so wird es ausgeschaltet und nach dem Ablaufen des Spiritus mit Dampf abgetrieben. Aus dem Kühler erhält man einen durch Fuselöl milchig getrübten Lutter, aus dem sich beim Stehen das Fuselöl an der Oberfläche abscheidet. Die alkoholische Flüssigkeit wird in die Reinigung zurückgebracht und der entleerte Zylinder mit frischer Kohle gefüllt.

Das Wiederbeleben der ausgebrauchten Kohle geschieht durch Glühen in besonderen Öfen, welche den bei der Knochenkohle üblichen ganz ähnlich konstruiert sind (s. d.). Nach einem Verfahren von Höper[1] erfolgt die Regenerierung durch überhitzten Dampf.

Über die Verwendung der Kohle zur Absorption von Gasen ist an verschiedenen Stellen bereits das Wissenswerteste mitgeteilt worden.

---

[1] Zeitschr. f. Spiritusind. 1885, S. 747.

Minder wichtig, aber gleichfalls in dieses Kapitel gehörig, ist die Verwendung der Schwärze als Filtermaterial für Flüssigkeiten aller Art, insbesondere für Trinkwasser, welches dadurch von allen mechanischen Verunreinigungen befreit werden kann. Da zu diesem Zweck in der Regel Knochenkohle verwendet wird, wollen wir den Gegenstand an dieser Stelle besprechen.

Handelsüblich bezeichnet man die für die erwähnte Verwendung hergestellten Gegenstände als plastische Kohle, obgleich dies falsch ist und man eher von geformter Kohle sprechen könnte. Allerdings muß die hierzu zu verwendende Knochenkohle vorher in einen plastischen Zustand gebracht werden, und dies geschieht, indem man sie zunächst pulverisiert und darauf in geeigneten Knet- und Mischmaschinen mit entsprechenden Mengen eines Bindemittels zu einer formbaren Masse vereinigt. Die Wahl dieses Bindemittels ist nicht gleichgültig, weil es beim Gebrauch der Filter der Einwirkung der zu filtrierenden Flüssigkeit zu widerstehen hat. Am besten verwendet man ein solches, welches bei dem späteren Glühprozeß, den die geformten Körper durchzumachen haben, sich unter Verkohlung zersetzt und dabei die einzelnen losen Kohleteilchen zusammenfrittet. Vielfach benutzt man Leim oder Stärkekleister zu diesem Zweck, von denen der erstere der reichlicheren Teerbildung beim Verkohlen wegen vorzuziehen ist.

Man stellt sich zunächst durch Kochen eine starke Leim- oder Stärkekleisterlösung her und verdünnt diese mit Wasser so lange, bis die Flüssigkeit beim Trocknen zwischen den Fingern noch schwach klebende Eigenschaften besitzt. Mit Hilfe einer Knetmaschine wird in die Flüssigkeit so viel feinpulverisierte Knochenkohle eingearbeitet, daß eine unter der Presse gut zusammenhängende Masse entsteht. In der Regel erzeugt man daraus, je nach dem Verwendungszweck, Kugeln, Platten oder Hohlkörper, die dann entsprechend montiert werden. Die Mischung der Knochenkohle mit dem Bindemittel muß eine sehr innige sein, damit jedes Teilchen mit einer Flüssigkeitsschicht umgeben ist, um beim nachherigen Kalzinierungsprozesse auch fest am anderen zu haften. Aus dem gleichen Grunde muß der Druck der hydraulischen Presse ein sehr gleichmäßiger und hoher sein und sich der eingeschlossenen Luft beim Pressen Gelegenheit bieten, zu entweichen.

Die geformten Gegenstände werden zunächst an der Luft bei gewöhnlicher Temperatur, später eventuell in einem Trockenofen getrocknet, wobei zu vermeiden ist, daß sie rissig werden. Darauf werden sie, in Kohlenpulver eingebettet, der scharfen Hitze eines Kalzinierofens ausgesetzt. Zeigen sich beim Trocknen Risse, so sind diese vor dem Glühen mit einem Mörtel aus Kohle und Bindemittel gut auszustreichen. Nach etwa drei- bis vierstündiger Glut ist der Prozeß beendet und man läßt den Ofen erkalten, bevor man die Preßstücke aus demselben entfernt.

Über die Herstellung der verschiedenen Formen von Filtrierkörpern, wie Platten, Kugeln, Zylinder usw. findet man Näheres bei Friedberg[1]). Kugeln werden in der Regel massiv ausgeführt und zur Hälfte mit einer Kautschukhaube, die in einen Schlauch endet, überzogen. Sie dienen zum Filtrieren von Trinkwasser in kleinstem Maßstabe, indem man die Kugel in Wasser hängt, dasselbe am Kautschukschlauch ansaugt und diesen als Heber

---

[1]) Verwertung der Knochen, S. 183 u. f.

wirken läßt. Zylinder und Hohlkörper werden in größeren Dimensionen erzeugt und in der Regel mit eingebauten Ablaufstutzen für das filtrierte Wasser versehen; zu Systemen vereinigt kann ihre Leistung schon sehr beträchtlich sein. Für große Leistungen dienen Platten, die in Reservoirs eingebaut das zu filtrierende Wasser umspült.

Als Filtermaterial für alkalische und saure Flüssigkeiten haben sich nach Bornett[1]) Platten aus porösem Ton im letzten Jahrzehnt sehr eingebürgert, weil, wenn sie porös genug hergestellt sind, sie auch bei äußerst fein kristallinischen Niederschlägen jahrelang benutzt werden können, ohne sich zu verstopfen oder gereinigt werden zu müssen und immer ein klares Filtrat geben. Sie eignen sich jedoch nicht für ätzende, alkalische oder saure Flüssigkeiten infolge deren Angriffs auf das Filtermaterial. Filterkörper aus tierischer oder vegetabilischer Kohle und Koks mit Bindemitteln, wie die vorbeschriebenen, eignen sich nur für die Filtration von Wasser, werden dagegen gleichfalls durch stark ätzende Lösungen, insbesondere Alkalien, sehr rasch zerstört.

Dagegen wurde gefunden, daß die bis jetzt zum Auskleiden von Hochöfen benutzten Kohlensteine sich für diesen Zweck besonders gut eignen. Diese Steine werden in der Weise hergestellt, daß man Koks mit sehr geringem Aschengehalt fein mahlt, mit etwa 20 Proz. präpariertem Teer innig vermischt, die plastische Masse unter starkem Druck in Ziegelmaschinen in Formen preßt und unter Luftabschluß brennt.

Die Steine können selbst zum Filtrieren von hochkonzentrierten, siedendheißen Lösungen von Ätzkali und Ätznatron verwendet werden, ohne irgend welchen Angriff zu erleiden; sie lassen sich in gleicher Weise, wie die bisher gebräuchlichen Filterplatten, also in offenen Standfiltern, Nutschen und Druckfiltern verwenden.

<h3 align="center">10. Statistik.</h3>

Der deutsche Außenhandel in Knochen- und anderer Tierkohle seit dem Jahre 1903 stellt sich wie folgt:

Jahr	Einfuhr	Ausfuhr
	hauptsächlich aus England und Rußland kg	hauptsächlich nach Italien u. Österr.-Ung. kg
1903	5 233 700	2 242 200
1904	7 080 400	3 480 300
1905	6 802 200	3 132 700
1906 (März/Dezember)	5 592 600	3 016 500
1907	7 040 300	3 650 300
1908	5 116 600	3 502 500
1909	3 983 900	3 201 200
1910	7 317 600	3 189 800

Nach Dumas[2]) wurden in den dreißiger Jahren des vorigen Jahrhunderts in Paris allein jährlich 20000 Zentner (= 1000000 kg) Knochenkohle her-

---

[1]) D. R.-P. Nr. 241710, 1909. — [2]) A. a. O., S. 534.

gestellt, eine Menge, die den damaligen Bedarf der französischen Industrie bereits überstieg. Man hätte diese Menge leicht verdoppeln können, denn es wurde nur ungefähr der dritte Teil der in den Pariser Schlachthäusern, Abdeckereien und in Haushaltungen gesammelten Knochen auf Knochenkohle verarbeitet. Damals war die Erzeugung dieses Materials an große Städte gebunden; heute ist dies anders und der Verbrauch hat viel größere Dimensionen angenommen. Zahlen über die Erzeugung der einzelnen Produktionsländer liegen nicht vor.

Für Walk- oder Fullererde sind die Produktionsziffern der Vereinigten Staaten von Nordamerika auf S. 192 gegeben. Eine Ein- und Ausfuhrstatistik für dieses und andere Entfärbungsmittel liegt nicht vor.

Viertes Kapitel

Prüfung und Untersuchung des Rußes und der Schwärze.

Für die Prüfung und Untersuchung des Rußes und der Schwärze können sehr verschiedene Gesichtspunkte maßgebend sein. Dies ergibt sich schon aus der verschiedenen Art der Gewinnung, sowie aus der Mannigfaltigkeit in der Anwendung dieser Produkte. Im allgemeinen kann es sich um die Feststellung der Identität, ob Ruß oder Schwärze, ob Flammruß oder Lampenruß, ob vegetabilische oder tierische Kohle handeln, im speziellen um die Feststellung der Qualität für den beabsichtigten Zweck, also um Prüfung auf Deckkraft und Nuance einerseits und Entfärbungsvermögen andererseits, sowie endlich um die chemische Untersuchung in bezug auf Verfälschungen oder die Anwesenheit störender Verunreinigungen. Man hat es also bei der Untersuchung des Rußes und der Schwärzen sowohl mit physikalischen, als auch rein chemischen Untersuchungsmethoden zu tun, deren Auswahl sich ganz nach dem Zwecke richtet, den man mit der Untersuchung verfolgt.

Wir geben im folgenden die hauptsächlichsten dieser Methoden wieder, möchten aber dazu bemerken, daß diese Methoden zum Teil nur dann von Erfolg sein können, wenn sie vergleichsweise neben einem mustergültigen Typ ausgeführt werden. Die Identifizierung bzw. Unterscheidung der einzelnen Produkte voneinander gehört zu den schwierigsten Aufgaben der analytischen Chemie; trotzdem wollen wir versuchen, auch dieser Frage so weit als möglich gerecht zu werden.

1. Untersuchung des Rußes.

In einem früheren Kapitel haben wir bereits kennen gelernt, daß das spezifische Gewicht des Rußes um so größer ist, je höher die Temperatur war, bei der sich seine Bildung vollzogen hat. Dieser Umstand gibt uns ein wenigstens einigermaßen zuverlässiges Mittel an die Hand, zu entscheiden, ob ein Ruß als Flammruß zu betrachten oder als Lampenruß zu bezeichnen sein wird. Bei der Verbrennung in Dochtlampen oder — nach der Vergasung des Materials — in Schnittbrennern tritt eine höhere Hitze auf als in der offenen Feuerstelle bei beschränktem Luftzutritt. Lampenruß ist daher auch meist von intensiverer Schwärze als Flammruß und enthält wenig oder gar keine empyreumatischen Stoffe, welche dem Flammruß in der Regel nur dann abgehen, wenn er nochmals kalziniert worden ist. Nicht allein, daß der Kohlenstoff des Lampenrußes also an sich schon von dichterem, also spezifisch schwererem Zustande ist, drücken die erwähnten empyreumatischen Stoffe das spezifische Gewicht des Flammrußes nicht unwesentlich herab. Neben der Bestimmung des spezifischen Gewichtes gibt also auch schon der Gehalt an Empyreuma einen Anhaltspunkt für die Beurteilung des Rußes hinsichtlich seiner Herkunft bzw. Darstellungsweise.

Die Bestimmung des spezifischen Gewichtes des Rußes erfolgt auf die für pulverförmige Körper allgemein übliche Methode. Es ist dabei aber besonders zu bemerken, daß die meisten Sorten von Ruß durch Wasser nicht benetzt werden, und selbst wenn dies der Fall ist, sich gern Luftbläschen in der Flüssigkeit in der Schwebe halten, die an den feinen Partikelchen adhärieren und kaum zu entfernen sind. Als Flüssigkeit verwendet man daher bei der Bestimmung am besten starken Alkohol, der sich mit Ruß leicht vermischt und aus dem die Luftbläschen sich leicht beseitigen lassen.

Während gewöhnlicher Flammruß, auch nach dem Kalzinieren, nur selten ein spezifisches Gewicht von 1,65, keineswegs aber über 1,70 erreicht, steigt dasselbe bei Lampen- und auf anderem Wege hergestellten Ruß bis auf 2,00, ja selbst 2,25, wie aus folgender, aus verschiedenen Angaben zusammengestellter Tabelle ersichtlich ist:

Herkunft	Spezifisches Gewicht	Autor
Flammruß	1,65 bis 1,70	
Lampenruß aus pennsylv. Erdgas . . .	1,729	J. R. Santos, a. a. O.
„ amerikanischer	1,723	Hallock, a. a. O.
Lampenruß aus Acetylengas	1,919	Mixter, Silliman Amer.
Acetylenschwarz durch Explosion mit		Journ. **19**, 98.
CO oder CO_2	1,93 bis 2,00	Frank, a. a. O.
Acetylenschwarz aus Carbid und CO		
(graphitartig)	2,00 bis 2,25	Derselbe.

Auch in der chemischen Zusammensetzung zeigen sich bemerkenswerte Unterschiede zwischen Flammruß und Lampenruß. Wir verweisen hier auf die im vorhergehenden auf den S. 63, 66, 114 u. f. aufgeführten Analysen von Rußen verschiedener Herkunft.

Von Wichtigkeit sind hier vor allem die Unterschiede im Feuchtigkeits- und Aschengehalt. Beide erklären sich hinreichend aus der Art der Fabrikation und bilden wichtige Fingerzeige für die Beurteilung der Identität eines Rußes. Bei dem langen Wege, den die Rußteilchen bei der Flammrußfabrikation durch die Kondensationskammern zu nehmen haben, beladen sie sich mit den gasförmigen Verbrennungsprodukten und nehmen bei der Berührung mit dem Mauerwerke derselben abgebröckelten Sand und Kalkteilchen auf, was beim Lampenruß, bei dem die Abscheidung des Rußes in der Regel auf metallischer Fläche und in engstem Raume stattfindet, vollkommen ausgeschlossen ist.

In ähnlicher Weise differiert auch der Gehalt an empyreumatischen Stoffen, der gleichfalls von Wichtigkeit für die Frage nach der Herkunft des Rußes und auch für die Beurteilung der Qualität von großer Bedeutung ist. Ihre Menge kann bis zu 10 bis 15 Proz., ja selbst noch mehr betragen; in schlechten Rußsorten hat Gaudry[1]) bis zu 50 Proz. teeriger Bestandteile gefunden. Natürlich fühlt sich der Ruß dann fettig an und läßt sich leicht in der Hand zusammenballen.

In den meisten Fällen sind die empyreumatischen Stoffe, die bei der Fabrikation der Verbrennung entgangen sind, und die der bereits abgeschiedene Ruß in seiner bekannten Absorptionsfähigkeit für derartige Stoffe aufgenommen hat, die Ursache der Braunfärbung desselben. Für gewisse Industriezweige wird ein derartiger, sogenannter „fetter Ruß" verlangt, während er für andere wieder vollkommen frei von Empyreuma sein muß.

Da diese brenzligen Produkte in Alkohol und Benzol usw., wie wir gesehen haben, mit mehr oder weniger brauner Farbe löslich sind, so gelingt ihr Nachweis leicht bei folgender Probe: Auf ein reines, weißes Stück Papier von etwa 10 cm im Quadrat gibt man einige Tropfen Spiritus oder Benzol, bringt mittels der angefeuchteten Fingerspitze den zu untersuchenden Ruß auf das Papier und reibt ihn mit dem Benzol oder Spiritus möglichst gleichmäßig und deckend an. Nach dem Trockenwerden der Fläche hat man folgendes zu beachten: Man besieht sich die Rückseite des Papiers und beobachtet, ob die Flüssigkeit, welche das Papier durchdrungen hat, beim Verdunsten einen gelben Fleck, sogenannten Durchschlag, hinterlassen hat. Bei feinen Rußsorten bleibt die Rückseite weiß, bei gewöhnlichen, d. h. solchen, die viel Schwelprodukte enthalten, zeigt sich ein gelber Durchschlag, der auch die angestrichene Fläche mit einem gelben Rande umgibt. Kalzinierter Ruß ist immer „weiß durchschlagend", während bessere Rußsorten einen schwach gelben, gewöhnliche aber einen ins Braune ziehenden Durchschlag geben. Durch Vergleich mit dem Typ bei gutem Tageslicht bestimmt man die Nuance. Gute Rußsorten, besonders Lampenruß, zeigen, auf Papier aufgestrichen, stets einen eigentümlichen, samtartigen Lüster bei geeigneter Betrachtung („über die Hand", wie der technische Ausdruck lautet), gewöhnlichen Sorten geht derselbe mehr oder weniger ab.

Dem Gehalt an empyreumatischen Stoffen schreibt Gaudry die vielfach beobachtete Zerstörung der von ihm gedeckten Unterlagen (Papier, Eisen) zu, und es ist daher begreiflich, daß ihre Bestimmung unter Umständen nötig wird. In der Regel wird dieselbe in der Weise ausgeführt, daß man in einen Porzellantiegel mit durchbohrtem Deckel eine bestimmte Menge des Rußes fest einstampft und denselben im Wasserstoffstrome längere Zeit glüht. Sobald die Flamme des austretenden Wasserstoffs nichtleuchtend geworden ist, ist der Prozeß beendigt, und man läßt im Wasserstoffstrome vollständig erkalten. Die Gewichtsdifferenz ergibt die Menge der flüchtigen Produkte. Man darf bei diesem Verfahren den Wasserstoff nur in sehr langsamem Strome eintreten lassen, weil er sonst beträchtliche Mengen Ruß mit fortführt.

Diese Methode kommt, wie wir noch bemerken wollen, auch häufig zur Kontrolle des Betriebes in Anwendung, wenn es sich darum handelt, die Produkte der verschiedenen Rußkammern oder verschiedener Arbeitsperioden zu sortieren, oder im voraus zu bestimmen, wie viel Verlust ein Ruß bei der Kalzination erleidet. Für den ersten Fall genügt aber meistens schon die Strichprobe mit Äther oder Benzol auf weißem Papier.

---

[1]) Ann. de Génie civile 1878, p. 161.

Genauere Resultate als die Kalzination gibt natürlich die Extraktion der teerigen Stoffe mit Chloroform oder Benzol, wobei jedoch zu berücksichtigen ist, daß manche Rußsorten infolge ihrer feinen Verteilung bei der Filtration mit durch das Filter gehen.

Der durch das Empyreuma verursachten braunstichigen („fuchsigen") Farbe des Rußes sucht man häufig durch „Bläuen" desselben aufzuhelfen; das geschieht, indem man den Ruß mit der nötigen Menge Berlinerblau in geeigneten Maschinen aufs innigste vermischt. Der Zusatz von Berlinerblau gibt dem Ruß gleichzeitig ein feurigeres Lustre, kann aber leicht nachgewiesen werden, wenn man den Ruß mit Ätzkali- oder Ätznatronlauge auskocht und im Filtrat mit Eisenchloridlösung auf Ferrocyan prüft. Auf demselben Wege erfolgt auch die quantitative Bestimmung des Berlinerblaus.

Von größter Wichtigkeit für die Beurteilung und Bewertung eines Rußes ist natürlich die Prüfung auf Deckkraft und Nuance. Die Beurteilung eines Rußes in dieser Beziehung erfordert lange Übung und große Erfahrung, wenn man sich nicht schweren Täuschungen aussetzen will. Es ist nicht so leicht, wie es auf den ersten Blick erscheint, ein wirklich reines Schwarz von einem braun nuancierten zu unterscheiden, und dem ungeübten Auge kann es leicht passieren, daß es einen Ruß für tadellos schwarz ansieht, der für den Kenner deutlichen Braunstich zeigt. Nur durch fortgesetzte Übung gelingt es, das Auge dermaßen zu schärfen, daß es die geringen Differenzen in der Nuance wahrnimmt, die gerade beim Schwarz besonders schwierig zu finden sind.

Wir haben schon angegeben, auf welche einfache Weise man diese Prüfung durch eine sog. Strichprobe ausführt, die auch zugleich den etwaigen Durchschlag des Rußes kennen lehrt. Für die Beurteilung besonders guter Qualitäten, die den höchsten Anforderungen für die Herstellung feinster Illustrationsdruckfarben zu genügen haben, reicht natürlich ein so primitives Verfahren nicht aus. In diesem Falle muß man sich aus dem Ruß in kleinem Maßstabe die fertigen Druckfarben, am besten in einer renommierten Fabrik dieser Branche herstellen und in einer Kunstdruckerei vergleichsweise Illustrationsproben mit dieser und anderen Druckfarben auf absolut weißem Papier ausführen lassen. Größere Unterschiede im Ton und der Tiefe springen dann sofort in die Augen, und man ist imstande, selbst ganz kleine Differenzen noch leicht wahrzunehmen.

Mit der Prüfung auf die Nuance verbindet man in der Regel die Bestimmung der Deckkraft. Bronner[1] hat den Satz aufgestellt, daß zwischen dem spezifischen Gewicht einer Farbe und ihrer Deckkraft ein sehr inniger Zusammenhang existiert: je größer die Feinheit und je geringer das spezifische Gewicht einer und derselben Farbe, desto größer ist auch ihre Deckkraft. Bekanntlich wird noch heute vielfach ein entgegengesetzter Standpunkt eingenommen, aber, wie Bronn[2] überzeugend dargetan hat, mit Unrecht. Die Deckkraft eines Ölfarbenanstriches z. B. wird bestimmt durch das Volumen bzw. die Schichthöhe des festen Farbstoffs auf der angestrichenen Fläche, und man behauptet oft, daß beispielsweise Bleiweiß viel besser decke als Zinkweiß. Zieht man aber in Betracht, daß man zum Anreiben der Farbstoffe Ölmengen zu nehmen hat, die sich umgekehrt wie ihre spezifischen Ge-

---

[1] Techn. Mitt. für Malerei 1891, S. 27. — [2] Chem. Ind. 1906, S. 110.

wichte verhalten, so ist leicht einzusehen, daß man in solchem Falle auch gleiche Deckungseffekte erzielen kann. Verreibt man z. B. 1 kg Bleiweiß (= 152,2 ccm) mit 5 Liter Leinöl und 1 kg Zinkweiß (= 185,2 ccm) mit 6 Liter Leinöl, so kann man mit der so erhaltenen Zinkfarbe eine um etwa ein Fünftel größere Fläche anstreichen, und die Schichthöhe der aufgetragenen festen Farben wird in beiden Fällen die gleiche sein.

Diese Verhältnisse sind auch für die Beurteilung der Deckkraft eines Rußes von Wichtigkeit; ein spezifisch leichter Ruß wird also eine relativ größere Deckkraft besitzen als ein spezifisch schwerer, aber hier spielt eben die Tiefe des Tones die entscheidende Rolle.

Als Norm für die Deckkraft eines Rußes hat Keßler[1]) angegeben, daß

1 Gran Kienruß, mit
2 „ Gummi und
24 Tropfen Wasser

auf das feinste abgerieben, eine Fläche von 50 Quadratzoll, vermittelst eines Haarpinsels aufgestrichen, vollständig decken müsse.

Mit Recht macht Runge[1]) diesem Verfahren den Vorwurf der Ungenauigkeit, da die Tropfen sehr ungleich sein können, und selbst 24 große Tropfen kaum hinreichen würden, um 50 Quadratzoll Oberfläche zu benetzen, da ferner das Wasser beim Anreiben verdunstet und auch Farbe im Pinsel bleibt. Er schlägt daher vor, die Mischung in einem größeren Verhältnis zu machen und davon einen gewogenen Teil aufzustreichen. Nach ihm reibt man in der Reibschale 5 g Kienruß mit 10 g Sprit zu einem gleichmäßigen Teig an, dem man nachher 100 g Gummiwasser, welche 10 g Gummi enthalten, unter gutem Durcheinanderarbeiten zusetzt. Mittels eines trockenen Pinsels nimmt man etwas Farbe heraus und streicht dieselbe nach dem Wägen des Pinsels auf weißes Schreibpapier, welches in Quadratzentimeter eingeteilt ist. Man zählt die Anzahl der geschwärzten Quadrate, wägt den Pinsel zurück und findet auf diese Weise die Deckkraft des fraglichen Rußes im Vergleich zum Typ. Diese Methode ist natürlicherweise auch zur Untersuchung der Schwärzen anwendbar.

Neuerdings benutzt man zur Bestimmung der Deckkraft und Reinheit der Ruße, wie überhaupt aller schwarzen Farben ein viel einfacheres und genaueres Verfahren. Es beruht dies auf der Mischung dieser Materialien mit einem indifferenten, weißen Pulver, am besten Bleiweiß, Zinkweiß oder Kaolin. Wird reinster Ruß mit weißen Körpern innig gemischt, so entsteht ein Grau von reinem Ton; je mehr brenzlige Produkte ein Ruß enthält, desto unreiner, brauner nuanciert, fuchsiger wird das Grau, und desto geringer ist auch seine Deckkraft.

Nach W. Stein[2]) nimmt man 0,5 g einer Normalsubstanz, deren Wert man kennt, zerreibt sie auf das feinste und mischt nach und nach 5 g Kaolin zu. Die gleiche Menge des zu untersuchenden Produktes behandelt man ebenso, wobei man zugleich Gelegenheit hat, den Farbenton zu beobachten. Ist nach beendigter Mischung die Farbe in beiden Fällen ·gleich, so besitzen auch beide Materialien gleiche Färbekraft. Erweist sich die der zu beurteilenden Substanz geringer, so mischt man der Normalprobe abgewogene Mengen des weißen Pulvers nach und nach so lange bei, bis beide Farben

---

[1]) Runge, Grundriß der Chemie, München 1846, S. 65. — [2]) Die Prüfung der Zeugfarben und Farbmaterialien, Eutin 1874, S. 10.

gleiche Höhe erkennen lassen. Ist das Umgekehrte der Fall, so wird der zu beurteilenden Probe weißes Pulver in derselben Weise beigemischt. Das Färbevermögen verhält sich dann wie die Menge an zugesetztem weißen Pulver. Wesentlich vereinfacht und erleichtert wird die Arbeit, wenn man sich von der Normalprobe eine ganze Reihe von Normalmischungen mit verschiedenen Mengen weißen Pulvers herstellt, um damit sofort die zu untersuchende Probe vergleichen zu können. Unter allen Umständen ist eine richtige Beurteilung der Farben nur möglich, wenn die Mischung auf das innigste bewirkt worden ist und man von jeder Mischung eine möglichst gleich große Menge auf ein Blatt Papier gebracht und ganz flach gedrückt hat.

Gentele[1]) schlägt vor, 2 g des Rußes mit Öl neben der gleichen Menge des Types anzureiben und dann Bleiweiß zuzusetzen, bis die Proben beim Aufstreichen gleich grau sind. Es mag wohl sein, daß die Resultate dieser Probe in bezug auf die Deckkraft zuverlässiger sind als die der vorigen, da eine innige Mischung dabei leichter zu erreichen ist; hingegen läßt sich die Nuance zweifellos nach dem Verfahren von Stein besser bestimmen.

Zur Unterscheidung des Rußes von Schwärze genügt die Bestimmung des Aschengehaltes, der selbst in mit Säure stark extrahierten Schwärzen immer beträchtlich höher ist als im Ruß. Auf dem gleichen Wege läßt sich auch eine Verfälschung des Rußes mit Schwärze oder, was zuweilen zur Erhöhung des Gewichtes vorkommt, mit spezifisch schweren mineralischen Bestandteilen, hauptsächlich Schwerspat und Baryumcarbonat, wovon der Ruß bis 50 Proz. seines Gewichtes verträgt, leicht feststellen. Auch die mikroskopische Untersuchung ist hier von großem Wert; man erkennt neben dem molekular-feinen Ruß ohne jegliche Bruchflächen, Kanten und Ecken mit Leichtigkeit die Einlagerungen von Fremdkörpern der erwähnten Art an der Größe des Kornes, sowie seiner äußeren Beschaffenheit.

Die Wertbestimmung eines Rußes, der für elektrotechnische Zwecke, also zur Herstellung von Bogenlicht-, Element-, Elektroden- und Kontaktkohlen dienen soll, erfolgt natürlich auf andere Weise. Hier spielen Farbton und Deckkraft nicht die geringste Rolle und es kommt im wesentlichen darauf an, einen möglichst reinen Kohlenstoff, der vor allem frei von mineralischen Verunreinigungen ist, zu haben. Die Bestimmung des Aschengehaltes und flüchtiger Verunreinigungen sind hier vor allem maßgebend, deren Ausführung nach bekannten Methoden erfolgt.

Auch die Bestimmung des Raum- oder Schüttgewichtes (vgl. S. 63) kann hier in Frage kommen. Sie geschieht zweckmäßig in der Weise, daß man ein zylindrisches Blechgefäß von etwa $^1/_2$ bis 1 Liter, dessen Inhalt man vorher durch Abmessen festgestellt hat und dessen Gewicht man kennt, bis über den Rand gehäuft mit der Rußprobe anfüllt, das Übermaß am Rande mit einem scharfen Messer genau oben abstreicht und wägt. Um zuverlässige Resultate zu erzielen, hat man stets mehrere Vergleichsproben, deren Mittel man nimmt, nebeneinander auszuführen und muß beim Einfüllen der Proben in den Zylinder immer die gleichen Bedingungen einhalten. Das Füllen des Gefäßes erfolgt am besten nicht unter Anwendung von Druck, der stets verschieden sein wird, sondern unter leichter Erschütterung des Gefäßes, die aber möglichst gleichmäßig ausgeführt werden muß.

---

[1]) Lehrbuch der Farbenfabrikation, Braunschweig 1880, S. 397.

2. Untersuchung der Schwärze.

Bei der Prüfung einer Schwärze als Farbe handelt es sich in der Regel nur um die Feststellung ihres Wertes als Pigment.

Die Prüfung auf Nuance und Deckkraft erfolgt in gleicher Weise, wie bei Ruß angegeben. Schwärzen geben keinen oder nur einen sehr geringen Durchschlag; will man dieselben nach dem erwähnten Verfahren prüfen, so muß man statt Sprit oder Benzol eine dünne Leimlösung zum Anreiben benutzen, weil dieselben infolge ihrer weit weniger feinen Verteilung nach dem Abtrocknen der Flüssigkeit wieder abspringen.

Zur raschen Identifizierung der Schwärzen bedient man sich häufig der entfärbenden Wirkung der Knochenkohle, welche dieselbe auf gefärbte Flüssigkeiten vegetabilischen Ursprunges, z. B. Rotwein, Lackmustinktur, Caramellösung usw., ausübt, und welche allen anderen Schwarzfarben fast vollständig abgeht. Man hat nur nötig, eine derartige Flüssigkeit längere Zeit mit dem zu prüfenden Material zu kochen, zu filtrieren und das Filtrat mit der ursprünglichen Flüssigkeit zu vergleichen, um zu entscheiden, ob eine Schwärze aus tierischen Abfällen bereitet worden ist oder nicht.

Dies ist zwar für die meisten Zwecke ganz gleichgültig, allein es kommt doch häufig vor, daß man in die Lage versetzt wird, ein Elfenbeinschwarz, das, wie wir gesehen haben, häufig nur den Namen trägt, auf seinen wahren Ursprung zu prüfen. Zur Charakterisierung der tierischen Kohle genügt es nach H. Krätzer[1]), 10 g der Substanz in einem Porzellantiegel zu veraschen. Besteht dieselbe aus Tierkohle, so darf sie nur $1/_{10}$ ihres Gewichtes verlieren.

Beide Methoden sind indessen nur bedingt zulässig. Wir haben gesehen, daß nicht nur tierische Kohle entfärbende Wirkungen besitzt, sondern auch vegetabilische, wenn sie nur in richtiger Weise verarbeitet worden ist. Ebenso wird Knochenkohle häufig zur Erhöhung ihrer färbenden Eigenschaft durch Extraktion mit Salzsäure von ihrem Gehalt an mineralischen Bestandteilen befreit.

Frisch geglühte, nicht mit Salzsäure behandelte tierische Kohle enthält Cyan in Verbindung mit Calcium in leicht nachweisbaren Mengen. Die Untersuchung auf Cyanverbindungen geschieht nach Weiler[2]) wie folgt:

Etwa 200 g Kohle werden mit kaltem Wasser extrahiert und die erhaltene Lösung unter Zusatz von einigen Tropfen Schwefelammonium in einer Porzellanschale auf einen ganz kleinen Rückstand eingedampft; bei Gegenwart von Cyancalcium bildet sich Calciumrhodanid, das an der blutroten Eisenreaktion leicht zu erkennen ist.

Ein einfaches Verfahren zum Nachweis von Verfälschungen von Holzkohlenpulver durch Steinkohlen- oder Braunkohlenstaub wird in Stahl und Eisen 1911, S. 1437 angegeben. Man erhitzt ein Stück Blech zur hellen Glut und schüttet alsdann etwas von dem zu untersuchenden Holzkohlenpulver darauf, indem man gleichzeitig mit einer Zange ein zweites, kaltes Blech in einer Entfernung von 7 bis 8 cm über das erste hält; verbrennt der Staub ohne Rußbildung am oberen Blech und hinterläßt er nur reine Asche ohne Koksbildung, so liegt reines Holzkohlenpulver vor. Verbrennt der Staub

---

[1]) Neueste Erfindungen und Erfahrungen 8, 11; Chem.-Ztg. 1881, S. 42. —
[2]) Muspratt, Chemie 4, 1379, 4. Aufl. 1893.

unter Bildung von Ruß am oberen Blech, und hinterläßt er eine Asche ohne Koks, so ist dem Pulver Braunkohlenstaub beigemischt; verbrennt der Staub mit Rußbildung und Koksrückstand in der Asche, so darf mit Sicherheit auf eine Beimischung von Steinkohlenstaub geschlossen werden.

Die Natur einer Schwärze ergibt sich häufig schon aus dem Äußeren ihrer Asche. Beinschwarz liefert eine weiß brennende, in Salzsäure und Salpetersäure beinahe vollständig lösliche Asche, während Schwärze vegetabilischer Abstammung und namentlich Mineralschwarz einen dunkler gefärbten oder überhaupt nicht weiß zu brennenden Glührückstand liefern. Dieses Verhalten ist auf die Verbrennungsfähigkeit des darin enthaltenen Kohlenstoffs oder auf die Natur der Aschenbestandteile zurückzuführen, ist aber nie ganz zuverlässig.

Es ist daher stets zu empfehlen, eine qualitative Untersuchung der Aschen auszuführen, um sichere Resultate zu erzielen. So weiß man z. B., daß der Hauptbestandteil der Knochenasche phosphorsaurer Kalk (etwa 78 Proz.) ist, daß die Asche von Braunkohlen größtenteils aus Gips, kohlensaurem und kieselsaurem Kalk, Tonerde und Eisenoxyd besteht, und kann daher leicht aus der Menge der gebildeten Niederschläge usw. auf die Natur des Produktes schließen. Rebschwarz dagegen zeigt die allgemeine Zusammensetzung der Pflanzenaschen.

In der nebenstehenden Tabelle geben wir die mittlere Zusammensetzung einiger Aschen, sowie des als Schwarzfarbe benutzten natürlichen Kohlenschiefers an, deren Kenntnis zur Orientierung wertvolles Material liefert. Es ist dazu noch besonders zu erwähnen, daß die Aschenanalyse für Braunkohle aus den Resultaten der Analysen von Kremers, Varrentrapp, Köttig und Sonnenschein für die Braunkohlen von Artern, Helmstedt, Groß-Prießen, Edelény, Meißner berechnet worden ist, also jedenfalls eine brauchbare Durchschnittszahl ergibt, zumal sie auch noch den mittleren Gehalt verschiedener Fundorte darstellt. Die Analysenzahlen für Knochenasche sind der Durchschnitt von fünf Analysen Völkers nach Abzug der Feuchtigkeit und des Sandes.

Wir haben die charakteristischen Bestandteile der verschiedenen Aschen durch fetten Druck hervorgehoben und gelangen zu folgendem Resultat: Die Asche eines Mineralschwarz zeichnet sich aus durch ihren vorwiegenden Gehalt an kieselsaurer Tonerde, welcher stets ein sicherer Anhaltspunkt zur Identifizierung sein wird. Beim Einäschern eines solchen Schwarz zeigt sich, daß der darin enthaltene Kohlenstoff nur sehr schwer verbrennlich ist; die Asche bleibt daher stets dunkel gefärbt. Für Braunkohlenschwarz ist ein verhältnismäßig hoher Gehalt an Eisenoxyd und Gips bezeichnend; die Asche bleibt mehr oder weniger gefärbt. Die Torfasche unterscheidet sich wenig hiervon, hat aber stets einen geringen Gehalt an Phosphorsäure, meistens mehr Kieselsäure und Kalk aufzuweisen, ist von weißer, weißgrauer oder rotgelber Farbe.

Die Asche einer Schwärze vegetabilischen Ursprungs kann nicht ohne weiteres mit der betreffenden Pflanzenasche verglichen werden. Man muß in diesem Falle berücksichtigen, daß Pflanzenaschen eine beträchtliche Menge wasserlöslicher Stoffe (hauptsächlich Kalisalze) enthalten, welche der Schwärze schon während der Fabrikation (beim nassen Mahlen) entzogen werden. Dessenungeachtet läßt sich unter Berücksichtigung der normalen Bestandteile der Pflanzen Kali, Kalk und Magnesia einerseits, Kohlensäure, Schwefelsäure und

Bestandteile	Kohlenschiefer (nach C. Bischof)	Braunkohlenasche (Durchschnitt)	Torfasche	Rebenasche (Mittel aus Kern und Ranke) nach Hraschauer	Knochenasche nach Völker
Wasser und organ. Substanz	7,43	—	—	—	—
Kali	3,16	1,77	0,50	28,57	}0,91
Natron	0,25	1,32	0,60	5,79	
Kalk	0,09	23,09	15,30	32,86	51,65
Magnesia	0,59	2,36	1,30	7,37	1,40
Tonerde.	21,73	16,14	14,40	—	}0,25
Eisenoxydul	4,73	—	—	—	
Eisenoxyd	—	15,23	8,70	—	
Kieselsäure	61,91	19,23	45,50	1,07	—
Kohlensäure.	—	0,70	10,10	—	1,02
Schwefelsäure	—	20,22	2,60	2,50	0,45
Phosphorsäure	—	—	1,30	24,20	41,02
Chlor	—	—	—	0,35	—

Phosphorsäure andererseits immerhin mit einiger Sicherheit ein Schluß ziehen. Dazu kommt noch, daß die fossilen Rohmaterialien einen so viel bedeutenderen Gehalt an Kieselsäure zeigen, daß eine Verwechselung nicht leicht vorkommen kann.

Die Knochenasche endlich ist durch ihren hervorragenden Gehalt an phosphorsaurem Kalk hinlänglich charakterisiert. Infolge des Mangels an gefärbten Metalloxyden ist sie meistens von ganz weißer Farbe.

Fassen wir schließlich die Resultate der vorstehenden Aschenanalysen noch tabellarisch zusammen, so gelangen wir zu folgendem Schema, das sich zur raschen und sicheren Beurteilung einer Schwärze recht gut eignet, wenn man sich gleichzeitig eines mustergültigen Typs bedient.

Bezeichnung der Schwärze	Farbe der Asche	Löslichkeit in konzentrierter Salzsäure	Hauptbestandteile
Mineralschwarz . . .	dunkelgrau	fast unlöslich	Tonerdesilikat
Braunkohlenschwarz .	rostgelb	zum Teil löslich	{ Gips, Eisenoxyd und Tonerde
Rebschwarz	hellgrau	größtenteils löslich	{ Kalk, Magnesia und Phosphorsäure
Beinschwarz.	weiß	fast ganz löslich	phosphors. Kalk

Bei Anwendung der vorstehend geschilderten Methoden auf die Wertbestimmung von Schwarzfarben wird man stets ein durchaus zuverlässiges Resultat erzielen. Die Verwertung der Aschenanalyse zur Identifizierung derselben liefert in manchen Fällen, namentlich, wenn man es mit Gemischen zu tun hat, zweifelhafte Resultate. In diesem Falle ist die quantitative Bestimmung einiger Haupt- oder charakteristischer Bestandteile im Vergleich zu reiner Ware auszuführen.

Schließlich muß indessen doch darauf hingewiesen werden, daß diese Verhältnisse sich vollkommen verschieben können, wenn man es, wie z. B. bei Pariser Schwarz oder feinstem Elfenbeinschwarz, mit Stoffen zu tun hat, denen die Mineralbestandteile durch eine Behandlung mit Salzsäure zum größten Teil entzogen worden sind. In solchen Fällen ist indessen die Provenienz der Schwärze meist gleichgültig, und ihr Wert hängt einzig und allein von ihrem Farbton und ihren sonstigen Eigenschaften als Farbe ab.

3. Chemische Untersuchung von angeriebenen Ruß- und Schwarzfarben.

Die im Handel vorkommenden trockenen Rußschwarze sind selten mit mineralischen Substanzen verfälscht, denn die reinen und feineren Rußsorten stehen unverhältnismäßig viel höher im Preise als die weniger guten, so daß sich durch die Verfälschung ein Vorteil nicht leicht erzielen läßt. Indessen ist es hin und wieder beobachtet worden, daß dem Ruß Schwerspat zugesetzt worden war, von dem er ziemliche Mengen verträgt. Weit häufiger finden sich derartige Zusätze bei den angeriebenen schwarzen Farben, den Ölfarben geringerer Qualität, während bei den Schwärzen infolge ihres billigen Preises Zusätze beinahe ausgeschlossen sind. Bei der Untersuchung von Ölfarben befolgt man den gleichen Gang wie bei den trockenen Farben, nur muß man dieselben zuvor durch Extraktion mit Äther, Schwefelkohlenstoff oder Benzin ihres Ölgehaltes berauben.

Zu diesem Zwecke wird eine abgewogene Probe der Farbe in einem Extraktionsapparat mit Rückflußkühler durch das betreffende Lösungsmittel entfettet, getrocknet und zurückgewogen; man erfährt auf diese Weise gleichzeitig die Menge des zum Anreiben benutzten Öles und kann nach Verdunstung des Lösungsmittels auch dieses selbst auf seine Natur prüfen. Man kann diese Operation einfach in der Weise ausführen, daß man die Farbe in einem Kolben mit Kühlrohr mit dem Lösungsmittel kocht und die kochende Flüssigkeit durch ein Filter laufen läßt. Durch Nachwaschen mit Extraktionsmittel befreit man den Farberückstand vollkommen von öligen Produkten und trocknet ihn bei mäßiger Temperatur. Zweckmäßiger verwendet man dazu aber einen der gebräuchlichen Extraktionsapparate, von denen der Drechselsche oder der Thörnersche die geeignetsten sind.

Manche angeriebenen Farben enthalten als Bindemittel Gummi, tierischen Leim, Honig oder Harz, Wachs und Balsame. Hierher gehören die Aquarellfarben und die feucht bleibenden Moistfarben. Handelt es sich darum, die Natur des Pigmentes derselben zu ermitteln, so werden dieselben zunächst mit kochendem Wasser extrahiert und, falls es sich zeigt, daß sie gleichzeitig noch ein darin unlösliches Bindemittel enthalten, läßt man darauf eine zweite Extraktion mit Äther oder Benzin usw. folgen. Im übrigen verweisen wir bezüglich der vollständigen Analyse derartiger gebrauchsfertiger Farben auf das vorzügliche Werk von Gentele[1]), welches sich hierüber ausführlich verbreitet.

Hat man das Pigment einer angeriebenen Farbe auf die angegebene Weise isoliert, so erfolgt die weitere Untersuchung nach den für die trockenen Farben gültigen Gesichtspunkten.

---

[1]) Lehrbuch der Farbenfabrikation. Braunschweig 1880.

4. Prüfung und Untersuchung der Entfärbungskohle[1]).

Von einer guten Entfärbungskohle verlangt man in erster Linie größtmöglichste entfärbende Kraft, geringsten Feuchtigkeitsgehalt, sowie Abwesenheit solcher Bestandteile, welche sich in der zu entfärbenden Substanz oder
deren Lösungsmittel lösen und so das Endprodukt verunreinigen könnten.
Ebenso zahlreich wie die zu entfärbenden Substanzen selbst sind die Lösungs-
mittel, die hier in Frage kommen und teils saurer, teils alkalischer, teils
neutraler Natur sind. Eine gute Entfärbungskohle darf also weder an Alkohol,
Äther, Chloroform, Kohlenwasserstoffe und andere organische Substanzen und
Lösungsmittel, noch an Wasser, Säuren, Alkalien usw. Bestandteile abgeben.
Solche Bestandteile können sein Feuchtigkeit, empyreumatische Stoffe, Salze,
Oxyde der Alkali-, Erdalkali- und Schwermetalle, Schwefelverbindungen usw.
In manchen Fällen wird ein Bestandteil, der in anderen bedeutungslos ist,
von störendstem Einfluß sein, aber da man nie im voraus wissen kann, wozu
eine Entfärbungskohle später verwendet werden soll, so ist es eben nötig, daß
ein gutes Produkt allen Anforderungen entspricht.

Die Prüfung und Untersuchung der Entfärbungskohle kann sich daher
erstrecken auf die Bestimmung des Feuchtigkeitsgehaltes, des Gehaltes an
empyreumatischen Stoffen, an wasser-, säure- und alkalilöslichen Substanzen,
sowie des Gehaltes an solchen Materien, welche in den gebräuchlichen organischen Lösungsmitteln löslich sind. Das Wichtigste bleibt aber die Bestimmung der entfärbenden Kraft derselben. Selten wird auch die Bestimmung des spezifischen Gewichtes in Frage kommen, die dann eben nach
der bei der Untersuchung des Rußes angegebenen Methode, aber unter Benutzung von Wasser an Stelle von Alkohol ausgeführt wird.

Ob eine Kohle animalischen, vegetabilischen oder anderen Ursprungs ist, ist in den meisten Fällen gleichgültig, wenn nur ihr Entfärbungsvermögen den gestellten Bedingungen entspricht. Kommt dieser
Fall doch einmal vor, so läßt er sich nach den bei der Untersuchung der
Schwärze gegebenen Grundsätzen mit einiger Sicherheit erledigen.

Zur Bestimmung der Feuchtigkeit wägt man sich etwa 5 g der
Kohle im Wägegläschen ab und trocknet während einer Stunde bei nicht über
120⁰. Ein allzulanges Erhitzen, sowie die Anwendung einer höheren Temperatur als 120⁰ ist zu vermeiden, weil eine allmähliche Verbrennung des Kohlenstoffs an der Luft stattfindet, und zwar in um so höherem Maße, bei je höherer
Temperatur man arbeitet; man würde daher scheinbar einen zu hohen Wassergehalt finden, auch sind bei dieser Temperatur schon etwa vorhandene
empyreumatische Stoffe flüchtig. Erfahrungsgemäß ist eine einstündige Trocknung bei 120⁰ zur Erlangung richtiger Resultate ausreichend. Es braucht
kaum erwähnt zu werden, daß man das Trocknen bis zur Gewichtskonstanz
fortsetzt.

In manchen Fällen kann auch die Bestimmung des Gehaltes an
wirksamem Kohlenstoff verlangt werden. Daß es sich dabei nicht um
Kohlenstoff in rein chemischem Sinne handeln kann, ist nach dem bereits
früher Gesagten ohne weiteres klar: die hier als „Kohlenstoff" in Frage

---

[1]) Größtenteils nach **Muspratts** Chemie **4**, 1358 u. ff., 4. Aufl.

kommende Substanz ist in den meisten Fällen der bei der Verkohlung des Rohmaterials hinterbleibende, oft stickstoffhaltige Rückstand, und es ist erwiesen, daß nicht dem reinen Kohlenstoff, sondern seiner besonderen Beschaffenheit die entfärbende Wirkung zukommt. Eine Bestimmung des Kohlenstoffs nach der Methode der organischen Elementaranalyse würde also hier zu falschen Resultaten führen; ebenso die Differenzbestimmung durch Veraschung nach Entfernung der Feuchtigkeit und etwaiger empyreumatischer Stoffe, falls die Kohle noch Karbonate und phosphorsaure Salze enthält. Die einzig richtige Methode besteht in der Abscheidung des Kohlenstoffs und Trennung von den ihn begleitenden anorganischen Stoffen.

F. Stolba[1]) hat dazu ein vereinfachtes Verfahren angegeben, daß wie folgt ausgeführt wird: Etwa 5 g der feingepulverten Durchschnittsprobe übergießt man in einem Becherglase mit 50 ccm Wasser, setzt allmählich ebensoviel konzentrierte Salzsäure zu und erhitzt zum Sieden. Man läßt klar absitzen, gießt die über der Kohle stehende Flüssigkeit vorsichtig ab und wiederholt dies Verfahren noch ein zweites Mal. Dann spült man den Inhalt des Becherglases quantitativ auf ein Filter und wäscht mit Wasser bis zum Verschwinden der Chlorreaktion im Filtrat aus, wobei man dafür sorgt, daß sich der gesamte Rückstand zuletzt in der Spitze des Filters befindet.

Man trocknet bei 120⁰ und bringt den Inhalt des vor- und nachher gewogenen Filters, sowie dieses selbst in einem Platintiegel zur Veraschung. Der Rückstand nach Abzug der Filterasche ist Sand, sowie sonstige unlösliche Materie, die Differenz zwischen diesem Gewicht und dem der mit Salzsäure ausgekochten Kohle aber als wirksamer Kohlenstoff anzusprechen.

Den Gehalt an empyreumatischen Stoffen findet man, wie unter Ruß angegeben, die Bestimmung der säure- usw. löslichen Stoffe erfolgt nach bekannten Methoden.

Die Bestimmung der entfärbenden Kraft der Kohle läßt sich sowohl auf chemischem, wie auch auf optischem Wege ausführen. Die chemische Methode ist u. a. von A. von Schwarz[2]) und von Schober[3]) ausgebildet worden. Sie gründet sich auf die Absorptionsfähigkeit der Kohle für Indigocarmin und Messung des Überschusses an letzterem durch übermangansaures Kali, wobei als Normallösungen die folgenden verwandt werden:

1. eine Lösung von 6 g Indigocarmin in 1 Liter Wasser;

2. eine Lösung von 1 g Kaliumpermanganat in 1 Liter Wasser, deren gegenseitigen Wirkungswert man vorher festgestellt hat. Zu diesem Zwecke werden 10 ccm der Indigocarminlösung mit dem gleichen Volum verdünnter Schwefelsäure (1 : 5 Wasser) versetzt und aus einer Bürette so lange unter gutem Umschütteln von der Normalchamäleonlösung zufließen lassen, bis die Farbe der Indigolösung durch Grün plötzlich in reines Gelb übergeht. Es seien dazu z. B. 8,8 ccm übermangansaures Kali erforderlich gewesen.

Von der zu prüfenden Kohle bringt man 1 g mit 50 ccm der Indigolösung (oder ein Vielfaches dieser Verhältnisse) in ein Kölbchen, verschließt mit einem Stöpsel und läßt unter häufigerem Umschütteln 24 Stunden stehen; dann filtriert man durch ein trockenes Filter und bestimmt wieder, wie viel übermangansaures Kali zur Zerstörung der Farbe in 10 ccm Filtrat erforderlich

---

[1]) Dinglers Polyt. Journ. **186**, 47. — [2]) Zeitschr. f. Rübenzucker-Ind. 1873, S. 42. — [3]) Ebend., 1873, S. 858.

ist. Es seien nunmehr 4,3 ccm Permanganat gebraucht worden. Es ist demnach klar, daß eine der Titerdifferenz entsprechende Menge von Indigo von der Kohle absorbiert ist, oder daß die Kohle in dem Verhältnis Indigofarbstoff aufgenommen hat, wie durch $8,8 - 4,3 = 4,5$ ccm übermangansaures Kali zerstört worden wäre. Setzt man den ursprünglichen Wert $8,8 = 100$, so sind 51,5 Proz. des Farbstoffs von der Kohle aufgenommen worden. Vergleichende Bestimmungen mit Kohle von bekanntem Wirkungswert führen dann zur Wertbestimmung für die betreffende Probe.

Um den Grad der Entfärbung einer Flüssigkeit und damit das Entfärbungsvermögen einer Kohle vergleichsweise in Zahlen auszudrücken, verfährt Payen[1] so, daß er die nicht durch Kohle filtrierte Probeflüssigkeit (wässerige Caramellösung von bestimmtem Gehalt) und die über Kohle filtrierte in verschieden starken Schichten vergleicht, bis die Farbe beider gleich ist. Wenn dann bei gleicher Farbenintensität die Schicht der entfärbten Flüssigkeit dreimal so stark ist, als die der unentfärbten Probeflüssigkeit ist, so enthält sie, wie begreiflich, nur $^1/_3$ ursprünglich darin gelösten Farbstoffs, $^2/_3$ sind ihr also durch die Kohle entzogen worden. Muß bei einer anderen Kohle die Schicht vervierfacht werden, so ist begreiflicherweise $^3/_4$ der Flüssigkeit entfärbt. Das Entfärbungsvermögen der ersten Kohle wäre also $^2/_3$, das der anderen $^3/_4$ oder beide verhalten sich wie $^2/_3 : ^3/_4$ oder $= 8 : 9$. Die Mengen der, um gleiche Entfärbung zu erzielen, anzuwendenden Kohle verhalten sich dann natürlich umgekehrt wie das Entfärbungsvermögen derselben.

Auf diesen Versuch hat Payen[2] ein optisches Instrument, das Dekolorimeter, gegründet, das später von Ventzke, Stammer, Dubosq, Salleron, u. a. verbessert worden und heute unter obigem Namen oder der Bezeichnung Kolorimeter, Chromoskop, Farbenmaß bekannt ist. Das Prinzip des Payenschen Dekolorimeters und ebenso auch der genannten, anderen Konstruktionen beruht darauf, daß man eine Schicht einer dunkleren Normalflüssigkeit (Caramellösung) von einer bestimmten Dicke vergleicht mit einer Schicht einer helleren (entfärbten) Flüssigkeit, deren Schichthöhe man so lange vergrößern kann, bis ihre Färbung derjenigen der dunkleren Flüssigkeit entspricht. Das Maß dieser Vergrößerung der Schichthöhe dient zur Berechnung der Entfärbung.

Nehmen wir z. B. an, es sei in einem Falle zur Herstellung der Farbengleichheit eine Flüssigkeitsschicht von 50 mm erforderlich, so verhält sich, da die Schichthöhe der Normalflüssigkeit genau 10 mm beträgt, die Farbenintensität der beiden Flüssigkeiten wie $1 : 5$, oder es enthält die eine Flüssigkeit nur 20 Proz. der Menge an Farbstoff, wie die andere. Da aber diese Verringerung der Färbungsintensität auf die Wirkung der Entfärbungskohle zurückzuführen ist, so hat dieselbe mithin 80 Proz. des Farbstoffs absorbiert.

Payens Instrument litt vor allem an dem Grundübel des vergleichenden Sehens durch zwei Augen, die doch sehr selten beim Menschen von gleicher Beschaffenheit sind. Die Konstruktion des einfachen und sinnreichen Instrumentes war die, daß an einem Stativ zwei horizontale Röhren, welche, beiderseitig mit aufgeschliffenen Glasplatten verschlossen, im Abstande der Augen befestigt sind. Das eine, für die Aufnahme der Normallösung bestimmte Rohr ist genau 10 mm lang, das andere, für die zu untersuchende

---

[1] Chimie Industrielle **2**, 661, bearbeitet von Stohmann u. Engler. —
[2] Dinglers Polyt. Journ. **27**, 372.

Flüssigkeit, läßt sich teleskopartig verlängern und besitzt am äußeren Ende einen vertikalen Rohransatz, durch welchen die Probeflüssigkeit bis nahe an den oberen Rand eingefüllt wird. Bei der Beobachtung sieht man mit dem linken Auge in das Normalrohr, mit dem rechten in das Teleskoprohr und zieht letzteres so weit heraus, bis die darin enthaltene Flüssigkeit dieselbe Farbenintensität zeigt wie die im Normalrohr. In demselben Maße, wie das Teleskoprohr verlängert wird, fließt dabei die Flüssigkeit aus dem vertikalen Ansatzrohr nach. Eine am Teleskoprohr angebrachte Skala gibt den Abstand der beiden Glasplatten voneinander und somit die Länge der Flüssigkeitsschicht an.

Ventzke hat durch Vermeidung des Übelstandes der vergleichenden Beobachtung mit zwei Augen das Payensche Dekolorimeter erst zu einem wirklich brauchbaren Instrument gemacht. Der Auszug des Teleskoprohres geschieht bei seinem Instrument vermittelst Trieb- und Zahnstange, wodurch eine bequemere Handhabung und leichtere Reinigung ermöglicht wird. Ventzkes Apparat hat zwei dicht nebeneinander liegende Behälter für die Flüssigkeiten, welche mit verlängerten Röhren versehen sind, die sich in einer Blende vereinigen, von wo aus die vorderen Öffnungen beider Behälter als zwei gefärbte Scheiben nebeneinander mit einem Auge gleichzeitig beobachtet werden können. Im übrigen ist die Konstruktion des Payenschen Instrumentes, namentlich auch die horizontale Lage der Röhren beibehalten worden. Die Berechnung der Farbenintensität geschieht nach Tabellen, die dem Instrument beigegeben sind.

Stammers Chromoskop[1]) unterscheidet sich von den beiden vorher beschriebenen Apparaten dadurch, daß ihm eine Normalfarbelösung zugrunde gelegt ist, deren Wahl so getroffen ist, daß sie in ihrem Farbeton möglichst allen zur Untersuchung kommenden Objekten entspricht und eine solche Farbentiefe besitzt, daß sie für eine sehr ausgedehnte Schattierungsreihe der Farben ausreicht. Sie bleibt ein für allemal im Instrument und wird nur erneuert, wenn sie sich verändert hat, was sich jederzeit durch ein genau eingestelltes Normalfarbenglas feststellen läßt. Der im übrigen den vorigen Apparaten ähnliche Apparat ist so vergrößert, daß seine Skala von 0 bis 150 mm geht; die Ablesung geschieht mittels eines Nonius auf $^1/_{10}$ mm genau.

Da es sich herausgestellt hat, daß die Beurteilung der Farbenintensität verschieden ausfällt, je nachdem die Röhren in ihrer Lage in bezug auf rechts und links vertauscht werden, ist an dem Instrument die Einrichtung getroffen, daß die Röhren in ihrer Stellung durch eine einfache Drehung gewechselt werden können. Man verändert also nach vorgenommener Beobachtung die Lage der Röhren, macht eine zweite Beobachtung und nimmt, falls die Resultate differieren, von beiden das Mittel.

Zur Herstellung der Normalfarbe nimmt man 300 ccm einer 20 proz. Zuckerlösung, versetzt dieselbe mit 5 ccm reiner Schwefelsäure, die vorher mit 20 ccm Wasser verdünnt worden ist, und erwärmt die Flüssigkeit $^1/_2$ Stunde auf dem Wasserbade. Hierauf fügt man zu der noch heißen Flüssigkeit 10 g festes Natronhydrat, erhitzt zum Kochen, erhält die Lösung fünf Minuten im Sieden, läßt erkalten und stellt genau auf 300 ccm ein. Diese Urlösung wird in einer gut schließenden Flasche aufbewahrt. Zum Gebrauch verdünnt man

---

[1]) Dinglers Polyt. Journ. **159**, 341.

1 Vol. derselben mit 25 Vol. Wasser zur Normallösung von schön rötlichgelber, dem Ungarwein ähnlicher Farbe. Beim Gebrauch wird dieselbe mit dem dem Instrument beigegebenen Normalfarbenglase verglichen und muß so tief gefärbt sein, daß ihre Farbe in einer 50 cm starken Schicht der des Normalglases gleich ist.

Zur Bestimmung der Entfärbungskraft einer Kohle erhitzt man 4 Tle. der Normalflüssigkeit oder einer dieser an Intensität gleichen Flüssigkeit mit 1 Tl. Kohle unter gleichmäßigem Schütteln fünf Minuten zum Sieden und läßt vor dem Filtrieren noch fünf Minuten stehen, damit sich die Kohle absetzen kann. Die filtrierte Lösung wird dann im Chromoskop beobachtet.

Fig. 111.   Fig. 112.

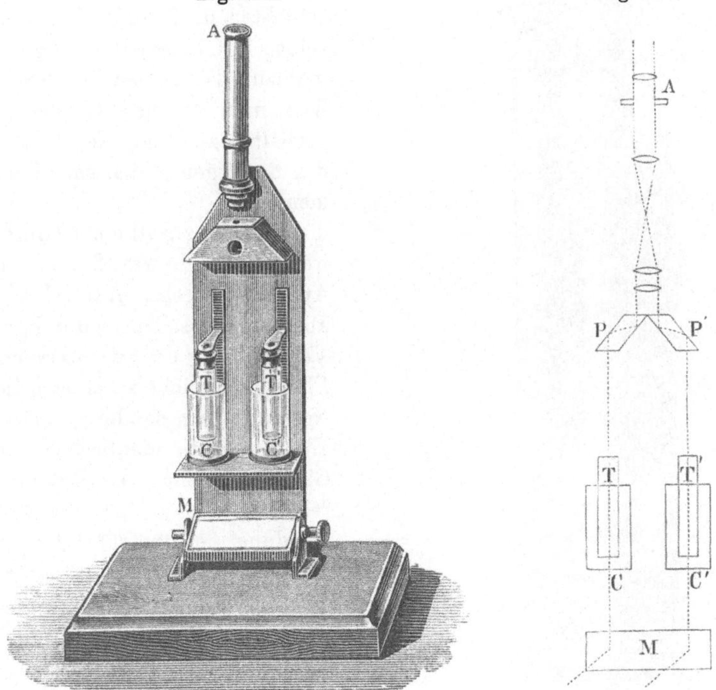

Bei der Konstruktion seines Kolorimeters ist Dubosc[1]) zunächst von dem Gedanken ausgegangen, die horizontale Lage der Beobachtungsröhren mit der vertikalen zu vertauschen; ferner hat er durch Einschaltung von Fresnelschen Prismen die Beobachtung insofern erleichtert und zu größerer Genauigkeit geführt, daß man bei seinem Instrument die beiden Farbenbilder in je einer der beiden Hälften einer runden Scheibe sieht. Eine Ansicht des Apparates zeigt Fig. 111, während Fig. 112 eine schematische Darstellung seiner Konstruktion gibt.

Die zu untersuchende Flüssigkeit befindet sich in dem Zylinder C, die Vergleichsflüssigkeit in C'. In beide Zylinder tauchen die unten mit Glasscheiben verschlossenen, in senkrechter Richtung verschiebbaren Zylinder T und T', deren Zahnstangengetriebe mit je einem Nonius verbunden ist, so

---

[1]) Zeitschr. f. Rübenzucker-Ind. 1871, S. 89.

daß die Entfernung der Deckplatten der Zylinder T und T' von dem Boden der Zylinder C und C', somit also die Dicke der entsprechenden Flüssigkeitsschichten genau gemessen werden kann. Ein drehbarer Spiegel M wirft das Licht durch die von den Böden und Deckplatten der Zylinder begrenzten Flüssigkeitsschichten auf die beiden Fresnelschen Prismen P und P', in welchen die Lichtstrahlen durch totale Reflexion gebrochen und so reflektiert

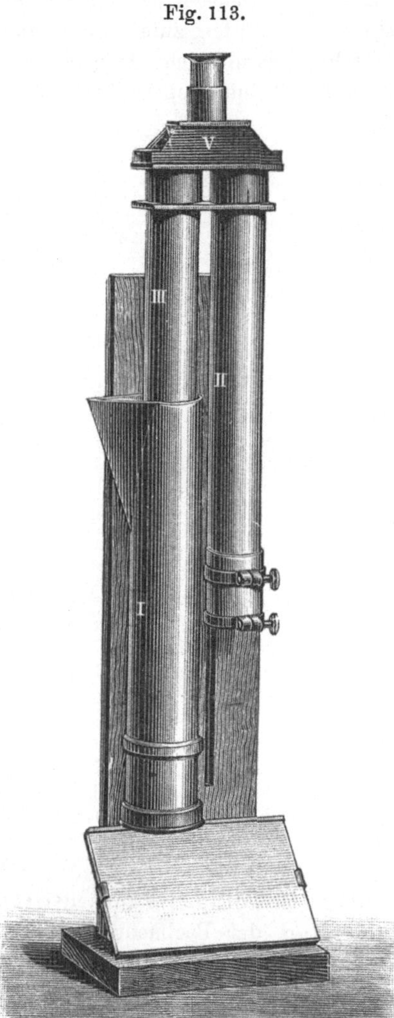

Fig. 113.

werden, daß ein bei A durch das Fernrohr sehender Beobachter ein in zwei gleiche Hälften geteiltes Gesichtsfeld erblickt. Durch Veränderung der Höhe der Flüssigkeitsschichten in C und C' können dieselben in Übereinstimmung gebracht werden. Die Höhen dieser Schichten liest man an den Skalen ab; sie verhalten sich umgekehrt, wie die in den Lösungen enthaltenen Farbstoffmengen.

Im Prinzip stimmt Stammers[1]) neues Farbenmaß mit diesem Apparat überein, unterscheidet sich aber von demselben dadurch, daß die Vergleichung der zu untersuchenden Flüssigkeit nicht an einer beliebigen Normallösung, sondern an einem für alle Apparate identischen farbigen Glase geschieht; es soll dadurch erreicht werden, daß die bei Anwendung des Instrumentes an den verschiedensten Orten gemachten Beobachtungen miteinander verglichen und ihre Werte in absoluten Zahlen ausgedrückt werden können. Der Apparat, Fig. 113, besteht aus folgenden Teilen:

Die weite Röhre I, welche unten durch eine Glasscheibe geschlossen, oben offen ist, besitzt seitlich eine Erweiterung zum Einfüllen von Flüssigkeit und dient zur Aufnahme der zu untersuchenden Lösung. Sie ist an einem Stativ befestigt und kann behufs Reinigung leicht abgenommen werden. In diese taucht die Maßröhre III, welche unten gleichfalls durch eine Glasscheibe luftdicht verschlossen und durch einen Zahnstangentrieb am Stativ in vertikaler Richtung beweglich ist. Die Farbglasröhre II, mit III fest verbunden, unten offen und oben mit dem Farbenglase bedeckt, ist mit ihrem unteren Ende mittels

---

[1]) Zeitschr. f. Rübenzucker-Ind. 1871, S. 580.

zweier Ringe fest, aber leicht lösbar an der Gleitplatte befestigt, welche gemeinschaftlich mit anderen Führungen die senkrechte Verschiebung der verbundenen Röhren *II* und *III* sichert. An der Rückseite des Stativs kann der Grad dieser Verschiebung an einer Skala mit Indikator auf Bruchteile von Millimetern genau abgelesen werden.

Das Farbenglas besteht aus zwei verbundenen Glasscheiben, deren Färbung als Normalfarbe angenommen und mit 100 bezeichnet wird. Zwei weitere Gläser, die dem Instrument beigegeben sind, ermöglichen es, die halbe, anderthalbfache oder doppelte Normalfarbe einzustellen, was bei sehr hellen oder sehr dunklen Flüssigkeiten manchmal von Vorteil ist. Man sieht, daß das Visier *V* dieselbe Konstruktion besitzt wie beim Duboscschen Apparat; wie dort, sieht man auch hier die beiden vereinigten Bilder als zwei Halbscheiben nebeneinander.

Will man mit diesem Instrument Beobachtungen anstellen, so stellt man dasselbe so gegen das Licht und gibt dem Spiegel eine solche Neigung, daß beim Hineinsehen durch das Visier *V* und nach der Entfernung des Farbenglases die Sehfelder der beiden Röhren als eine helle Fläche erscheinen. Man legt dann das Farbenglas mit seiner Fassung auf die Röhre *II* und füllt die absolut klare zu untersuchende Flüssigkeit in die Röhre *I*, welche vorher ebenso wie die Maßröhre *III* mit ihrer Glasscheibe durch Schraubenkapsel vollkommen dicht verschlossen ist. Nun stellt man durch Verschieben der verbundenen Röhren *II* und *III* die Farbe der beiden Halbscheiben auf gleiche Stärke ein und liest an der Rückseite des Instrumentes auf der Skala ab. Da die Intensität der Farbe der Flüssigkeit in umgekehrtem Verhältnis zur Dicke der Schicht derselben steht, welche erforderlich ist, um einen bestimmten Farbenton hervorzubringen, und letzterer hier durch die Zahl 100 bezeichnet wird, so erhält man den in absoluten Zahlen ausgedrückten Wert des Farbentons der Flüssigkeit, wenn man die abgelesene Millimeterzahl in 100 dividiert.

Während bei den beschriebenen Apparaten die Intensität der Färbung durch die Länge der Flüssigkeitssäule gemessen wird, hat Salleron[1]) ein anderes Prinzip für die Konstruktion seines Kolorimeters benutzt. Es besteht darin, daß man von gleichen Mengen zweier verschieden stark gefärbter Flüssigkeiten die dunklere so lange mit Wasser oder einer nicht gefärbten Flüssigkeit verdünnt, bis beide gleiche Farbenstärke zeigen, und dann die Volumina der beiden Flüssigkeiten vergleicht.

Eine Abbildung des Apparates zeigt Fig. 114. Er ähnelt äußerlich dem bekannten Stereoskop für photographische Bilder, besteht wie dieses aus einem pyramidenförmigen Kasten *C*, welcher vorn rund ausgeschnitten ist, um hier das Gesicht anlegen zu können, so daß dem Auge des Beobachters nur die durch die Flüssigkeit gefallenen Lichtstrahlen zugeführt werden, während jedes fremde Licht ausgeschlossen ist. An der vorderen Seite ist der Kasten durch ein Diaphragma geschlossen, welches aus zwei geschwärzten Metallplatten besteht, deren jede zwei gleiche, vertikale Schlitze *ff* hat, die sich in ihrer Lage gegenseitig vollkommen decken. Vor den Platten befindet sich der matte verstellbare Spiegel *R*, durch welchen das zerstreute Tageslicht in das Innere des Kastens geworfen wird. Zwischen die beiden geschwärzten Platten des Diaphragmas ist ein in seinen Wandungen genau parallel

---

[1]) Dinglers Polyt. Journ. **203**, 141.

gearbeitetes Glasgefäß T eingeschaltet, das in der Mitte durch eine senkrechte Wand in zwei genau gleich große Behälter getrennt ist, welche oben offen sind. Auf dem Kasten ist das Stativ S mit der Bürette B befestigt, von welchem gleichzeitig ein bis auf den Boden von T reichendes, mit einem Gummischlauch verbundenes Glasröhrchen gehalten wird. Dieses dient dazu, durch Einblasen von Luft in einer Abteilung von T die Flüssigkeit mischen zu können, nachdem eine Verdünnung derselben stattgefunden hat.

Eine vergleichende Bestimmung des Entfärbungsvermögens zweier Proben von Kohle geschieht wie folgt. Man wägt von jeder der beiden Kohlensorten 10 g ab und digeriert jede mit 50 ccm einer und derselben, beliebig gefärbten Caramellösung. Nach dem Filtrieren bringt man je 10 ccm der Lösungen in je eine der beiden Abteilungen des Behälters T und beobachtet, ob eine verschieden starke Färbung der beiden Flüssigkeiten zu bemerken ist. Ist dies der Fall, so bringt man durch Drehen des Stativs die Bürette B gerade über die Mündung der Abteilung mit der dunkleren Lösung und läßt aus der Bürette unter leisem Einblasen von Luft so lange tropfenweise Wasser oder Verdünnungsmittel zufließen, bis die Farbenintensität beider Flüssigkeiten gleich ist, worauf man den Flüssigkeitsstand in der Bürette abliest. Hat man z. B. bis zur Erzielung der Übereinstimmung zu den angewandten 10 ccm noch 5 ccm

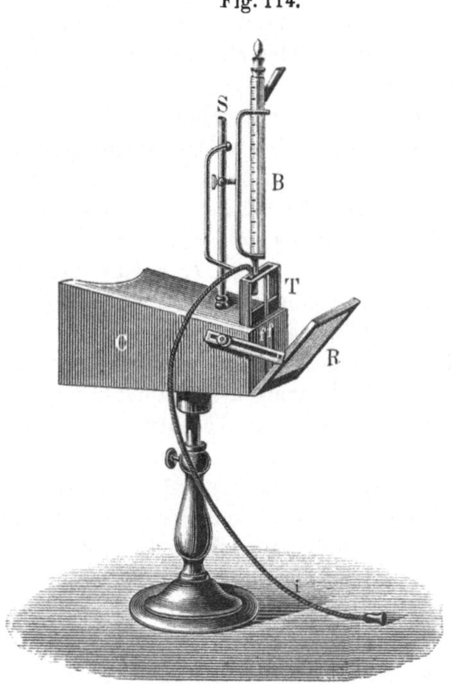

Fig. 114.

des Verdünnungsmittels hinzufügen müssen, so verhält sich das Entfärbungsvermögen der Kohlen wie 15 : 10.

Der vollkommenste Apparat für diese Zwecke ist ohne Zweifel Gallenkamps[1]) Kolorimeter. Dieser sinnreich konstruierte Apparat besteht aus zwei, oben gleich weiten Trögen aus Spiegelglasplatten, welche durch eine gemeinschaftliche Metallfassung miteinander verbunden sind. Die Form der Tröge ist insofern verschieden, als der eine genau parallelopipedisch, der andere dagegen nach unten keilförmig zulaufend ist. Das rechtwinkelige Gefäß dient zur Aufnahme der Probeflüssigkeit, während die Vergleichs- oder Normalflüssigkeit in das keilförmige gebracht wird. In diesem nimmt die Intensität der Farbenlösung von oben nach unten bis zur Farblosigkeit allmählich und regelmäßig ab.

Der vor den Trögen verschiebbare Beobachtungsapparat enthält die bekannte Prismenkonstruktion und eine Lupe, statt deren auch ein kleines

---

Spektroskop mit gerader Durchsicht eingeschoben werden kann, wodurch das Instrument in ein Spektrokolorimeter verwandelt wird. Durch Verschieben mit Hilfe eines Zahnstangentriebes sucht man mit dem Beobachtungsapparat die Stelle, bei der die Flüssigkeiten in beiden Trögen gleich starke Färbung zeigen, und liest an der 100 teiligen Skala direkt das prozentuale Verhältnis zwischen dem Farbstoffgehalt der zu untersuchenden und der Normalflüssigkeit ab; bei einiger Übung gelingt es leicht, Differenzen bis zu $^1/_2$ Proz. mit Sicherheit zu erkennen. Die günstigste Beleuchtung wird erzielt, wenn man das zerstreute Tageslicht durch einen weißen Schirm von hinten auf den Apparat wirft. Die Entleerung der Tröge geschieht am besten durch Aushebern der Flüssigkeit mittels einer Pipette.

Die sämtlichen, vorstehend beschriebenen Apparate sind geeignet, den Wirkungswert von Entfärbungskohlen mit großer Genauigkeit festzustellen. Wenn man vor der Frage steht, sich für diesen Zweck ein Instrument zu beschaffen, wird man ohne Zweifel dem Gallenkampschen den Vorzug zu geben haben. In der Praxis bedient man sich häufig viel einfacherer Mittel, um das Entfärbungsvermögen verschiedener Entfärbungsmittel zu bestimmen, und wählt als Versuchsobjekt meistens das Material, an welchem man die Entfärbung auch im großen vornehmen will. Es hat dies ja auch eine gewisse Berechtigung, da man hierbei sowohl den Wirkungswert der Kohle für den bestimmten Fall erfährt und es andererseits auch bekannt ist, daß die Wirkung der Kohle auf verschiedene Farbstoffe nicht immer dieselbe ist.

So gießt man sich nach Scheithauer[1]) in der Paraffinindustrie gleich große Platten von ein und demselben Paraffin, wovon das Material zur einen vorher mit Entfärbungsmittel gebleicht worden ist, und beobachtet dieselben bei gutem Lichte nebeneinander. Man wird aber zugeben müssen, daß es leichter ist, an einem festen oder nur wenig transparenten Körper kleine Unterschiede in der Färbung zu erkennen, als an einer nur leicht gefärbten durchsichtigen Flüssigkeit.

Eine Gesamtanalyse der Entfärbungskohle wird nach der üblichen Methode durch Veraschung derselben und quantitative Bestimmung der Aschenbestandteile ausgeführt; sie gibt unter Umständen auch gleichzeitig Material für die Beurteilung der Provenienz der Kohle. Dabei können vielleicht folgende Zahlen von Nutzen sein, welche Glassner und Suida (a. a. O., S. 101) über die Zusammensetzung verschiedener, bei 110° bis zur Gewichtskonstanz getrockneter Entfärbungskohlen ermittelt haben:

	Trockenverlust bei 110° Proz.	C Proz.	H Proz.	N Proz.	O+S Proz.	Asche Proz.
Tierkohle	8,29	78,03	0,40	3,12	5,34	13,21
Blutkohle	25,99	69,98	1,72	7,19	14,71	6,40
Knochenkohle	17,95	67,12	1,25	6,90	20,58	4,16
Leimkohle	4,86	63,61	2,25	12,21	9,43	12,50

[1]) Fabrikation der Mineralöle, S. 210.

Namenregister.

Mazzoli u. Pellet, Entfärbung 167.
Meiser, Franz, Rußofen 52.
Melsens, Entfärbungskohle 189.
Mendelejeff, Leuchtflamme 8.
Mensik, siehe Diebel.
Metzner, A., Braunkohlenschwärze 144.
Meunier, siehe Urbain.
Meurer, Staubverhütung 80.
Michaelis, Entfärbungsmittel 188.
Mierzinski, Verdichtung von Ruß 80.
Mills, Trockene Destillation 135.
Mixter, Acetylenruß 2, 130.
—, Wirkungen der Kohle 166.
Moissan, Graphitierung 64.
—, Kienruß 66.
—, Retortenofen 151.
Morani, Acetylenruß 123.
Morehead, Acetylenruß 124.

Neff, Ruß aus Erdgas 113.
Nepp, Verkohlungsofen 152.
Newton, Schwärze 159.

Ogiloy, Rußfänger 42.
Oliphant, Erdgas 86.
Olschewsky, Entfärbungsmittel 188.
Ostrejko, R., Entfärbungskohle 190.
Ostwald, Rußbildung 64.

Pardeller, Schwärzereinigung 158, 179.
Parker, siehe Walker.
Payen, Wirkungen der Kohle 166.
—, Dekolorimeter 215.
Pellet, siehe Mazzoli.
Pelouze, Wiederbelebung 196.
Perutz, Schwelofen 152.
—, Phosphorkohle 186.
Pidelassera, Rußofen 60.
Pillos, siehe Lerman, D.
Plinius, Ruß im Altertum 12.
Pohl, Knochenkohle 164.
Potonié u. Heinold, Braunkohle 141.
Prechtl, Lampenrußapparat 96.

Ramdohr, Schwelofen 152.
Reilly, Teerruß 118.
Reinhard, siehe Rössler.
Renner, Knochenkohle 177.
Rhodes, S. L., Lampenrußapparat 112.
Richter u. Richter, Entfärbungskohle 190.
Riehm, Grudekoks 187.
Rieppel, Teerölzusammensetzung 26.
Roll, Selbstentzündung 154.
Roscoe, Leuchtflamme 8.
— u. Schorlemmer, Ruß 66.
Rosenthaler u. Türk, Entfärbung 170, 194.
Rössler, L. u. Reinhard, H., Rußfänger 41.

Rübenkamp, siehe Zerr.
Rudolphs, Teerruß 117.
Runge, Reinigung von Ruß 70.
Rütgerswerke-Akt.-Ges., Verbesserung der Rußausbeute 24.

Salleron, Dekolorimeter 219.
Santos, Lampenruß 114.
Scheibler, Knochenkohle 168.
Scheithauer, Grudekoks 139.
—, Paraffinentfärbung 193.
—, Wirkungswert der Tierkohle 221.
Schiff u. Co., Rußgewichte 63.
— —, Kalandrieren des Rußes 79.
Schneller, A. u. Wisse, Zersetzung der Kohlenwasserstoffe 48.
Schorlemmer, siehe Roscoe.
Schuckert u. Co., Ruß aus Carbiden 129.
Schulz, Wirkung der Knochenkohle 168, 177.
Schwarz, B., siehe Lerman, D.
Schwarz, Berthold, Schießpulver 6.
Senderens, Wirkungen der Kohle 167.
Senff, Holzverkohlung 137.
Shoemaker, Lampenrußapparat 102.
Siemens, W., Ruß im Rauch 14.
— —, Spiraldeflektor 38.
Siemens, Gebr., u. Co., Rußgewichte 63.
Smith, Frazer, Knochenkohle 178.
Sonnenschein, Braunkohlenasche 210.
Spiegel, A., Kohle von Messel 142.
Spilker, A., siehe Kraemer, G.
Staite u. Edwards, Kunstkohle 5.
Stammer, K., Knochenkohle 177.
— —, Dekolorimeter 215.
— —, Chromoskop 216.
— —, Farbenmaß 218.
Stein, W., Leuchtflamme 9.
— —, Lampenruß 114.
— —, Deckkraft des Rußes 207.
Stenhouse, Entfärbungskohle 189.
Stolba, wirksamer Kohlenstoff 214.
Stranecki, Entfärbungsmittel 188.
Suida, siehe Glassner.
Sundy, Entfärbungskohle 164.

Thalwitzer, O., Rußofen 59.
— —, Lampenruß aus Benzol 83.
— —, Lampenrußapparat 102.
Thenius, Rußofen 19.
Thiers, siehe Lacassagne.
Thoms, Wirkung der Tierkohle 195.
Türk, siehe Rosenthaler.

Urbain u. Meunier, Rußofen 18.

Varrentrapp, Braunkohlenasche 210.
Venzke, Knochenkohle 168.
—, Dekolorimeter 215.
Ver. Schwarzfarben-Fabriken, Rohmaterialien 139.

Sachregister.

Berichtigungen.

S.   8, Z. 16 von unten lies **„Beachtung"** statt „Beobachtung".

S.   9, Fußnote 1 u. 3 lies „Ann. **Chem.** Pharm." statt „Ann. chem. Pharm.".

S. 15, Z. 22 von oben lies **„Polymer"** statt „Polymor".

S. 43, Z. 1 von unten lies **„Wurzelholz"** statt „Wurzelsalz".

S. 58, Z. 1 von unten lies **„Ableitung"** statt „Abteilung".

S. 61, Z. 12 von unten lies **„_k_"** statt „_K_".

S. 63, Z. 16 von unten lies **„hohen** Gehalt" statt „solchen Gehalt".

S. 63, Z. 21 von unten ist einzuschalten zwischen „und" und „viel": „deren Menge".

S. 67, Z. 12 von oben lies **„dasselbe"** statt „derselbe".

S. 68, Z. 3 von unten lies **„versehenen"** statt „versehenem".

S. 87, Z. 18 von unten lies **„verbrauchen"** statt „verbrauchten".

S. 90, Z. 16 von unten lies **„Luft"** statt „Sauerstoff".

S. 115, Fußnote letzte Zeile ist einzuschalten zwischen „anorgan. Chem." und „1ᴵᴵᴵᴵ": „7. Aufl.".

S. 127, Z. 8 von unten ist einzuschalten hinter „wozu": „die".

S. 214, Z. 11 von oben lies **„das** wie folgt" statt „daß wie folgt".

Verlag von Friedr. Vieweg & Sohn in Braunschweig.

Caro-Berlin, Dr. N., Dr. A. *Ludwig*-Berlin und Prof. Dr. J. H. *Vogel*-Berlin,
Handbuch für Acetylen in technischer und wissenschaftlicher Hinsicht.
Herausgegeben von Prof. Dr. J. H. Vogel. Mit 442 Abbild. XIV, 880 S.
gr. 8⁰. 1904. $\mathcal{M}$ 29,—, in Lnwdbd. $\mathcal{M}$ 30,—.

Fischer, Prof. Dr. Ferdinand, **Die Brennstoffe Deutschlands und der übrigen
Länder der Erde und die Kohlennot.** Mit einer graphischen Darstellung.
VII, 107 S. gr. 8⁰. 1901. $\mathcal{M}$ 3,—.

—— **Die chemische Technologie der Brennstoffe.** gr. 8⁰.
  I. Chemischer Teil. Mit Abbild. X, 647 S. 1897. $\mathcal{M}$ 18,—.
  II. Preßkohlen, Kokerei, Wassergas, Mischgas, Generatorgas,
   Gasfeuerungen. Mit 370 Abbild. VIII, 370 S., 3 Tafeln. 1901.
    $\mathcal{M}$ 15,—.

Gnehm, Prof. Dr. R., **Die Anthracenfarbstoffe.** Mit Abbild. 3 Bl., 114 S.
gr. 8⁰. 1897. $\mathcal{M}$ 3,—.

Hempel, Prof. Dr. Walther, **Gasanalytische Methoden.** **3.** Auflage. Mit
127 Abbild. XVI, 440 S. gr. 8⁰. 1900. $\mathcal{M}$ 8,—, in Hlbfrzbd. $\mathcal{M}$ 10,—.

Lunge, Prof. Dr. Georg, **Tabellen für Gasanalysen,** gasvolumetrische Analysen, Stickstoffbestimmungen etc. 2 Bl. Imp.-Fol. 1897. $\mathcal{M}$ 2,—.

Meyer, Prof. Dr. Richard, **Die Teerfarbstoffe.** Begonnen von Prof. Dr. P. A.
Bolley und Prof. Dr. Emil Kopp. Fortgesetzt unter Mitwirkung von
Prof. Dr. Gnehm. Mit Abbild. und 4 Tafeln. gr. 8⁰. 1867—1897.
  1. Teil. XX, 556 S. 1867—74. $\mathcal{M}$ 10,—.
  2. Teil. S. 537—1178. 1880—83. $\mathcal{M}$ 15,—.
  3. Teil. S. 1197—1791 u. 4 Tafeln. 1895—1897. $\mathcal{M}$ 15,—.

Schmidt, Ingenieur Fr., **Die Leuchtgaserzeugung** und die moderne Gas-
beleuchtung (Preßgasbeleuchtung usw.). Mit 63 Abbild. VIII, 86 S.
8⁰. 1911. [„*Die Wissenschaft*“, *Heft 40.*] $\mathcal{M}$ 2,50, in Lnwdbd. $\mathcal{M}$ 3,20.

Schultz, Prof. Dr. Gustav, **Die Chemie des Steinkohlenteers** mit besonderer
Berücksichtigung der künstlichen organischen Farbstoffe. **3.** vollständig
umgearbeitete Auflage. Mit Abbild. In zwei Bänden. gr. 8⁰.
  I. Band. Die Rohmaterialien. 5. Bl., 308 S. 1900.
    $\mathcal{M}$ 10,—, in Hlbfrzbd. $\mathcal{M}$ 12,—.
  II. Band. Die Farbstoffe. VIII, 415 S. 1901.
    $\mathcal{M}$ 10,—, in Hlbfrzbd. $\mathcal{M}$ 12,—.

Vogel, Prof. Dr. J. H., **Neue gesetzliche und technische Vorschriften be-
treffend Calciumcarbid und Acetylen** in Deutschland, Österreich und der
Schweiz. Mit Erläuterungen und mit Anweisungen zur Prüfung von
Acetylenanlagen. IX, 113 S. gr. 8⁰. 1906. $\mathcal{M}$ 2,40, in Lnwd. $\mathcal{M}$ 3,40.